冶金固废资源利用新技术丛书

钢渣减量和资源化梯级利用

包燕平　顾　超　著

北　京
冶　金　工　业　出　版　社
2023

内容提要

本书在综述国内外钢渣处理及利用现状的基础上，系统阐述了不同工艺条件下钢渣回用对炼钢成本的影响和转炉少渣冶炼技术、钢渣循环利用技术等钢渣减量原理和技术，进而详细分析了在实现减量化后钢渣中磷元素的富集技术与提取技术，最终归纳出基于钢渣减量和资源化利用的钢渣梯级利用模式。本书为有效解决我国钢渣处理和利用问题提供理论基础和新的途径。

本书可供钢铁冶金领域和冶金资源领域的科研、生产、设计、教学人员阅读参考。

图书在版编目(CIP)数据

钢渣减量和资源化梯级利用/包燕平，顾超著．—北京:冶金工业出版社，2023.4

(冶金固废资源利用新技术丛书)

ISBN 978-7-5024-9455-1

Ⅰ.①钢…　Ⅱ.①包…　②顾…　Ⅲ.①钢渣处理　②钢渣—资源化—综合利用　Ⅳ.①TF341.8

中国国家版本馆 CIP 数据核字(2023)第 049150 号

钢渣减量和资源化梯级利用

出版发行	冶金工业出版社	**电　　话**	(010)64027926
地　　址	北京市东城区嵩祝院北巷 39 号	**邮　　编**	100009
网　　址	www.mip1953.com	**电子信箱**	service@mip1953.com

责任编辑　刘小峰　赵缘园　美术编辑　彭子赫　版式设计　郑小利
责任校对　石　静　李　娜　责任印制　窦　唯

北京捷迅佳彩印刷有限公司印刷

2023 年 4 月第 1 版，2023 年 4 月第 1 次印刷

710mm×1000mm　1/16；20 印张；386 千字；305 页

定价 160.00 元

投稿电话　(010)64027932　投稿信箱　tougao@cnmip.com.cn

营销中心电话　(010)64044283

冶金工业出版社天猫旗舰店　yjgycbs.tmall.com

(本书如有印装质量问题，本社营销中心负责退换)

前　　言

国家钢铁产业发展政策指出："钢铁产业是国民经济的重要基础产业，是实现工业化的支撑产业。"中国钢铁工业的持续、稳定发展，必须考虑资源和环境的约束，其中钢渣的处理和使用已经成为制约钢铁工业高质量发展的重要问题。

从2013年开始，我国粗钢产量超过8亿吨，每年钢渣的产生量超过1亿吨，其中90%以上是转炉炼钢渣。尽管钢渣中包含很多具有回收价值的元素及产品，如铁、磷、氧化钙、氧化镁等，但到目前为止，我国钢渣的综合利用率只有约30%。截至目前，我国钢渣的堆存量超过10亿吨，大量弃置堆积的钢渣已成为环境污染的一大公害。相比之下，在欧洲、日本和北美，钢渣的回收率都超过80%，甚至接近100%。一方面，国外在钢渣处理和应用方面的一些技术和经验值得我们借鉴；另一方面，我们也清楚地看到我国钢渣目前的现状问题绝不是国外现有技术所能全盘解决的。我国的钢渣总量和以及年产生量都远远高于国外，仅仅依赖发达国家现有的技术和方法均无法有效消纳如此庞大的钢渣堆存和新增量，因此不能完全照搬国外的钢渣处理经验，必须探索出一条符合我国国情的、有中国特色的钢渣处理的新途径。

本课题组从2001年开始关注炼钢炉渣的处理技术，先后承担包括国家自然科学基金项目和厂校合作项目10余项，围绕钢渣的源头减量化及钢渣的全量梯级利用方面开展了大量科研工作，完成多篇博士、硕士学位论文，发表相关学术论文50余篇。在归纳总结多年研究工作的基础上，课题组提出了具有我国特色的"基于炉渣减量化和资源化的炼钢炉渣梯级利用技术"，为有效解决我国钢渣处理和利用问题提供理论基础和新的途径。本书对相关工作进行了全面总结。

本书的主要内容如下：

(1) 从源头做起。“炼钢即炼渣”说明了炉渣在炼钢中的重要性，但是多年的研究工作告诉我们，为了更好地实现炉渣的减量化和炉渣的有益化，炼钢造渣过程中应该充分考虑炉渣在后工序的利用问题，这一点也是本书的重点和特色。

(2) 重视炼钢工序内的循环利用。使用后的炉渣是高温熔化后的高碱度低熔点复合化合物，是熔化性能非常好的冶金熟料，大部分炉渣仍具备比较强的脱磷能力，具备作为冶金熔剂再利用的价值。因此，如何合理利用使用后的炉渣也是本书阐述的重点内容。本书比较详细地介绍了课题组研发的“转炉少渣冶炼技术”和“炉渣循环利用技术”。

(3) 炉渣是宝贵的二次资源。炼钢过程中每吨钢需要消耗30kg左右的石灰、镁砂等，石灰的生产不但消耗大量能源，产生大量污染，而且也消耗大量的石灰石。而通过对炉渣进行一定的处理，可以分离出炉渣中的磷元素，这样一方面充分利用了炉渣中的磷资源，补充我国磷资源的不足，另一方面除磷后的炉渣可以代替石灰、镁砂等原料，作为新的造渣料继续使用。同时，精炼炉渣经过高效脱硫处理后也可以返回炼钢和精炼中继续使用，这就实现了冶金熔渣在炼钢工序内的高效利用，从源头上减少了原料的使用量。本课题组在这方面进行了具有创新性的工作。

(4) 炉渣的梯级利用技术。在实现源头减量化和内部充分循环利用的基础上，本课题组综合分析了炼钢炉渣的减量化技术、有价元素分离技术、循环利用技术等，提出了“基于炉渣减量化和资源化的炼钢炉渣梯级利用技术”，其本质在于将炼钢工艺和炉渣的使用相结合，将炉渣作为宝贵的二次资源使用，这样结合现有的炉渣处理技术，可以为完全解决炼钢炉渣的利用打下坚实的基础。

(5) 智能化技术的应用。数字化智能化技术的采用为炉渣的减量化、资源化的利用提供了有力的手段，本书在此方面进行了有益的探索。无论是本课题组开发的单渣、双渣和双联法炼钢炉渣脱磷分析模型，还是炉渣循环利用次数的经济分析模型，都可以为炉渣在炼钢过程中的充分利用打下坚实的基础。

本书以本课题组近年来的科研成果为主，总结和归纳了王敏、林路、李翔和郭建龙等博士研究生在校期间的科研成果，同时适当引用当今炉渣处理方面的先进技术，对他们的贡献表示衷心的感谢！希望通过本书的出版为大专院校、科研院所、钢铁企业的技术人员提供一些帮助，也期望为我国的炼钢炉渣的处理和利用技术发展做出一点贡献。

本书在写作过程中，得到了课题组的教师、博士、硕士研究生的全力帮助。特别感谢高放博士研究生对本书写作方面的贡献，同时感谢王达志、王仲亮、刘昕等博（硕）士研究生参与本书的校验。在此对大家的辛勤工作表示衷心的感谢！没有你们的工作和帮助就没有本书的出版。

同时本书的出版得到了国家自然科学（51574019）基金“基于磷资源高效利用的中高磷铁水高效脱磷基础研究”项目、北京科技大学钢铁冶金新技术国家重点实验室研究资金的支持，在此表示感谢。

由于水平所限，书中不妥之处，恳请广大读者批评指正。

著　者

2023 年 2 月

目　录

1 绪　　论

1.1 钢铁绿色制造概况

钢铁作为最重要的基础原材料之一，在人类社会经济发展中发挥了巨大的作用。随着钢铁工业的蓬勃发展，钢铁材料已然成为了全球经济和社会文明进步的重要物质基础。在可预见的未来，钢铁仍将是迄今为止产量最大的功能材料，是工业、农业、交通运输业和国防工业等众多领域的基石。

1856 年英国人成功发明贝塞麦转炉炼钢法，推开了近代钢铁工业发展的大门[1]。经过 160 多年的发展，随着技术的不断进步，逐渐形成了现阶段机械化、流程化的钢铁生产模式。目前钢铁生产工艺主要分为两种：一种是高炉—转炉工艺（BF—BOF），俗称长流程。另一种是电弧炉工艺（EAF），俗称短流程。两种工艺的具体冶炼流程如图 1-1 所示。

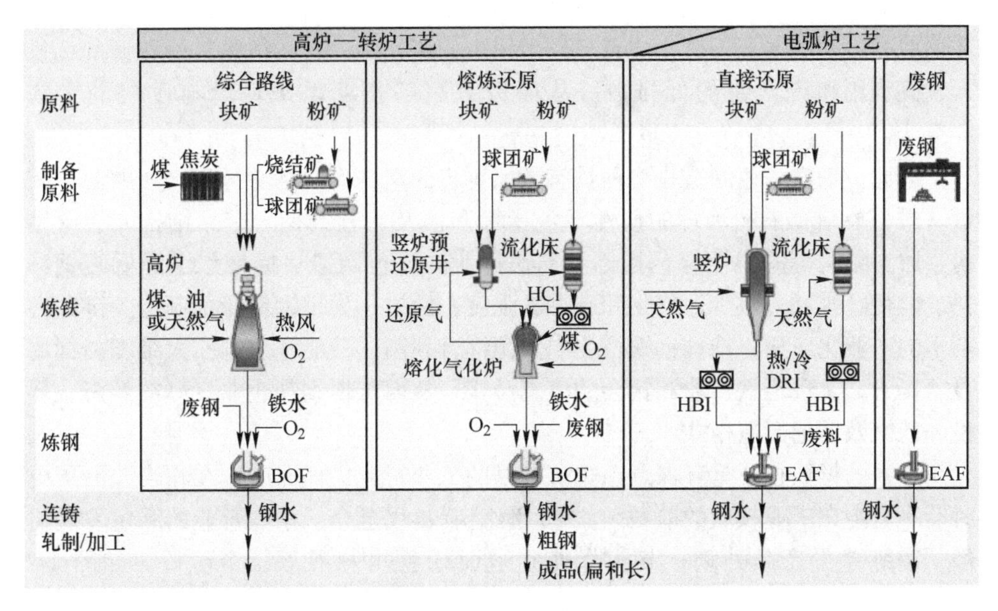

图 1-1　炼钢长流程、短流程冶炼工艺示意图

BF—BOF 工艺主要包括制备原料、炼铁、炼钢、连铸、轧钢等几个阶段。各阶段具体工作如下：（1）制备原料：将含铁粉矿烧结成烧结矿、球团矿，将

煤炼成焦炭，与含铁块矿一起作为高炉炼铁的原料；（2）炼铁：烧结矿、球团矿、块矿等原料在高炉中被还原成铁，也称铁水或生铁；（3）炼钢：铁水和加入的废钢在转炉里熔炼成钢水；（4）连铸：将钢水连续浇铸成各种形状的连铸坯；（5）轧钢：将连铸坯轧制成各种形状的钢材。EAF 工艺主要是使用电能熔化回收的废钢。根据设备配置和废钢的资源供应情况，还可以使用直接还原铁（DRI）或液态铁水等其他金属料。EAF 工艺没有烧结、焦化、高炉等生产单元，下游加工阶段如连铸、轧制类似于 BF—BOF 工艺。

现代钢铁工业属于流程制造业。在钢铁制造体系中大量的物质/产品、大量能量转换过程、多种形式的排放过程和大量的排放/废弃物都对环境造成不同层次、不同程度上的影响[2]。在钢铁工业发展初期，传统制造模式是粗放式经济模式，高能耗、高污染，只考虑收入与成本，而不考虑由此带来的环境污染问题。在这种模式中，人们以越来越高的强度把资源和能源开发出来，在生产加工和消费过程中又把污染物大量排放到环境中，资源利用常常是粗放的和一次性的，通过把资源持续不断地变成废弃物来实现经济的数量型增长，并酿成了灾难性的后果。与传统模式不同，绿色制造模式倡导的是一种建立在物质不断循环利用基础上的经济发展模式，它要求把经济活动按照自然生态系统的模式，组成一个“资源—产品—再生资源”的物质反复循环流动的过程，使得整个经济系统以及生产和消费的过程基本上不产生或者只产生很少的废弃物，其特征是自然资源的低投入、高利用和废弃物的低排放，从而极大缓解长期以来环境与发展的尖锐冲突[3]。

因此，钢铁绿色制造是一种具有环境意识的钢铁生产制造过程，兼顾源头减量、过程控制和末端治理的显性绿色指标和涉及流程结构、产品结构、能源结构、原料结构等的隐性绿色指标。钢铁行业的绿色制造目标聚焦于降低吨钢物耗、能耗、水耗，减少污染物和碳排放强度，通过一大批钢铁绿色制造关键共性技术的产业化应用，推动钢铁行业中资源综合利用、节能和减排三大维度指标的显著提升，实现钢铁行业和社会的生态链接，从而实现钢铁企业良好的经济、环境和社会效益的制造模式[4]。

中国的钢铁行业是环保意识觉醒较早的工业行业，环保工作在相当长的历史时期一直走在工业领域的前列。从 20 世纪 70 年代至今，钢铁行业的绿色发展历经了冶炼伴生产品处理、节能降耗和全面绿色化发展等三个阶段，如图 1-2 所示。

进入全面绿色发展阶段后，钢铁行业的节能环保工作水平有了整体性的提高，其中不少钢铁企业取得明显的进展，但真正完成钢铁行业的节能环保转型并实现绿色化钢铁企业还有大量工作要做。因此，面临中国钢铁工业绿色制造常态化的新形势，未来中国钢铁工业还需进一步用新的方法、新的思路去开发新的绿

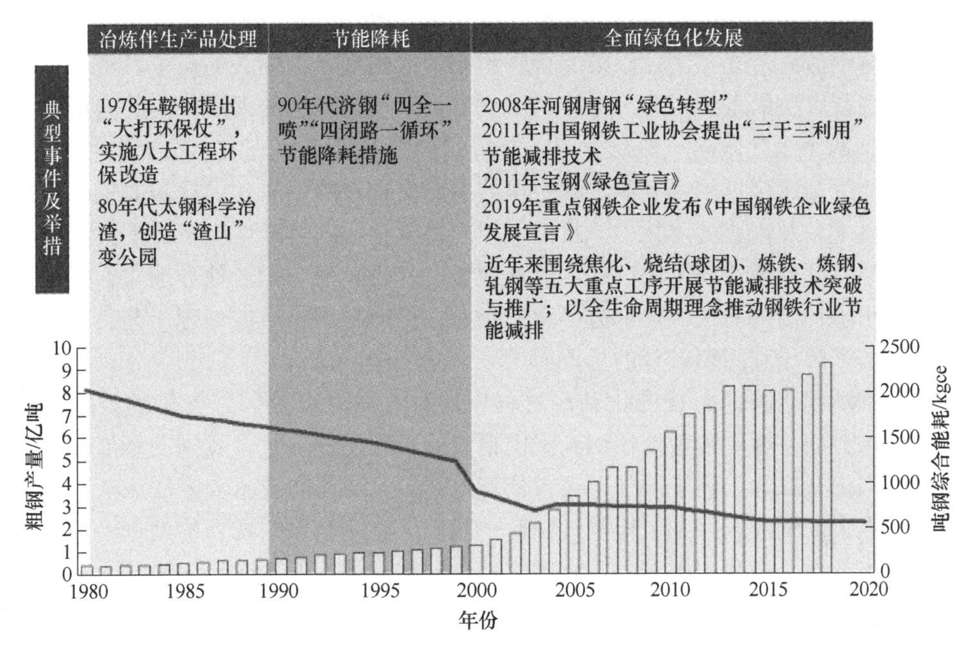

图 1-2 钢铁行业绿色发展阶段

色流程、装备和技术来面对更高层次的绿色发展，建设有中国特色的绿色钢铁工业生产模式。

1.2 钢渣减量与资源化利用的意义

钢渣是钢铁冶金工业排放的固体废弃物，大量钢渣堆积，不仅占用土地，污染环境，而且钢渣中的重金属元素经过雨水浸出对土壤及地下水造成严重的污染，给人们的生活和生存带来了潜在的威胁[5]。从 2013 年开始，我国钢渣的年产量超过 1 亿吨，截至 2020 年，钢渣年产量已达 1.6 亿吨，历史堆存的钢渣量则超过 10 亿吨，大量弃置堆积的钢渣已成为环境污染的一大公害。

钢渣作为炼钢过程中产生的一种副产品，其产量为粗钢产量的 10% ~ 20%[6]。钢渣中包含很多具有回收价值的元素及产品，如铁、磷、氧化钙、氧化镁等，因此，大量堆存的钢渣可被视作宝贵的二次资源。作为一种“放错了地方的资源”，若能实现钢渣的综合利用，不但可以消除环境污染，而且能够变废为宝创造巨大的经济效益，是可持续发展的有效途径。国外对钢渣利用的研究始于 20 世纪初期，很多国家在多领域开展了钢渣资源化利用研究，并取得了很好的效果。其中，日本钢渣有效利用率在 95%以上，欧洲钢渣利用率也在 90%以上。对比之下，我国钢渣资源化利用起步较晚，钢渣处理技术相对落后，国内钢渣有效利用率只有约 30%左右，其余 70%的钢渣仍处于堆存和填埋状态，导致占用大量土地、污染环境、资源浪费等问题。

面对钢渣总量逐年增加以及综合利用率较低的现状，钢渣的减量及资源化利用成为亟待解决的重要问题。考虑到历史堆存以及新产生的钢渣，减量应从“节源开流”两个维度做起，即减少钢渣产生量的同时提高钢渣的二次资源利用率，如此才能逐渐达到排用平衡的水平乃至消纳历史堆存的钢渣。但这需要依靠先进的生产技术以及钢渣处理技术。目前，国内部分企业已然开展少渣冶炼技术的研究与应用，此外还建设了先进的钢渣处理线，具备较强的钢渣处理能力，钢渣资源化利用走在国内前列，但部分中小型企业，仍旧采用落后的处理工艺，这也是导致钢渣资源化利用率较低的主要原因。

在推动钢渣减量与资源化利用过程中，一方面要借鉴国外先进的技术和经验，另一方面，也要清楚地认识到我国钢渣处理方面的现状。我国的钢渣总量和以及年产生量都远远高于国外，仅仅依赖发达国家现有的技术和方法无法有效消纳如此庞大的钢渣堆存和新增量，因此，我们不能完全照搬国外的处理经验，必须探索出一条符合我国国情的、有中国特色的钢渣处理的新途径。

1.3 钢渣的来源与作用

炼钢的任务就是采用不同的炼钢方法，炼出温度和成分均符合规定范围的高质量钢液。熔渣是参与炼钢过程的重要物质，熔渣造得好坏，是否符合冶炼的要求，直接决定着钢液中杂质的去除速度和去除程度。同时，熔渣造得好坏，与钢的产量、原材料和能量的消耗也有着密切的关系[7]。

1.3.1 钢渣的来源

钢渣是由金属料中杂质的氧化物和加入的造渣材料形成的，它的主要来源有以下几个方面：

（1）金属料中所含元素氧化后形成的氧化物（如 FeO、SiO_2、MnO、P_2O_5 等）以及其他化学反应的产物（如 MnS、CaS 等）。

（2）用作氧化剂或冷却剂的矿石、烧结矿所含的杂质（如 Fe_2O_3、MnO、Al_2O_3 等）。

（3）炉衬被侵蚀掉的耐火材料（如 MgO、CaO、SiO_2 等）。

（4）固体金属料带入的泥沙或铁锈（如 SiO_2、Al_2O_3 等）。

（5）加入的造渣材料。

（6）脱氧合金的脱氧产物（如 MnO、SiO_2、Al_2O_3 等）。

1.3.2 钢渣的组成

根据钢渣的来源可知，钢渣是由金属料中的硅、锰、磷、硫等杂质在熔炼过程中氧化而成的各种氧化物以及这些氧化物与溶剂反应生成的盐类所组成。其中氧气转炉炉渣氧化物含量及其范围如表 1-1 所示。

表 1-1 氧气转炉炉渣氧化物含量及其范围

组成成分	主要来源	终渣成分质量分数/%
CaO	石灰、炉衬、白云石等	35~55
MgO	炉衬、白云石、石灰等	2~12
MnO	铁水和废钢中的锰的氧化等	2~8
FeO	铁的氧化、加入的铁皮或铁矿等	7~30
Al_2O_3	铁矿、石灰等	0.5~4
Fe_2O_3	FeO 的氧化和加入的铁矿	1.5~8
P_2O_5	铁水和废钢中的磷的氧化	1~4
SiO_2	铁水和废钢中硅的氧化、炉衬、铁矿	6~21
S	铁水、废钢、石灰、铁矿等	0.05~0.4

1.3.3 钢渣的物化性质

钢渣对炼钢过程的作用是通过其物理化学性质来实现的。钢渣的物化性质主要指的是钢渣的熔点、黏度、碱度、表面张力、界面张力、导电性、氧化性和还原性。

(1) 钢渣的熔点。钢渣的熔点指炉渣完全变成均一液体状态时的温度，炉渣的熔点与炉渣成分密切相关，它是合理选择冶金工艺方法的重要依据。通过改变炉渣组成，可以获得不同的炉渣熔点，满足炼钢的要求[8]。

(2) 钢渣的黏度。钢渣的黏度对于熔渣和金属间的传质和传热速度有着密切的关系，因此它影响着渣钢反应的反应速度和炉渣的传热能力。黏度过大的熔渣使得熔池不活跃，冶炼不能顺利进行；黏液度过小的熔渣，熔池容易发生喷溅，而且严重侵蚀炉衬的耐火材料，降低炉子的寿命。熔渣黏度的影响因素主要是熔渣的组成和冶炼温度。因此，为了保证钢的质量和良好的经济技术指标，就要保证熔渣有适当的黏度。

(3) 钢渣的碱度。钢渣的碱度是判断熔渣碱性强弱的指标，而炼钢过程的去磷、去硫以及防止金属液吸收气体等都与熔渣的碱度有关，它还决定着熔渣中许多组元的活度。因此，碱度是影响渣钢反应的重要因素。熔渣碱度通常用渣中碱性最强的氧化物 CaO 和酸性最强的氧化物 SiO_2 含量之比来表示。

(4) 钢渣的表面张力和界面张力。对炼钢的影响表现在两个方面：一是反映在泡沫渣的生成上。当熔池中有气泡产生时，表面张力小的熔渣易形成泡沫渣，对去渣有利。二是反映熔渣与钢液或炉衬的作用上。熔渣与钢液的界面张力影响钢液中非金属夹杂物的排出，界面张力大，夹杂物容易排出，同时可减缓对炉衬的侵蚀[8]。

（5）钢渣的导电性。钢渣的导电性表明了熔渣导电能力的大小。熔渣的组成和冶炼温度决定着熔渣的导电性，它对电弧炉的供电制度和热的分配影响很大。

（6）钢渣的氧化性。钢渣的氧化性是指熔渣向钢液供氧的能力，即熔渣对钢液中杂质的氧化能力。通常用渣中最不稳定的氧化物（氧化铁）的多少来表示氧化能力的强弱。

1.3.4 钢渣在炼钢过程中的作用

按钢渣组成的化学性质，可将其分为酸性渣和碱性渣，以及氧化渣和还原渣。酸性渣的主要成分是 SiO_2，碱性渣的主要成分是 CaO。转炉和电炉的氧化期炉渣都属于氧化渣，只有电炉还原期的炉渣才是还原渣。可见，熔渣是炼钢过程中不可避免的产物，它对炼钢过程有着极其重要的作用：

（1）通过调整熔渣成分，保证炼钢过程中的各种物理化学反应向所需要的方向进行，使钢液中的硅、锰、铬等元素氧化或还原。

（2）去除钢中的有害杂质，如硫、磷等元素。

（3）防止炉衬的过分侵蚀。

（4）覆盖钢液，减少散热，防止吸收氢、氮等有害气体。

（5）吸收来于钢液中的各种非金属夹杂物。

（6）电弧炉熔炼时，熔渣可以起到稳定电弧的作用。

（7）电渣熔炼时，熔渣作为电阻发热体，具有重熔并精炼金属的作用。

（8）在氧气顶吹转炉中，熔渣与钢液被气泡充满形成高度弥散的乳化相，吸收炉内溅起的微小金属液滴，增加钢液和熔渣的接触面积，加快了钢液的精炼反应。

1.3.5 钢渣的处理和利用

完成冶炼任务的熔渣作为一种工业废弃物被处理，随着国内外炼钢工艺、造渣制度的多样化发展，钢渣处理工艺也日渐呈现多样化。其中，一次处理工艺主要包括了风淬法、水淬法、热泼法、热闷法、滚筒法等。企业在选择钢渣处理工艺时，通常从投资、环境与节能、钢渣综合利用途径等多方面考虑，在确保炼钢工艺能够顺利开展的基础上，综合考虑钢渣的流动性与黏度，选取最佳处理工艺，充分分离渣铁，最大程度减小由游离氧化钙等引发的钢渣不稳定性，有助于钢渣二次资源利用。其中，钢渣二次资源综合利用的方式主要有以下几种[10]：

（1）钢渣可作为冶炼熔剂在本厂循环利用，不但可以代替石灰石，而且可以从中回收大量的金属铁和其他有用元素。

（2）钢渣可作为制造筑路材料、建筑材料或农业肥料的原材料。

（3）钢渣可制成微晶玻璃。

（4）钢渣可用于处理废水。

（5）钢渣可用于酸性土壤中，改良土壤土质。

钢渣可作为冶炼熔剂在本厂循环利用有以下几种方式[10]：

（1）钢渣用作烧结材料，有利于烧结造球及提高烧结速度，还可降低烧结矿燃料消耗。

（2）钢渣用作高炉熔剂，可代替石灰石、白云石，节省矿石资源。

（3）钢渣用作炼钢返回渣料，可降低原料消耗，减少总渣量，对于冶炼本身还可促进化渣，缩短冶炼时间。

（4）钢渣冷压成型，可用作炼钢化渣剂、造渣剂和降温剂应用到冶炼的前、中、后期。

考虑到钢渣的产生、一次处理工艺以及二次处理工艺，将钢渣梯级利用模式具体归为以下三级：钢渣的热态回用、含铁物质的回收以及尾渣的多途径利用，并在正文中对每级利用展开了详细的论述。

1.4　本书的主要内容与特色

本书基于国内钢渣处理的现状，阐述钢渣减量及资源化利用的紧迫性和重要性，并根据多年致力于钢渣减量和资源化利用技术的研究，经过长时间的积累和总结，对炉渣减量和资源化利用形成了新的认识，提出并总结了钢渣梯级利用模式，本书章节逻辑如图 1-3 所示。

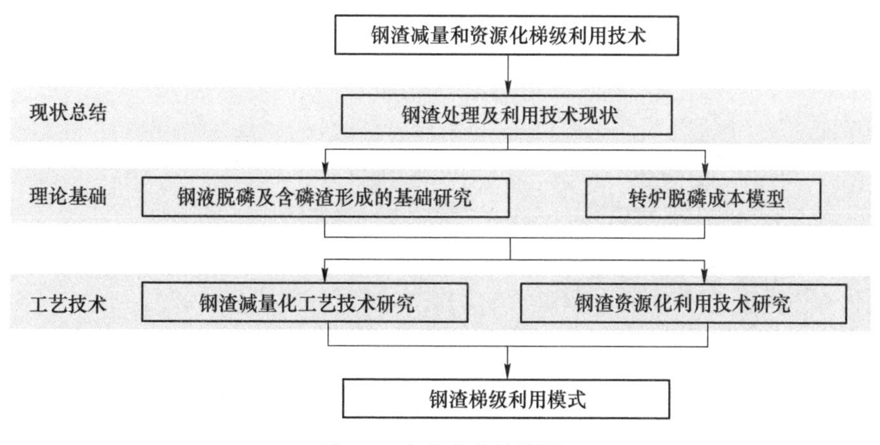

图 1-3　本书章节结构图

如图 1-3 所示，本书从钢渣利用现状总结、钢渣形成理论基础以及钢渣减量和资源化利用工艺技术三方面展开讨论。首先，本书第 2 章针对国内外钢渣处理及利用现状展开叙述，明晰目前我国钢渣处理及回用存在的问题。第 3 章与第 4 章分别针对在中高磷铁水脱磷过程中含磷钢渣的形成机理以及不同工艺条件对炼钢成本的影响进行机理性研究，从基础理论的角度明晰作为钢渣回用限制性环节的钢渣磷含量的影响因素。第 5 章与第 6 章分别从钢渣减量化角度与钢渣资源化利用角度阐述了钢渣梯级利用工艺技术。第 7 章最终形成基于钢渣减量和资源化利用的钢渣梯级利用模式，为探索出一条符合我国国情的、有中国特色的钢渣处理的新途径提供指导。

参考文献

[1] 刘浏，余志祥，萧忠敏. 转炉炼钢技术的发展与展望 [J]. 中国冶金，2001 (1)：17-23.
[2] 殷瑞钰. 绿色制造与钢铁工业 [J]. 钢铁，2000 (6)：61-65.
[3] 孙萃萃，张志红. 钢铁行业传统制造与绿色制造的比较研究 [J]. 环境保护，2008 (18)：54-55.
[4]《2035 我国基础材料绿色制造技术路线图研究》——钢铁绿色制造技术路线图 1-研究报告.
[5] 倪海明，潘凯，蔡广超，等. 钢渣资源化利用现状及发展趋势 [J]. 大众科技，2013, 15 (5)：75-78.
[6] 宋赞. 国内外钢渣资源化利用现状及发展趋势 [J]. 中国钢铁业，2019 (8)：39-41.
[7] 丁义武. 炼钢熔渣对炼钢过程的影响 [J]. 山西冶金，2009, 32 (4)：39-40.
[8] https：//www. docin. com/p-945782793. html.
[9] https：//m. mysteel. com/16/0919/19/AB244B6D7556A772_abc. html.
[10] https：//zhuanlan. zhihu. com/p/550503074.

2 钢渣处理及利用技术现状

钢渣是炼钢过程中产生的，其产生量约为钢产量的10%~20%，我国钢渣的堆存量已超过10亿吨。目前，针对钢渣的处理方式通常包括常规的钢渣一次处理，如热闷分解法、机械破碎法等，以及钢渣二次处理，包括渣钢铁回收工艺（含破碎、磁选及筛分技术）及高纯大块渣钢铁加工提纯工艺等。然而，这些钢渣处理方法并不能完全解决我国钢渣的回收利用问题，我国大部分钢渣在选铁后仍被堆置而未被利用，相比之下，在欧洲、日本和北美，钢渣的回收率都超过80%，这些堆置钢渣不但造成了严重的环境问题，而且造成了资源的浪费。本章主要围绕国内外现有的钢渣主要处理方式、钢渣利用方式以及钢渣回收、利用现状与进展展开叙述，明晰目前我国钢渣处理及回用存在的问题，为本书提出的"基于炉渣减量化和资源化的炼钢炉渣梯级利用技术"提供应用基础。

2.1 钢渣的主要处理方式

2.1.1 钢渣的理化性质和稳定性

2.1.1.1 钢渣化学成分

国内钢渣以转炉渣为主，约占钢渣的产量的90%。世界范围内，电炉钢渣产量约占总钢渣总产量的30%。欧洲发达国家，如德国，电炉渣约占总钢渣产量的50%以上；由于转炉渣和电炉渣来源不同，其矿物组成及成分也有差别。表2-1显示了转炉渣和电炉渣化学成分范围[1]。

表2-1 转炉渣和电炉渣化学成分范围 (%)

组　分	CaO	SiO_2	Al_2O_3	MgO	MnO	P_2O_5	Fe_tO	f-CaO
低 MgO 转炉渣	45~55	12~18	<3	<3	<5	<2	14~20	<10
高 MgO 转炉渣	42~50	12~15	<3	5~8	<5	<2	15~20	<10
低 MgO 电炉渣	30~40	12~17	4~7	4~8	<6	<1.5	18~28	<3
高 MgO 电炉渣	25~35	10~15	4~7	8~15	<6	<1.5	20~29	<3

转炉炼钢时，钢渣的产生取决于冶炼工艺的选择、铁水硅含量以及辅料的使用[2]。石灰在控制钢渣量、化学成分和矿物成分方面起着非常重要的作用[3]。钢渣中 CaO/SiO_2 的比率（碱度）是确定石灰加入量的重要参数。表2-2为各国钢

渣的典型化学成分。

表 2-2 各国钢渣各成分含量 (质量分数,%)

国家	CaO	SiO_2	Al_2O_3	MgO	MnO	P_2O_5	Fe_tO	S
土耳其[4]	38.62	19.28	2.71	8.05	7.52	—	22.61	0.28
日本[2]	45.8	11.0	1.9	6.5	5.3	1.7	17.4	0.06
巴西[5]	45.2	12.2	0.8	5.5	7.1	—	18.8	0.07
瑞典[6]	45.0	11.1	1.9	9.6	3.1	0.23	23.9	—
法国[7]	47.71	13.25	3.04	6.37	2.64	1.47	24.36	—
中国[8]	42.92	11.51	1.4	4.36	4.04	0.83	23.74	0.07

2.1.1.2 钢渣物理性质

钢渣的物理性质由化学成分与冷却条件决定。不同成分与冷却成分会导致不同的钢渣形态和颜色。碱度较低的钢渣呈灰色，碱度较高的钢渣呈褐灰色、灰白色。钢渣块松散不黏结，质地坚硬密实，孔隙较少。钢渣中的含铁量较高，其密度约为 3.1~3.6g/cm^3，含水率为 3%~8%，容重 1.32~2.26t/m^3，抗压强度高达 300MPa，冲击强度为 15 次，莫氏硬度为 5~7[9]。

2.1.1.3 钢渣矿物组成

钢渣的晶相组成受其化学成分和加工过程中的冷却速度的影响。钢渣的主要矿物组成为硅酸三钙（C_3S）、硅酸二钙（C_2S）、钙镁橄榄石（CMS）、钙镁蔷薇辉石（C_3MS_2）、铁酸二钙（C_2F）、RO 相（镁、铁、锰的氧化物所形成的固熔体）、游离石灰（f-CaO）等，如表 2-3 所示[10]。此外，部分钢渣中含有更高的磷和硫，这会直接影响钢渣在炼钢、炼铁过程中的应用。

表 2-3 钢渣主要矿相组成

矿 相	质量分数/%
硅酸三钙（C_3S），Ca_3SiO_5	0~20
硅酸二钙（C_2S），Ca_2SiO_4	30~60
其他硅酸盐	0~10
钙镁酸盐	15~30
铁铝酸钙 $Ca_2(Fe,Al,Ti)_2O_5$	10~25
(Fe,Mn,Mg,Ca)O	0~5
石灰相(Ca,Fe)O	0~15
方镁石 (Mg,Fe)O	0~5
萤石 CaF_2	0~1

2.1.1.4 钢渣稳定性

在钢渣使用时，制约钢渣综合利用的关键问题是钢渣稳定性，国内外均对钢渣进行严格的稳定性处理并检测合格后才能使用。钢渣不经过处理就进行回用会严重影响使用安全。国内外均有钢渣的稳定性检验方法。而钢渣稳定性的关键指标为f-CaO和浸水膨胀率。我国涉及到钢渣稳定性检验的标准有《钢渣稳定性试验方法》（GB/T 24175—2009）、《钢渣中游离氧化钙含量测定方法》（YB/T 4328—2012）。欧洲钢渣稳定性的检测标准为EN1744-1：1998。日本钢渣稳定性的检测标准为JIS A5015—1992。美国钢渣稳定性的检测标准为ASTM D4792—00。表2-4为各国钢渣稳定性检测标准比较。

表2-4 各国钢渣稳定性检测标准比较

国家	标准号	试验条件	膨胀率/%
中国	GB/T 24175—2009	钢渣在90℃水浴中浸泡10天	<2.0
欧盟	EN 1744-1：1998	钢渣在100℃下蒸汽处理7天	<3.5
日本	JIS A5015—1992	钢渣在80℃水浴中10天，每天6h	<2.0
美国	ASTM D4792—00	钢渣在（70±3）℃水浴中浸泡7天	<2.0

2.1.1.5 影响钢渣稳定性的因素

钢渣体积存在不稳定性的问题[11]，这种不稳定是由于游离CaO和游离MgO的存在以及b-C_2S转化为c-C_2S造成的。其中游离CaO是影响钢渣稳定性的最重要因素[1]。

2.1.1.6 改善钢渣稳定性的方法

减少钢渣中游离CaO的直接途径是使钢渣中的游离CaO进行充分的水化反应。许多研究人员对CaO的水化机理进行了研究。当被压实的CaO浸入水中时，其可以在几天内完全水化，体积增加100%[12]。由于石灰嵌入钢渣内部，如图2-1所示，钢渣表面与水和空气发生反应，迅速形成一层坚硬的薄层导致很难在炉渣深处进行水化反应，因此炉渣将含有更高的游离CaO含量，使其在道路或土木工程项目中使用具有潜在的危险[13]。因此，需要一种合理的钢渣处理方法，才能将其加工成一种能够成功应用于多种领域的材料。

相关研究人员发明了一些稳定钢渣的方法，使其能够顺利通过蒸汽试验，这些方法包括自然风化、加速老化和化学处理。不同国家采用不同的钢渣处理方法。

在日本，防止钢渣膨胀最常用的方法是老化处理[14]。矿渣老化用于将游离

图 2-1　砾石级钢渣颗粒

CaO 和游离 MgO 稳定为氢氧化钙或氢氧化镁[15]。这个过程包括用水蒸气喷洒钢渣，然后在院子里用帐篷床单进行覆盖，整个过程需要大约 6 天。由于常压老化时间较长，住友金属工业和歌山厂开发了一种高压水蒸气老化炉渣的工艺，整个处理过程只需 3h。这两种工艺的膨胀结果小于 1.5%，符合日本工业标准(JIS A5015)。

在德国，主要的钢渣处理方法是在钢渣中加入含有二氧化硅和氧气的沙子，以获得稳定的钢渣[16]。要生产游离 CaO<2%的固体渣，需要约 130~140kg/t 渣的沙子和约 0.8~1m^3/t 渣的氧气消耗，才能将渣的碱度从 4.5 降至低于 3。沙子由氮气输送，氧气用于提供额外的热量来熔解渣以保持渣的液体状态。这一工艺已在德国杜伊斯堡蒂森克虏伯钢铁厂的 1 号转炉上成功运行。

在中国，最常见的处理方法与日本使用的老化处理方法相似，主要有热泼法、滚筒法、风淬法、水淬法以及热闷法，具体的钢渣处理方法将在下一节进行详细介绍。

2.1.2　钢渣一次处理工艺

钢渣处理分两个阶段，由液态渣到固态渣的处理过程为一次处理过程，固态渣及渣铁的分选加工及磁选过程为二次处理。

常规的钢渣一次处理方法主要有热闷分解法、机械破碎法。其中，热闷分解法包括热闷法、热泼法及浅盘法，这类处理工艺的原理是在高温条件下利用钢渣中的氧化钙、氧化镁等碱性氧化物与水反应形成氢氧化物，由体积的膨胀破碎来达到粒化钢渣的目的。机械破碎法，是通过机械外力的作用对流动状态的钢渣进行冲击，使其破碎。机械破碎法包括水淬法、风淬法、滚筒法及钢渣风淬粒化法。

图 2-2 显示了我国 129 家钢铁厂渣处理方式的统计数据，由图可知 45.7%的钢铁厂采用热闷法处理钢渣，且大多为新建钢渣处理线的大型企业[17]。采用热泼闷渣法（也叫“池内热泼”等）的企业占 39.5%。居第三位的是滚筒处理法，占比为 7.75%，宝钢就采用了这种处理方法[18]。约 1.6%的钢铁厂使用风淬法，其中最具代表性的企业是马钢[8]。滚筒钢渣处理法虽然在国内占有率较低，但因其具有处理速度快、环保效果好等优点，在部分国外企业有较好的应用，如韩国浦项制铁、印度 JSW 和巴西 CSP 钢厂。

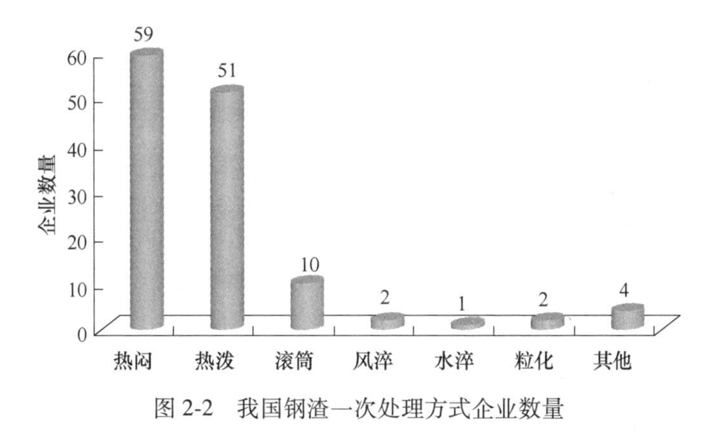

图 2-2 我国钢渣一次处理方式企业数量

部分钢渣处理方法的详细叙述如下。

2.1.2.1 热泼法

热泼渣法是将液态渣直接泼到渣坑，利用钢渣余热，经喷水冷却后，在热胀冷缩和游离氧化钙水解膨胀作用下，促使钢渣破裂、自解粉化[19]。图 2-3 为某钢厂的钢渣热泼法处理现场。

图 2-3 热泼渣处理现场

热泼法优点：（1）技术成熟，生产线流程简单，运行成本低；（2）设备及投资较少，年处理60万吨钢渣的投资约3000万元，占地30~40亩[20]。

热泼法缺点：（1）产生的蒸汽对车间环境影响较大，对厂房和设备寿命有一定影响；（2）渣块比较大，钢渣的综合利用还比较困难；（3）处理后的钢渣稳定性不好，尾渣需陈化后才能再利用。

处理结束后钢渣成分如表2-5所示。

表2-5 热泼渣化学成分

成分	SiO_2	CaO	Al_2O_3	MgO	Fe_2O_3	P_2O_5	碱度（-）	f-CaO
含量/%	14.59	44.84	1.41	4.99	28.25	1.94	2.71	7.95

从表2-5中可以看出，热泼渣处理后的渣中f-CaO含量较大，为7.95%。

钢渣的稳定性检测有浸水膨胀率检测和压蒸粉化率检测两类。浸水膨胀率检测方法多用于道路路基和基层材料用钢渣、沥青路面集料用钢渣、工程回填用钢渣；压蒸粉化率检测多用于建筑砂浆、建材制品及混凝土中的钢渣。表2-6为热泼处理结束后，热泼钢渣的主要理化性质。

表2-6 热泼渣理化性质

理化性质	指标
浸水膨胀率	5.04%
压蒸粉化率	17.05%
粉磨功指数	99.7MJ/t
7d活性指数	0.63
28d活性指数	0.67

从表2-6中可以看出，热泼渣的浸水膨胀率为5.04%，压蒸粉化率为17.05%。热泼渣的粉磨功指数为99.7MJ/t，而矿渣和水泥熟料的粉磨功指数平均值分别为76.7MJ/t和57.2MJ/t。钢渣明显要比矿渣和熟料难磨，这是由于钢渣中含有一定量的Fe_2O_3。热泼渣的7d活性指数为0.63，28d活性指数为0.67。

处理结束后钢渣的粒度分布如图2-4所示。从图中可以看出，热泼渣的粒度分布范围较宽，2.36mm以下的颗粒较少，并且粒度较大，26.5mm以上的占45.9%。

根据热泼渣的性质制定了热泼渣工艺路线图，如图2-5所示。由于热泼渣含有较高的f-CaO，所以尾渣在作建材或水泥材料使用前需要进行陈化处理来使得钢渣稳定性达到使用要求。

通过上述分析，可知热泼渣不满足以下产品标准中对于浸水膨胀率的要求：

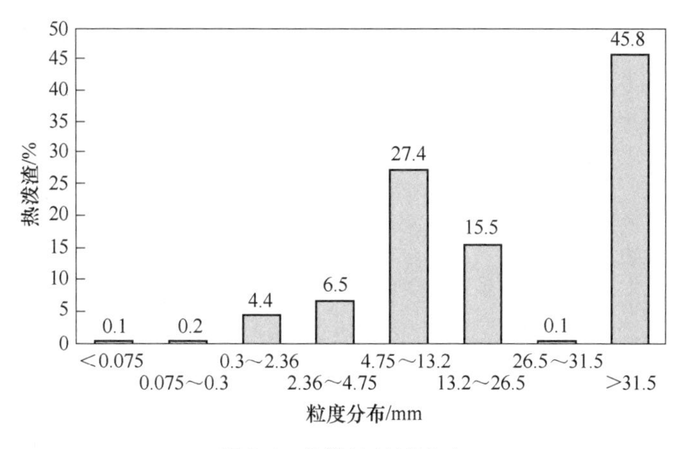

图 2-4 热泼渣粒度分布

《工程回填用钢渣》（YB/T 801—2008），《耐磨沥青路面用钢渣》（GB/T 24765—2009），《透水沥青路面用钢渣》（GB/T 24766—2009），《道路用钢渣》（GB/T 25824—2010），《道路用钢渣砂》（YB/T 4187—2009）。此类产品要求的浸水膨胀率不大于 2%，而热泼渣的浸水膨胀率为 5.04%，当要用作此类产品时，需要进一步的稳定性处理。

热泼渣也不满足以下产品标准中对于压蒸粉化率的要求：《普通预拌砂浆用钢渣砂》（YB/T 4201—2009），《水泥混凝土路面用钢渣砂应用技术规程》（YB/T 4329—2012），此类产品要求的压蒸粉化率不大于 5.9%，而热泼渣的压蒸粉化率为 17.05%，当用作此类产品时，也需要进一步的稳定性处理。

此外，热泼渣的粒度较大，4.75mm 以上的质量百分比达 88.8%，31.5mm 以上的达 45.8%。因此，若要进行充分的渣铁分离，需要将热泼渣进行一定的破碎。由于大部分建筑产品对尾渣中金属铁含量有要求（TFe≤2.0%），热泼渣在用作此类产品时难度也较大。

然而，热泼渣中 f-CaO 含量较高，有利于酸性土壤改良、废水处理、CO_2 吸收等方面的利用。热泼渣的 7d 活性指数、28d 活性指数分别为 0.63 和 0.67，满足《用于水泥和混凝土中的钢渣粉》（GB/T 20491—2006）中二级钢渣粉的要求。

2.1.2.2 粒化法

粒化法是一种新型的钢渣粒化方法，最初用于高炉渣粒化，其转筒设备原材料采用的是耐高温的合金，从而确保转筒设备能存放高温炉渣并且有助于提高炉渣冷却性。处理流程如图 2-6 所示。将液态钢渣倒入渣槽，均匀流入粒化器，被高速旋转的粒化轮破碎，沿切线方向抛出，同时受高压水射流冷却和水淬，落入水箱，通过皮带机送至渣场[21]。

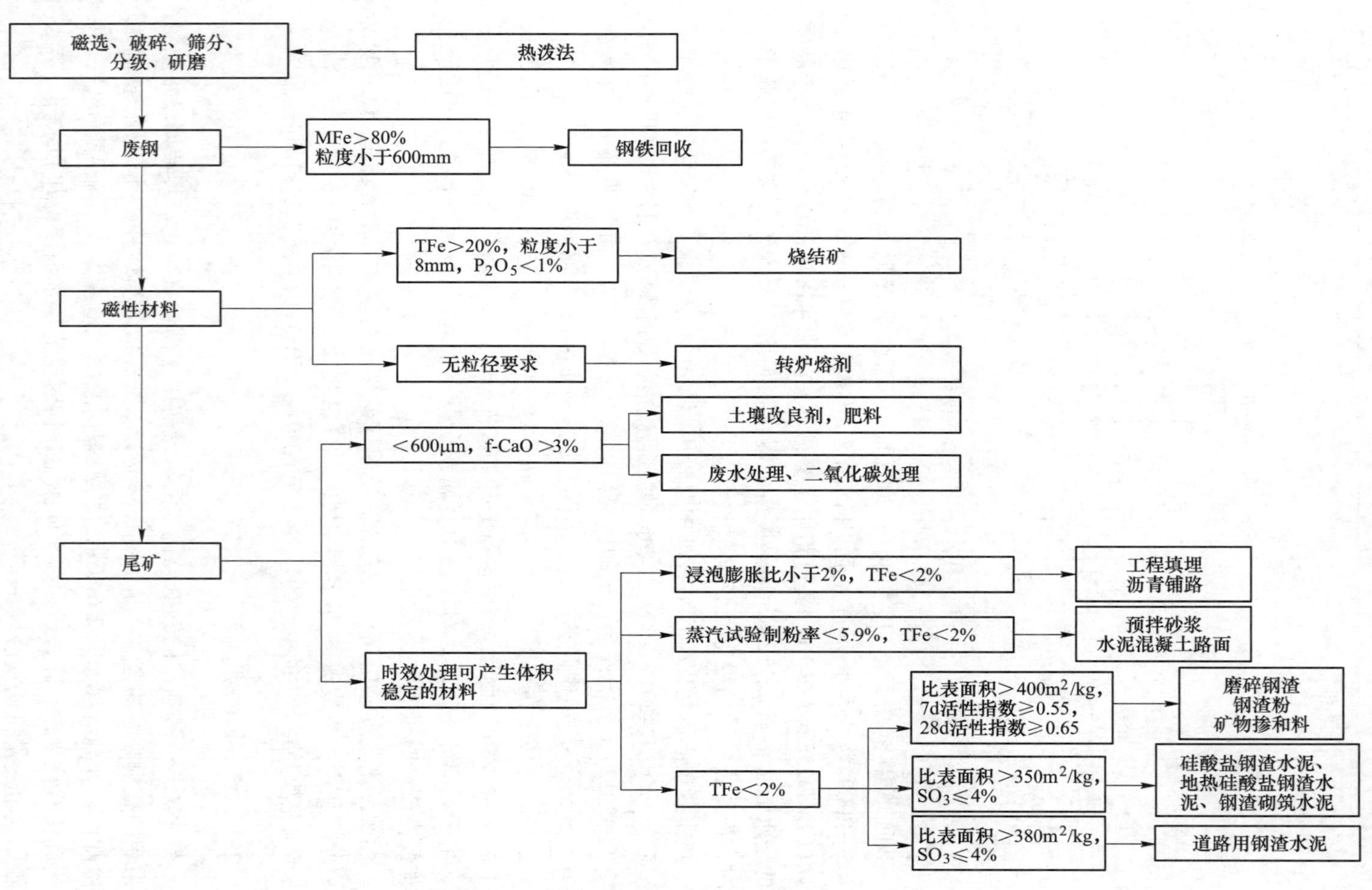

图 2-5 热泼渣使用路线图

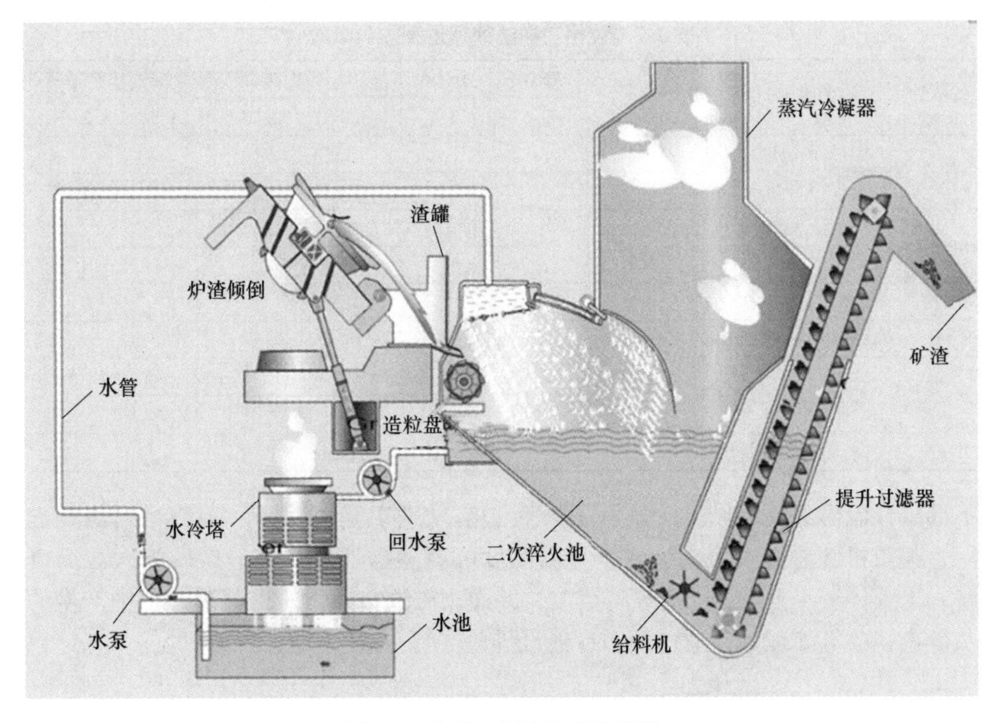

图 2-6 粒化法钢渣处理流程图

粒化法优点[9]：(1) 成品渣质量好。绝大多数成品渣粒度在 5~10mm，渣中含水量在 8.0%以下；(2) 在该系统中，在粒化器将熔渣破碎的同时，进行水淬，避免了熔渣将少量水覆盖或包裹的现象，从而避免了爆炸事故的发生，安全性好；(3) 烟尘少，蒸汽通过烟囱排放，环保性能好；(4) 粒化率高，正常粒化率为 80%~90%；(5) 自动化程度高，运行成本低，吨渣约 20 元左右；(6) 投资少、占地少、工艺简单。

粒化法缺点[19]：(1) 对钢渣流动性要求高，固态渣和流动性差的渣不能处理；(2) 金属料损失大，由于粒化过程把废钢也变成了小颗粒，高温下氧化严重，而且大中粒级废钢变成了小粒钢，金属料回收率低。

采用粒化法钢渣处理操作参数如表 2-7 所示。2004 年，粒化法首先应用于本溪钢铁 3×120t 和 3×150t 转炉，首期建成 4 套。2006 年，柳州钢铁 3×100t 转炉上建成了 2 套此设备[22]。

2.1.2.3 滚筒法

第一台滚筒渣处理系统于 1998 年 5 月在宝钢 250t 转炉上建成。该工艺将钢渣倒入渣罐后，由吊车吊至滚筒前，顺着流槽将高温熔渣倒入筒体，滚筒边旋转边向桶内急速喷水使尾渣冷却，尾渣落下后被筒内钢球挤压破碎，然后随水从筒

表 2-7　粒化法钢渣处理过程操作参数

钢渣成分/%	CaO	SiO_2	Al_2O_3	FeO	TFe	*R*（-）
	40.6	11.1	3.0	21.0	23.8	3.2~3.5
带渣温度/℃	1550~1650					
供水(循环)/$t \cdot h^{-1}$	430~485					
水压/MPa	0.32~0.38					
炉渣粒化率/%	80~85					
水消耗/$t \cdot t^{-1}$渣	0.657					
造粒速度/t 渣·min^{-1}	1.5~3					
粒化后钢渣分布/%	<1mm	1~3mm	3~7mm	7~12.5mm	>12.5mm	
	5	41	36	13	5	
粒化后含水量/%	<10					

下部出口流出滚筒。图 2-7 显示了滚筒法渣处理工艺流程图。钢渣运到渣处理厂，起重机倒渣进入滚筒装置，将高黏度的渣用撇渣器分离，然后放入滚筒设备，当固体渣小于 15mm 后进行排放，并通过磁选分离。对渣处理过程中产生的灰尘进行喷雾处理，并通过烟囱将蒸汽排放。

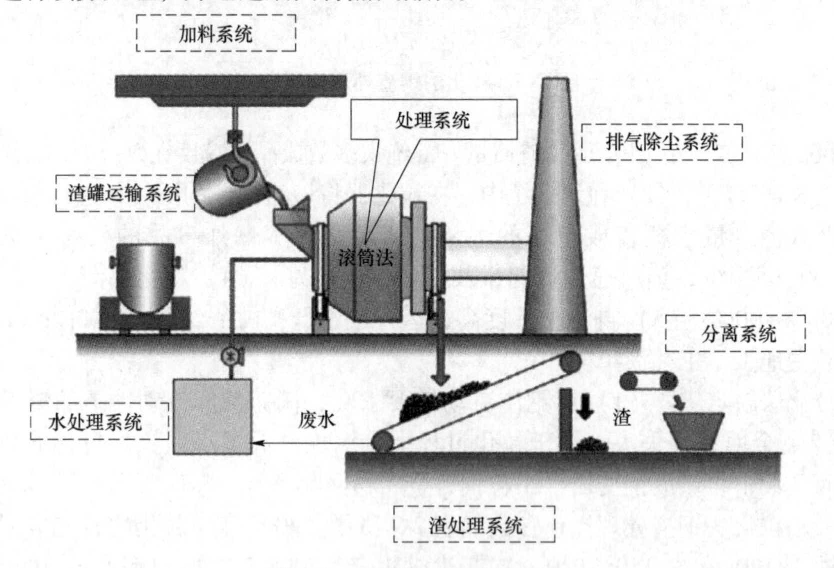

图 2-7　滚筒法渣处理流程图

滚筒法优点[23]：（1）钢渣粒度细小，小于 10mm 占到 90% 左右，废钢、渣分离完全，非常有利于回收废钢；（2）游离氧化钙低，对于钢渣综合利用非常有利；（3）生产流程短、占地面积少生产效率高，处理单罐 20t 的钢渣时间不到 10min；（4）粉尘少，蒸汽通过烟囱外排，环保性能好；（5）自动化程度高，劳动强度低。

滚筒法缺点[23]：（1）设备复杂，维修难度大；（2）要求钢渣流动性好，固态渣和流动性差的渣不能处理；（3）运行费用较高，吨渣约为45元左右。

处理结束后钢渣成分如表2-8所示。

表2-8　滚筒渣化学成分

成分	SiO_2	CaO	Al_2O_3	MgO	Fe_2O_3	P_2O_5	f-CaO	碱度（-）
含量/%	12.50	47.46	1.81	6.40	28.24	2.02	3.48	3.27

处理结束后钢渣的主要理化性质如表2-9所示。

表2-9　滚筒渣理化性质

理化性质	指标
浸水膨胀率/%	2.21
压蒸粉化率/%	6.06
粉磨功指数/$MJ \cdot t^{-1}$	102.5
7d活性指数	0.70
28d活性指数	0.72

从表2-9中可以看出，滚筒渣的浸水膨胀率为2.21%，压蒸粉化率为6.06%。滚筒渣的粉磨功指数为102.5MJ/t，钢渣明显要比矿渣和熟料难磨。滚筒渣的7d活性指数为0.70，28d活性指数为0.72。

处理结束后钢渣的粒度分布如图2-8所示。从图中可以看出，热泼渣的粒度分布范围较宽，4.75mm以下的颗粒占到50%以上，13.2mm以上的占比不到10%。

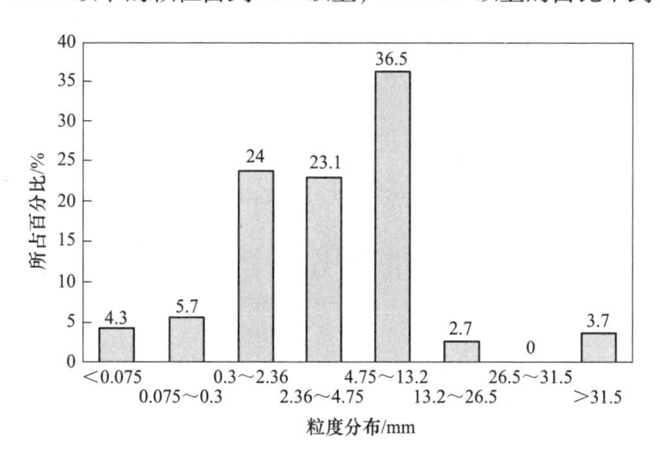

图2-8　滚筒渣粒度分布

根据滚筒渣的性质制定了滚筒渣工艺路线图，如图2-9所示。由于滚筒渣f-CaO含量为3.48%，略高于3%，所以尾渣在作建材或水泥材料使用前需要进行陈化处理来使钢渣稳定性达到使用要求。

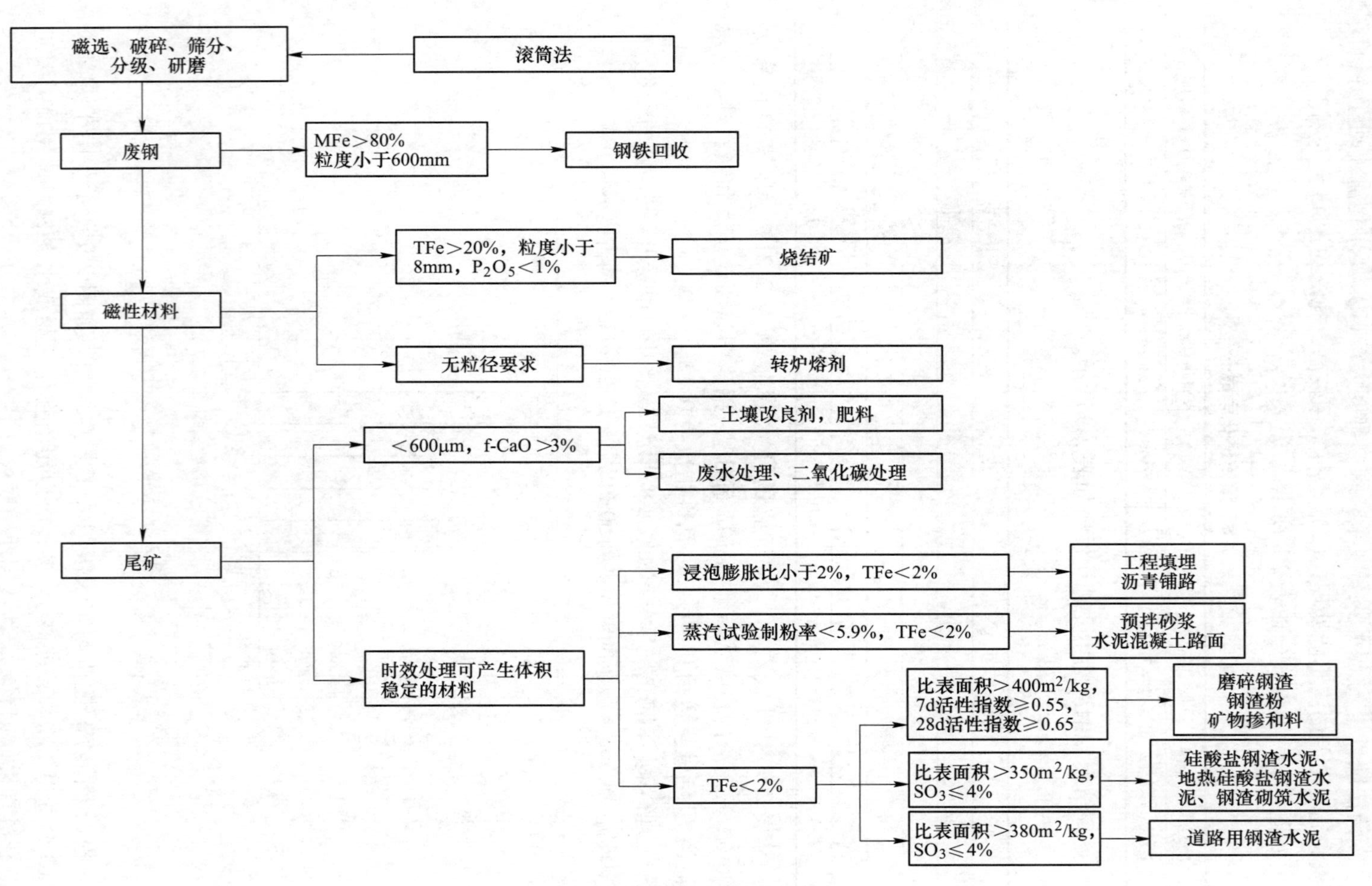

图 2-9 滚筒渣使用工艺路线图

通过上述分析，可知滚筒渣略高于前述产品标准中对于浸水膨胀率的要求。此类产品要求的浸水膨胀率不大于 2%，而滚筒渣的浸水膨胀率为 2.21%，经过一定的陈化处理，可以用作此类产品。

同样，滚筒渣略高于前述产品标准中对于压蒸粉化率的要求。此类产品要求的压蒸粉化率不大于 5.9%，而滚筒渣的压蒸粉化率为 6.06%，经过一定的陈化处理，可以用作此类产品。

此外，滚筒渣的粒度较小，4.75mm 以下的质量百分比达 50%，13.2mm 以上的不到 10%，有利于渣铁分离。

滚筒渣的 7d 活性指数、28d 活性指数分别为 0.70 和 0.72，满足《用于水泥和混凝土中的钢渣粉》（GB/T 20491—2006）中二级钢渣粉的要求。

2.1.2.4 热闷法

钢渣热闷技术是中冶建筑研究总院有限公司从 20 世纪 90 年代研究成功第一代钢渣（300~500℃）余热自解热闷工艺技术和装备基础上，历经三代升级改造于研究开发出的技术。

热闷钢渣的工艺原理：将热的熔融钢渣倒入到有盖子的罐中，将水喷入闷罐，产生蒸汽，水蒸气和 f-CaO 和 f-MgO 反应来获得稳定的转炉渣。加上 C_2S 等冷却过程中体积增大，使得钢渣自解粉化，同时渣钢分离。处理完后用挖掘机或抓斗从池内挖出外运。鞍钢鲅鱼圈钢厂熔融钢渣热闷工艺流程如图 2-10 所示。闷渣翻罐、移动式排蒸汽罩车、盖上闷渣盖热闷如图 2-11~图 2-13 所示。

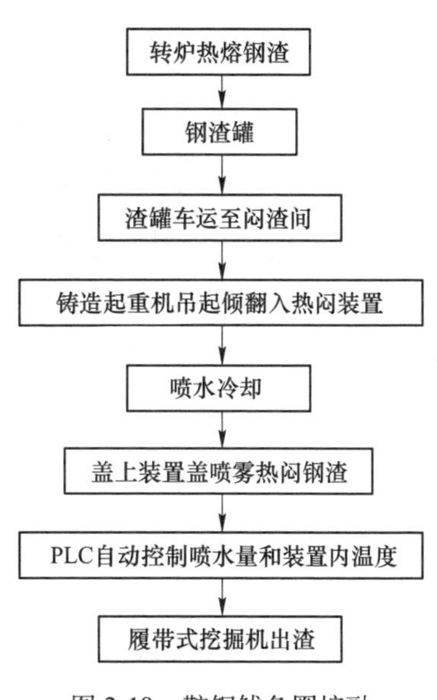

图 2-10 鞍钢鲅鱼圈熔融钢渣热闷工艺流程

热闷法优点[20]：（1）钢渣粉化效果较好，废钢与渣分离好，易于回收金属料；（2）游离氧化钙含量比较低，钢渣膨胀性小，性质稳定，有利于尾渣的综合利用；（3）机械化程度高，劳动强度低；（4）粉尘少，蒸汽可以回收，环境污染小；（5）运行费用适中，吨渣为 25 元左右；（6）生产周期短，以鞍钢鲅鱼圈钢厂热闷法工艺为例，整个处理周期只需要 23h。

热闷法缺点[20]：（1）设备、厂房等投资大，年处理 60 万吨钢渣的投资约 5000 万元，占地 40 亩左右；（2）由于对进入闷罐的钢渣温度范围有较高要求，所以对多炉钢渣同批进入闷罐操作不大方便。

图 2-11　闷渣翻罐

图 2-12　移动式排蒸汽罩车

图 2-13　盖上闷渣盖热闷

处理结束后钢渣成分如表 2-10 所示。

表 2-10　热闷渣化学成分

成分	SiO_2	CaO	Al_2O_3	MgO	Fe_2O_3	P_2O_5	f-CaO	碱度（-）
含量/%	15.50	45.34	2.50	5.16	23.51	1.26	1.30	2.71

处理结束后钢渣的主要理化性质如表 2-11 所示。

表 2-11　热闷渣理化性质

理化性质	指标
浸水膨胀率/%	0.35
压蒸粉化率/%	0.81
粉磨功指数/$MJ \cdot t^{-1}$	82.5
7d 活性指数	0.66
28d 活性指数	0.69

从表中可以看出，热闷渣的浸水膨胀率为 0.35%，压蒸粉化率为 0.81%。滚筒渣的粉磨功指数为 82.5MJ/t，热闷钢渣要比矿渣和熟料难磨。热闷渣的 7d 活性指数为 0.66，28d 活性指数为 0.69。

处理结束后钢渣的粒度分布如图 2-14 所示。从图中可以看出，热泼渣的粒度分布范围较宽，4.75mm 以下的颗粒占到 74.0% 以上，主要集中在 4.75～13.2mm 之间。

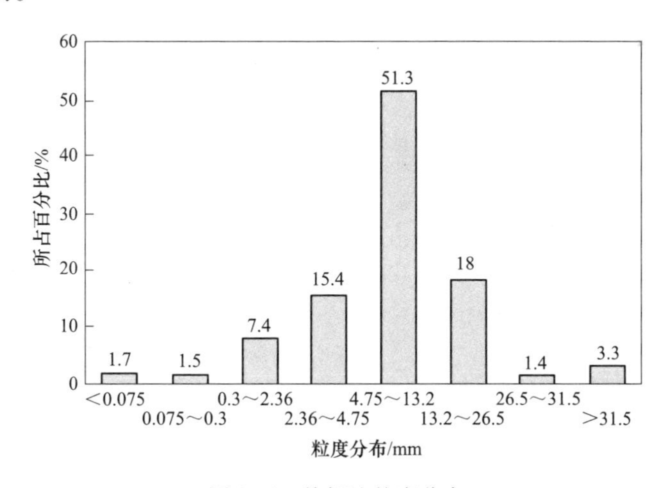

图 2-14　热闷渣粒度分布

根据热闷渣的性质制定了热闷渣工艺路线图，如图 2-15 所示。由于热闷渣 f-CaO 含量为 1.30%，具有很好的稳定性，所以尾渣作建材或水泥材料使用前不需要进行陈化处理来使钢渣稳定性达到使用要求。

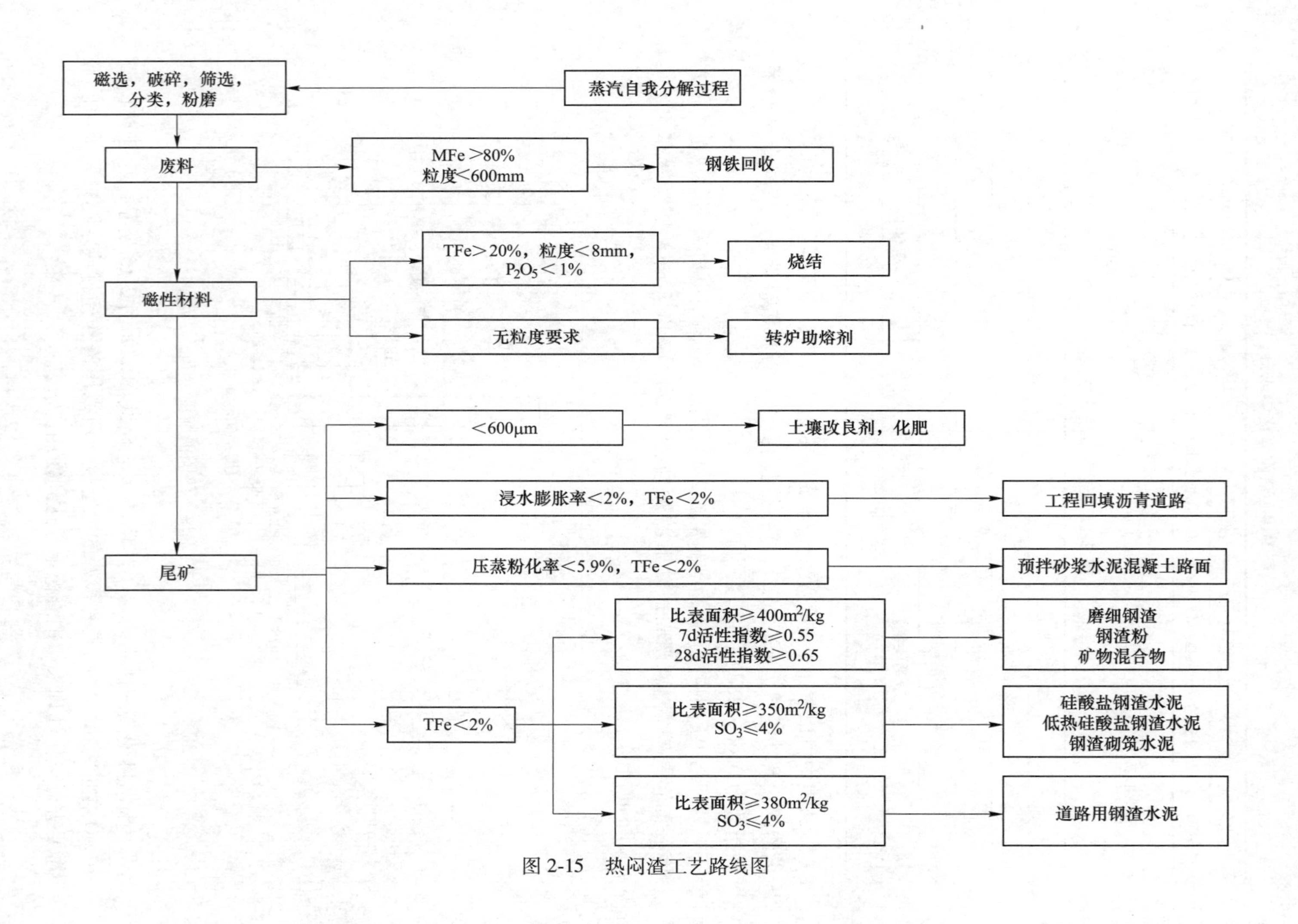

图 2-15　热闷渣工艺路线图

通过上述分析，可知热闷渣符合前述产品标准中对于浸水膨胀率的要求。此类产品要求的浸水膨胀率不大于 2%，而热闷渣的浸水膨胀率为 0.35%，可以直接使用。

同样，热闷渣符合前述产品标准中对于压蒸粉化率的要求。此类产品要求的压蒸粉化率≤5.9%，而热闷渣的压蒸粉化率为 0.81%，可以直接使用。

通过热闷工艺，磁性成分（主要为金属铁和氧化铁）被分离，这部分约占钢渣重量的40%，其余的60%主要用作建筑材料。从热处理渣中分离的磁性成分的比例和 TFe 含量如表 2-12 所示[21]。热闷处理的钢渣，粒度在 10mm 以下的占总数的 60%以上；钢和渣分离效果好，易于磁选，金属回收品位可到：废钢 w_{TFe}>95%、渣钢废钢 w_{TFe}>80%，经热闷处理后的钢渣游离氧化钙和游离氧化镁质量分数小于 2%[24]。

表 2-12 钢渣磁性成分 TFe 含量及所占比例

项　目	TFe/%	颗粒尺寸/mm	所占钢渣比例/%
钢块	>80	>50	10
钢粒	>62	10~50	10
磁选粉	>40	0~10	20

热闷渣的 7d 活性指数、28d 活性指数分别为 0.66 和 0.69，满足《用于水泥和混凝土中的钢渣粉》（GB/T 20491—2006）中二级钢渣粉的要求。

热闷处理基本应用在我国已经安全运行 20 年以上，并且已经相继在鞍钢鲅鱼圈新炼钢、首钢京唐、唐山国丰钢铁、本溪钢铁公司、日照钢铁公司、新余钢铁公司等 50 余家钢铁企业推广应用。这些设施的渣处理能力约为 25 万~170 万吨/年。通过热闷装置，在 2008~2010 年间，处理了 310 万吨钢渣，回收铁增加了 49.6 万吨[21]。

2.1.2.5 风淬法

风淬法适合高温液态渣处理。该装置由气体调控系统、粒化器、中间包、支承及液压倾翻机构、主体除尘水幕、水池等设备组成。装满液渣的渣罐由行车吊放到倾翻支架上，将渣液逐渐倾倒入中间包后，依靠重力作用，经出渣口从中间包、六渣槽流到粒化器前方，被粒化器内喷出的高速气流击碎；再加上表面张力的作用，使击碎的液渣滴收缩凝固成直径为 2mm 左右的球形颗粒，撒落在水池中。池中的钢渣通过螺旋机快速提升至干燥器内干燥，然后经过磁选机实施废钢与尾渣的分离，1mm 以上的钢粒返回炼钢生产，1mm 以下用作烧结熔剂，尾渣用作建材。

风淬法优点[23]：安全可靠、工艺简单、投资少、处理能力大、一次粒化彻底、用水量少等，可节约能源，风淬率达95%，渣粒直径0~6mm，平均为2mm。

风淬法缺点[23]：对钢渣的流动性有很高的要求，由于钢渣碱度大，黏度高，一般能够风淬处理的钢渣不超过总钢渣的50%，其他钢渣要使用别的方法处理。

处理结束后钢渣成分如表2-13所示。

表2-13　风淬渣化学成分

成分	SiO_2	CaO	Al_2O_3	MgO	Fe_2O_3	P_2O_5	f-CaO	碱度（-）
含量/%	10.93	42.03	1.99	8.64	30.46	2.93	0.70	3.03

处理结束后钢渣的主要理化性质如表2-14所示。

表2-14　风淬渣理化性质

理化性质	指标
浸水膨胀率/%	1.42
压蒸粉化率/%	1.03
粉磨功指数/$MJ \cdot t^{-1}$	97.5
7d活性指数	0.58
28d活性指数	0.60

从表2-14中可以看出，风淬渣的浸水膨胀率为1.42%，压蒸粉化率为1.03%。滚筒渣的粉磨功指数为97.5MJ/t，风淬渣要比矿渣和熟料难磨。风淬渣的7d活性指数为0.58，28d活性指数为0.60。

处理结束后钢渣的粒度分布如图2-16所示。从图中可以看出，风淬渣的粒度分布较均匀，粒度最细，96%在4.75mm以下。

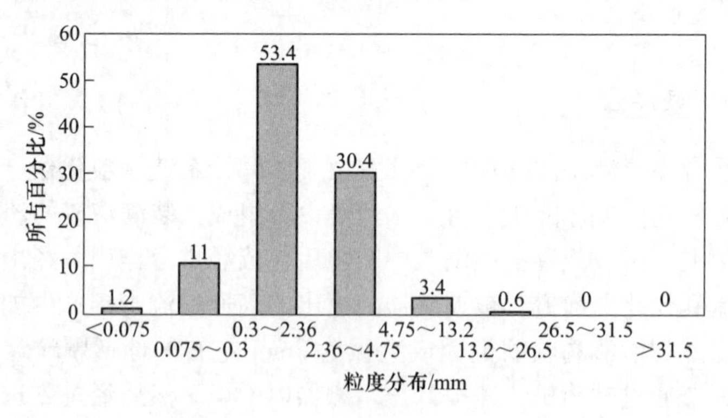

图2-16　风淬渣粒度分布

根据风淬渣的性质制定了风淬渣工艺路线图，如图2-17所示。

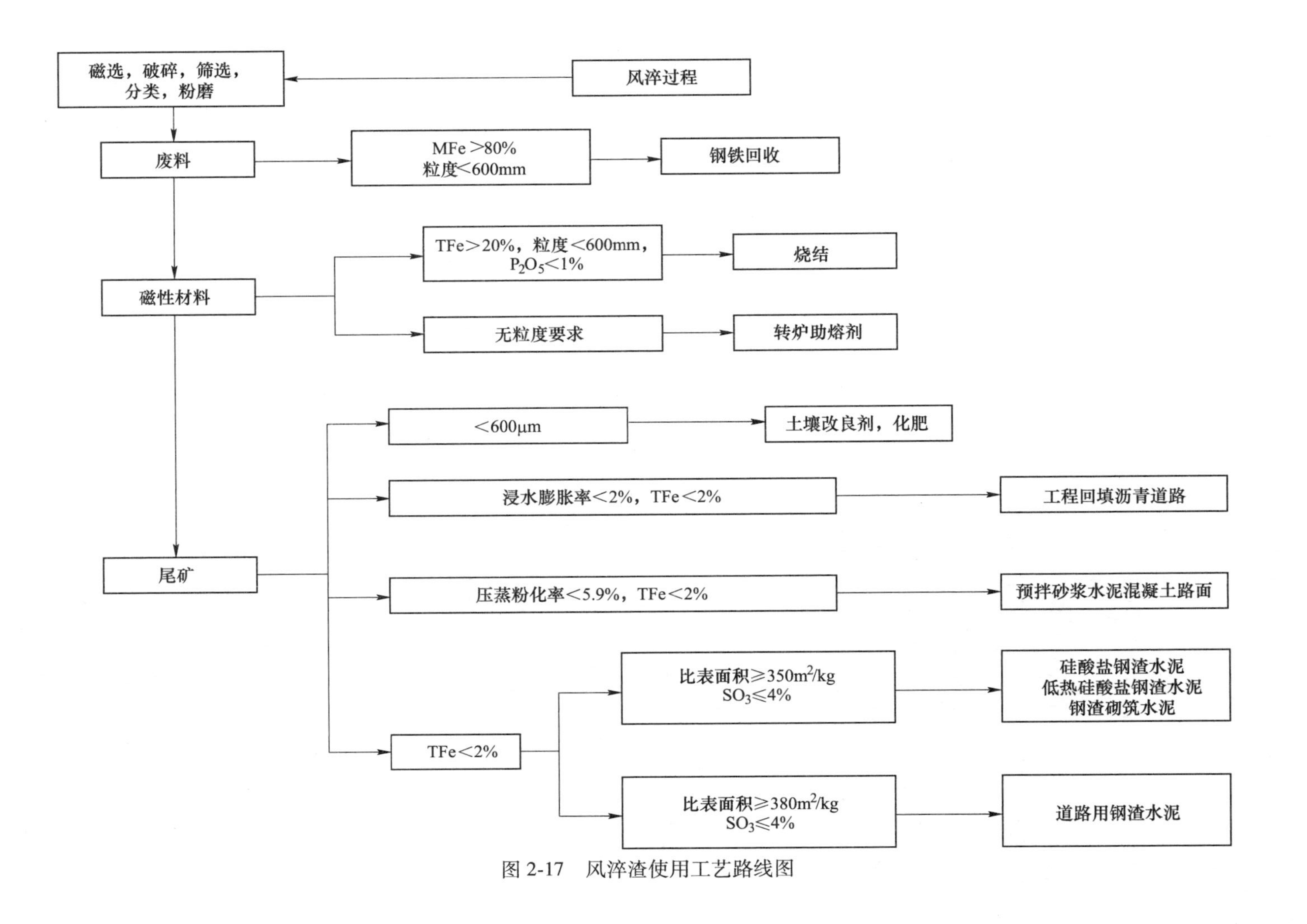

图 2-17　风淬渣使用工艺路线图

通过上述分析，可知风淬渣符合前述产品标准中对于浸水膨胀率的要求。此类产品要求的浸水膨胀率不大于 2%，而风淬渣的浸水膨胀率为 1.42%，可以直接使用。同样，风淬渣符合前述产品标准中对于压蒸粉化率的要求。此类产品要求的压蒸粉化率不大于 5.9%，而风淬渣的压蒸粉化率为 1.03%，可以直接使用。

风淬渣的粒度较细并且很均匀，所以适合用于作为道路基层、面层及建筑材料的细集料等。但是风淬渣的活度较低，不满足标准中关于 7d 活度系数和 28d 活度系数的规定，所以不适合制备钢渣粉和钢渣水泥。

2.1.2.6　不同处理工艺技术后钢渣性质比较

钢渣稳定性是钢渣处理中最重要的指标。表 2-15 对四种钢渣处理方法下的游离 CaO、浸出膨胀率、压蒸粉化率进行了比较。由表 2-15 可知，钢渣经过热泼法和滚筒法处理后，稳定性相对较差。

表 2-15　不同钢渣处理方式的稳定性比较　　(%)

处理方法	热泼法	滚筒法	热闷法	风淬法	标准（GB/T 25824—2010, YB/T 4201—2009）
游离氧化钙	7.95	3.48	1.30	0.70	2.0
浸出膨胀率	5.04	2.21	0.35	1.42	2.0
压蒸粉化率	17.05	6.06	0.81	1.03	5.9

2.1.3　钢渣二次处理工艺

钢渣二次处理工艺包括渣钢铁回收工艺（含破碎、磁选及筛分技术）及高纯大块渣钢铁加工提纯工艺等。钢渣中铁的回收，主要通过重力分选、浮游分选和磁力分选三种选别方式进行，其中以磁力分选钢渣研究得最多，这三种方法也是黑色金属的主要选别方式。

磁力分选是利用物料中不同颗粒之间的磁性差异，在非均匀磁场中借助于颗粒所受到的磁力、机械力等不同而进行的一种方法，通常称为磁选。磁选是一种最广泛的选矿方法，其研究重点在于磁选机，结合黑色金属、钢渣等本身特性，研制出的磁选机可以有效地将物料中的金属分离，且可以分选出不同粒径、磁力大小的物料。

针对磁铁矿研制的磁选机种类繁多，可按磁场强弱、聚磁介质类型、工作介质和结构特点等对其进行分类。其中最常见的是按磁场的强弱分类：（1）弱磁场磁选机，用来选别磁性较强的矿物，工作间隙的磁场强度为 $(0.6\sim1.6)\times10^5$ A/m；（2）中磁场磁选机，用来选别磁性中等的矿物，工作间隙的磁场强度为

$(1.6\sim4.8)\times10^5$A/m；（3）强磁性磁选机，用来选别磁性较弱的矿物，工作间隙的磁场强度为$(4.2\sim20.8)\times10^5$A/m。按工作介质可以分为干式和湿式磁选机。磁选机的结构与选别矿物的磁性强弱和粒度有关，一般可处理粒度为几毫米至几微米的物料[25]。

2.1.3.1 钢渣破碎、磁选、筛分设备

A 破碎设备

一级破碎设备：钢渣磁选线一般选用液压颚式破碎机作为一级破碎设备。它克服了传统颚式破碎机存在的“卡铁”和“闷车”现象。液压颚式破碎机的规格是按照排料口的大小来区分在设备选型时应根据物料的最大给料粒度、给料量和排料粒度综合考虑。

二级破碎设备：颚式破碎机只能将钢渣破碎至数十毫米级，但出于尽可能地回收钢渣中铁元素以及尾渣综合利用的考虑，必须将钢渣破碎至 10mm 以下，这就需要更加高效的钢渣破碎设备。钢渣第二级破碎一般选用惯性圆锥破碎机和棒磨机两种，二者用于钢渣破碎时都是优良的钢渣细碎设备，能够将钢渣细碎至 10mm 以下。

棒磨机的特点是磨矿过程中介质与物料呈线接触，具有一定选择性磨矿功能，产品粒度比较均匀，过粉碎矿粒少，产品粒度在 3mm 左右，磁选后磁选粉含铁品位较高。钢渣磁选生产线的棒磨机可用于钢渣提纯，也可以用于钢渣的破碎。用于渣钢提纯时可将粒级为 10~80mm、MF 为 50%~60%的渣钢的提纯至大于 90%。用于钢渣破碎时可将 10~80mm 的钢渣破碎至 10mm 以下[26]。

B 磁选设备

回收钢渣中铁元素的关键设备是磁选设备。磁选设备的选择应根据钢渣的粒度及含钢量选取不同类型的设备。

第一级筛分中送落锤间破碎的粒径大于 200mm 的钢渣经破碎后选用电磁吸盘磁选出大块渣钢，电磁吸盘设备简单易操作，适用于对粒径较大的钢渣进行磁选。

对 80~200mm、10~80mm 以及 0~10mm 的钢渣均采用带式磁选机进行磁选。对粒径小于 10mm 的钢渣必要时还可增加辊式磁选机，最大程度地磁选出金属铁，以便于尾渣的综合利用。图 2-18 为通过钢渣磁选分离出来的铁块。

目前磁选设备主要是电磁自卸式除铁器、磁滚筒、单辊双辊磁选机及带式磁选机等，这几种磁选设备在国内有广泛应用。电磁自卸式除铁器由于安装位置与皮带垂直，磁选效率有所降低，且只能对粒径较大的钢渣进行磁选。磁滚筒在进行磁选过程中，由于其永磁的特性，磁场强度不可调，所以选出的磁性物品位难以控制。单辊双辊磁选机主要用于粒径较小的物料，其磁场也不可调，磁选的效

图 2-18　钢渣中分离出来的铁块

果受制于磁选物料的干湿程度，物料较湿的时候容易存在粘辊的问题[26]。

对于粒径小于 10mm 的钢渣，由于静电作用和表面张力作用，磁性物料和非磁性物料不易分离，增加一个辊式磁选设备，物料在磁滚筒上经过多次抛落，多次翻动和多次磁选，把磁性物料和非磁性物料分离开来，最终尾渣的含铁率 MFe 可以达到一个极小的范围，甚至可以保证 MFe<1%。

C　筛分设备

第一级筛分选用格筛或翻转筛，筛孔尺寸 200mm。第二级、第三级筛分则选用筛孔分别为 80mm、10mm 的振动筛，提高筛分效果。

D　渣钢提纯设备

渣钢用于转炉的最低含铁标准为 MFe>80%，而在某些钢厂这个要求更加严格。残钢与钢渣黏结包裹在一起，导致磁选出来的渣钢很难达到这一铁品位要求，这个时候就需要对渣钢进行进一步地提纯。

对粒径大于 80mm 的渣钢使用自磨机进行提纯，粒径 10~80mm 的渣钢使用棒磨机提纯。

自磨机：利用残钢和钢渣的硬度差别，使钢渣破碎而金属不破碎，提高下道工序的磁选效果，从而提高金属的回收率。混入钢渣中的残钢经过自磨机中物料间的碰撞磨削作用，可以把粘在钢上的渣脱下来，提高了回收金属的品位。自磨机还有一个显著的优势就是设备使用寿命长，故障率低。

棒磨机：钢渣磁选生产线的棒磨机可用于渣钢提纯，也可以用于钢渣的破碎。用于渣钢提纯时可将粒级为 10~80mm、MFe 为 50%~60%的渣钢的提纯至大于 90%。棒磨机分别用于渣钢提纯和钢渣破碎时的衬板排布及钢棒的要求也会有所不同。

2.1.3.2 国内部分钢厂磁选工艺简介

A 鞍钢

鞍钢[27]于1986年从德国KHD和EF公司引进的一套处理能力为240万吨/年钢渣处理线，该工艺对热闷处理后的钢渣，进行二破、三筛、四磁选的处理工艺，可选出粒径为10~50mm、50~100mm和100~356mm的三种铁品位大于62%的粒钢和0~10mm铁品位为42%的磁选粉。为保证精料，矿渣公司2008年建了一条26万吨钢渣磁选产品深加工工艺生产线，如图2-19所示。

图2-19 钢渣磁选产品深加工生产线

将从钢渣磁选出的粒钢经球磨机湿磨、筛分分级、磁滑轮分选处理，选出品位大于90%、粒径1.5~100mm的精块铁，作为废钢原料用于转炉生产。对湿磨后、筛分分级出的渣浆，再用螺旋分级机重选、水选出铁品位为55%、粒径小于1.5mm的精铁粉，精铁粉用于烧结。主要的产品指标如表2-16所示。

表2-16 鞍钢磁选产品指标

产品名称	产品粒度/mm	产品含铁品位/%	产品用途
精块铁	1.5~100	>90	作为废钢原料用于转炉生产
精铁粉	<1.5	>55	用于烧结矿生产
磁选粉	<8	>40	用于烧结矿生产
尾渣	10~40	>4	筑路、填埋
	<10	>4	用于烧结配料、生产钢渣水泥

缺点：尾渣含铁量过高。现行的关于钢渣用于道路及建材等行业的相关标准中，均对钢渣的金属品位做了规定，要求钢渣MFe<2%。MFe<2%既是钢渣进一步利用的前提，也最大程度保证了钢渣中金属铁的回收。鞍钢的尾渣含铁量显然不符合综合利用的要求，需要改进磁选工艺或是对尾渣进行进一步磁选处理，降低尾渣含铁量至2%以下。

鞍钢矿渣开发公司磁选线具备先进的宽带高效新型带磁机，如图 2-20 所示[28]。

图 2-20　鞍钢矿渣开发公司磁选线具有国际先进水平的宽带高效新型带磁机

另外，鞍钢矿渣开发公司鲅鱼圈钢渣磁选生产线主要采用宽带高效新型带磁技术和棒磨技术相结合的方法，以热闷钢渣为原料，经破碎、筛分、磁选、棒磨后，得到产品渣钢、精选粒钢、磁选粉和转炉尾渣粉。鲅鱼圈 100 万吨磁选生产线的工艺是在传统的钢渣磁选工艺基础上进行的优化，并结合鞍钢矿渣开发公司独创的粒铁深加工工艺的技术特点，实现钢渣短流程精加工的工艺流程。将经热闷处理后的转炉钢渣或脱硫钢渣在料口处用电磁吸盘进行磁选选出大块渣钢，小块钢渣通过格筛进入生产线。鲅鱼圈磁选生产线与本部的不同之处在于，经过颚式破碎机破碎后的钢渣磁选后，粒铁进入棒磨机研磨；研磨后再次经过磁选，粒铁含铁品位大幅提高，可达到 90% 以上，可以直接代替部分废钢作为炼钢冷料进行炼钢生产[29]。鲅鱼圈磁选加工线还率先采用棒磨机进行钢渣研磨，如图 2-21 所示。

图 2-21　鲅鱼圈磁选加工线全国率先采用棒磨机进行钢渣研磨

B　本钢

热闷后的钢渣经皮带运输机送入钢渣加工生产线，钢渣在加工线上经过筛分→磁选→破碎→筛分→磁选→棒磨机提纯→筛分→磁选多道工艺，最终渣钢品位达90%以上，磁选粉品位达到52%以上，完全满足本钢炼钢厂和烧结厂对各种含铁料质量的要求，尾渣实现分级，尾渣粉送水泥厂配料应用。生产线主要工艺过程全部在厂房内进行，对周围环境不会造成污染。本钢磁选产品指标如表2-17所示[30]。

表2-17　本钢磁选产品指标

产品名称	产品粒度/mm	产品含铁品位/%	产 品 用 途
渣钢	>280	>90	回转炉炼钢
	80~280	>90	回转炉炼钢
	10~80	>90	回转炉炼钢
磁选粉	<10	>52	回烧结配料
尾渣	10~80	<1	筑路、回填
	<10	<1	用于水泥生料配料

C　宣钢

钢渣经料斗下筛孔为300mm的格筛上过筛，大于300mm的钢渣通过装载机运到落锤破碎间进行破碎，落锤破碎配有电磁吸盘及落锤，破碎后的渣钢返回炼钢使用，钢渣返回格筛。

先用上吸式滚筒对小于300mm的筛下物进行磁选，磁选出小于300mm的渣钢，选用不同型号的液压颚式破碎机对钢渣进行粗破。首先，600×900液压颚式破碎机破碎，破碎后粒度小于200mm，带式磁选机磁选出粒径小于200mm渣钢，小于200mm钢渣经400×750液压颚式破碎机破碎，破碎后粒度小于50mm，带式磁选机磁选出粒径小于50mm的渣钢，钢渣传送至筛孔10mm的振动筛，得到粒径小于10mm的筛下物，使用永磁滚筒进行磁选，磁选出粒径小于10mm的磁选粉以及粒径小于10mm的尾渣。再对粒径在10~50mm的筛上钢渣用带式磁选机磁选出小于50mm的渣钢，10~50mm的钢渣使用棒磨机剥离和破碎，产物经一台筛孔为10mm的振动筛进行筛分，筛下物返回永磁滚筒进行磁选，筛上物返回带式磁选机进行磁选。宣钢磁选产品指标如表2-18所示。

表2-18　宣钢磁选产品指标

产品名称	产品粒度/mm	产品含铁品位/%	产 品 用 途
渣钢	>200	>80	回转炉炼钢
	<200	>80	回转炉炼钢
	>10	>85	回转炉炼钢
磁选粉	<10	>45	回烧结配料
尾渣	<10	<2	用于水泥生料配料、钢渣粉

D 重钢新区

重钢产能约 450 万吨，转炉冶炼过程约产生 110kg/t 的钢渣，共产生钢渣 50 万吨左右。主要的钢渣处理方式为钢渣热闷工艺，重钢磁选产品的指标及用途如表 2-19 所示[31]。

表 2-19 重钢磁选产品指标

产品名称	产品粒度/mm	产品含铁品位/%	产品用途
渣钢	≤500×500×800	>80	回转炉炼钢
渣钢	8~60	≥60	回高炉炼铁
渣钢	<8	>45	回烧结配料

重钢新区对粒级不大于 8mm 的含铁渣钢，TFe≥45%用于混匀矿配料，供烧结厂使用。在烧结矿中配入 2%含铁量在 30%左右的钢渣，用量在 7000~8000t。约占钢渣总量的 1.4%。

钢渣作冶炼熔剂时，将热泼法处理得到的钢渣破碎到 8~30mm。直接返回高炉来代替石灰石，并回收钢渣中的有益元素。重钢新区将粒度在 8~60mm，TFe≥60%的渣钢直接用于炼铁厂高炉冶炼原料，在高炉原料中每批配入 100kg 左右的渣钢，每天用量 10t 左右，一个月用量 300t 左右，每年可消化 4000t 左右，约占钢渣产生量的 0.8%。

2.1.3.3 最佳的钢渣破碎磁选操作措施

参照了国内的几家有代表性的钢渣磁选工艺之后，研究发现国内的钢渣磁选工艺技术已然取得了相当大的进步，就技术层面来看，已经发展出了一类高效且成熟的钢渣破碎磁选生产流程，具体的磁选工艺虽有差别，但都大同小异。

从磁选生产线的产品来看，产品主要分为三类：返回炼钢用的渣钢、返回烧结用的磁选粉、尾渣。

目前国内钢铁企业对渣钢的要求为 MFe>80%，磁选粉的要求 MFe>40%，而尾渣则在考虑处理成本的情况下，尽可能地降低金属品位，尾渣的金属含量越低，钢渣中的金属回收率就越高。现行的关于钢渣用于道路及建材等领域的标准中，均对金属品位做出了规定，要求钢渣 MFe<2%，所以尾渣 MFe<2%即钢渣进一步利用的前提，也最大程度地保证了金属铁的回收，保证了钢渣的“零排放”。

热闷处理钢渣相对于其他钢渣处理方式来说具有明显的优势，如环境污染少、渣铁分离好、处理后钢渣 f-CaO/f-MgO 低、性能稳定等，目前钢渣热闷处理已经在国内各大钢厂应用，并成为一种主流发展趋势。

热闷处理之后的钢渣粉化效果较好，粒径小于 20mm 的钢渣一般占 60%以上，这对下一步磁选非常有利。

图 2-22 为参照国内各大钢厂钢渣的破碎磁选流程之后，总结的最佳操作流程。

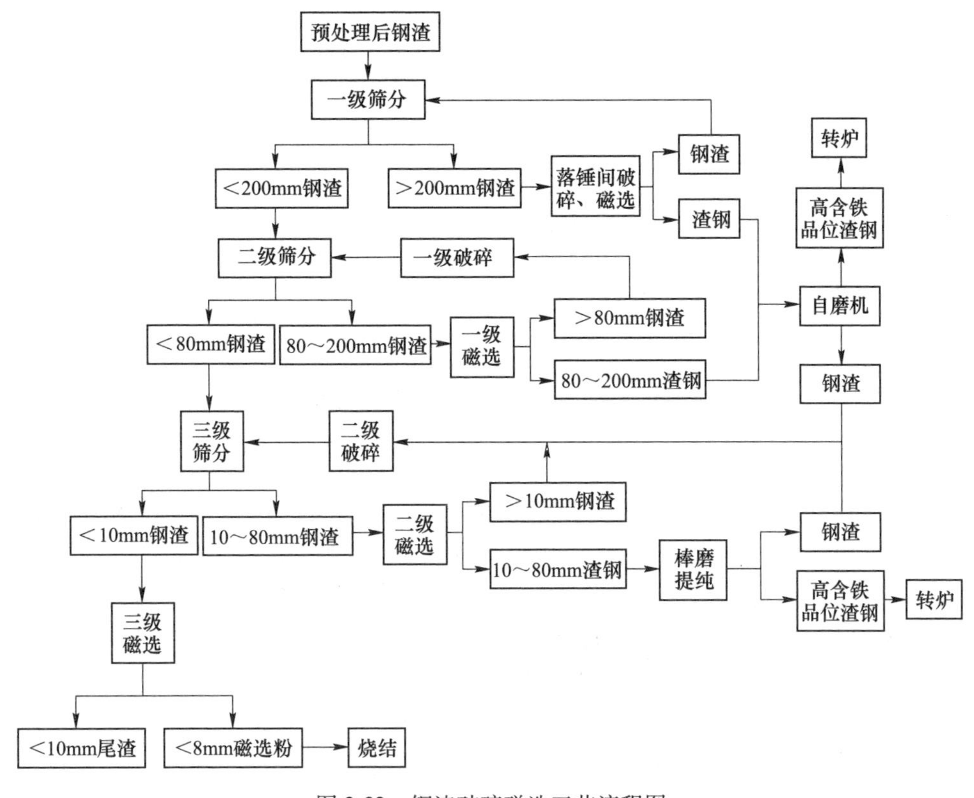

图 2-22 钢渣破碎磁选工艺流程图

钢渣经过第一级筛分后（筛孔粒径 200mm），筛上的大块钢渣送落锤间进行破碎、磁选，回收其中的大块渣钢，余渣返回第一级筛分。筛下物进入下一级钢渣磁选生产线。

第二级筛分（筛孔 80mm），对筛上物进行磁选，回收粒度为 80～200mm 的渣钢，剩余钢渣进行粗破，产物返回第二级筛分。

第三级筛分（筛孔 10mm），对筛上物进行磁选，回收粒度为 10～80mm 的渣钢，剩余钢渣传送至高效渣铁解离细碎设备进行细破，产物返回第三级筛分。

粒径大于 80mm 的渣钢送自磨机进一步提纯，10～80mm 渣钢送棒磨机进一步提纯，提纯至含铁品位大于 80%，回转炉使用。

第三级筛分的筛下物为 0～10mm 的渣粒，对渣粒进行磁选，得到粒度 0～10mm 的磁选粉，返回烧结使用。保证尾渣含铁率低于 2%。

为满足钢铁、建材等行业的需求，现有钢渣经分选加工处理后，一般可产出三种产品，分别为：

（1）渣钢（要求：TFe>80%，粒度小于600mm）。

（2）磁选粉（要求：TFe≥35%，粒度不大于8mm，作烧结配料；TFe≥35%，直接作炼钢冷却剂（对粒度无要求））。

（3）尾渣（要求：f-CaO<3%，浸水膨胀率小于2%，MFe<2%，用作混凝土掺合料时其比表面积需达到400m^2/kg）[32]。

2.1.4 国内新型钢渣处理的技术

2.1.4.1 钢渣辊压破碎—余热有压热闷工艺技术[33]

2020年4月24日，由中冶建筑研究总院有限公司、中冶节能环保有限责任公司共同研发的“熔融钢渣高效罐式有压热闷处理技术与装备”科技成果顺利通过中冶集团组织的成果鉴定，鉴定评委会一直认为科技成果达到国际领先水平。

A 技术研发历程

第一代400℃块状钢渣热闷技术：1992年，率先开启钢渣处理技术的研发，成功研发第一代钢渣热闷技术，应用于湖南涟钢、上钢一厂、上钢三厂、本溪北台钢厂、河北宣化钢厂

第二代800℃热态钢渣热闷技术：2004年，成功研发800℃热态钢渣热闷技术，应用于太钢、韶钢、山东华奥钢厂、天铁资源公司。

第三代熔融钢渣热闷技术：2006年，成功研发第三代熔融钢渣热闷技术，应用于宝钢、首钢、鞍钢鲅鱼圈、本钢、日钢等项目，并走出国门应用于越南河静钢铁。

第四代熔融钢渣高效罐式有压热闷处理技术与装备：2007~2020年，经过无数次的工况模拟、试验、分析、计算，成功研发具有核心专利保护权的第四代熔融钢渣高效罐式有压热闷处理技术与装备，应用于宝武集团、首钢、河钢、沙钢、建龙集团、马来西亚联合钢铁等国内外27家钢铁企业的54条生产线，国内市场占有率达到90%以上。

B 技术描述

该技术利用熔融钢渣余热喷水产生蒸汽，消解钢渣中的f-CaO，促进渣铁分离，具体操作可描述为：钢渣经渣罐倾翻车倒入破碎床，经辊压破碎后经接渣车，将钢渣送入热闷罐进行有压热闷，热闷后的大块渣钢通过振动筛留在渣跨厂房后返回炼钢，其余尾渣通过胶带机输送至筛分磁选线进行破碎磁选。工艺流程图[33]如图2-23所示。

C 技术成熟度和可靠度

该技术已成功应用于河南济源、珠海粤裕丰、沧州中铁、常州东方特钢、江

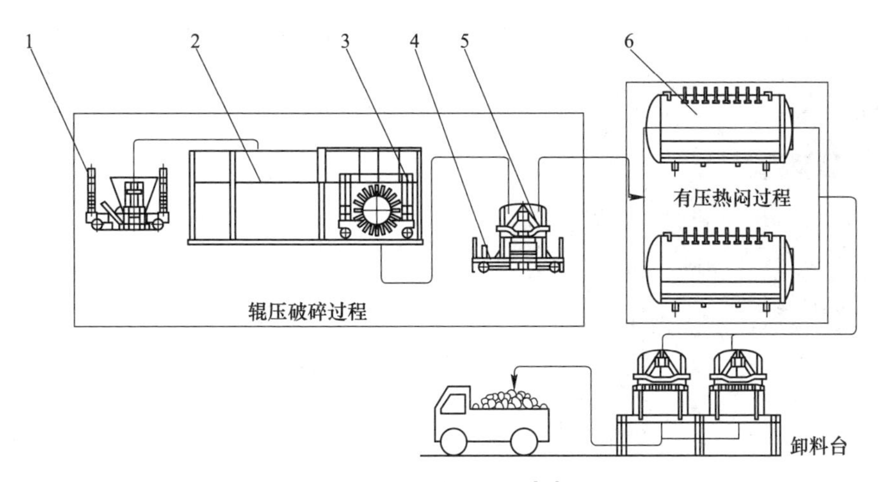

图 2-23 工艺流程图[33]

1—渣罐倾翻车；2—密闭罩；3—辊压破碎机；4—转运台车；5—渣槽；6—余热有压热闷罐

苏镔鑫钢铁、首钢曹妃甸、马来西亚关丹等多家钢铁企业二十多条生产线。该技术大幅降低钢渣稳定化时间，使其满足后续的资源化利用，是近些年研发的先进钢渣一次处理技术。

D 经济性

以江苏镔鑫钢铁特钢有限公司钢渣辊压破碎—余热有压热闷处理生产线为例，自 2017 年投产运行以来，整条生产线运行畅顺，钢渣处理率达到 99%以上，渣罐倾翻车、钢渣辊压破碎机、渣槽运转台车和钢渣有压热闷罐等设备运行平稳。该技术吨钢渣处理运行费用不到 30 元。烟气有组织排放，排放浓度低于 $10mg/m^3$。

2.1.4.2 宝钢节能绿色智慧钢渣处理技术[34]

近年来，上海宝钢节能环保技术有限公司（简称宝钢节能）不断地同步升级完善钢渣处理技术，紧紧围绕“绿色”“智慧”要素，从基于滚筒法的钢渣一次处理技术，到匹配针对性的钢渣二次分选处理，最终到因地制宜的钢渣三次资源化利用，各个过程均加以完善突破、创新协同，旨在形成绿色、智慧相融合的钢渣全流程处理技术。

A 技术描述

将高温熔态冶金渣在一个转动的密闭滚筒中进行处理，在工艺介质和冷却水的共同作用下，高温渣被急速冷却、固化和碎化，实现破碎和渣钢分离同步完成。为减少二次倒运带来的污染，通过增设斗提机或链斗机和料仓（图 2-24），将处理好的钢渣通过斗提机提升至料仓，卡车在料仓下接料，实现渣不落地。为回收废钢及渣钢，还可以增设振动筛和在线磁选机，为钢渣分选创造条件。

图 2-24　宝钢 BSSF 滚筒法渣处理技术流程

渣处理车间无人化生产是以渣罐流转为中心，研究接渣车、滚筒系统、行车等系统的无缝衔接，针对性开展冶金铸造起重机大小车的精确定位、图像识别技术以及对渣罐的三维成像和测距感知技术，自动确定起重机的取罐、放罐、翻罐（大小车配合）等作业流程，实现起重机无人化运行及实时动态优化调整；并完善滚筒系统的定位精度，开发滚筒系统的远程扒渣技术，最终实现渣处理车间无人化生产。

B　技术成熟度和可靠度

宝钢滚筒法钢渣处理技术已成功在宝钢、马钢、邯钢、酒钢、青岛钢铁、永锋钢铁、韩国浦项钢铁公司、印度塔塔钢铁公司、巴西 CSP 公司等国内外知名钢企进行应用，其良好的环境效益得到了社会的认可，也赢得了用户和市场的认同。

2.1.5　未来应持续关注的钢渣处理技术

在固废利用方面，未来钢铁行业资源综合利用技术应朝着装备智能化、生产洁净化、处置高效化、产品高值化趋势发展，固废处理排放智能化技术，尾渣（钢渣、脱硫灰）大批量、高附加值、多途径利用技术，钢铁渣尘全流程梯级回用技术，高温冶炼渣处理及热能回收一体化技术，冶金灰低成本除杂技术等。同时，以园区、基地为载体的大宗工业固体废弃物综合利用产业聚集发展模式，将是大宗工业固体废物综合利用产业发展的主要模式。此外，多种固废协同利用和区域产业系统发展的工业固废处理技术也应该得到发展。

（1）冶炼渣高温熔融直接还原调质改性无害化处理技术。在高温熔态条件下对冶炼渣进行直接还原改性，结合不同辅助原料共熔，明确冶炼渣还原、改性过程熔渣熔体的物质特征变化规律，开展熔态体系内液相金属产生、沉淀行为特征研究。进行冶炼渣定向调质改性基础研究，实现冶炼渣高附加值利用和重金属固化稳定化协同处置，同时确定冶炼渣熔融适宜的耐火材料。

（2）典型钢铁尾矿渣灰泥多固废协同处置高附加值利用技术。针对尾矿、钢尾渣、脱硫脱硝等典型钢铁企业固废特点，开展多固废协同预处理技术，解决钢尾渣、$CaSO_3$ 不稳定，尾渣、尾泥物理形态单一等难以利用难题。通过协同处置、复合配料、机械化学激发等手段开展多种固废协同制备高附加值产品，如胶凝材料、装配式结构/非结构预制构件、功能填料、场地修复材料、高端涂料等。研究处理利用过程物相转化、胶结机理、强化机制，开发钢尾渣活性激发，脱硫后氧化、协同处置、高附加值利用技术及装备。

2.2 钢渣利用方式

2.2.1 钢铁企业内部回用

图 2-25 和图 2-26 分别为钢渣内部回用的利用量及利用率在欧洲、日本和中国的比较。钢渣在厂内循环回用是有效的利用方式之一。根据我国废钢铁应用协会的数据，钢渣内部回用主要用作烧结配料，利用量达到了 749 万吨，利用率约 7.5%。除此之外，根据文献中的数据，2013 年，我国从钢渣中回收的废钢铁大约占到 600 万吨，大约占钢渣总量的 6%。

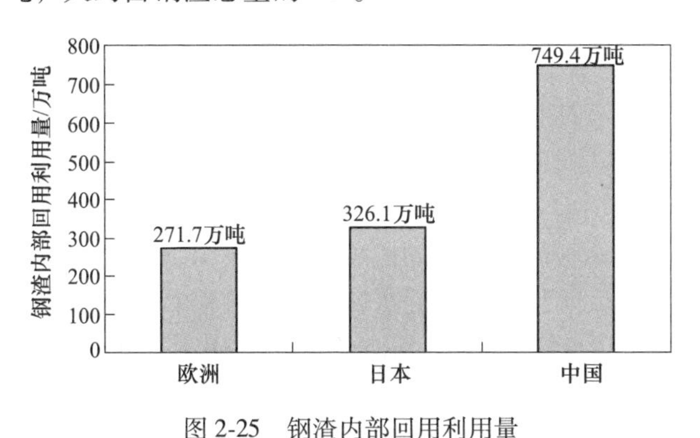

图 2-25 钢渣内部回用利用量

根据文献查询和现场调研，回收废钢、用作烧结熔剂和转炉熔剂是钢渣回用的常见方式。但烧结过程无法有效脱磷，随着钢渣的循环利用必然导致铁水中磷含量的提高，给下一步炼钢增加负担，必须要加入更多造渣剂进行脱磷，会产生更多渣量，所以从整个工艺考虑不一定合理。另外，钢渣的铁含量约为 10%，钢渣的配入会降低高炉入炉料品位，高炉实践表明，入炉品位降低 1%，焦比升高

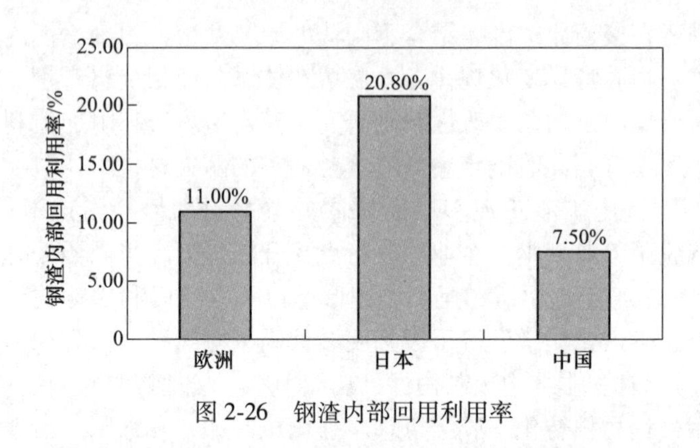

图 2-26　钢渣内部回用利用率

2%，产量降低 3%。在钢渣作转炉熔剂时，如果加入的钢渣量太大，也会影响转炉渣的脱磷能力。

2.2.1.1　转炉渣返回转炉利用

钢渣返回用作钢水脱磷剂，最典型的是转炉双联工艺，其原理是：采用两座转炉冶炼超低磷钢水，一座脱磷，一座脱碳，脱碳转炉因为无脱磷负担，可采取少渣操作，产生的液态钢渣可全部返回前期脱磷炉利用。这样不仅利用了炉渣的热量，而且极大程度地节约了原材料的消耗，但需要关注前期脱磷炉渣的利用技术。

从国外的脱碳炉返回渣的应用情况看，日本福山制铁所第三炼钢厂、住友金属鹿岛制铁所第一炼钢厂、日本住友金属和歌山制铁所、新日铁八幡制铁所第二炼钢厂均采用转炉脱碳渣用于另一座转炉脱磷的“双联法”工艺，生产 1t 铁水的钢铁料消耗比传统方法减少 25kg，石灰消耗降低 40%，效益显著[35]。

国内在脱碳渣返回利用方面进行了大量的实验。宝钢[36]已经成功进行了铸余渣及脱碳炉的钢渣返回转炉利用的试验，结果表明，通过适当的工艺，合理地将钢渣返回转炉利用，可以有效地促进转炉冶炼过程的前期化渣，降低辅原料的消耗，达到增加效益的目的，而且钢渣的返回利用不会对钢水质量产生负面影响。宝钢[37]还进行了实验室铁水喷粉脱磷试验，筛选优化出含 20% 转炉渣的脱磷剂，脱磷率达 70%，并进行了大量工业试验，得出含转炉渣脱磷剂的脱磷效果与常规脱磷剂相当，且处理温降有所降低。

首钢京唐炼钢厂是国内首家采用“全三脱”工艺、世界首家同时集成“全三脱”炼钢和全干法除尘两大高新工艺的炼钢厂[38]。在整个“全三脱”工艺配置中，炼铁厂包含 2 座 $5500m^3$ 高炉，高炉-转炉界面采用“一罐到底”技术运输铁水，运输铁水罐容量为 300t[39]。炼钢厂配有 4 个 300t KR 脱硫站、2 座 300t 脱磷炉、3 座 300t 脱碳炉，精炼配有 RH、CAS、LF 炉，连铸采用双流板坯连铸机，工艺流程如图 2-27 所示。

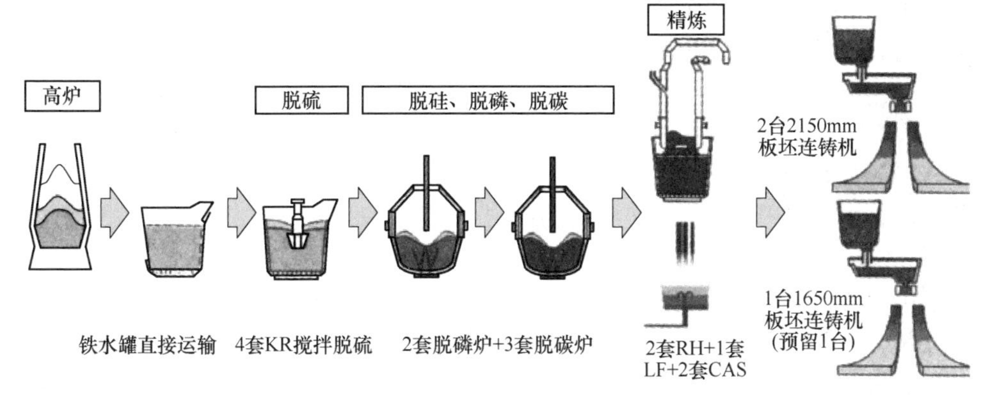

图 2-27 “全三脱”工艺流程图

刘皓铭等人[39]系统跟踪了首钢京唐炼钢厂转炉双联法与常规冶炼的生产，并对主要技术指标进行了对比，分析结果显示采用双联冶炼法时脱磷率提高 4.46%；辅原料消耗上转炉双联法石灰和轻烧白云石的用量比传统冶炼法分别减少 9.7g/t 和 9.3g/t。基于以上数据显示了双联工艺不仅具备更好的脱磷效果，而且可减少辅料消耗。

孟华栋等人[40]进行了脱碳渣返回脱磷炉利用的试验，以 300t 脱磷炉为试验对象，得到每炉次加入约 3.5t 的脱碳渣，吨钢约 11.7kg，可平均节约 1.01t 石灰，总渣料的加入量平均减少 1.35t，生产用原辅料成本有所降低。同时，钢铁料平均降低 4.71kg/t。

郭上型等人[41]研究了转炉渣用于铁水预脱磷的工艺试验，得到了采用 80% 转炉渣和 20%CaF_2 组成的脱磷剂，对[Si]≤0.15%的铁水进行脱磷，在 10%的加入量条件下，可获得 77.8%的铁水脱磷率。并且，转炉渣剂中的 P_2O_5 显著降低铁水脱磷率。

除了双联工艺外，部分钢厂在冶炼中高磷钢或者普钢时将转炉渣配入转炉熔剂。这方面文献较少，并且只在少数钢厂中应用。从实地调研的情况看：A 厂为华北地区某钢厂，年产量约 300 万吨，年产钢渣 36 万吨，A 厂在生产普钢、精品钢、高端钢种及裂纹敏感性钢时，不配加钢渣；其他钢种配加钢渣，配加的钢渣要求 TFe>15%，CaO>45%，吨钢加入量约为 4.14kg/t，每年预计消耗 1000t，约占 A 厂钢渣总量的 0.3%。B 厂为东北地区某钢厂，年产量约 100 万吨，产钢渣约 15 万吨，在生产过程，吨钢加入的钢渣量约为 2.5kg，每年预计消耗钢渣 2000t，占 B 厂钢渣总量的 1.3%。C 厂为华北地区某钢厂，年产量约为 1200 万吨，年产钢渣 150 万吨，C 厂只在冶炼 HRB400E（P≤0.035%）、Q235B（P≤0.045%）时配加钢渣，配入钢渣量约为 13kg/t，每年消耗约 3 万吨，约占 C 厂钢渣总量的 2%。通过上述调研可知，在我国转炉生产过程中，一般不配加钢渣，只在生产普钢及中高磷钢时配加一定量的钢渣代替石灰，并且所占比重很小，约为钢渣总产量 0.3%~2%。

2.2.1.2　转炉渣返回转炉利用的主要问题

(1) 目前我国主要的钢渣内部回用的方式为回收废钢和烧结回用，这两部分利用在钢渣回用方面占到了很大的比例，大约占钢渣总量的 13.5%，处于较高水平。在回收废钢和烧结回用的过程中能够将钢渣中主要的磁性物质利用。

(2) 在处理转炉渣时，为了保证钢渣中较低的 f-CaO 以及从钢渣中较好地回收废钢，一般会将钢渣进行打水处理，使得 CaO 和 H_2O 反应生成 $Ca(OH)_2$，但是在脱磷过程中 CaO 是反应的主要物质，所以经过处理的钢渣脱磷效果很有限。

(3) 如果对钢渣进行自然存放处理，虽然不会明显降低钢渣中 CaO 的含量，但是在不经过打水的钢渣存放需要面积很大的渣场，并且存放过程中会产生大量的灰尘，造成环境污染。

2.2.2　钢渣在建设领域的利用

2.2.2.1　制造水泥

钢渣的化学成分一定程度上决定了其矿物组成及活性。我国根据碱度一般将钢渣分为低碱度渣、中碱度渣和高碱度渣，它们的矿物组成、活性和碱度如表 2-20 所示。

表 2-20　钢渣的矿物组成、活性和碱度

水化活性	钢渣种类	碱度	主要矿物相
低	橄榄石	0.9~1.4	橄榄石、RO 相和镁蔷薇辉石
	镁硅钙石	1.4~1.6	镁蔷薇辉石、C_2S 和 RO 相
中	硅酸二钙	1.6~2.4	C_2S 和 RO 相
高	硅酸三钙	>2.4	C_2S、C_3S、C_4AF、C_2F 和 RO 相

对于橄榄石渣和镁硅钙石渣（低碱度渣），由于其矿物组成中活性成分少，因此其水化活性低，应更多地考虑作为骨料使用。而对于中高碱度的钢渣因含有 C_2S 和 C_3S 等胶凝性矿物，不仅可以直接粉磨生产钢渣水泥，而且也可作为活性混合材在水泥生产中作添加剂使用。我国的钢渣 90%以上为转炉钢渣，而且转炉钢渣的碱度较高，以中碱度和高碱度渣为主。因此，我国的转炉钢渣作为矿物掺合料在混凝土中应用有很大的潜力[42]。

史才军[43]研究了钢渣细料的特征及凝胶特性。实验结果表明，在碱性活化剂的存在下，钢渣粉具有明显的胶凝性能。并且钢渣越细，钢渣的凝胶活性越好。然而' 由于钢渣中有高含量的含铁氧化物，所以并不适合直接生产水泥。通常情况下，在使用前会先进行金属铁的回收。研究证明，在混凝土搅拌中掺加一定比例的钢渣微粉取代部分水泥，可以提高其结构的致密度和力学强度[44]。但是钢渣的化学成分和矿物组成的波动比较大，使钢渣的胶凝性能的波动也较大，这是导致钢渣利用率低的一个因素。

A　应用现状

图 2-28、图 2-29 分别为 2013 年度不同国家和地区钢渣水泥产量和所占比例的比较，可以看出，我国钢渣水泥利用量为 944 万吨，这部分水泥产品包括钢渣水泥和硅酸盐水泥配料，其中钢渣水泥 201 万吨，硅酸盐水泥配料 743 万吨，大于欧洲、美国和日本的钢渣水泥利用量，我国钢渣水泥利用率约为 9.30%。可以看出钢渣水泥在欧洲、日本和美国利用量和利用率并不是很高，都在 5%以下，我国在钢渣水泥产量和利用率方面都要大于欧洲、日本和美国。

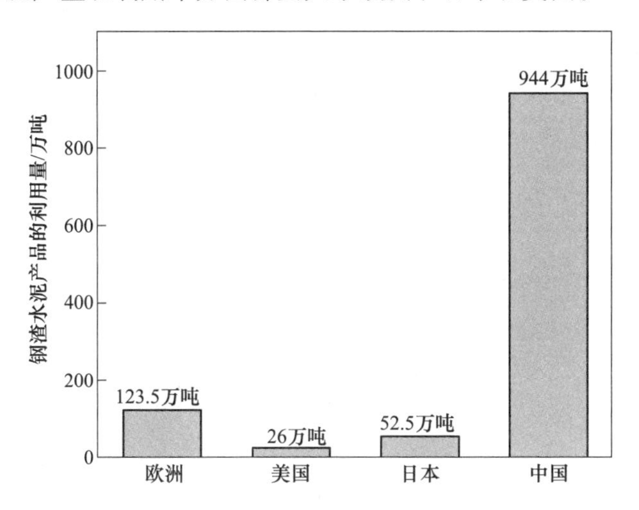

图 2-28　钢渣水泥产品的利用量

欧洲、日本、美国钢渣水泥所占比例低可能的原因：

（1）需求减少。2013 年世界水泥产量分布如图 2-30 所示。全球水泥产量为 40.8 亿吨，其中，我国水泥产量为 24.2 亿吨，约占全球水泥产量 59.31%，相比较而言，美国 2013 年水泥产量为 7740 万吨，占全球水泥产量 1.90%，欧洲水泥协会成员国 2013 水泥产量为 2.32 亿吨，占全球水泥产量 5.69%，日本 2013 水泥产量为 5740 万吨，占全球水泥产量 1.41%，正是由于这些需求导致我国钢渣水泥产量远大于其他各国。但即便如此，图 2-31 为各国钢渣水泥占水泥总产量比例，从图中可以看出，虽然我国钢渣水泥在利用量和利用比例上都高于其他国家，但是钢渣水泥所占水泥总产量比例却低于日本、欧洲及美国。

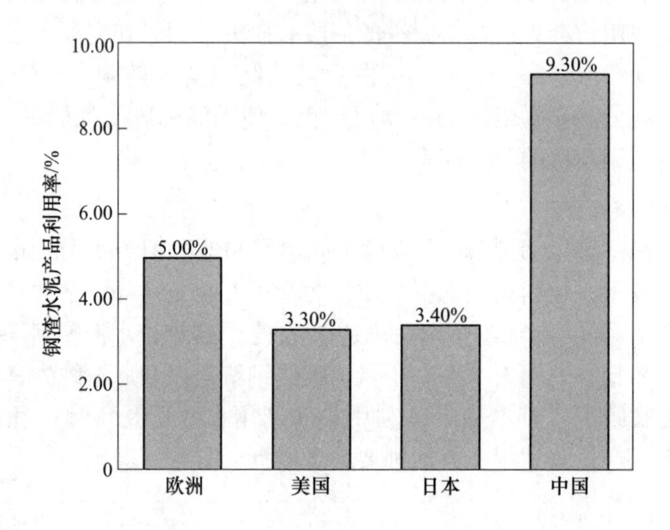

图 2-29　钢渣水泥产品利用率

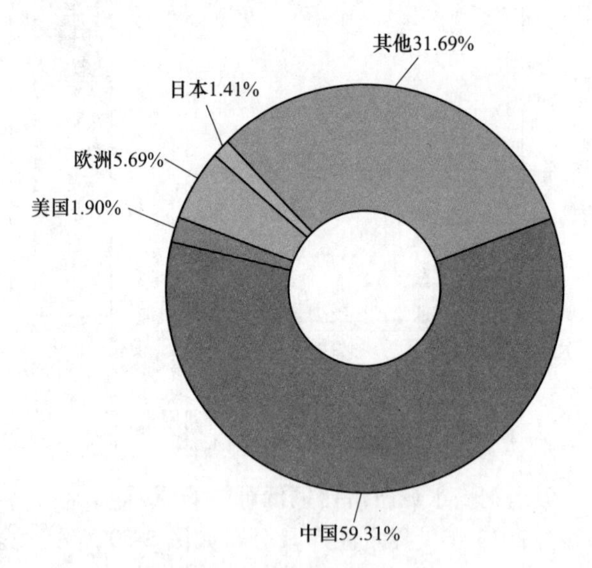

图 2-30　世界水泥产量分布

(2) 加工成本高。根据国标规定，普通的钢渣水泥要求比表面积为 $400m^2/kg$，低热硅酸盐水泥要求比表面积为 $350m^2/kg$，在钢渣水泥产品的加工过程中，需要将钢渣磨到达到要求的粉末才能使用，并且由于钢渣中含有 2%的铁，导致钢渣比一般矿渣要难磨，由于过高的加工成本导致了钢渣水泥产品占了比较低的利用率。

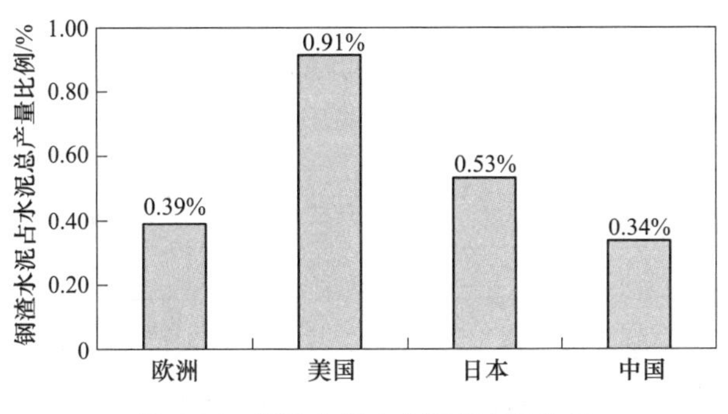

图 2-31 钢渣水泥占水泥总产量比例

(3) 政策支持。《财政部、国家税务总局关于资源综合利用及其他产品增值税政策的通知》中指出，采用旋窑法工艺或者外购水泥熟料采用研磨工艺生产的水泥（包括水泥熟料）实行增值税即征即退政策。其中，“采用旋窑法工艺或者外购水泥熟料采用研磨工艺生产的水泥”是指水泥生产原料中掺兑废渣比例不低于 30%，较好的优惠政策也促使我国在钢渣水泥的利用方面比例更大。

B 标准解析

目前，应用于水泥混凝土中的标准，主要如表 2-21 所示。

表 2-21 钢渣水泥混凝土现行标准

序号	标 准 名 称	标 准 编 号
1	钢渣硅酸盐水泥	GB 13590—2006
2	用于水泥和混凝土中的钢渣粉	GB/T 20491—2006
3	低热钢渣硅酸盐水泥	JC/T 1082—2008
4	钢渣道路水泥	JC/T 1087—2008
5	钢渣砌筑水泥	JC/T 1090—2008
6	钢渣道路水泥	GB 25029—2010
7	用于水泥中的钢渣	YB/T 022—2008
8	钢铁渣粉混凝土应用技术规范	GB/T 50912—2013
9	水泥混凝土路面用钢渣砂应用技术规程	YB/T 4392—2012

YB/T 022—2008《用于水泥中的钢渣》中的规定是所有钢渣水泥产品的基础规定，其规定了钢渣可作为水泥生产中的混合材料及钢渣粉生产使用。所有的主要技术指标如表 2-22 所示。

表 2-22　用于水泥中的钢渣主要技术指标

项　目		Ⅰ级	Ⅱ级
钢渣碱度		≤2.2	≤1.8
金属铁含量/%		≤2.0	
含水率/%		≤5.0	
安定性	沸煮法	合格	
	压蒸法	当钢渣中 MgO 含量大于 13%时需检验合格	

《钢渣硅酸盐水泥》（GB 13590—2006）、《低热钢渣硅酸盐水泥》（JC/T 1082—2008）、《钢渣道路水泥》（JC/T 1087—2008）、《钢渣砌筑水泥》（JC/T 1090—2008）应满足《用于水泥中的钢渣》（YB/T 022—2008）中的技术要求，除此之外还对其他重要参数作出规定，如表 2-23 所示。

表 2-23　部分钢渣水泥技术要求

项　目		技　术　要　求			
		GB 13590—2006	JC/T 1082—2008	JC/T 1087—2008	JC/T 1090—2008
三氧化硫/%		≤4	≤4	≤4	≤4
比表面积/$m^2 \cdot kg^{-1}$		≥350	≥350	≥380	≥350
凝结时间	初凝时间/min	≥45	≥60	≥90	≥60
	终凝时间/h	≤12	≤12	≤10	≤12

《用于水泥和混凝土中的钢渣粉》（GB/T 20491—2006）已于 2006 年颁布。用于水泥和混凝土中的钢渣粉首先应该满足《用于水泥中的钢渣》（YB/T 022—2008）中钢渣水泥的技术要求，其次还有表 2-24 中主要技术指标。

表 2-24　钢渣粉的主要技术指标

项　目		一级	二级
比表面积/$m^2 \cdot kg^{-1}$		≥400	
密度/$g \cdot cm^{-3}$		≥2.8	
含水量/%		≤1.0	
游离氧化钙含量/%		≤3.0	
三氧化硫含量/%		≤4.0	
碱度指数		≤1.8	
活性指数/%	7d	≤65	≤65
	28d	≤80	≤65
流动度比/%		≥90	
安定性	沸煮法	合格	
	压蒸法	当钢渣中 MgO 含量大于 13%时需检验合格	

《钢渣道路水泥》(GB 25029—2010)应符合《用于水泥中的钢渣》(YB/T 022—2008)、《用于水泥和混凝土中的钢渣粉》(GB/T 20491—2006)中钢渣中对钢渣及钢渣粉的技术要求。除此之外，《钢渣道路水泥》(GB 25029—2010)对钢渣道路水泥各组分的掺入量（质量分数），及技术参数作出了规定，分别如表2-25、表2-26所示。

表2-25 组分 (%)

熟料+石膏	钢渣或钢渣粉	粒化高炉矿渣或粒化高炉矿渣粉
>50且<90	≥10且≤40	≤10

表2-26 技术要求

项目		技术要求
三氧化硫/%		≤4
压蒸膨胀率/%		≤0.50
28d干缩率/%		≤0.10
28d磨耗量/kg·m^{-2}		≤3.00
凝结时间/min	初凝时间	≥90
	终凝时间	≤600

C 限制性环节

目前钢渣在混凝土中的应用主要受制于钢渣的成分波动大及稳定性较差。钢渣中的RO相和f-CaO易导致产品遇水膨胀，发生性状及强度的变化，并严重影响混凝土的体积稳定性，GB/T 20491中规定f-CaO的含量要求不超过3%。此外，钢渣中的金属铁粒含量也应受到严格控制。

此外，钢渣代替部分水泥后，达到水泥可塑性所需的水量较少，在混凝土可流动期间，由于胶凝材料中部分成分逐渐水化，随着时间的推移混凝土的工作性会降低，但当掺量较大时，混凝土抗压强度会有大幅度的降低。

D 效益分析

在水泥工业领域资源、能源消耗大。2014年我国水泥产量近24.7亿吨，混凝土产量15.5亿立方米，巨大的水泥生产规模和落后的生产工艺不仅加剧资源和能源紧张态势，而且排放大量CO_2。据统计每年生产水泥排放的CO_2约占我国工业部门总排放量的15%左右。每生产1t水泥熟料消耗1.1t石灰石、0.8t黏土、0.114t标准煤，约排放1t CO_2，若每年4000万吨钢渣用于生产钢渣粉、钢铁渣粉或钢渣水泥则每年可节省石灰石4400万吨、黏土3200万吨、标准煤456万吨，每年可减排CO_2总量为4000万吨[45]。

按照《财政部、国家税务总局关于资源综合利用及其他产品增值税政策的通知》中的规定，当采用旋窑法工艺或者外购水泥熟料采用研磨工艺生产的水泥中掺兑废渣比例不低于30%时，实行增值税即征即退政策。按照现在水泥行业3%的征收增值税，4000万吨钢渣按30%比例掺入水泥中，大约生产13000万吨的水泥，按照目前230元/吨的水泥价格。节省的税收成本 = $1.3\times10^8\times230\times3\%$ = 8.97×10^8 元。

此外，利用钢渣做水泥还减少了对耕地的损害，保护环境。

2.2.2.2　道路建设

由于钢渣与天然骨料具有相似的物理性质，密度高、冲击值低、抗压强度高、抗冻性好，被广泛应用为道路建设材料。表2-27展示了钢渣与天然骨料的性能比较。如图2-32所示为钢渣骨料。钢渣作筑路材料，既适用于基层，又适用于面层。然而，由于钢渣中f-CaO造成的体积膨胀问题，加拿大安大略交通部在几年前禁止在沥青路面使用钢渣混凝土[43,46]。不仅如此，由于钢渣中的主要矿物是 C_2S，钢渣在缓慢冷却过程中会产生很高比例的细粉，使材料的处理更加困难，并且使粉末不再适合作为骨料。例如：在大多数地方，规定混凝土骨料中小于74μm的颗粒不超过5%，但是在钢渣混凝土骨料中小于74μm的粉料却高达20%~35%[1]。

表2-27　钢渣与天然骨料性能比较

性　能	钢渣	玄武岩	花岗岩	杂砂岩
颗粒密度/$g\cdot cm^{-3}$	3.1~3.7	2.8~3.1	2.6~2.8	2.7
综合强度/MPa	200	300	120	200
冲击值/%	17	17	—	20
耐抛光性（PSV）	54~57	50	45~55	56
吸水率/%	0.2~1.0	<1.0	0.3~1.2	<0.5
冻融性/%	<1.0	<1.0	0.8~2.0	<0.5

图2-32　钢渣骨料

在过去的30年中，欧洲钢铁渣协会已经调查和比较了钢渣骨料和天然骨料的一些特性，比如密度、形状、耐破碎性等。表2-28为转炉渣和玄武岩、杂砂岩的比较。

表2-28 转炉渣和天然骨料特性比较

性 能	转炉渣	玄武岩	杂砂岩
密度/g·cm^{-3}	3.1~3.6	3.0	2.7
综合强度/MPa	200	300	200
冲击值/%	17	17	20
抛光性（PSV）	57	50	56
吸水率/%	1	<0.5	<0.5
冻融性/%	<0.5	<0.5	<0.5

可以看出，钢渣的物理性质和天然骨料的物理性质很相似。具有高密度、低冲击值、高抗压强度，以及良好的抛光性和冻融性，这些性质使得钢渣成为道路建设理想的原料。

A 应用现状

在欧美发达国家，在道路工程上的应用是钢渣最主要的利用途径。如2012年，整个欧洲国家用于道路工程的钢渣占比在43%以上；而在美国，2013年钢渣的49.7%左右用于道路工程。图2-33、图2-34分别为不同国家和地区钢渣道路产量和所占比例的比较，可以看出，截至2013年，我国钢渣道路利用量为261万吨，我国钢渣道路利用率约为2.6%。可见在钢渣道路运用上，我国和欧洲、美国、日本有很大差距。目前，我国相当多钢铁企业也将钢渣作为筑路材料低价对外出售，钢渣在道路工程应用以作为道路路面垫层和基层骨料使用为主[47]。

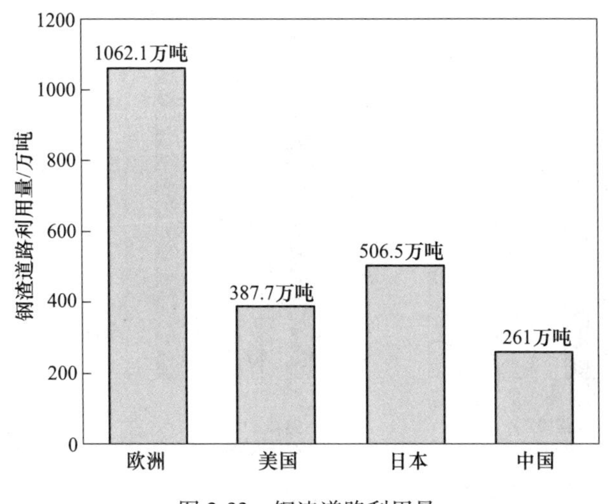

图2-33 钢渣道路利用量

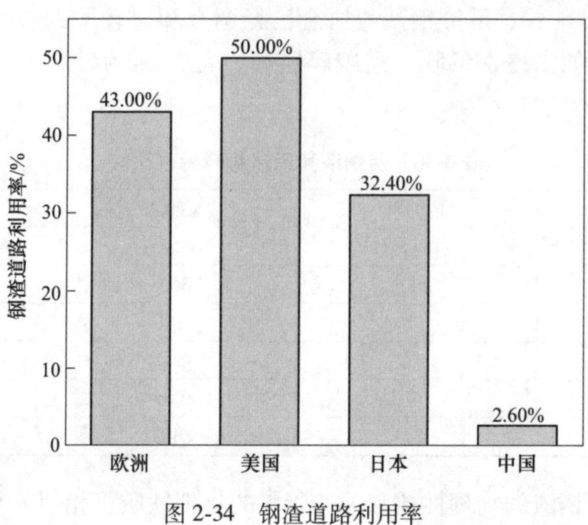

图 2-34　钢渣道路利用率

由于钢渣具有非常好的技术特性，在欧洲国家，钢渣作为路面骨料已经运用得非常成功。为了确定钢渣作为路面骨料的性能，在多年之前，钢厂和筑路公司就建立了相关的测试路段。所有的测试路段都符合德国城市公路和高速公路标准。此外，在 1993 年，德国为了比较钢渣骨料的适用性，新建了一个测试路段。测试路段分为三部分。第一部分为 100%钢渣，第二部分为 50%钢渣和 50%辉绿岩，第三部分为 100%辉绿岩骨料。图 2-35 显示的是通过“横向强迫系数测量仪—SCRIM”测量的路面表层抗滑性，很明显路面的 SCRIM 值没有减少，相反，SCRIM 值缓慢上升。这意味着钢渣和天然骨料之间在用作路面时没有明显差异。

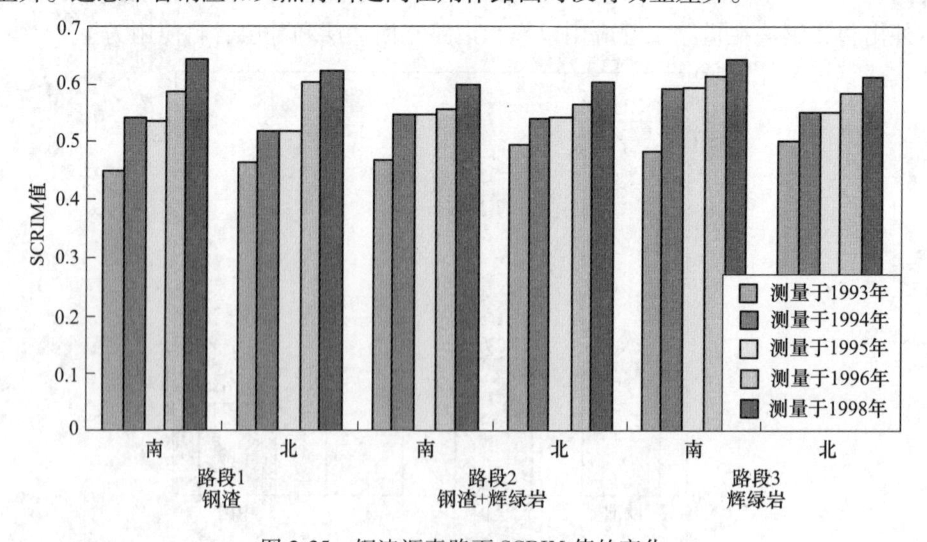

图 2-35　钢渣沥青路面 SCRIM 值的变化

日本矿渣学会从1993年开始进行了将钢渣作为港口建设的应用研究，并在2008年发布了钢渣作为港口建设的应用指南。日本JFE用碳化钢渣制造人工鱼礁，人工鱼礁由于含有$CaCO_3$，表现出极高的稳定性[48]。徐忠琨[49]首次在国内进行了钢渣水利应用方面的报道，其主要应用于东海圈围工程、芦潮港临港工程等。李琳琳[50]以79%的矿渣、15%的钢尾渣、5%的脱硫石膏以及1%的水泥熟料制备出了强度达到61MPa的人工鱼礁。

B 标准解析

从20世纪90年代开始，我国开始钢渣道路工程应用标准的制定，表2-29列出了我国颁布的有关钢渣道路工程应用的国家、地方、部门及行业标准。

表2-29 钢渣道路工程现行标准

序号	标准名称	标准编号
1	道路用钢渣	GB/T 25824—2010
2	道路用钢渣砂	YB/T 4187—2009
3	透水沥青路面用钢渣	GB/T 24766—2009
4	耐磨沥青路面用钢渣	GB/T 24765—2009
5	钢渣混合料路面基层施工技术规程	YB/T 4184—2009
6	水泥混凝土路面用钢渣砂应用技术规程	YB/T 4392—2012
7	公路沥青路面施工技术规范	JTG F40—2004

《钢渣混合料路面基层施工技术规程》（YB/T 4184—2009）中对筑路用钢渣作出了规定：（1）筑路用钢渣的浸水膨胀率不应大于2.0%；（2）钢渣中金属铁含量不应大于2.0%，不应含有其他杂质；（3）钢渣密度比天然碎石大；（4）钢渣的压碎值指标和最大粒径应符合表2-30要求。所有钢渣路面产品应符合《钢渣混合料路面基层施工技术规程》（YB/T 4184—2009）。

表2-30 钢渣压碎值指标及最大粒径

适用范围		压碎值指标/%	最大粒径/mm
基层	高等级道路	≤30	≤31.5
	其他等级道路	≤35	≤37.5
底基层	高等级道路	≤30	≤37.5
	其他等级道路	≤40	≤53

《道路用钢渣》（GB/T 25824—2010）对沥青混合料用粗集料作出了规定，如表2-31所示。

表 2-31　沥青混合料用钢渣粗集料技术要求

指　标	高等级道路		其他等级道路
	表面层	其他层次	
压碎值/%	≤26	≤28	≤30
洛杉矶磨耗损失/%	≤26	≤28	≤30
表观相对密度	≥2.9	≥2.9	≥2.9
吸水率/%	≤3.0	≤3.0	≤3.0
坚固性/%	≤12	≤12	—
针片状颗粒含量（混合料）/%	≤12	≤12	—
其中粒径大于 9.5mm/%	≤12	≤12	—
其中粒径小于 9.5mm/%	≤12	≤12	—
软弱颗粒含量/%	≤3	≤5	≤5
磨光值（PSV）	≥42	≥42	≥42
与沥青的黏附性/级	≥4	≥4	≥4
浸水膨胀率/%	≤2.0	≤2.0	≤2.0

《透水沥青路面用钢渣》（GB/T 24766—2009）、《耐磨沥青路面用钢渣》（GB/T 24765—2009）应符合《道路用钢渣》（GB/T 25824—2010）对沥青混合料用粗集料的要求。

另外《耐磨沥青路面用钢渣》（GB/T 24765—2009）对钢渣细集料也提出了要求，如表 2-32 所示。

表 2-32　钢渣细集料技术要求

项　目	技 术 指 标
表观相对密度	≥2.90
坚固性（>0.3mm 部分）/%	≤12
小于 0.075mm 颗粒含量/%	≤3
棱角性（流动时间）/s	≥40

《道路用钢渣砂》（YB/T 4187—2009）对道路用钢渣砂作出了规定。道路用钢渣砂是指转炉渣经稳定化和磁选除铁处理后符合道路工程用砂要求的颗粒。其技术指标如表 2-33 所示。

表 2-33　钢渣砂技术指标

项　目	技 术 指 标
压碎值/%	≤30
表观密度/$kg \cdot m^{-3}$	≥2900
松散堆积密度/$kg \cdot m^{-3}$	≥1600
空隙率/%	≤47
坚固性（>300μm 的含量）/%	≤8
浸水膨胀率/%	≤2.0
金属铁含量/%	≤2.0

C 限制性环节

钢渣应用于道路建设领域的主要限制性环节包括钢渣稳定性差和钢渣中的重金属元素浸出。钢渣中一定含量的游离 CaO 和 MgO 遇水反应生成 $Ca(OH)_2$ 和 $Mg(OH)_2$ 而产生体积膨胀，会造成道路开裂。标准《道路用钢渣》规定用于道路的钢渣的浸水膨胀率必须小于 2%。传统的熔融钢渣的处理方式冷弃、热泼、水淬等不能满足降低渣中游离 CaO 和 MgO，使钢渣浸水膨胀率必须小于 2%的要求。而一些新型的处理方式如风淬、滚筒和热闷对降低渣中游离 CaO 和 MgO，改善钢渣稳定性有很好的效果[47]。

在钢中重金属元素浸出方面，钢渣中含有微量的重金属元素（包括 Cr、Cd、Ni、As、Zn、Mn、Pb 等），这些元素在道路工程中应用时在雨水长期冲刷和浸泡的条件下，可能浸出而污染周边土壤和水体。因此，钢渣用于道路工程，应当考察其对周围环境的影响[47]。

德国道路工程用冶金渣技术要求如表 2-34 所示[51]。

表 2-34 道路工程用冶金渣技术要求

<table>
<tr><td colspan="2" rowspan="2">控制指标</td><td rowspan="2">单位</td><td colspan="6">材料种类</td></tr>
<tr><td colspan="2">钢渣Ⅰ级</td><td colspan="2">钢渣Ⅱ级</td><td colspan="2">钢渣Ⅲ级</td></tr>
<tr><td colspan="2">钢渣碎石体积密度</td><td>g/cm³</td><td colspan="2">≥2.8</td><td colspan="2">≥2.8</td><td colspan="2">≥2.8</td></tr>
<tr><td rowspan="2">抗冻融性</td><td>剥落性</td><td>%</td><td colspan="2">≤3</td><td colspan="2">≤3</td><td colspan="2">必须给出</td></tr>
<tr><td><0.71mm 粒径的总量</td><td></td><td colspan="2">≤1</td><td colspan="2">≤3</td><td colspan="2">必须给出</td></tr>
<tr><td colspan="2">游离氧化钙含量</td><td>%</td><td colspan="2">≤4</td><td colspan="2">≤7</td><td colspan="2">必须给出</td></tr>
<tr><td colspan="2">蒸汽试验体积损失率</td><td>%</td><td colspan="2">≤5</td><td colspan="2">≤5</td><td colspan="2">必须给出</td></tr>
<tr><td colspan="2">钢渣细碎石的抗冲击性</td><td>%</td><td colspan="2">≤26</td><td colspan="2">≤26</td><td colspan="2">—</td></tr>
<tr><td colspan="2">钢渣粗碎石的抗冲击性</td><td>%</td><td colspan="2">≤29</td><td colspan="2">≤29</td><td colspan="2">—</td></tr>
<tr><td colspan="2">常压下的吸水率</td><td>%</td><td colspan="2">≤4</td><td colspan="2">≤4</td><td colspan="2">≤6</td></tr>
<tr><td colspan="2">细碎石振实堆积密度</td><td>g/cm³</td><td colspan="2">≥1.5</td><td colspan="2">≥1.5</td><td colspan="2">≥1.5</td></tr>
<tr><td colspan="2">粗碎石振实堆积密度</td><td>g/cm³</td><td colspan="2">≥1.5</td><td colspan="2">≥1.5</td><td colspan="2">≥1.5</td></tr>
<tr><td colspan="2" rowspan="2">在水管理中应注意事项</td><td rowspan="2">单位</td><td colspan="6">适用于所有质量等级</td></tr>
<tr><td colspan="3">LDS</td><td colspan="3">EOS</td></tr>
<tr><td colspan="2">pH 值</td><td>—</td><td colspan="3">10~13</td><td colspan="3">10~12.5</td></tr>
<tr><td colspan="2">电导率</td><td>mS/m</td><td colspan="3">≤100</td><td colspan="3">≤150</td></tr>
<tr><td colspan="2">Cr^{6+}</td><td>mg/L</td><td colspan="3">≤0.02</td><td colspan="3">≤0.03</td></tr>
<tr><td colspan="2">F</td><td>mg/L</td><td colspan="3">≤2.0</td><td colspan="3">≤2.0</td></tr>
<tr><td colspan="2">V</td><td>mg/L</td><td colspan="3">≤0.10</td><td colspan="3">≤0.10</td></tr>
</table>

目前，我国还未对钢渣中重金属元素的浸出作出具体规定。

D 效益分析

按照目前美国、欧洲、日本的情况，用作道路的钢渣大约占钢渣总量的

40%。我国每年产 1 亿多吨钢渣，如果我国有 40%的钢渣用作道路建设，那么我国每年将有 4000 万吨钢渣道路。目前用作道路建设最常用的材料为玄武岩，和钢渣有相似的性质，其市场价格约为 60 元/吨，表 2-35 为调研的 7 家钢铁企业磁选后尾渣价格，约为 25 元/吨，如果 4000 万吨尾渣用作道路建设将产生经济效益 $=4\times10^7\times35=1.4\times10^9$ 元。除此之外，利用的这部分钢渣还可以减少对农田的侵害，保护环境。

表 2-35　尾渣调研价格表

编号	产能/万吨	价格/元 · 吨$^{-1}$
A	600	20
B	120	40
C	370	13
D	1000	20
E	230	50
F	650	20
G	330	20

2.2.3　钢渣在农业领域的利用

2.2.3.1　有效成分

转炉钢渣中含有大量的有益于植物生长的元素如 Si、Ca、Mg、P 等，而且大部分钢渣内的有害元素含量符合有关农用标准要求。根据欧洲钢渣协会的报告，钢渣中除了含有有利于植物生长的元素外，其矿物成分也对营养元素的溶解度及植物的吸收性有重要影响。渣中硅酸盐的溶解度比其他硅酸盐改良剂和岩石粉都要高。硅酸盐石粉和石灰材料的水可萃取硅酸盐含量如图 2-36 所示，硅酸盐石粉和石灰材料的钙可萃取硅酸盐含量如图 2-37 所示。

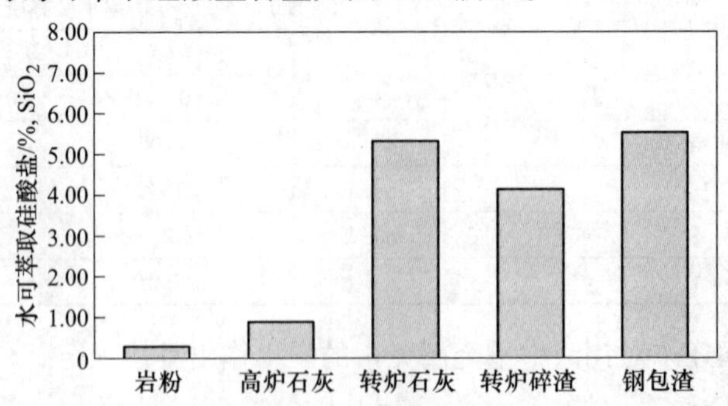

图 2-36　硅酸盐石粉和石灰材料的水可萃取硅酸盐含量

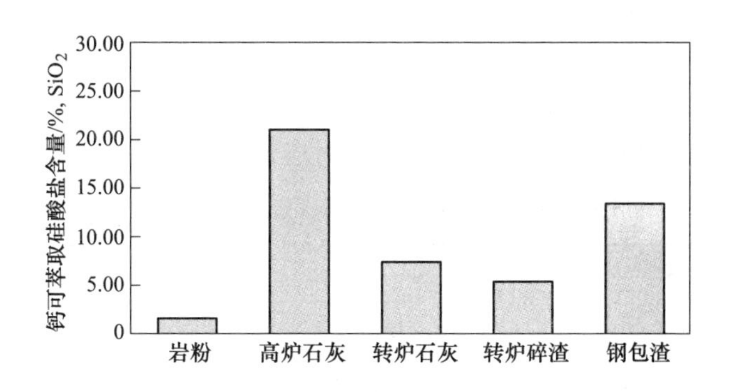

图 2-37 硅酸盐石粉和石灰材料的钙可萃取硅酸盐含量

此外，根据欧洲钢渣协会的报告，转炉石灰适用于任何土壤，水溶性硅酸盐含量及其反应性增加了土壤中磷的迁移率并且提高了施加磷肥的效率。图 2-38 为有硅酸盐和没有硅酸盐石灰的不同农作物 34 个不同土地长期田间试验结果统计。

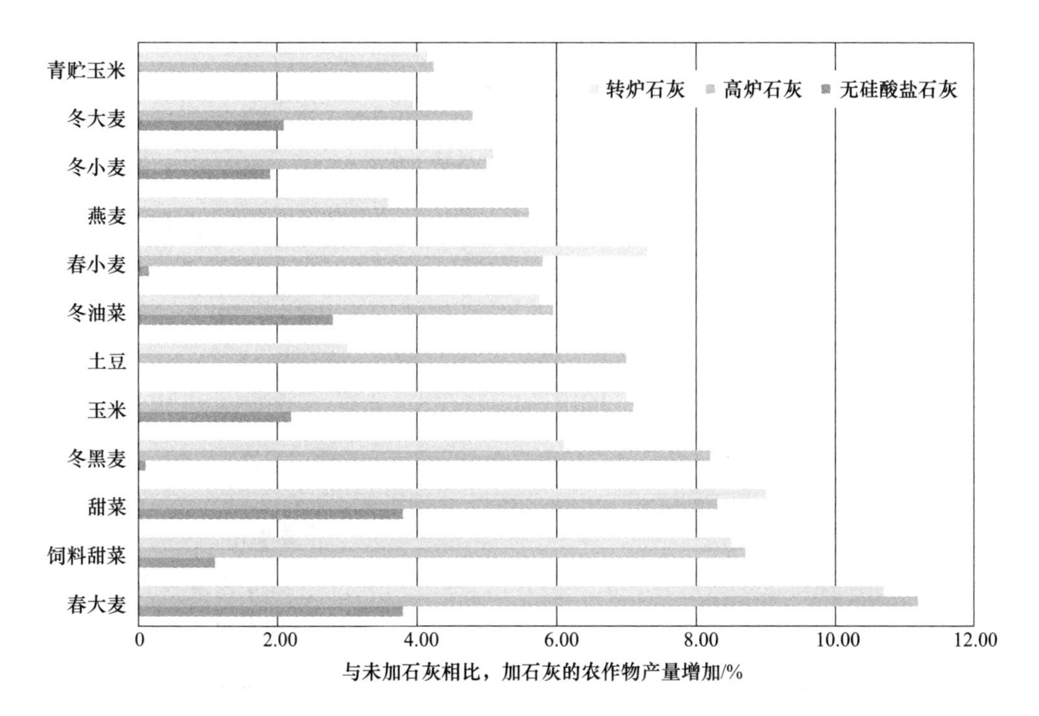

图 2-38 在 34 个不同地点的长期田间试验中，不同作物用硅酸盐和非硅酸盐石灰的平均相对附加产量

2006年12月1日国家颁布实施了《钙镁磷肥》新的国家标准GB 20412—2006。新国标对钙镁磷肥中P_2O_5、碱分、可溶性硅的含量做出了规定，具体如下：

（1）外观呈灰色粉末，无机械杂质。

（2）钙镁磷肥应符合表2-36要求，同时应符合标明值。

表2-36　《钙镁磷肥》（GB 20412—2006）成分规定

项　目	指　标		
	优等品	一等品	合格品
有效五氧化二磷（P_2O_5）的质量分数/%	≥18.0	≥15.0	≥12.0
水分（H_2O）的质量分数/%	≤0.5	≤0.5	≤0.5
碱分（以CaO计）的质量分数/%	≥45.0	—	
可溶性硅（SiO_2）的质量分数/%	≥20.0		
有效镁（MgO）的质量分数/%	≥12.0		
细度（通过0.25mm试验筛）/%	≥80		

注：优等品中碱分、可溶性硅和有效镁含量如用户没有要求，生产厂可不做检验。

分析钢渣中SiO_2、MgO和CaO的含量，并与《钙镁磷肥》（GB 20412—2006）标准中的指标进行比较，如表2-37所示。

表2-37　钢渣分析结果与国标对照　（%）

项　目	$w_{SiO_2可磨}$	$w_{MgO_{有效}}$	碱分w_{CaO}
砂状钢渣（-2mm筛）	33.96	5.74	53.95
粉状钢渣（-0.22mm筛）	33.72	5.28	55.70
国标优等品钙镁磷肥	≥20	≥12	≥45

从钢渣的主要构成与《钙镁磷肥》标准比较可见，钢渣中可溶性SiO_2和碱分都超过了国家标准的要求。钢渣中的$w_{MgO_{有效}}$约为5%，小于《钙镁磷肥》国家标准中的$w_{MgO_{有效}} \geq 12.0$要求。同时P_2O_5含量也达不到《钙镁磷肥》国家标准。

日本是在钢铁渣为原料作肥料以及土壤改质剂较为先进的国家，目前有矿渣硅酸质肥料、副产石灰肥、矿渣磷酸肥的标准（表2-38～表2-40）。我国在钢渣用作肥料及土壤改质剂时一般参考日本矿渣肥料标准。

表 2-38 矿渣硅酸质肥料的标准

肥料管理标准分类	有效成分最小含量	有害成分最大含量	其他规定
硅酸炉渣肥料（由高炉渣或者钢渣制成）	案例 1： 如果保证可溶性 SiO_2 和碱分 可溶性 SiO_2≥10% 碱分≥35% 案例 2： 在案例中保证柠檬酸溶性 MgO 或柠檬酸 Mn 或柠檬酸溶性 B 可溶性 SiO_2≥10% 碱分≥20% 柠檬酸可溶性 MgO≥可溶性 SiO_2(%)×1 柠檬酸可溶性 Mn≥可溶性 SiO_2(%)×1 柠檬酸可溶性 B≥可溶性 SiO_2(%)×1	案例 1： 可溶性 SiO_2≥20% Ni=可溶性 SiO_2(%)×0.01 Cr=可溶性 SiO_2(%)×0.1 Ti=可溶性 SiO_2(%)×0.04 Ni=0.4%，Cr=4.0%，Ti=1.5% 案例 2： 除了案例 1 Ni=0.2%，Cr=2.0%，Ti=1.0%	案例 1： 可溶性 SiO_2≥20% 所有颗粒都必须通过 2mm 宽度的筛网 除了高炉渣颗粒，颗粒必须超过 60% 通过 600μm 宽度的筛网 案例 2： 除了案例 1 只对钢铁渣所有颗粒必须通过 2mm 宽度的筛网可溶性 CaO≥40% 案例 3： 如果碱分<30% 碱度保证高于 30% 的矿渣硅酸盐肥料必须与赤铁矿混合

表 2-39 副产石灰肥料的标准

肥料管理标准分类	有效成分最小含量	有害成分最大含量	其他规定
副产石灰肥料	案例 1： 碱分≥35% 案例 2： 除了碱分外，柠檬酸可溶性 MgO 也需要保证： 碱分≥35% 柠檬酸可溶性 MgO≥1	案例 1： Ni=碱分(%)×0.01 Cr=碱分(%)×0.1 Ti=碱分(%)×0.04 案例 2： Ni=0.4%，Cr=4.0%，Ti=1.5%	容许混合渣的肥料 所有颗粒必须通过 1.7mm 宽度的筛网 85%以上的颗粒必须通过 600μm 宽度的筛网

表 2-40 矿渣磷酸肥料的标准

肥料管理标准分类	有效成分最小含量	有害成分最大含量	其他规定
矿渣磷酸肥料（由钢渣制成）	案例 1： 柠檬酸可溶性 P_2O_5≥3% 碱分≥20% 案例 2： 除了碱分≥20%可溶性 SiO_2≥10%以外，柠檬酸可溶性 MgO 或柠檬酸可溶性 Mn 也需要保证： 柠檬酸可溶性 MgO≥1% 柠檬酸可溶性 Mn≥1%	Cd=柠檬酸可溶性 P_2O_5(%)×0.00015 Ni=柠檬酸可溶性 P_2O_5(%)×0.01 Cr=柠檬酸可溶性 P_2O_5(%)×0.1	所有颗粒必须通过 4mm 宽度的筛网

2.2.3.2　应用现状

利用转炉钢渣作为农业肥料的国家很多，应用较多的国家有德国、俄罗斯、法国、日本等，因而是适合用于生产农业肥料的，日本已将钢渣、矿渣的硅酸质确定为普通肥料。图 2-39、图 2-40 分别为不同国家钢渣用作肥料的利用率及所占百分比。可以看出，欧洲每年钢渣肥料的用量大约为 235.4 万吨，约占欧洲钢渣总产量的 11%，已经成为了钢渣主要的利用方式之一。日本每年钢渣肥料利用量大约为 60.8 万吨，约占日本钢渣总产量的 4%。

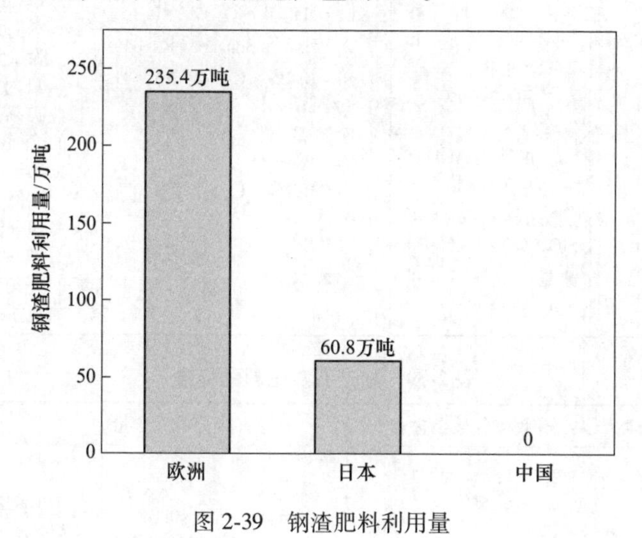

图 2-39　钢渣肥料利用量

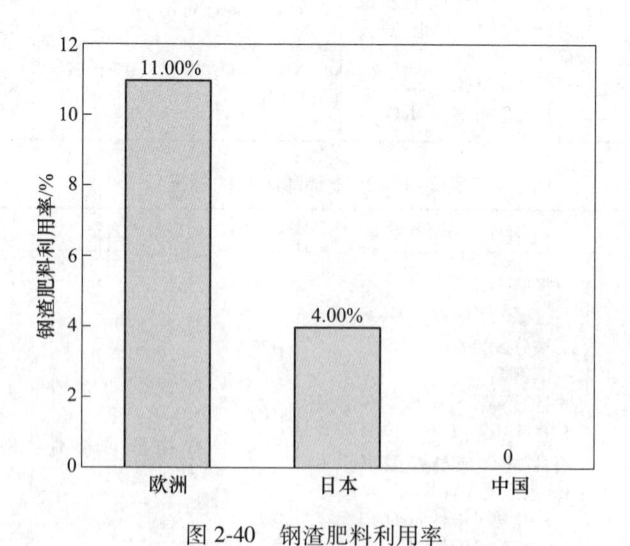

图 2-40　钢渣肥料利用率

我国没有关于钢渣用作肥料或土壤改良剂的统计，在钢渣用作肥料和土壤改质剂方面与日本和欧洲有很大差距。并且，我国钢渣用作肥料和土壤改质剂方面的应用还很少。我国第一个钢渣肥料项目是由太钢和美国哈斯科公司在 2011 年投资的[49]。

目前，我国钢渣在农业改良土壤的应用还处于实验室研究阶段。从 20 世纪 50 年代末 60 年代初开始研究。1984~1985 年，中国科学院南京土壤研究所、湖南化工研究所等单位共同协作，开展了钢渣的农用试验研究，使钢渣农用试验在用量、用法、粒度、土种、肥效以及作物的品种、性状、抗性和肥种对比及添加培养元素等 10 个方面，取得了一定的进展[52]。刘鸣达等人[53]研究了施用钢渣对水稻产量的影响，得出了施用钢渣可以明显地提高水稻产量，且产量随钢渣用量增加或粒度变细而增加。刘河云等人[54]选取了钢渣作为钙镁磷肥的添加物，添加比例为 m(钙镁磷肥)：m(钢渣)≈96：4，节约了成本。

马钢生产出的钢渣磷肥应用于农作物表明，钢渣磷肥不仅在酸性土壤施用效果好，而且在缺磷的碱性土壤上施用也可获得增产；不仅在水田施用效果好，而且在旱田肥效也起作用。另外，钢渣粉可直接作为肥料施用，武钢曾用钢渣粉在湖北 9 个县大面积作肥效实验。结果表明，钢渣可使每亩水稻增产 20~72kg，每亩棉花增产籽棉 23~45kg[37]。

宝钢运用工业碳酸钾作为脱硅渣的改性剂，使最终制取的硅钾肥中 K_2O 的理论含量达到了 20%~23%，并且利用脱硅渣余热，形成了 $CaO\text{-}SiO_2\text{-}K_2O$ 三元渣系，通过实验得出，采用此方法制得的硅钾肥有稳定的溶出速度，进行水稻种植实验后得出，新型肥料的肥效与普通钾肥有相当的增产效果[55]。

日本肥料与种子研究协会对这种肥料与其他的商业硅钾肥进行了施用效果的调查研究，对比的农作物有稻米和甘蓝、菠菜等蔬菜，结果表明施用此种肥料的作物产量要好于其他种类的肥料，并于 2000 年制定有关标准，推广应用[56]。

2.2.3.3 限制性环节

钢渣中含有微量可释放的有毒元素（Cr、V 和 As 等）。因此，在决定填埋钢渣或将钢渣回收用于农业之前，需要了解其对环境的影响。在美国，Proctor 等人[57]对钢渣的浸出行为进行了详细的研究，尽管矿渣中的金属浓度高于土壤中的浓度，但矿渣中的金属与矿渣基体结合紧密，不易被淋溶。所有炉渣类型均未超过美国环境保护局标准规定的毒性特征浸出程序（TCLP）浓度。因此，钢渣不应被视为危险废物。然而，Chaurand 等人[58]报告称，V 主要以四价氧化状态存在，在浸出过程中似乎被氧化成五价形式（最有毒的形式）。因此，应特别注意含钒钢渣的利用。

此外，还有许多其他限制阻碍了钢渣在农业中的使用，包括以下几点：

（1）相关法律法规的限制，《中华人民共和国清洁生产促进法》中明确禁止将有害和有毒的固体废物用作农田肥料。钢渣中含有许多重金属，包括Cr、V、As、Ba和Pb。在使用钢渣作肥料或筑路期间，这些元素的淋滤可能影响土壤质量，并对人类健康构成潜在风险。很多学者对钢渣浸出过程中重金属的溶出行为进行了大量的研究。研究结果显示，钢渣的淋溶过程不会对土壤造成破坏，但钢渣在我国农业上的应用仍被禁止。

（2）此外，我国对钢渣肥料和土壤改性没有标准，影响了钢渣肥料技术的发展。

（3）渣在农业中的应用也受限于市场因素。由于化肥的市场价值较低，其长途运输是不可取的。此外，还有来自天然石灰石肥料的激烈竞争。

2.2.4　钢渣的余热回收办法

钢渣中不仅含有多种有益的矿物组分，而且含有大量热资源。熔融钢渣的比热容约为1.2kJ/(kg·℃)，如果回收热量前后熔渣的温度分别以1400℃和400℃计，则每吨钢渣可回收1.2GJ的显热，大约相当于41kg标准煤完全燃烧后所产生的热量。假如全国钢厂产生的钢渣的显热都加以回收利用的话，理论上我国每年至少可节省370万吨标准煤[59]。

根据《中国节能技术政策大纲》和国家“十一五”规划纲要明确提出：开发高温渣显热回收发电技术，要实现“中国单位生产总值能耗降低20%，主要污染物排放总量减少10%”的约束性指标，并提出“在钢铁等行业开展余热余压利用和能量系统优化，使企业综合能耗达到或接近世界先进水平”的具体指标。显然，钢渣的资源化利用和熔融渣显热的回收利用是钢铁企业实施能源回收利用和节能减排措施的重要途径。

张宇等人[59]曾对国内外钢渣处理的余热回收技术和余热回收装置应用案例进行了大量列举、系统比较和分析。其中国外钢渣余热回收技术包括：（1）转炉钢渣风淬法余热回收装置；（2）双内冷转筒粒化热能回收装置；（3）“连铸-连轧”干式粒化和余热锅炉熔渣热能回收装置；（4）风淬粒化流化床式熔融钢渣热能回收装置。国内钢渣余热回收技术包括：（1）熔融钢渣粒化轮法和显热回收工艺装置；（2）液态钢渣滚筒法和热能回收装置；（3）液态钢渣“高压风-导热油”热能回收装置；（4）钢渣热闷法和余热回收工艺装置。钢渣处理技术是多种多样的，当采用不同的钢渣处理方法处理钢渣时，钢渣的冷却方式和余热的传媒介质不尽相同，所采用的余热回收技术也不尽相同。通过列表予以对照和分析，如表2-41所示。

表 2-41 钢渣处理及余热回收技术比较[59]

机构名称	处理方法	粒化方式	优 点	缺 点	热换介质	热回收率/%
日本 NKK 和 Mitsubishi	风淬法	高压鼓风	工艺流程简单，占地少，热回收率较高	对渣流动性要求高，处理率低	空气、冷却水	40~50
日本 NKK	内冷滚筒法	固化机械破碎	热回收率高	设备寿命低，处理量小，渣片不宜利用	有机液体烷基联苯	77
乌克兰	连铸—连轧法	固化机械破碎	热回收率高	工艺流程复杂，投资高	空气、冷却水	66.5
俄罗斯乌拉尔	风淬法	高压鼓风	渣粒稳定无污染，热回收率高，渣粒度小且均匀	对渣流动性要求高，处理率低	空气	70
英国 Teesside 与 Nottinghan	转杯—连铸法	固化机械破碎	热回收率高	对渣流动性要求高，处理率低	空气（流化床）、冷却水	60
中国宝钢	粒化轮法	机械冲击	流程简单，占地少，排渣快，污染小	处理率低，故障率和维修费用高，金属回收率低	冷却水	30
中国宝钢	滚筒法	机械力	流程简单，占地少，排渣快，渣粒性能稳定，污染小	处理率低，渣粒不均匀，设备复杂	冷却水	50
中国本钢、首钢、鞍钢	热闷法	热闷粉化	粉化率高，渣钢分离效果好，渣稳定性好，污染小	占地面积大，投资高，热利用率低	冷却水	50

2.2.5 钢渣的其他利用方式

2.2.5.1 微晶玻璃

微晶玻璃如图 2-41 所示。除广泛应用于光学、电子、宇航、生物等高新技术领域作为结构材料和功能材料外，微晶玻璃还可大量应用于工业和民用建筑作为装饰材料或防护材料。由于生成微晶玻璃的化学组成有很宽的选择范围，而钢渣的基本化学组成就是硅酸盐成分，其成分一般都在微晶玻璃形成范围内，能满足制备微晶玻璃化学组分的要求。利用钢渣制备性能优良的微晶玻璃对于提高钢渣的利用率和附加值，减轻环境污染具有重要的意义[60]。

图 2-41　矿渣微晶玻璃

A　制备方法[60]

微晶玻璃的制备一般有熔融法和烧结法。熔融法将钢渣经过配料调整组成后经过高温熔融，一般为 1300~1400℃左右，熔融玻璃液经过浇注成型，退火后得到基础玻璃，对基础玻璃进行热处理；烧结法是将配合料经过熔制水淬后，粉碎，成型后通过烧结得到微晶玻璃，而目前钢渣微晶玻璃多采用熔融法，根据钢渣的成分以及配合料最终比例，通过实验确定熔融温度，熔融温度一般在 1350℃左右，配料一般根据钢渣的成分来调整，一般钢渣为碱性渣，含 CaO 较高，SiO_2 含量偏低，含铁量较高，通常添加的辅料为高 SiO_2 含量的物质以及钠盐。一般通过调整后的钢渣混合料其组成与普通的玻璃成分接近。目前用于制备微晶玻璃的钢渣的主要成分以及它们调整后混合料成分如表 2-42 所示。

表 2-42　钢渣以及钢渣微晶玻璃成分　（%）

主要成分	CaO	SiO_2	Al_2O_3	MgO	$FeO+Fe_2O_3$
钢渣	38.90~57.40	8.90~14.64	0.66~3.23	5.22~8.24	21.49~24.26
钢渣微晶玻璃	17.90~23.07	38.34~44.85	3.21~5.38	2.10~8.24	10.03~11.24

热处理工艺是能否获得性能优良的钢渣微晶玻璃的关键，因此很多学者在这方面进行了大量的研究，核化温度和时间，晶化温度和时间对于控制体系中晶体的晶相以及晶粒大小均起着至关重要的作用。姚强等人[61]对核化时间和晶化时

间对钢渣微晶玻璃的性能影响进行了系统的研究，结果表明：CaF_2 作为晶核剂，最佳核化温度为 1h，延长核化温度到 2h 样品的抗弯强度，体积密度并没有显著提高；最佳晶化时间为 1h，时间过短晶体不能完全生长，时间过长则导致晶粒粗化，影响样品性能。

B 研究进展

国外有关钢渣制备微晶玻璃的报道很早，20 世纪 70 年代后期，以冶金渣为原料的微晶玻璃在苏、英、日等一些国家先后研制成功但是并没有大规模的工业化生产。如美国报道利用钢渣制造富 CaO 的微晶玻璃，具有比普通玻璃高两倍的耐磨性及较好的耐化学腐蚀性。欧洲报道用钢渣制造出透明玻璃和彩色玻璃陶瓷，拟用作墙面装饰块及地面瓷砖等[62]。

我国这方面研究起步较晚，目前钢渣微晶玻璃还处在实验室阶段，其难以实现工业化生产的主要原因有：（1）钢渣钙含量高，做性能满足性能要求的钢渣需要调整成分，需要向渣中加入大量高 SiO_2 或高 Al_2O_3 含量的酸性矿物[63]。（2）钢渣重熔，能耗很大，热渣直接加料调整成分工艺复杂，很难实行。（3）钢渣成分波动大，钢渣中铁含量高对微晶玻璃力学性能有影响。（4）钢渣中有重金属，会造成辐射。

据报道湖南大学邓春明[64]、华中科技大学饶磊、张凯[60,65]、北京科技大学苍大强[66]等人分别利用钢渣成功研制出性能优良的建筑微晶玻璃。

2.2.5.2 碳化砖块

由于钢渣可以当胶凝材料或钢渣经过一段时间陈化后可以作为骨料，可以用于生产钢渣砖、地面砖、路缘石、护坡砖、砌块等产品。涉及钢渣碳化砖块的国标为《混凝土多孔砖和路面砖用钢渣》（YB/T 4228—2010），其技术要求如表 2-43 所示。

表 2-43 技术要求

项 目		混凝土多孔砖用钢渣集料	混凝土路面砖用钢渣集料
表观密度/$kg \cdot m^{-3}$		≥2900	≥2900
压碎值/%		≤30	≤30
坚固性/%		≤8	≤8
金属铁含量/%		≤2.0	≤2.0
体积安定性	(2.0±0.05) MPa	合格	—
	(1.0±0.05) MPa	—	合格

国内已有钢厂成功生产，如鞍钢利用转炉尾渣泥为主要原料，加入钢渣、少量的硅酸盐水泥和水混合压制制成免烧砖。该方法主要利用冶金工业废渣为主要

原料（含量95%以上）。由于尾渣泥中游离氧化钙含量低，用于生产免烧砖后可解决体积膨胀、砖体开裂的问题。同时利用尾渣泥生产免烧砖不需要增加任何设备对原料进行处理，可以直接利用，在成型后进行自然养护，不需要焙烧，不用建窑及蒸养釜，保护环境，节约能源，免烧砖如图 2-42 所示。

图 2-42　钢尾渣免烧砖

2.2.5.3　作废水处理吸附剂[67]

国外 20 世纪 90 年代中期分别研究了钢渣作为吸附剂对废水中镍、铅、铜等的吸附性能，曾报道过钢渣作为吸附剂去除废水中硝酸盐和磷酸盐以及钢渣处理废水中铜离子、镍离子、铬离子、铅离子等案例。国内也曾有钢渣对铜、铅、铬、锌、砷等重金属离子和有机物吸附特征以及钢渣改性吸附性能的报道。研究表明，钢渣具有化学沉淀和吸附作用。在钢渣处理含铬废水研究中，铬的去除率达到99%。钢渣处理含锌废水的研究中，锌的去除率达 98%以上，处理后的废水达到《污水综合排放标准》（GB 8978—1988）。钢渣处理含汞废水的研究中，汞的去除率达到 90. 6%。其研究结果为解决海洋汞污染提供了一种有效途径。但是至今为止，钢渣作为废水处理吸附剂的工业化开发与应用尚未见诸报道。

2.2.5.4　高温储能陶瓷

聚光太阳能发电（CSP）通过使用光学装置汇聚太阳辐射能，投射到集热管道加热循环水来产生蒸汽推动汽轮机，以蒸汽机带动发电机进行发电。发电系统的接收器需要大量低成本的高温热能存储系统（TES）材料，这些材料需要能够承受 800~1000℃的高温。欧盟的 Reslag 项目中提出将炉渣作为储能材料用于热能存储（TES），Michael 等人[68]总结了这一项目结果，确定了渣基 TES 的原理可行性。此外，近年美国通过了一项利用工业废弃物制造的研制先进陶瓷的专利[69]，该专利方法包括研磨直径小于等于5mm的钢渣以形成粉末，筛分粉末以保留粒度在20~400μm范围内的粉末，用磁铁从粉末中去除游离铁。在700~1200℃的温度下对粉末进行1~10h的热处理，并氧化粉末中的残留铁，在20~300MPa的压缩压力下压实粉末，以及在700~1400℃的温度范围内进行烧结，烧结时间为0.5~4h，以制备陶瓷。陶瓷的密度在2550~2725kg/m^3之间，陶瓷的抗压强度在40~120MPa的范围内。对于储热系统，陶瓷可在固体材料中储存高达1000℃的热量。可使用钢渣成分占陶瓷总质量的百分比如表2-44所示。

表2-44 可使用钢渣成分占陶瓷总质量的百分比

成分	CaO	SiO_2	Al_2O_3	MgO	Fe_2O_3	其他
质量分数/%	24~60	9~20	2~12	3~15	20~33	0.01~8

M. Kholoud等人[70]利用上述专利方法将电炉渣制成了热导率1.2~1.8W/(m·K)(600~1000℃)、比热容800~1100J/(kg·K)(600~1100℃)、密度2500kg/m^3的高级陶瓷材料。这种材料可作为高温热能存储（TES）系统的存储介质被用于CSP厂，同时材料的高密度能够尽可能大地提高TES系统的储存容量。

2.2.5.5 陶瓷膜

在工业领域，陶瓷膜具有优良的热稳定性、pH耐受性，并可以承受更高的温度范围。与有机膜不同，陶瓷膜对细菌污染和磨损具有抗性，随着时间的推移，这种膜还能保持其通量特性和透水特性。M. Changmai等人[71]提出了新型LD渣基陶瓷膜的制备和表征方法。首先将55%(质量分数)的LD炉渣、5%（质量分数）的硼酸（H_3BO_3）、15%（质量分数）的偏硅酸钠（Na_2SiO_3）、15%（质量分数）的碳酸钠（Na_2CO_3）和10%（质量分数）的氧化铝（Al_2O_3）配制成一种混合料。然后，将混合物在球磨机中研磨2h，以获得制备均匀的粉末。最后，采用简单的膏体浇注法浇注成膜，并在700℃下进行烧结制成的陶瓷膜。陶瓷膜平均孔径为0.73~1.77μm，孔隙率为31.13%~55.5%，具有较高的温度电阻率、机械强度和优良的分离效率。

2.2.5.6 多孔复合材料

Manila Mallik等人[72]使用废玻璃和LD渣合成一种多孔复合材料，可用于不同用途，如除尘器和过滤器。不同配比的废玻璃和LD渣经破碎筛分，得到孔径为-0.045~+0.037mm的颗粒，并采用行星式球磨机在甲苯介质中对其进行。研磨结束后，加入1%(质量分数)的聚乙烯醇（PVA）作为黏结剂，并采用液压机在30MPa的压力下制备球团。将球团在1050℃下进行烧结制备多孔复合材料，加热速率为10℃/min。当渣和玻璃含量相等时，复合试样孔隙率较高。

2.2.5.7　钢渣沥青

在国内，钢渣下游应用领域包括钢渣水泥、钢渣沥青、农业肥料、烧结材料以及废水处理等。相较于普通路面，利用钢渣沥青筑路的路面透水能力、路面防滑能力更强，且钢渣沥青路面能够随着温度的变化调节路面温度。目前我国正处于经济高速发展的阶段，人口增长、城镇化率的提升使得人们对公路的需求也增加。2016~2020年，中国公路总里程及公路密度（图2-43）逐年上升。截至2020年末，全国公路总里程519.81万千米，比2019年增加18.56万千米。2020年我国公路密度54.15千米/百平方千米，较2019年增加1.94千米/百平方千米。

图2-43　2016~2020年我国公路总里程及公路密度

资料来源：交通运输部前瞻产业研究院整理

随着我国经济的发展，我国会更加重视基建的建设。而公路建设是基建建设重要的一部分。在我国“十四五”规划中提到“十四五”期间实施京沪、京港澳、长深、沪昆等国家重要高速公路的扩容改造。综合来看，“十四五”时期，我国会更加注重对高速公路和农村道路的建设，而钢渣沥青是进行筑路较为环保的原材料。同时利用钢渣沥青筑路有利于响应我国的环保事业，因此未来钢渣沥青或将大规模应用于我国的筑路工程中。

2.3　国内外钢渣的回收、利用现状与进展

2.3.1　国内的钢渣利用现状及案例

如图2-44所示，根据国家统计局统计数据显示，2020年粗钢产量达到10.65亿吨，首次突破十亿大关，较2019年同比增长约7.0%。粗钢产量的不断上升，

作为炼钢过程中的固体废弃物，钢渣产量也随之上升。

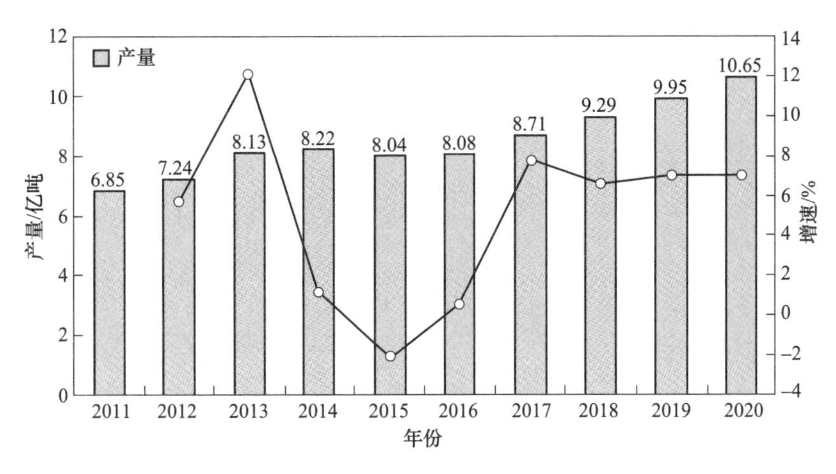

图 2-44 2011~2020 年粗钢产量变化情况

如图 2-45 所示，2018 年我国钢渣产量约为 1.39 亿吨，与粗钢产量比例为 15%。2016 年之后粗钢及钢渣产量都呈现平稳增长，2020 年我国粗钢产量达到 10.65 亿吨，钢渣产量达到 1.6 亿吨。在我国环保政策压力下，我国钢铁企业积极推动清洁生产，鞍钢、宝钢、唐钢等大型钢企都设置了专门的钢渣处理厂，加大钢渣处理并开始改革钢渣处理方法，提升钢渣利用率。根据数据显示，2011~2020 年我国重点钢铁企业钢渣利用率不断上升，2011 年为 95.78%，2020 年全年中钢协会员企业钢渣利用率达到了 99.09%，如图 2-46 所示。

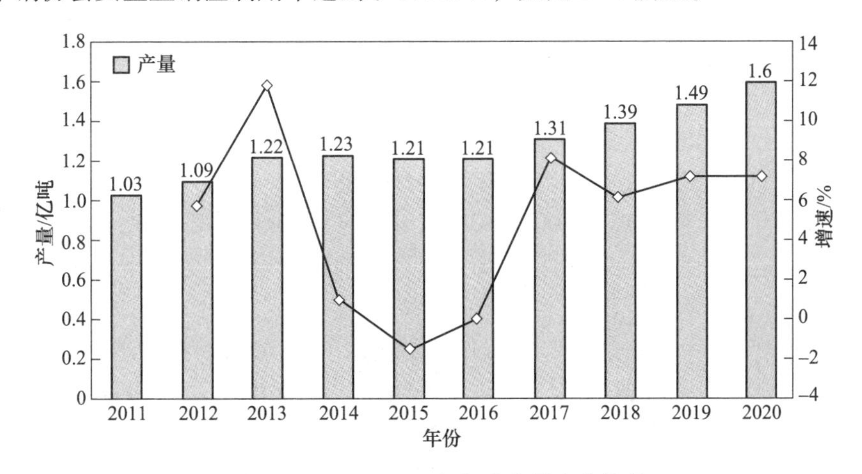

图 2-45 2011~2020 年钢渣产量变化情况

国内对钢渣利用率的判定标准仍存在较大争议，多数钢铁企业将金属铁回收后的尾渣卖给其他单位处理，在统计钢渣利率时，这部分尾渣也会被纳入统计范

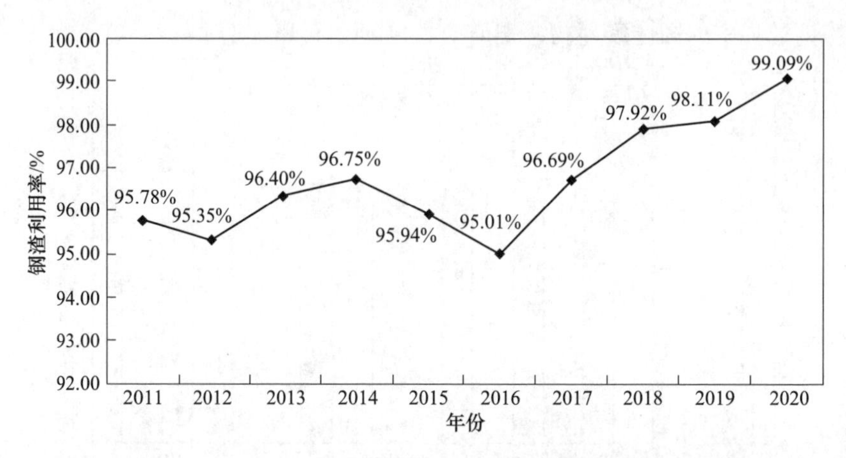

图 2-46　2011～2020 年中国钢铁工业协会会员企业钢渣利用率

畴，这也是钢渣利用率统计值差异非常大的原因所在，如图 2-46 中所示钢渣利用率高达 90%以上便是这个原因。从整个钢渣的资源化利用维度来看，国内钢渣的综合利用率仍在 30%左右。

2019 年中国金属学会开展了一次钢渣处理及综合利用情况的实地调研。这次调研的几家企业都是在钢渣处理和钢渣加工利用方面做得相对较好的典型，基本可代表国内目前钢渣处理行业的水平。

（1）首钢京唐（二期）辊压破碎+卧罐有压热闷技术[73]。首钢京唐二期 2019 年投产试运行，钢渣产量约 56 万吨，采用的是钢渣辊压破碎—有压热闷生产线。有压热闷工作压力约 0.2～0.4MPa，热闷时间缩短至 2h 左右。同时，该技术处理钢渣的整个过程基本都是在封闭体系下进行，因此比现有钢渣处理技术，更洁净、更环保。

该工艺分为钢渣辊压破碎和余热有压热闷两个阶段。辊压破碎阶段主要是完成熔融钢渣的快速冷却、破碎，每罐钢渣的处理时间约 40min，钢渣温度可冷却至 600～800℃，粒度破碎至 300mm 以下。有压热闷阶段主要是完成经辊压破碎后钢渣的稳定化处理，处理时间约 2h，处理后钢渣的稳定性良好，f-CaO 含量小于 3%，浸水膨胀率小于 2%。

（2）镔鑫钢铁辊压破碎+竖罐有压热闷技术[73]。镔鑫钢铁年产钢渣约 80 万吨，钢渣处理采用辊压破碎+竖罐有压热闷技术，工艺路线与首钢京唐相同。竖罐有压热闷技术与卧罐有压热闷技术原理相同，相较于后者，前者占地面积小，操作简单。竖罐热闷工作压力为 0.2～0.3MPa，闷渣时间为 2～3h。

处理后的钢渣中粒度小于 10mm 的量占 60%以上。经过处理后，钢渣可分为三大类产品，如表 2-45 所示。目前，尾渣主要销售给水泥厂、搅拌站、制砖厂、铺路企业等，售价为 30 元/吨渣。其中 50%外销给水泥厂及搅拌站，用作混凝土掺合料；剩余50%外售给制砖厂、铺路企业。

表2-45　镔鑫钢铁钢渣处理分类

种　类	占比/%	成分/%	去　向
尾渣	85	f-CaO≤2	外卖
渣钢	6	—	返炼钢
精粉	9	TFe≥48	返烧结

(3) 宝山钢铁滚筒渣处理技术[73]。宝山钢铁钢渣处理采用滚筒法。宝山钢铁渣量约为钢产量的12%，滚筒处理后的钢渣经一次筛分、筛上物返炼钢（占比10%，含铁品位80%以上）使用，尾渣分别交由宝武集团环境资源科技有限公司（简称宝武环科）(60%)、中冶宝钢（40%）处理。

宝武环科的子公司上海宝钢新型建材科技有限公司（简称宝钢建材）负责处置宝钢的钢渣尾渣。2018年宝钢建材总计处置钢渣约165.6万吨。处置上海钢渣量为89.6万吨，其中供水泥厂56.91万吨，球磨分选加工10.72万吨，配炉料16.08万吨（直接外卖其他钢铁厂），搅拌站5.5万吨，筑路0.12万吨，除锈料0.063万吨，制砖0.23万吨。处置湛江钢渣量76万吨，其中供水泥厂45.6万吨，工程回填29.9万吨，筑路0.5万吨。宝武环科钢渣产品去向，如表2-46所示。

表2-46　宝武环科钢渣产品去向

<table>
<tr><th>钢渣分类</th><th>去　向</th><th>项　目</th></tr>
<tr><td>渣铁</td><td>返生产</td><td>铁资源回收</td></tr>
<tr><td rowspan="5">钢渣骨料</td><td rowspan="2">道路</td><td>制砖</td></tr>
<tr><td>（透水）沥青道路</td></tr>
<tr><td rowspan="2">混凝土</td><td>防浪块（扭工字体）</td></tr>
<tr><td>水工混凝土</td></tr>
<tr><td>场地硬化</td><td>环保场地硬化材料</td></tr>
<tr><td rowspan="2">钢渣掺和料细分</td><td>钢渣微粉</td><td>高性能微粉、复合掺合料</td></tr>
<tr><td>水泥配料</td><td>水泥铁质矫正料</td></tr>
<tr><td rowspan="2">钢渣砂粉料</td><td>除锈</td><td>钢渣型喷砂除锈料</td></tr>
<tr><td>干粉砂浆</td><td>普通干混砂浆</td></tr>
</table>

(4) 河钢邯钢二代滚筒渣处理技术[73]。邯钢有三个炼钢厂，分别为一炼钢、三炼钢和西区炼钢厂，钢渣年产量约150万吨。各炼钢厂都有独立的钢渣一次处理车间，其中一炼钢厂采用滚筒法处理，三炼钢厂、西区炼钢厂采用池闷法处理。

一炼钢的钢渣年产量约 35 万吨，配有两套滚筒处理钢渣。工艺流程：转炉渣→渣罐→渣罐台车→行车→渣罐倾翻装置→双腔滚筒（冷却、破碎）→刮板机→鳞板机→斗提机→惯性给料机→磁选机→振动筛→料仓。

西区炼钢厂的钢渣年产量分为精炼渣 7.2 万吨、转炉渣 72 万吨、脱硫渣 3.6 万吨。精炼渣打水闷渣后，经过挑拣大块钢后交由物流公司外卖处置。转炉渣、脱硫渣经过打水闷渣后，由汽车运至钢渣二次处理车间。

三个炼钢分厂的钢渣统一由汽车运至钢渣二次处理车间，经过二次加工处理后，钢渣可分为五种产品，如表 2-47 所示。

表 2-47　河钢邯钢钢渣处理分类

<table>
<tr><th>种　类</th><th>品位/%</th><th>产量/万吨</th><th>去　向</th></tr>
<tr><td>>250mm</td><td>TFe>75</td><td rowspan="3">9</td><td rowspan="2">切割后返炼钢</td></tr>
<tr><td>30~250mm</td><td>TFe>85</td></tr>
<tr><td>5~30mm 粒钢</td><td>TFe>85</td><td>返炼钢</td></tr>
<tr><td><5mm 铁精粉</td><td>TFe=50~60</td><td>10.5</td><td>返烧结</td></tr>
<tr><td>尾渣</td><td>MFe<1，TFe=16~18</td><td>130</td><td>自用/外卖</td></tr>
</table>

（5）沙钢集团五干河钢渣处理线[74]。2020 年，国内最大固废环保项目——沙钢五干河钢渣处理线搬迁环保项目竣工投产，沙钢建成全国最大的 330 万吨钢渣处理生产线，通过磁选、破碎、棒磨、筛分等深加工处理，实现钢渣 100%综合利用。同年 10 月底，沙钢近 600 吨钢渣成功应用于张家港市市政道路海绵化改造工程。

2021 年，沙钢钢渣新建钢渣资源综合利用磨粉项目全面竣工投产，该项目总投资 1.7 亿元，设计年产钢渣磨粉 60 万吨，是目前国内最大的钢渣粉生产线。沙钢五干河钢渣处理线如图 2-47 所示。

图 2-47　沙钢五干河钢渣处理线

（6）马钢集团风淬和热闷组合技术[75]。在 2012 年，马钢在原有风淬钢渣处理工艺生产线的基础上改增建钢渣热闷生产线，主要处理风淬工艺难以处理的黏渣，形成风碎和热闷组合在线处理转炉热态钢渣新模式，在国内属首创。该钢渣处理模式经过近5年的生产运行，成熟稳定，渣处理综合成本低、环境污染少，处理后钢渣资源综合利用率提高。

马钢新区转炉渣年处理量约100万吨，其工艺流程：转炉出渣后，将渣罐运送至渣处理车间，通过行车将渣罐吊到风淬处理线，倾翻渣罐，液态钢渣在粒化器作用下，被高速气流切割成渣粒，并成抛物线飞行一段距离后落入下方水池中进一步冷却。当渣罐中下部钢渣黏度增大、流动性变差，加大渣罐倾角，没有液态渣从渣罐流出时，停止风淬作业，通过行车将渣罐吊至渣处理车间另一侧的热闷处理线，进行热闷处理。目前，采用风淬工艺处理转炉渣占比约45%，热闷处理占比约55%，流程如图2-48所示。

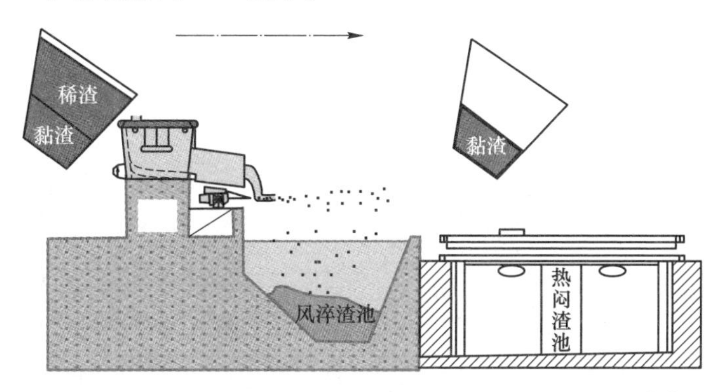

图2-48 风淬加热闷组合工艺在线处理转炉渣工艺示意图[75]

2.3.2 国外的钢渣利用现状

2.3.2.1 日本的钢渣利用现状

图2-49为2016年和2017年的钢渣利用情况，数据来源于日本钢渣协会。由图可知，2016~2017年日本钢渣利用量都在1400万吨左右，和2005~2014年相比，钢渣的产量和利用总量有所减少，但是利用率还在增加，尤其是2017年，钢渣产量仅有1367.2万吨，钢渣利用量高达1397.7万吨，说明日本已经在大规模消纳历史堆存炉渣，钢渣真正意义上成为了一种二次资源。

由图2-50、图2-51可知，2016~2017年的钢渣利用途径分布与2005~2014年大致一样，2016年钢渣利用总量的31.89%用作道路建设，32.64%的钢渣作民事使用，18.95%钢厂内部循环使用，6.91%用作其他方面，3.82%用作水泥产品，3.71%用作土壤改质剂，1.61%的钢渣填充土地，0.47%作外部循环使用。2017年钢渣利用总量的34.52%用作道路建设，31.66%作民事使用，16.46%钢

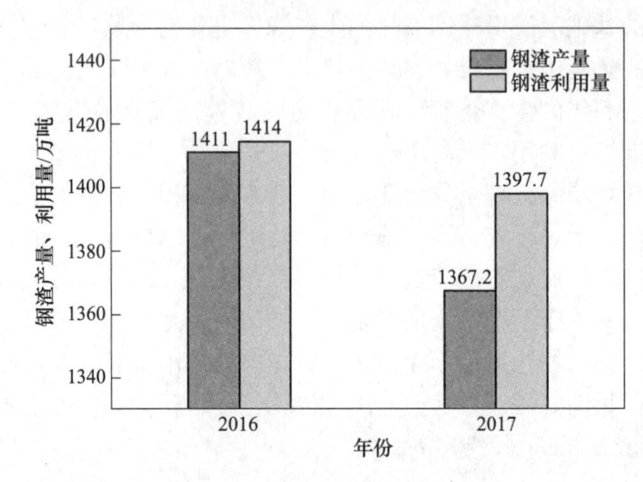

图 2-49　日本钢渣产量统计图

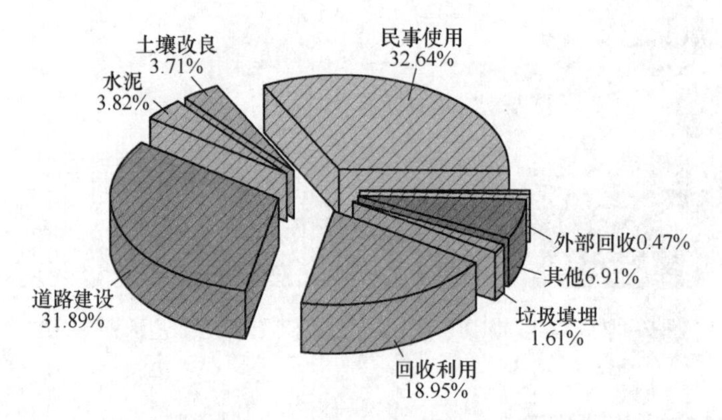

图 2-50　2016 年日本钢渣利用途径分布饼状图

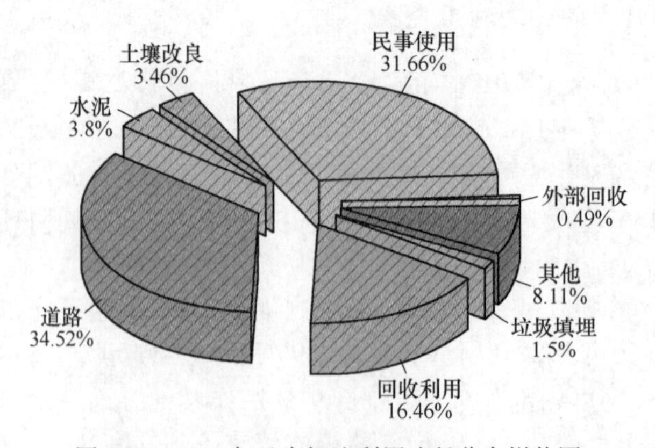

图 2-51　2017 年日本钢渣利用途径分布饼状图

厂内部循环使用，8.11%用作其他方面，3.8%用作水泥产品，3.46%用作土壤改质剂，1.5%的钢渣填充土地，0.49%作外部循环使用。日本钢渣大部分粉碎后磁选回收废钢，剩余尾渣几乎全部被用于水泥、道路工程、混凝土骨料和土建材料等方面。同时，日本钢渣在改善海洋环境方面开发了一些新工艺，利用钢渣修复海域环境。住友金属、新日铁等钢铁企业正在采用此法改善日本邻海。

2.3.2.2 欧洲的钢渣利用现状

自2000年以来，EUROSLAG每两年要求欧洲的钢铁生产和加工公司评估不同炉渣产品的重要性。根据EUROSLAG数据显示（图2-52），2014~2018年，钢渣产量逐渐减少，钢渣利用量也随之减少，2014年钢渣利用率超过100%，2016年钢渣利用率在77%左右，2018年钢渣利用率降至73.25%。

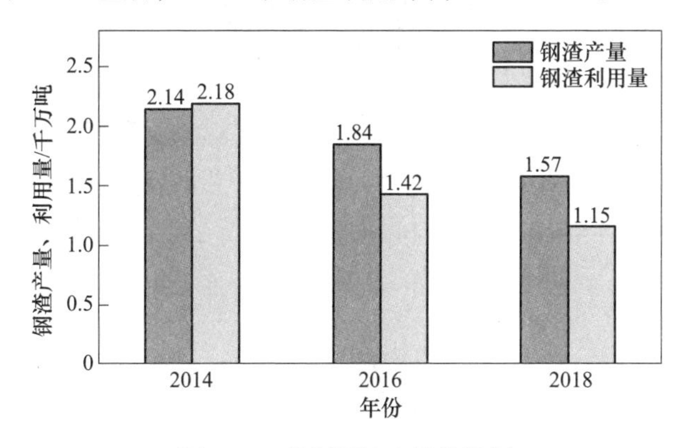

图2-52 欧洲钢渣产量统计图

如图2-53~图2-55所示分别为欧洲2014年、2016年、2018年钢渣利用途径分布情况。对比三年数据可以发现，欧洲钢渣主要应用在道路建设和冶金流程回用，其中钢渣利用在道路建设的比重上越来越大，2018年时，其比重已将近70%。

2.3.2.3 美国的钢渣利用现状

如图2-56所示，2017年，美国钢渣产量在1000万吨左右。美国钢渣的数据显示有40.8%用在了道路建设上，24.7%未指明使用方向，15.1%用在了磷混凝土上，2.4%用作熟料原料，2.0%用作杂物，0.4%用作混凝土产品。

2.3.3 国内钢渣利用存在的问题及发展方向

20世纪80~90年代，钢渣处理以回收其中的金属为主。21世纪开始后，钢渣向着综合利用的方向发展，如用于烧结、制造冶炼熔剂、生产钢渣水泥和建筑

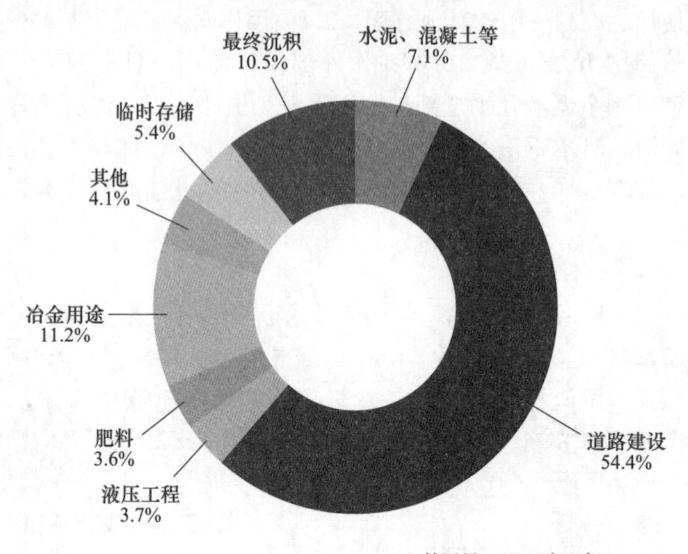

图 2-53　2014 年欧洲钢渣利用途径分布

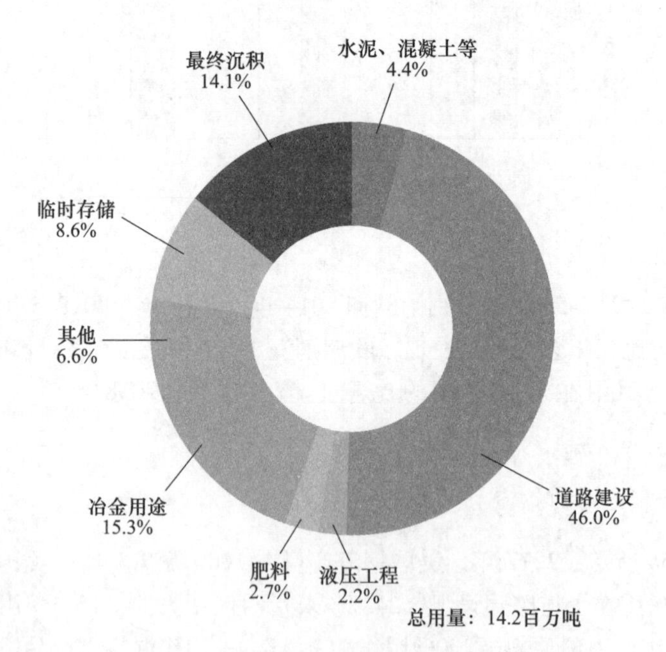

图 2-54　2016 年欧洲钢渣利用途径分布

砌块等。美国、德国和日本等发达国家的钢渣综合利用率超过 85%，而国内钢渣综合利用率并不理想，仅有 30%左右。此外，随着钢铁产量的稳步增长，钢渣产量也持续增长，中国每年排放约 7000 万吨钢渣，那些未被有效利用而倾倒的钢

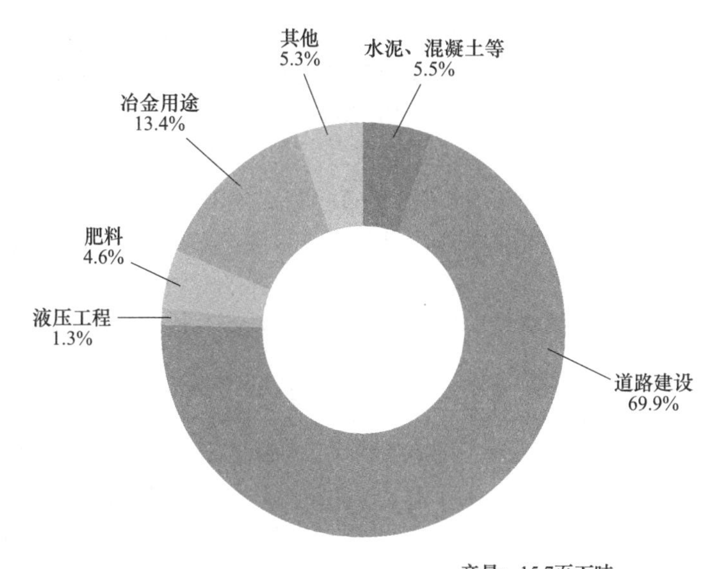

图 2-55 2018 年欧洲钢渣利用途径分布

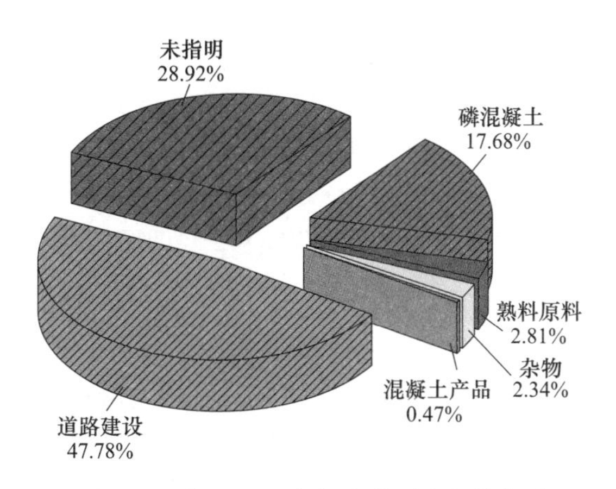

图 2-56 美国 2017 年钢渣利用途径饼状图

渣破坏了农田，增加了对水和空气的污染。

本章对中国钢渣的利用现状进行了分析，与一些工业国家相比，我国在道路建设和农业方面利用的钢渣较少。国内钢渣综合利用率低是多重因素相互影响的结果，包括过时的处理方法、简单的加工方法以及法律法规的限制等。当然，这些问题都受到中国的经济环境、政策支持方向、相关产业发展以及社会现实的影响。因此，应采取相关的改进措施来解决这些问题。综上所述，在国内钢渣利用率的提高需要经济、立法、社会和技术领域的共同努力。具体如下：

（1）落实政策支持：为钢铁企业或矿渣处理企业提供新的财政或税收优惠。此外，解除对钢渣在农业中应用的法律限制，鼓励这些企业采用热闷处理工艺，并将钢渣应用于道路建设和农业。

（2）完善法律法规：针对雾霾频发的问题，政府应该审查企业炼钢和炉渣处理过程中排放的PM2.5。相关法律已将排污税改为对二氧化硫、二氧化碳、炉渣和尾矿等污染物征收排污税。政府应该执行谁污染谁纳税的原则，税收应该以排放量为基础。这项法律将增加排放矿渣污染的企业的成本，并迫使钢铁企业减少排放。

（3）创新钢渣处理及利用体系：根据不同处理工艺下的钢渣特点搭建最佳的钢渣磁选和处理线，实现钢渣的梯级利用。原料准备、熔炼过程、钢渣处理和磁选将影响钢渣的化学成分、性能、结构和粒度，最终影响钢渣的利用。梯级利用的核心思想是根据钢渣的特性，逐步回收利用钢渣，使其在不同阶段得到最合理的利用。

参考文献

[1] Motz H, Geiseler J. Products of steel slags an opportunity to save natural resources [J]. Waste Manag, 2001, 21 (3): 285-293.

[2] Gao X, Okubo M, Maruoka N, et al. Production and utilisation of iron and steelmaking slag in Japan and the application of steelmaking slag for the recovery of paddy fields damaged by Tsunami [J]. Mineral Processing and Extractive Metallurgy, 2015, 124 (2): 116-124.

[3] Kitamura S, Miyamoto K, Shibata H, et al. Analysis of dephosphorization reaction using a simulation model of hot metal dephosphorization by multiphase slag [J]. ISIJ International, 2009, 49 (9): 1333-1339.

[4] Alanyalı H, Çöl M, Yılmaz M, et al. Application of magnetic separation to steelmaking slags for reclamation [J]. Waste Management, 2006, 26 (10): 1133-1139.

[5] da Silveira N O, e Silva M V A M, Agrizzi E J, et al. ACERITA®-Steel slag with reduced expansion potential [J]. Metallurgical Research & Technology, 2004, 101 (10): 779-785.

[6] Tossavainen M, Engstrom F, Yang Q, et al. Characteristics of steel slag under different cooling conditions [J]. Waste Management, 2007, 27 (10): 1335-1344.

[7] Waligora J, Bulteel D, Degrugilliers P, et al. Chemical and mineralogical characterizations of LD converter steel slags: A multi-analytical techniques approach [J]. Materials Characterization, 2010, 61 (1): 39-48.

[8] 饶磊，周晨辉，陈广言，等．马钢风碎渣综合利用现状及趋势［J］．安徽冶金，2014 (3): 39-41.

[9] 黄毅，徐国平，杨巍．不同处理工艺的钢渣理化性质和应用途径对比分析［J］．矿产综合利用，2014 (6): 62-66.

[10] Das B, Prakash S, Reddy P S R, et al. An overview of utilization of slag and sludge from steel industries [J]. Resources, Conservation and Recycling, 2007, 50 (1): 40-57.

[11] Yildirim I Z, Prezzi M. Chemical, mineralogical, and morphological properties of steel slag [J]. Advances in Civil Engineering, 2011, 2011: 88-100.

[12] Ramachandran V S, Sereda P J, Feldman R F. Mechanism of hydration of calcium oxide [J]. Nature, 1964, 201 (4916): 288-289.

[13] Juckes L M. The volume stability of modern steelmaking slags [J]. Mineral Processing and Extractive Metallurgy, 2003, 112 (3): 177-197.

[14] Vaverka J, Sakurai K. Quantitative determination of free lime amount in steelmaking slag by X-ray diffraction [J]. ISIJ International, 2014, 54 (6): 1334-1337.

[15] Nishinohara I, Kase N, Maruoka H, et al. Powder X-ray diffraction analysis of lime-phase solid solution in converter slag [J]. Tetsu-To-Hagane/Journal of the Iron and Steel Institute of Japan, 2013, 99 (9): 552-558.

[16] Drissen P, Ehrenberg A, Kühn M, et al. Recent development in slag treatment and dust recycling [J]. Steel Research International, 2009, 80 (10): 737-745.

[17] Zhang J G, Xu Y H. Comparative analysis of several kinds of steel slag treatment methods [J]. Resource Recycling, 2014: 58-60.

[18] 李嵩 . BSSF 滚筒法钢渣处理技术发展现况研究 [J]. 环境工程, 2013, 31 (3): 113-115.

[19] 冷光荣, 朱美善 . 钢渣处理方法探讨与展望 [J]. 江西冶金, 2005 (4): 44-47.

[20] 张建国, 徐永华 . 几种钢渣处理工艺方法的对比分析 [J]. 资源再生, 2014 (4): 58-60.

[21] Li G, Guo M. Current development of slag valorisation in China [J]. Waste and Biomass Valorization, 2014, 5 (3): 317-325.

[22] 张志伟, 黄元民, 杜久文, 等 . 柳钢 HK 法转炉钢渣粒化系统设计及应用 [J]. 柳钢科技, 2007 (1): 39-42.

[23] 李瑞敏 . 二灰钢渣基层试验研究 [D]. 天津: 河北工业大学, 2011.

[24] 任奇, 王颖杰, 李双林 . 钢渣处理与综合利用技术 [J]. 钢铁研究, 2012 (1): 54-57.

[25] Semykina A, Shatokha V, Seetharaman S. Innovative approach to recovery of iron from steelmaking slags [J]. Ironmaking & Steelmaking, 2010, 37 (7): 536-540.

[26] 樊杰, 张宇, 李娜, 等 . 转炉钢渣磁选工艺及设备研究 [J]. 中国钢铁业, 2012 (12): 26-27, 29.

[27] 毕琳 . 钢渣加工工艺的现状与发展 [J]. 矿产综合利用, 1999 (3): 31-35.

[28] 戴龙 . 鞍钢冶金固体废弃物的应用技术与实践 [EB/OL]. (2020-03-15). https: //www. docin. com/p-2327817760. html.

[29] 苏兴文, 李晓阳, 刘镭 . 鞍钢鲅鱼圈钢厂钢渣短流程处理的应用与实践 [C] //中国金属学会 . 第八届 (2011) 中国钢铁年会论文集, 2011: 864-868.

[30] 章瑞平 . 本钢钢渣热闷处理工艺的生产实践 [J]. 本钢技术, 2013 (2): 5-9.

[31] 文敏, 周远华, 李斌 . 重钢新区钢渣综合利用研究 [C]//2012 年全国炼钢—连铸生产

技术会，重庆，2012.
[32] 王延兵，许军民，范永平，等．钢渣全流程处理技术对比分析研究 [J]. 环境工程，2014 (3)：143-146.
[33] 孙健，董春柳，郝以党，等. 转炉钢渣辊压破碎余热有压热闷技术的研究与应用 [C]//全国冶金能源环保生产技术会，中国金属学会，国家钢铁生产能效优化工程技术研究中心，2014.
[34] 宝钢节能绿色智慧钢渣处理技术 [N]. 世界金属导报，2019-11-19.
[35] Wu W，Meng H，Liu L. Melting characteristics of recycling slag in decarburization converter and its application effects [J]. Journal of Iron and Steel Research，International，2013，20 (6)：7-12.
[36] 章耿．宝钢钢渣综合利用现状 [J]. 宝钢技术，2006 (1)：20-24.
[37] 陈兆平，夏幸明，蒋晓放．转炉渣在宝钢铁水预处理中的应用 [C]//2001 中国钢铁年会，北京，2001.
[38] 首钢转型高质量发展系列报道之一 [R]. (2022-03-17) http：//www. csteelnews. cn/xwzx/jrrd/202201/t20220107_ 58494. html.
[39] 刘皓铭，张进红，王硕明，等．京唐公司转炉双联冶炼工艺及技术指标 [J]. 河北联合大学学报 (自然科学版)，2012，34 (3)：23-26.
[40] 孟华栋，吴伟，刘浏．脱磷炉利用脱碳炉返回渣的试验 [J]. 钢铁研究学报，2014 (5)：23-27.
[41] 郭上型，郭湛．转炉渣用于铁水预脱磷的工艺实验 [J]. 钢铁研究学报，2006 (9)：13-16.
[42] 王强．钢渣的胶凝性能及在复合胶凝材料水化硬化过程中的作用 [D]. 北京：清华大学，2010.
[43] Shi C J. Characteristics and cementitious properties of ladle slag fines from steel production [J]. Cement and Concrete Research，2002，32 (3)：459-462.
[44] 袁霆钧．钢渣处理及综合利用技术 [J]. 民营科技，2011 (11)：47-48.
[45] 杨景玲，闫文，郝以党．制订系列标准推动钢渣“零排放” [J]. 工程建设标准化，2014 (2)：50-53.
[46] Mikhail S A，Turcotte A M. Thermal behaviour of basic oxygen furnace waste slag [J]. Thermochimica Acta，1995，263：87-94.
[47] 黄毅．钢渣在道路工程中的应用现状 [C]//2014 年全国冶金能源环保生产技术会，武汉，2014.
[48] Yi H，Xu G，Cheng H，et al. An Overview of Utilization of Steel Slag [J]. Procedia Environmental Sciences，2012，16：791-801.
[49] 徐忠琨．钢渣混凝土在海堤工程中的应用研究 [J]. 水运工程，2008 (10)：239-244.
[50] 李琳琳，李晓阳，苏兴文，等．钢渣制备高强度人工鱼礁混凝土 [J]. 金属矿山，2012 (3)：158-162.
[51] 赵青林，周明凯，Jochen Stark，等．德国钢渣特性及其在路面工程中的综合利用 [J]. 公路，2006 (6)：148-154.

[52] 李婕 . 浅谈钢渣的综合利用与资源化 [J]. 山西冶金，2005，28 (3)：32-34.
[53] 刘鸣达，张玉龙，王耀晶，等 . 施用钢渣对水稻土 pH、水溶态硅动态及水稻产量的影响 [J]. 土壤通报，2002 (1)：47-50.
[54] 刘河云 . 钢渣是钙镁磷肥最适宜的添加物 [J]. 磷肥与复肥，2010 (4)：35-36.
[55] 沈建国，任玉森 . 利用脱硅渣制取长效肥料的技术研究 [Z]. 2007 中国钢铁年会，成都，2007.
[56] 吴志宏，邹宗树，王承智 . 转炉钢渣在农业生产中的再利用 [J]. 矿产综合利用，2005 (6)：25-28.
[57] Proctor D M, Fehling K A, Shay E C, et al. Physical and chemical characteristics of blast furnace, basic oxygen furnace, and electric arc furnace steel industry slags [J]. Environmental science & technology, 2000, 34 (8): 1576-1582.
[58] Chaurand P, Rose J, Briois V, et al. Environmental impacts of steel slag reused in road construction: A crystallographic and molecular (XANES) approach [J]. Journal of Hazardous Materials, 2007, 139 (3): 537-542.
[59] 张宇，张健，张天有，等 . 钢渣处理与余热回收技术的分析 [J]. 中国冶金，2014 (8)：25-29.
[60] 饶磊 . 钢渣熔制微晶玻璃技术研究 [D]. 武汉：华中科技大学，2007.
[61] 姚强，陆雷，江勤 . 钢渣微晶玻璃的试验研究 [J]. 硅酸盐通报，2005 (2)：117-119.
[62] 杨志杰，李宇，苍大强，等 . Al_2O_3 含量对提铁后的钢渣及粉煤灰微晶玻璃结构与性能的影响 [J]. 环境工程学报，2012 (12)：4631-4636.
[63] 代文彬，李宇，苍大强 . 热处理过程对钢渣微晶玻璃结构和性能的影响规律 [J]. 北京科技大学学报，2013 (11)：1507-1512.
[64] 邓春明 . 钢渣微晶玻璃的研究 [D]. 长沙：湖南大学，2002.
[65] 张凯 . 模拟热态钢渣直接熔制微晶玻璃晶化规律 [D]. 武汉：华中科技大学，2012.
[66] 李宇，代文彬，苍大强 . 采用一步烧结法的钢渣基微晶玻璃制备机理 [J]. 硅酸盐通报，2014 (12)：3288-3294.
[67] 舒型武 . 钢渣特性及其综合利用技术 [J]. 有色冶金设计与研究，2007 (5)：31-34.
[68] Michael K, Jürgen H, Joachim H, et al. Development of steelmaking slag based solid media heat storage for solar power tower using air as heat transfer fluid: The results of the project RE slag [J] Energies, 2020, 13: 6092.
[69] Jean-Michel C N, Villalobos C, Mohammed A, et al. Elaboration of an advanced ceramic made of recycled industrial steel waste: EP3585911A1 [P]. 2020.
[70] Naimi K, Hoffmann J F, Ali K A, et al. Influencing parameters on the sintering process of steel slag-based ceramics for high-temperature thermal energy storage [C] // SOLARPACES 2019: International Conference on Concentrating Solar Power and Chemical Energy Systems, 2020.
[71] Mondal P, Samanta N, Purkait M K. Metal removal efficiency of novel LD-slag-incorporated ceramic membrane from steel plant wastewater [J]. International Journal of Environmental Analytical Chemistry, 2020.

[72] Mallik M, Hembram S, Swain D, et al. Potential utilization of LD slag and waste glass in composite production [J]. 2020, 33: 5196-5199.

[73] 王天义，王镇武，闫文，等. 抓住机遇，勇于创新，推动钢渣资源化利用 [N]. 世界金属导报，2019-10-15.

[74] 中国二十冶国内产能最大钢渣处理线五千河钢渣项目开展“国企顶梁柱”主题宣传活动 [R]. (2020-05-09) https://m.thepaper.cn/baijiahao_7321883.

[75] 饶磊，董元篪，王珏，等. 风碎和热闷组合技术在线处理转炉钢渣实践 [J]. 炼钢，2018，34 (1)：65-70.

3　钢液脱磷及含磷渣形成的基础研究

钢渣减量化的一个重要途径是在炼钢过程中从源头减少钢渣的生成，钢渣的重要任务之一是脱除钢液中的磷元素，对于含磷量较高的中高磷铁水，往往需要从一定程度上提高渣量或碱度。目前，针对常规铁水脱磷的研究已较为完善，本章针对中高磷铁水的脱磷行为展开研究，从脱磷的理论研究入手，通过热力学计算解析不同钢渣成分及温度对中高磷铁水脱磷的影响，通过热态实验深入分析中高磷铁水脱磷限度及其与钢渣的关系，解析脱磷行为的动力学条件，从源头分析含磷钢渣的产生过程，为少渣冶炼提供参考。

本章脱磷热态实验研究主要分两个阶段进行：一是碳管炉实验阶段，在碳管炉中模拟转炉冶炼终点及钢包中的钢水环境，考察平衡状态时各渣系脱磷能力及所能达到的终点的磷含量；二是感应炉实验阶段，根据碳管炉实验结果进行分析总结，得出效果较优的方案，在感应炉上进行模拟工业生产中转炉冶炼脱磷的试验。通过对中高磷铁水脱磷行为的解析，明晰含磷钢渣的形成条件及其与生产条件之间的关系，并为钢渣的成分控制及其在转炉中的回用提供理论指导。

3.1　钢中磷的来源及对钢性能的影响

钢铁冶炼实质上是实现铁矿石向单质铁的转化。铁元素以氧化物形式存在于矿石中，通过还原作用脱除氧元素获得单质铁，如图 3-1 中 $A \sim E$ 点描述了长流程炼钢过程中的还原与氧化。其中，A 点表示铁矿石，B 点表示高炉出炉铁水，C 点表示装入转炉的铁水，D 点表示转炉出炉钢水，E 点表示成品钢水。

图中 A 点到 B 点表示在高炉的还原气氛下，矿石等含铁氧化物被碳还原生成高温铁水。磷以磷酸盐的形式存在于铁矿石，伴随铁元素还原过程矿石中的磷会全部被还原进入铁水中，作为一种杂质元素存在于铁水中。B 点到 C 点表示高温铁水转运过程中的温降情况，此过程钢水还原性不变。C 点表示铁水与废钢被装入转炉，通过氧枪向炉内喷吹氧气达到升温和去除杂质元素的目的，进入铁水中的磷元素在此阶段被氧化形成磷氧化物，并通过造碱性渣的方式将其脱除，吹氧结束获得出炉钢水 D 点。D 点到 E 点表示脱氧合金化工序，得到 E 点成品钢水。

钢中磷对大部分钢种是有害的，磷能显著降低钢的低温冲击韧性，即冷脆性，其在钢中主要存在形态是［Fe_3P］或［Fe_2P］。此外，磷在钢中易产生偏析，导致钢的局部组织异常，造成机械性能不均匀，引起腐蚀疲劳和焊接开裂。

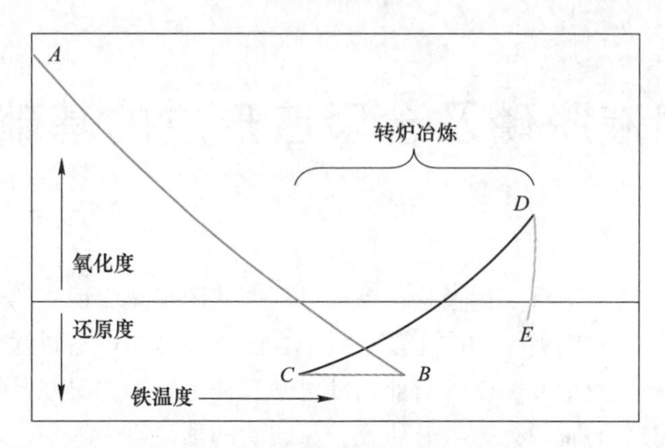

图 3-1　钢铁冶炼中的氧化还原过程

当然，部分含磷钢则是利用磷可以细化晶粒，提高钢材的抗拉强度和屈服强度，改善普通钢的抗腐蚀性能及钢水流动性的特性，在军事上常常利用磷的脆性制作炮弹钢以提高杀伤力。

鉴于磷对钢的性能有诸多不利影响，不同钢种对磷含量做了必要的限制。国标中规定了一般普通钢中要求 P<0. 045%，优质钢中要求 P<0. 03%，高级优质钢中要求 P<0. 025%，实际上为了满足钢材性能的需要，各钢铁企业钢中磷含量的内控要求更低，尤其是部分特殊钢，如汽车用表面硬化优质合金钢、超低碳 IF 钢、深冲钢、镀锡板、轴承钢、高级别管线钢、低温用钢、海洋用钢、航空用钢及大断面钢件等。

3. 2　钢渣的形成及脱磷机理简述

3. 2. 1　转炉冶炼过程描述

转炉炼钢是以铁水、废钢、铁合金为主要原料，其示意图如图 3-2 所示，不借助外加能源，靠铁液本身的物理热和铁液组分间化学反应产生热量而在转炉中完成炼钢过程。转炉炼钢一般包括装料、吹炼、造渣、出钢、合金化等过程。按照配料要求，先把废钢等装入炉内，然后倒入铁水，降低氧枪吹氧，使氧气直接跟高温的铁水发生氧化反应，除去杂质，在此过程中加入适量的造渣材料（如生石灰等)，当钢水的成分和温度都达到要求时，即停止吹炼，提升氧枪，准备出钢。

钢渣是转炉、电炉、精炼炉在熔炼过程中排出的由金属原料中的杂质与助熔剂、炉衬形成的渣，以硅酸盐、铁酸盐为主要成分。钢渣的主要成分来源于以下几个方面：一是金属炉料中各元素被氧化后生成的氧化物；二是侵蚀的炉衬和补炉材料；三是金属炉料带入的杂质，如泥沙等；四是为调整钢渣性质所加入的造

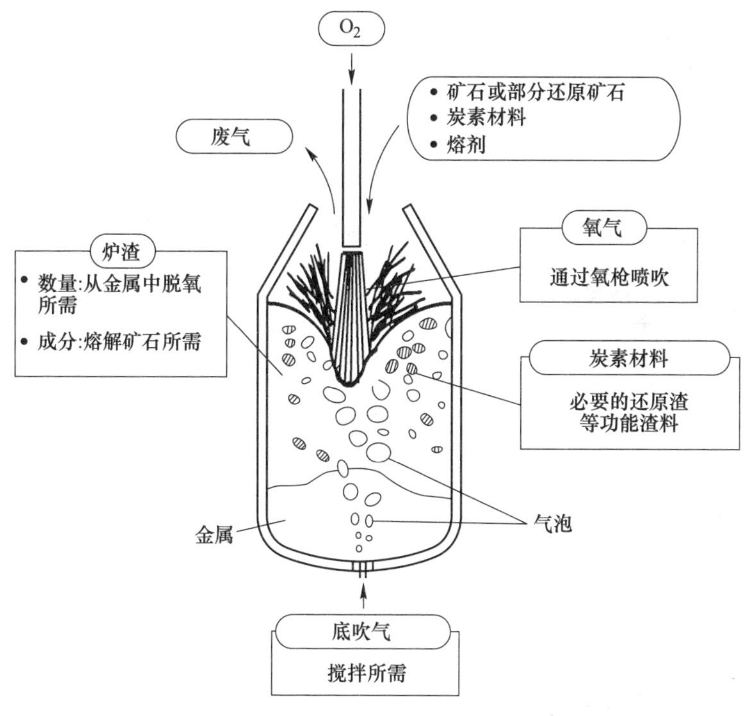

图 3-2　转炉炼钢示意图

渣材料，如石灰、铁矿石、白云石、菱锰矿和含 SiO_2 的辅助材料等。

3.2.2　钢渣脱磷机理简述

造渣的主要目的是脱磷，转炉脱磷反应发生在钢-渣界面上，如图 3-3 所示。在氧气射流的冲击下，在熔池液面上会形成冲击凹坑，称之为气-金接触区，在气-金接触区四周会形成渣-金接触区，脱磷反应主要发生在渣-金界面，脱磷速度受传质速度影响，脱磷过程可划分为 3 个重要环节：

（1）氧化：在渣-金界面处，磷被渣中 FeO 或游离的［O］捕捉氧化生成 P_2O_5，P_2O_5 与 FeO 继续反应生成 $FeO \cdot P_2O_5$。因为渣-金界面处磷被捕捉，浓度降低，钢液中的磷元素向钢渣界面迁移，从而实现磷的氧化脱除。

（2）成渣：在渣-金界面处生成的 $FeO \cdot P_2O_5$ 极不稳定，在钢渣界面处被渣中游离的 CaO 捕捉生成后，进入炉渣中。

（3）固磷：生成的磷酸钙进入渣中，在高温情况下，或以分子形式存在于液态炉渣中，在炉渣冷却过程中，随着温度的降低，渣中的 CaO 和 SiO_2 相结合，析出 C_2S，与磷酸钙具有很好的固溶作用，形成固溶体，实现磷元素的富集，将磷元素固定在炉渣中，实现固磷。

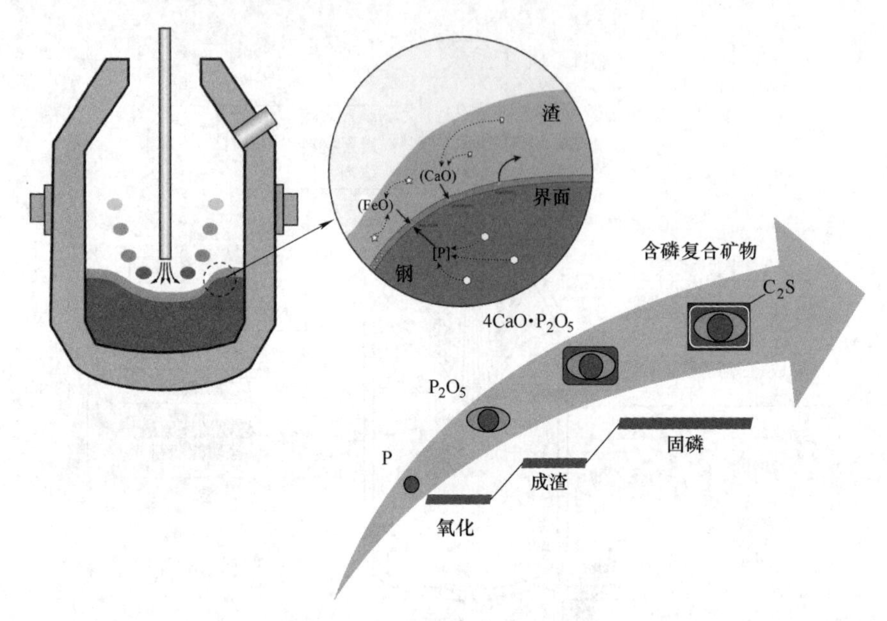

图 3-3　钢-渣界面脱磷机理图

3.3　钢液脱磷理论研究现状

3.3.1　脱磷热力学基本理论

脱磷反应既可在氧化性条件下进行，也可在还原性条件下进行，主要取决于体系的氧含量。转炉冶炼工艺以氧化性气氛为主，钢液中磷元素以 PO_4^{3-} 的形式进入渣中，完成脱除。根据炉渣结构理论，将脱磷反应用 3 种形式表示[1]。

3.3.1.1　分子理论描述脱磷反应

$$2[P] + 5(FeO) + 4(CaO) = (4CaO \cdot P_2O_5) + 5[Fe] \tag{3-1}$$

$$\lg K_1 = \lg \frac{a_{4CaO \cdot P_2O_5}}{a_P^2 a_{FeO}^5 a_{CaO}^4} = \frac{40067}{T} - 15.06 \tag{3-2}$$

式中，a_{FeO}、a_{CaO}、$a_{4CaO \cdot P_2O_5}$ 分别为 FeO、CaO 和 $4CaO \cdot P_2O_5$ 在炉渣中 FeO、CaO 和 $4CaO \cdot P_2O_5$ 的活度；a_P 分别为钢中自由氧活度及磷活度；K_1 为反应（3-1）平衡常数。

3.3.1.2　离子理论描述脱磷反应

磷在熔渣中以（PO_4^{3-}）形式存在，是钢中的［P］被氧化成（P^{5+}），在熔渣界面极化（O^{2-}）形成的。

$$2[P] + 5[O] + 3(O^{2-}) = 2(PO_4^{3-}) \tag{3-3}$$

$$\lg K_2 = \lg \frac{a_{PO_4^{3-}}}{a_{O^{2-}}^3 a_P^2 a_O^5} \tag{3-4}$$

式中，O^{2-}、PO_4^{3-} 分别为熔渣中自由氧离子和自由磷酸根离子；$a_{O^{2-}}$、$a_{PO_4^{3-}}$分别为 PO_4^{3-} 在炉渣中 O^{2-}和 PO_4^{3-} 的活度；a_O、a_P 分别为钢中自由氧活度及磷活度；K_2 为反应（3-3）平衡常数。

3.3.1.3 熔渣作为聚集电子体系相理论描述脱磷

$$\frac{1}{5}[P] + \frac{1}{2}[O] = (P_{1/5}O_{1/2}) \tag{3-5}$$

$$K_3 = \left(\frac{a'_{(P)}}{a_P}\right)^{1/5} \left(\frac{a'_{(O)}}{a_O}\right)^{1/2} \tag{3-6}$$

式中，a_O、a_P 分别为钢中自由氧活度及磷活度；$a'_{(P)}$、$a'_{(O)}$分别为渣中磷原子和氧原子活度；K_3 为反应（3-5）平衡常数。

3.3.2 脱磷热力学重要参数

3.3.2.1 渣中磷酸盐容量

转炉炼钢脱磷主要是通过渣-金界面间反应来完成，熔渣中磷酸盐容量表示熔渣吸收或溶解磷氧化物的能力，因此熔渣磷酸盐容量是研究转炉冶炼过程中渣钢间磷行为的重要指标之一。气-渣间的反应如下所示[1-4]：

$$\frac{1}{2}P_2(g) + \frac{5}{4}O_2(g) + \frac{3}{2}(O^{2-}) = (PO_4^{3-}) \tag{3-7}$$

$$K_1 = \frac{a_{PO_4^{3-}}}{a_{O^{2-}}^{3/2} p_{P_2}^{1/2} p_{O_2}^{5/4}} \tag{3-8}$$

$$C_{PO_4^{3-}} = \frac{K_1 a_{O^{2-}}^{3/2}}{\gamma_{PO_4^{3-}}} = \frac{(\%PO_4^{3-})}{p_{P_2}^{1/2} p_{O_2}^{5/4}} \tag{3-9}$$

式中，O^{2-}、PO_4^{3-} 分别为熔渣中自由氧离子和自由磷酸根离子；$a_{O^{2-}}$、$a_{PO_4^{3-}}$分别为 PO_4^{3-} 在炉渣中 O^{2-} 和 PO_4^{3-} 的活度；p_{O_2}、p_{P_2}分别为渣金界面氧分压和磷分压；$(\%PO_4^{3-})$、$C_{PO_4^{3-}}$、$\gamma_{PO_4^{3-}}$分别为熔渣中 PO_4^{3-} 的质量百分浓度、磷酸根离子容量和 PO_4^{3-} 的活度系数；K_1 为反应（3-7）的平衡常数。

由式（3-9）可知磷酸盐容量与温度和 O^{2-}活度有关，但熔渣中 O^{2-}活度较难测出，而炉渣光学碱度是关于炉渣成分的函数，和渣中 O^{2-}的行为有关，因此采用光学碱度、熔渣成分和温度来综合描述炉渣磷酸盐容量有一定意义。文献中也报道了诸多磷容量与炉渣组分、光学碱度和温度之间的经验关系式。

Sobandi[5]通过实验研究了 1573~1673K 时 $CaO-MnO-SiO_2-PO_{2.5}(MgO, Fe_tO)$ 渣系平衡时的磷容量，如式（3-10）所示：

$$\lg C_{PO_4^{3-}} = -2.60[(\%CaO) + 0.33(\%MnO) + 0.55(\%MgO) - 0.90(\%Fe_tO) - 0.77(\%PO_{2.5})]/(\%SiO_2) + \frac{40400}{T} - 6.48 \tag{3-10}$$

Young[6]通过实验研究归纳了熔渣磷容量与炉渣组分、光学碱度和温度间关系式，如式（3-11）所示：

$$\lg C_{PO_4^{3-}} = -18.184 + 35.84\Lambda - 23.35\Lambda^2 + \frac{22930\Lambda}{T} - 0.06257(\%FeO) - 0.04256(\%MnO) + 0.359(\%P_2O_5)^{0.3} \tag{3-11}$$

Mori[7]回归出在 1873K 熔渣磷容量与光学碱度之间的关系式，如式（3-12）所示：

$$\lg C_{PO_4^{3-}} = 17.55\Lambda + 5.72 \tag{3-12}$$

3.3.2.2　渣金界面磷分配比 L_P

渣金界面间的磷分配比是评价熔渣脱磷能力的一个重要参数，冶金工作者对渣金界面间磷分配比进行了大量研究。磷分配比定义式如式（2-13）所示，假设钢中的磷氧化后全部进入渣中，则磷分配比表示为式（2-14）：

$$L_P = \frac{(\%P)}{[\%P]_1} \tag{3-13}$$

$$L_P = \frac{([\%P]_0 - [\%P]_1)W_{钢}}{[\%P]_0 W_{渣}} \tag{3-14}$$

式中，L_P为渣金界面间磷分配比；（%P）为渣中磷的质量分数,%；$[\%P]_0$、$[\%P]_1$分别为脱磷前和脱磷后钢中磷的质量浓度,%；$W_{钢}$、$W_{渣}$分别为金属液和熔渣质量，t。

结合反应式（3-7），钢渣界面氧分压、磷分压及钢渣界面磷分配比分别由式（3-15）~式（3-21）确定。

磷分压由式（3-15）和式（3-16）确定：

$$\frac{1}{2}P_2(g) = [P] \quad \Delta G^{\ominus} = -122170 - 19.25T\ (J/mol)^{[8]} \tag{3-15}$$

$$K_P = \frac{[\%P]f_P}{p_{P_2}^{1/2}} \tag{3-16}$$

氧分压由式（3-17）和式（3-18）确定：

$$\frac{1}{2}O_2(g) = [O] \quad \Delta G^{\ominus} = -117150 - 2.89T\ (J/mol)^{[1]} \tag{3-17}$$

$$K_O = \frac{[\%O]f_O}{p_{O_2}^{1/2}} \tag{3-18}$$

$$[C] + [O] = CO \quad \Delta G^{\ominus} = -22364 - 39.63T\ (\text{J/mol})^{[1]} \tag{3-19}$$

$$K_{C\text{-}O} = \frac{p_{CO}}{[\%C]f_C[\%O]f_O} \tag{3-20}$$

由式（3-15）~式（3-20）得出，磷分配比如下：

$$L_P = \frac{(\%P)}{[\%P]} = 0.326 \times \frac{C_{PO_4^{3-}} p_{CO}^{2.5} f_P}{K_P K_O^{2.5} K_{C\text{-}O}^{2.5} f_C^{2.5}\ [\%C]^{2.5}} \tag{3-21}$$

式中，K_P、K_O、$K_{C\text{-}O}$分别表示反应式（3-15）、式（3-17）、式（3-19）的平衡常数；[%C]、[%O] 分别为钢液中溶解碳、溶解氧含量；f_P、f_C 分别为磷、碳的活度系数；p_{CO}为 CO 分压。

一些学者通过实验数据确定熔渣组成的改变对组成活度的影响，得出磷分配比与熔渣组成的关系式。

Healy[9]通过大量实验数据得到磷分配比与熔渣组成和温度的关系，如式（3-22）所示。

$$\lg \frac{(\%P)}{[\%P]} = -\frac{22350}{T} + 0.08(\%CaO) + 2.5\lg(\%TFe) - 16 \tag{3-22}$$

Ide 等人[8]对 CaO 38%~46%、Fe_tO 24%~35%、SiO_2 12%~18%、MgO 5%~10%、MnO 3%~4%和 P_2O_5 1.4%~1.8%炉渣做了相应的平衡实验，整理后磷分配比与熔渣组成和温度的关系，如式（3-23）所示：

$$\lg \frac{(\%P)}{[\%P]\ (\%TFe)^{5/2}} = 0.072[(\%CaO) + 0.15(\%MgO) + 0.6(\%P_2O_5) + 0.6(\%MnO)] + \frac{11570}{T} - 10.52 \tag{3-23}$$

在脱磷热力学计算中，还涉及 P_2O_5 活度、P_2O_5 活度系数、炉渣光学碱度等一系列重要参数，这些参数都能在一定程度上反映熔渣的脱磷性能。

3.3.3 脱磷动力学研究现状

脱磷热力学过程反应的是炉内脱磷的平衡状态，实际炼钢过程受到炉内动力学条件的限制远未达到平衡状态，但由于转炉脱磷反应是高温（1550~1650℃）下的化学反应，其反应速率远大于组分在两相内的扩散速率，所以扩散往往成为整个反应过程速率的限制环节，磷氧化的速率式为：

$$\gamma_P = -\frac{d[\%P]}{d\tau} = \frac{k_m L_P}{k_m/k_s}\{[\%P] - (\%P_2O_5)/L_P\} \tag{3-24}$$

式中，k_m、k_s 分别为金属相及熔渣相的扩散速率常数；L_P 为磷的分配系数。

由式（3-24）可确定磷氧化的限制环节：

（1）如果 $L_P \gg k_m/k_s$ 及$(P_2O_5)/L_P \ll [\%P]$，则 $\gamma_P = k_m[\%P]$，可得：

$$L_P([\%P]/[\%P]_0) = -(k_m/2.3)\tau \tag{3-25}$$

式中，$[\%P]_0$ 为金属液中磷的初始浓度。

此时，金属液中磷的扩散是限制环节，如在活跃性的高碱度、高氧化性炉渣形成时，磷能迅速氧化。

(2) 如果 $L_P \ll k_m/k_s$，则 $\gamma_P = k_s\{[\%P]L_P - (\%P_2O_5)\}$，这时，熔渣中 (P_2O_5) 的扩散是限制环节，此情况出现在熔渣的碱度低而黏度大及 $[\%P]$ 高时。

为了提高脱磷效率，许多冶金学者进行了脱磷动力学研究，田志红[2]建立了渣-金-气三相传质基础上低磷钢水脱磷动力学模型，模型计算结果表明：低磷钢水深脱磷反应的传质阻力主要集中在钢水侧磷的传质；采用高碱度 $CaO-CaF_2-FeO$ 系熔渣脱磷，钢液中磷的传质系数为 0.04cm/s，熔渣侧磷的传质系数为 0.01cm/s；刁江[10]等人基于双膜理论建立了脱磷动力学方程，从表观脱磷速率常数、总传质系数和传质参量三个方面对脱磷动力学方程进行了解析。试验中表观脱磷速率常数在 $(0.868 \sim 8.602) \times 10^{-3}\ cm^2/s$；总传质系数在 0.005 ~ 0.024cm/s。Monaghan 等人[11]在 1330℃ 下采用 $CaO-Fe_tO-SiO_2-CaF_2$ 和 $CaO-Fe_tO-SiO_2-CaCl_2$ 渣系研究了碳饱和铁水的脱磷动力学，研究发现铁水脱磷的速率是一级反应，速率决定步骤是渣相中的传质。关于脱磷动力学的理论目前还尚不完善，为更好地描述脱磷终点水平，需进一步深入研究脱磷过程动力学，对于提高脱磷过程反应速率具有重要的实际意义。

3.4 转炉脱磷相关理论计算

3.4.1 钢渣组分对钢中磷含量的影响

炼钢脱磷主要研究的是熔渣的脱磷能力及不同渣系成分对脱磷效果的影响规律，进而确定合理的熔渣成分条件。本节主要根据脱磷热力学基础，研究脱磷终点条件及熔渣成分对钢中磷行为的影响，为中高磷铁水转炉冶炼提供理论指导。

图 3-4 为渣中 FeO 含量对终点磷含量及磷分配比的影响。从图中可以看出，

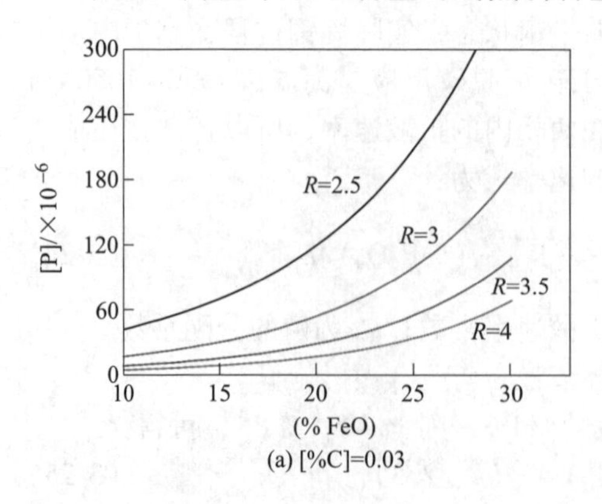

(a) [%C]=0.03

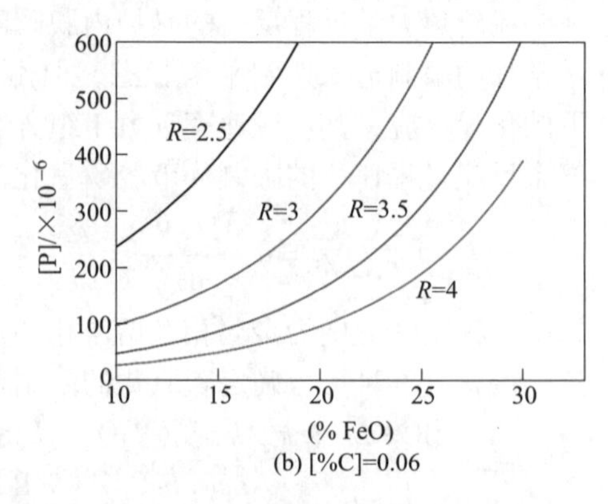

(b) [%C]=0.06

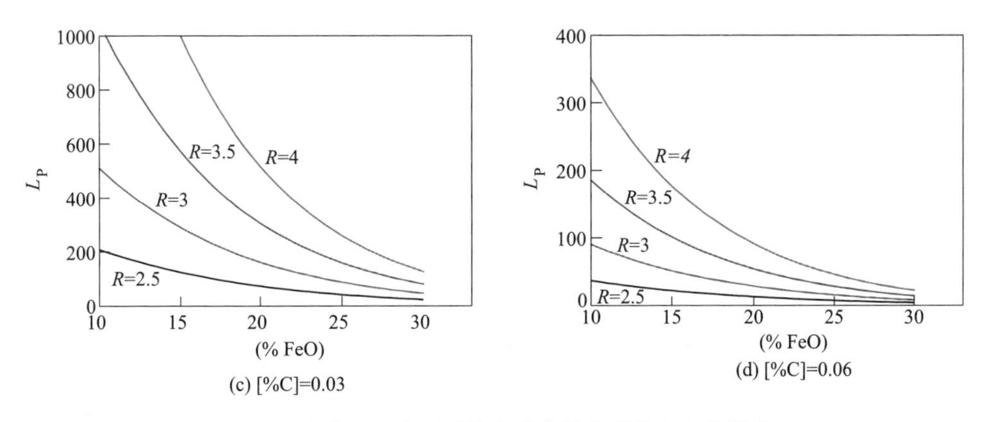

(c) [%C]=0.03

(d) [%C]=0.06

图 3-4 渣中 FeO 含量对终点磷含量和磷分配比的影响

在相同炉渣碱度及终点碳含量条件下，随着渣中 FeO 含量升高钢中磷含量增加，相应地磷分配比降低，随钢中碳含量的增加钢中磷含量升高，相应地终点磷含量分配比降低。

图 3-5 为渣中 P_2O_5 含量对终点磷含量及磷分配比的影响。从图中可以看出，

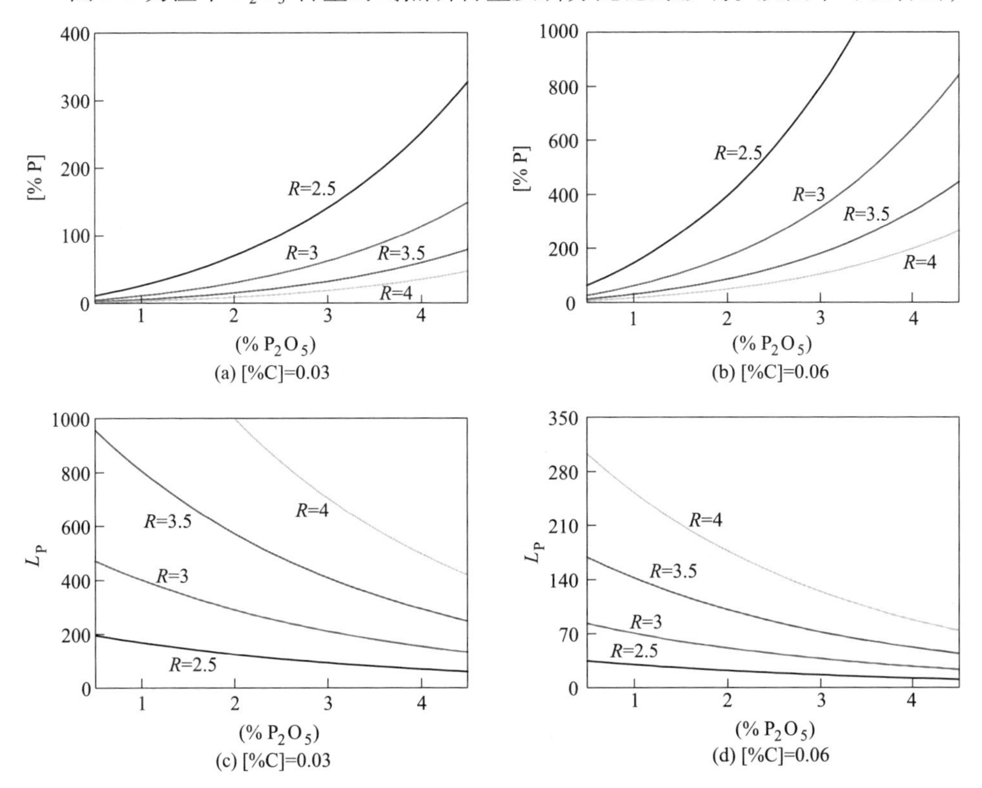

(a) [%C]=0.03

(b) [%C]=0.06

(c) [%C]=0.03

(d) [%C]=0.06

图 3-5 渣中 P_2O_5 含量对终点磷含量和磷分配比的影响

在相同炉渣碱度及终点碳含量条件下，随着炉渣 P_2O_5 含量的增加，磷分配比逐渐降下降，终点磷含量逐渐增加。随着炉渣碱度降低，磷分配比增加，终点磷含量降低，但降低的幅度越来越小。对于中高磷铁水脱磷，脱磷渣中 P_2O_5 含量较高，同时脱磷温度低，炉渣碱度也较常规脱磷低，因此冶炼过程中极易回磷，这也是中高磷铁水脱磷困难的原因。

渣中 MgO 含量对终点磷含量及磷分配比的影响关系如图 3-6 所示。渣中 MgO 含量的增加起到稀释炉渣中 FeO 和 CaO 的作用，不利于脱磷，然而为保护炉衬，钢渣中不可避免地含有一定 MgO，渣中适量的 MgO 可降低炉渣熔点，改善炉渣流动性，促进石灰溶解，有利于脱磷。从图中可以看出，当炉渣碱度为 2.5 和 3 时，MgO 增加改善炉渣流动性利于脱磷影响强于对炉渣 FeO 和 CaO 稀释不利脱磷影响，从而随 MgO 增加磷分配比逐渐增加，终点磷含量逐渐下降；当炉渣碱度为 3.5 和 4 时，MgO 增加对炉渣 FeO 和 CaO 稀释不利脱磷影响强于改善炉渣流动性利于脱磷影响，从而随 MgO 增加磷分配比逐渐阵减小，终点磷含量逐渐增加。

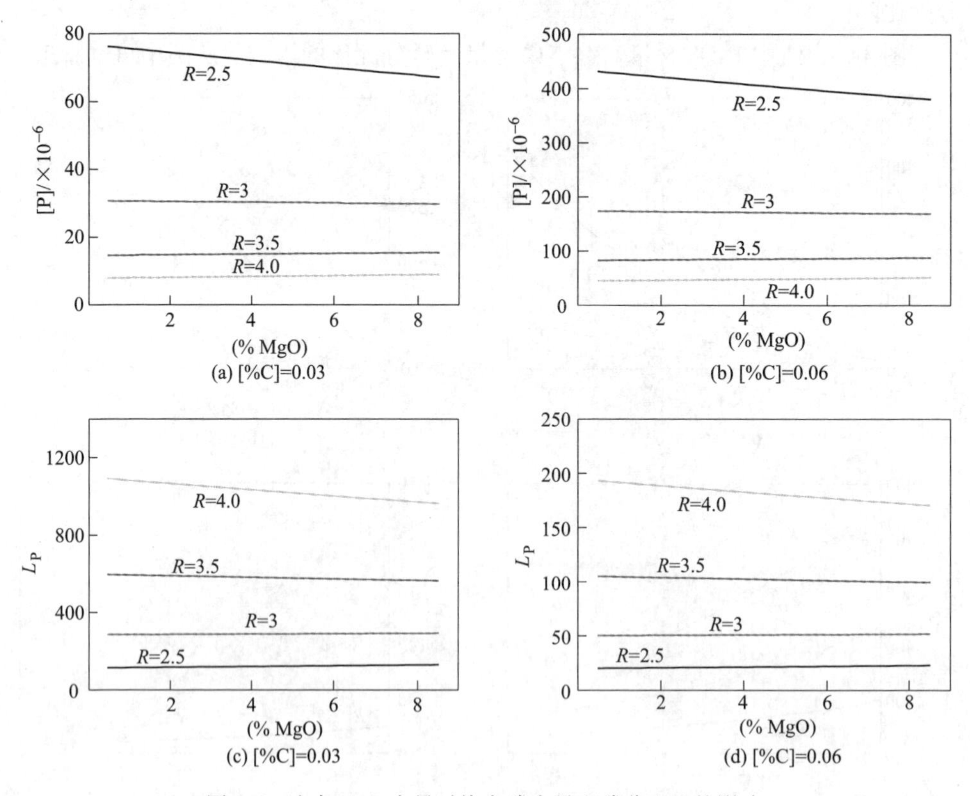

图 3-6　渣中 MgO 含量对终点磷含量和磷分配比的影响

图 3-7 为渣中 MnO 含量对终点磷含量及磷分配比的影响。从图中可以看

出，在相同炉渣碱度及终点碳含量条件下，随着炉渣 MnO 含量的增加，磷分配比逐渐下降，终点磷含量逐渐增加。这主要是渣中 MnO 含量的增加起到稀释炉渣中 FeO 和 CaO 的作用，因而造成磷分配比的下降和终点磷含量的上升。然而在实际生产中，铁水中不可避免地含有一定锰元素，且先于钢中的磷氧化进入渣中，因此在转炉炼钢过程中在渣中存在一定的 MnO 是不可避免的，同时适量的 MnO 可降低炉渣熔点，促进石灰溶解，改善炉渣流动性，有利于脱磷。

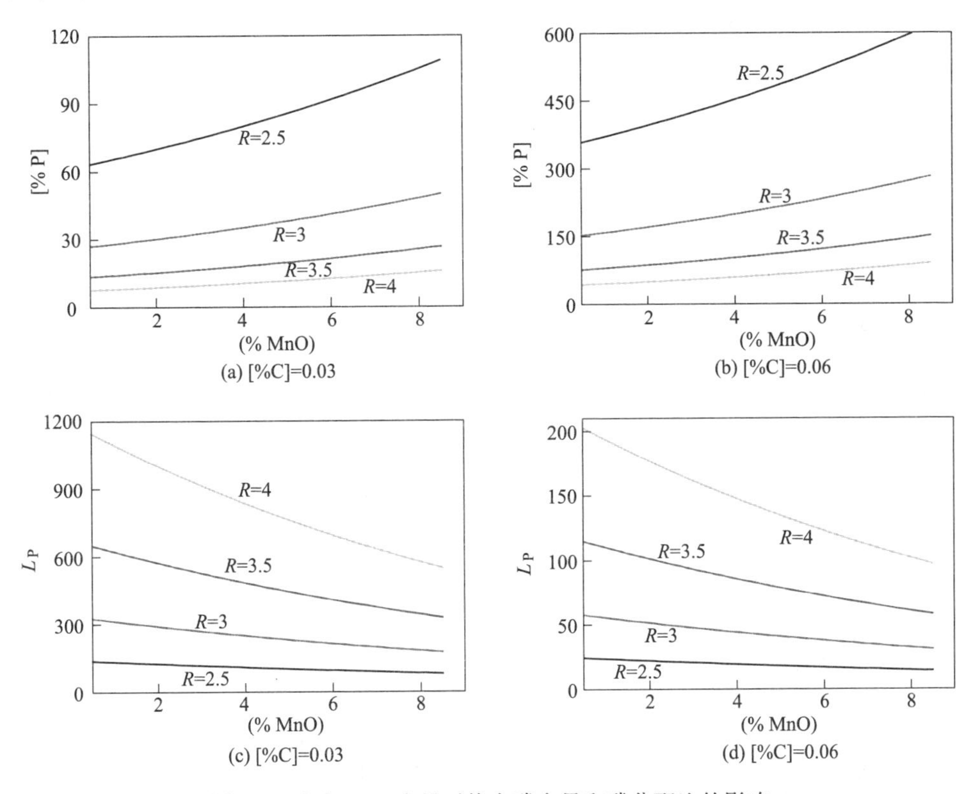

(a) [%C]=0.03 (b) [%C]=0.06

(c) [%C]=0.03 (d) [%C]=0.06

图 3-7 渣中 MnO 含量对终点磷含量和磷分配比的影响

3.4.2 转炉终点温度对钢中磷含量的影响

图 3-8 为温度对终点磷含量及炉渣磷分配比的影响。从热力学上看，脱磷是放热反应，低温有利于脱磷，随温度的上升，磷分配比逐渐下降；而终点磷含量随温度的上升而逐渐增加。因此，在脱磷过程中，需协调好低温脱磷与化渣之间的关系。在保证炉渣具有一定流动性的基础上，应尽可能地保持较低的温度以促进脱磷。

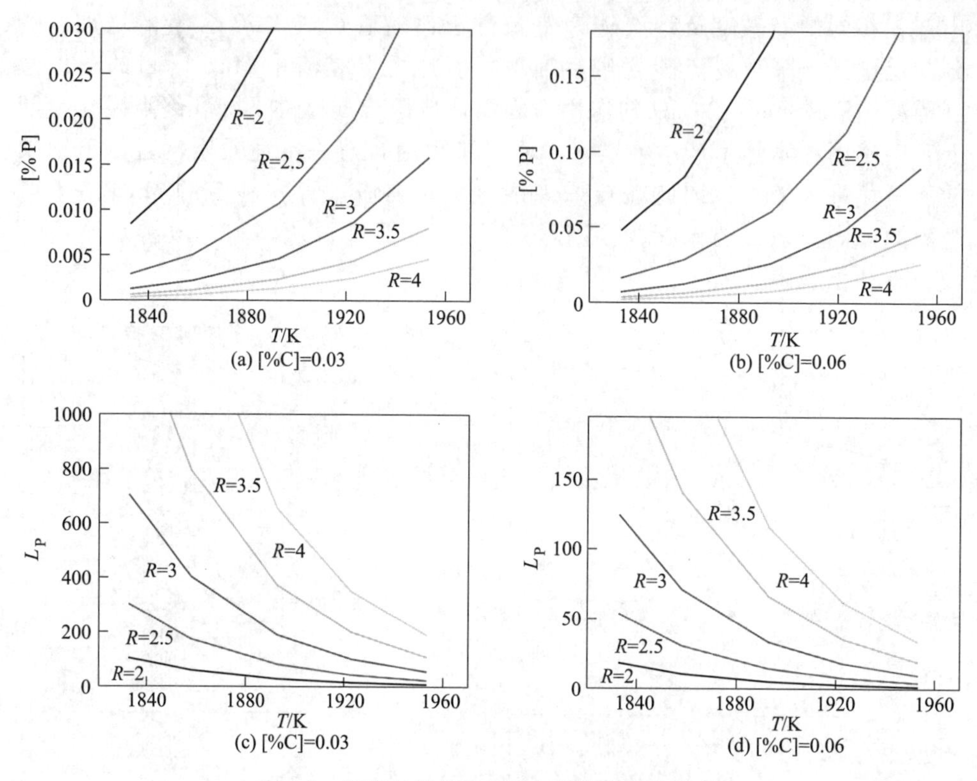

图 3-8 温度对终点磷含量和磷分配比的影响

3.5 基于碳管炉实验的中高磷铁水脱磷效果研究

3.5.1 试验原料和装置

实验在高温炭管炉上进行。坩埚采用的是氧化镁坩埚外套石墨坩埚保护，氧化镁坩埚尺寸：内径 ϕ45mm，壁厚 5mm，内高 110mm，底厚 3mm；石墨坩埚尺寸：内径 ϕ60mm，壁厚 3mm，高 140mm。坩埚下面钨铼热电偶与可控硅温控仪相连接，进行连续测温和温度控制，钢水熔化后在上部用钨铼热电偶进行测温验证，底部热电偶用氮气进行保护。实验装置如图 3-9 所示。

本实验采用某钢厂 Q195 钢样、磷铁在高温炭管炉内配制试验用钢水，该厂 Q195 钢样其成分如表 3-1 所示。试验中钢液成分以熔清后实测钢液成分为准。

表 3-1 某厂 Q195 钢样化学成分 （质量分数，%）

元素	C	Si	Mn	P	S
含量	0.09	0.15	0.45	<0.025	<0.025

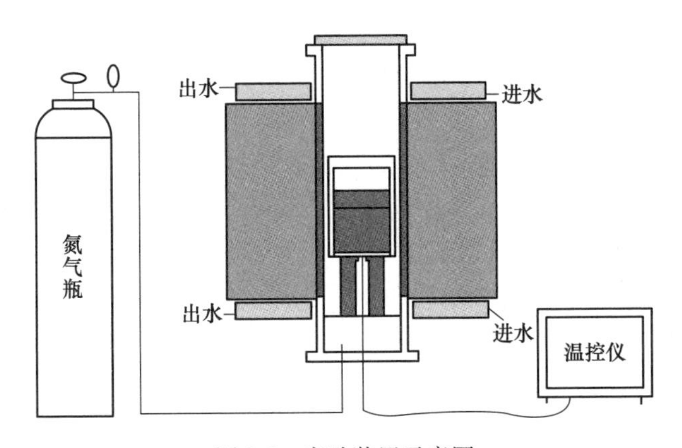

图 3-9 实验装置示意图

实验钢渣渣料全部由化学试剂直接配制，其中 CaO、FeO、SiO_2 三种成分由人为设定，其余成分参照该厂转炉冶炼终点的钢渣成分，该厂转炉终点炉渣其主要成分如表 3-2 所示。

表 3-2 转炉渣化学成分 （质量分数,%）

元素	P_2O_5	SiO_2	FeO	MnO	CaO	MgO	TFe
含量	0.9	19.8	15	0.135	41.5	9.8	—

脱磷剂实验所用钢渣以该厂钢包顶渣为参照，脱磷剂分为 CaO 渣系，BaO 渣系和 Na_2O 三种渣系，用化学纯试剂配制。BaO、Na_2O 由其对应的无水碳酸正盐替代，其加入量以分解产生的添加剂量为依据，在加入前充分混匀。钢包顶渣主要化学成分如表 3-3 所示。

表 3-3 钢包顶渣主要化学成分

成分	CaO	SiO_2	MgO	Σ(FeO+MnO)	P_2O_5
含量/%	40~50	15~20	6~8	2~7	2~3

3.5.2 试验脱磷渣系选择与试验方案

3.5.2.1 转炉冶炼脱磷工艺优化实验

根据国内外钢水脱磷的经验和成果，结合目前转炉生产的实际情况，渣量按 100kg/t 钢水计，出钢温度按 1640~1660℃ 控制，确定最优化的转炉冶炼脱磷工艺。实验内容包括：

(1) 不同碱度：实验时分别选定二元碱度（CaO/SiO_2）为：2.0、2.5、3.0、3.5、4.0 五种碱度，此时氧化铁含量（质量）按 15%控制。

（2）不同氧化铁含量：实验时分别选定氧化铁含量（质量）分别为：10%、15%、20%、25%四种不同的含量，此时二元碱度（CaO/SiO_2）为 3.0。

（3）温度的影响：取以上实验所确定的最佳配比考察钢水温度在 1560℃、1585℃、1620℃、1650℃、1680℃时的脱磷效果。

（4）初始磷含量的影响：取以上实验所确定的最佳配比，考察初始磷含量在 0.08%~0.12%时对脱磷效果的影响。

（5）渣量的影响：取以上实验所确定的最佳配比考察不同渣量的影响，然后依次按钢样的 5%、10%、15%加入按一定比例配制并称量过的渣料。

3.5.2.2 脱磷剂实验

根据如下实验，分析其脱磷的效果，确定具有最佳脱磷效果的渣系成分，并根据钢包渣成分推算最佳脱磷剂配比，具体实验方案如表 3-4~表 3-6 所示。

表 3-4 CaO 系脱磷剂

炉号	渣系	脱磷剂成分/质量分数,%						*R*
		CaO	SiO_2	CaF_2	FeO+MnO	MgO	P_2O_5	
1	CaO 系	53.57	21.43	10	7	6	2	2.5
2		56.25	18.75	10	7	6	2	3
3		58.33	16.67	10	7	6	2	3.5
4		60	15	10	7	6	2	4
5		52.5	17.5	15	7	6	2	3
6		48.75	16.25	20	7	6	2	3
7		57.75	19.25	10	2	6	2	3
8		59.25	19.75	10	3	6	2	3
9		57.75	19.25	10	5	6	2	3

表 3-5 Na_2O 系脱磷剂

炉号	渣系	脱磷剂成分/质量分数,%							*R*
		Na_2O	CaO	SiO_2	CaF_2	FeO+MnO	MgO	P_2O_5	
10	Na_2O 系	5	51.25	18.75	10	7	6	2	3
11		10	46.25	18.75	10	7	6	2	3
12		15	41.25	18.75	10	7	6	2	3
13		20	36.25	18.75	10	7	6	2	3
14		30	26.25	18.75	10	7	6	2	3

表 3-6 BaO 系脱磷剂

炉号	渣系	脱磷剂成分/质量分数,%							R
		BaO	CaO	SiO_2	CaF_2	FeO+MnO	MgO	P_2O_5	
15	BaO 系	5	51.25	18.75	10	7	6	2	3
16		10	46.25	18.75	10	7	6	2	3
17		15	41.25	18.75	10	7	6	2	3
18		20	36.25	18.75	10	7	6	2	3
19		30	26.25	18.75	10	7	6	2	3

3.5.3 试验方法与过程

实验开始前先将称量过的钢料及配加的磷铁加入到坩埚中，准备就绪后通电加热。待钢料全部熔化并达规定温度后，用 ϕ8mm 石英管取初始钢样，然后加入按一定比例配制并称量过的渣料，渣料分两次由上部加入，并不断用钼丝搅拌渣子以加速其熔化。从加渣料开始计时，达到实验所需时间后（20~30min）断电，缓冷至 1000℃左右取出坩埚，等冷却后分别取渣样和钢样。脱磷实验过程持续时间由预备实验确定。根据预备实验结果，在熔清加料 20min 后，钢中磷含量几乎不再下降，考虑到本实验的特点属非热力学平衡实验，再结合现场钢水深脱磷实际动力学条件，据此可以认为脱磷反应基本结束，最终确定实验室脱磷时间控制在 20~30min。从后续的相关实验结果及绘出的动力学曲线看，脱磷实验的时间控制是合理的。

钢样分析：初始样和终点样中的 C、Si、Mn、P 及过程样中的 P；

渣样分析：P_2O_5、CaO、BaO、Na_2O、CaF_2、FeO、TFe、MnO、SiO_2、MgO。

3.5.4 脱磷工艺优化实验结果与讨论

为进一步研究转炉渣成分对脱磷效果影响，针对块矿冶炼的中磷铁水，进行优化转炉渣系的实验研究。以得到适合中磷铁水的转炉冶炼脱磷工艺。

实验温度控制在 1650℃左右（以该厂出钢温度为参照）。用钢样配加 Fe_2O_3 和磷铁的方法模拟三种浓度磷含量的终点钢水，实验时取磷含量目标为 0.08%~0.15%之间，钢水重 400~500g，渣量按钢水量的 10%加入。

3.5.4.1 炉渣碱度对脱磷效果的影响

根据热力学原理，高碱度熔渣是脱磷有利条件之一，根据国内外钢水脱磷的经验及转炉生产的实际情况，实验时分别选定二元碱度（CaO/SiO_2）为 2.0、2.5、3.0、3.5、4.0 五种碱度，此时氧化铁含量（质量）按 15%控制；实验时的初始 P 选在为 0.09%~0.12%。

从图 3-10 可以得出，五种碱度的炉渣的脱磷率均在 75%以上，终点磷含量在 0.013%~0.022%，平均终点磷含量为 0.0176%，平均脱磷率为 81%；其中碱度 3.5 时脱磷效果最佳，脱磷率为 85.45%，碱度为 2.0 时脱磷率最低，为 77.32%。同时随着碱度的上升，脱磷率升高，终点磷含量不断降低，终点磷含量最低为 0.013%。但是，当碱度大于 3.5 时，随着碱度的增加，脱磷率反而降低，分析认为，这是由于过高的碱度使得炉渣变得黏稠，脱磷的动力学条件变差，降低了脱磷的效果。因此，提高脱磷效率，必须选择合适的碱度范围，从图中可以看出，碱度在 3.0~3.5 效果最佳。

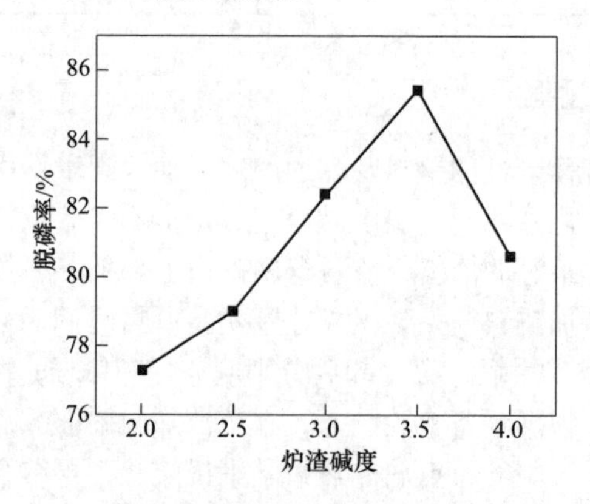

图 3-10　碱度对脱磷率的影响

3.5.4.2　FeO 对脱磷效果的影响

根据脱磷热力学原理知，高氧化性是脱磷的有利条件，故造高氧化性渣是脱磷的有效手段之一。为了研究渣中氧化铁对脱磷效果的影响。选定初始磷含量在 0.084%，渣量为钢水量的 10%，一共进行了 5 炉试验，实验时分别选定氧化铁含量（质量）分别为：10%、15%、20%、25%、30%五种不同的含量，此时的二元碱度（CaO/SiO_2）为 3.0；不同的氧化铁含量对脱磷效果的影响如图 3-11 和图 3-12 所示。

从图 3-11 和图 3-12 结果可以看出，随着炉渣氧化铁含量的增加，脱磷率不断增加，从最低时的 71.43%（氧化铁含量 10%）到最高 85.71%（氧化铁含量 25%），此时终点磷含量不断降低，终点磷含量最低为 0.012%，五炉终点磷含量平均为 0.0172%，当渣中 FeO 含量超过 25%后，脱磷率增加的趋势及钢水终点磷含量降低趋势均较缓慢，甚至向相反方向变化。因此，炉渣氧化性（主要为 FeO）对脱磷效果的影响很大，其中氧化铁含量在 15%~25%时最为显著；试验条件下脱磷剂中 FeO 含量为 25%时是脱磷的转折点，当氧化铁含量大于 25%时，脱磷率的增加不明显，这主要是因为随着渣中氧化铁含量增加，炉渣氧化性增加，有利于脱磷，但同时也降低了渣中 CaO 的含量，降低了渣中 CaO 的活度，不利于脱磷，两种因素的综合作用，使得脱磷的增加不明显甚至降低。在脱磷效果满足实际产品对钢中磷含量要求前提下，脱磷剂中 FeO 含量应越低越好。

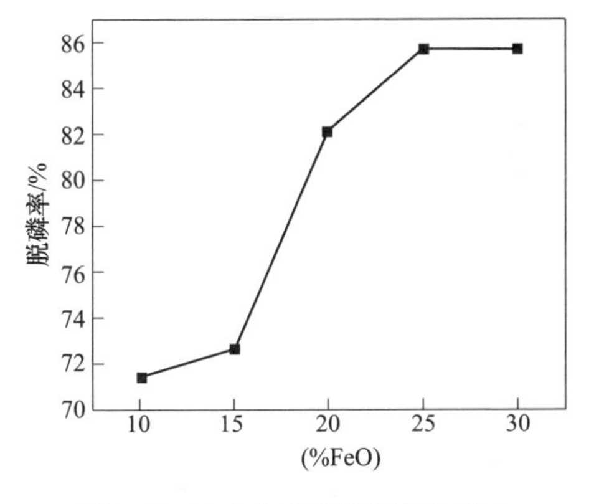

图 3-11　FeO 含量对脱磷率的影响

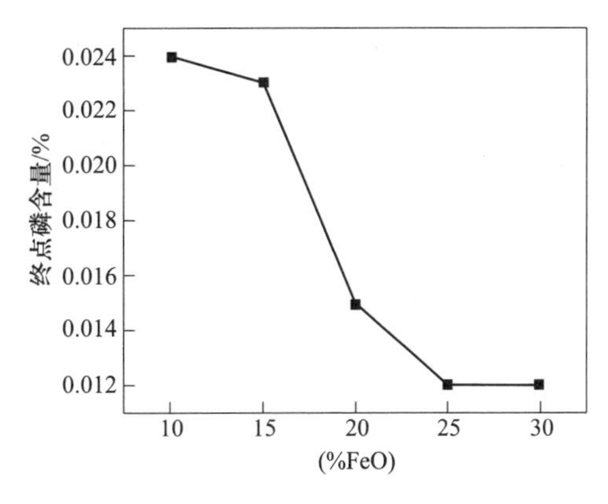

图 3-12　FeO 含量对终点磷含量的影响

3.5.4.3　初始磷含量对脱磷效果的影响

为了研究初始磷含量对脱磷效果的影响，对相同配比的炉渣，碱度 3.0，氧化铁含量为 15%，加入量不变，对初始磷含量的变化进行了研究。结果如图 3-13 所示。

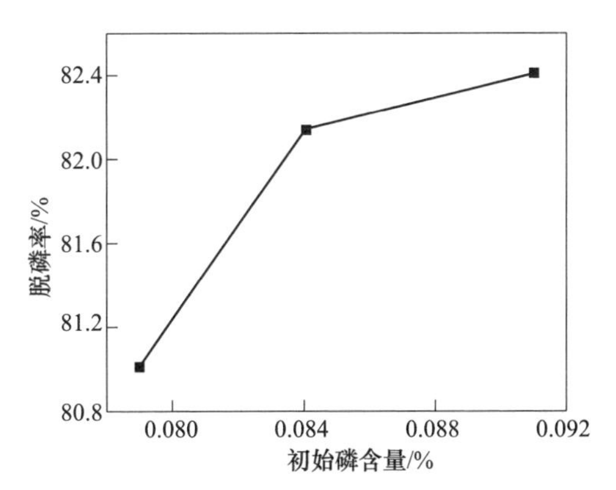

图 3-13　初始磷含量对脱磷率的影响

从图 3-13 可以看出，随着初始磷含量的增加，脱磷率在不断增大，且增加的幅度会越来越小，初始磷含量高时，脱磷效果较好，脱磷速度较快，脱磷反应进行得比较充分。因此从理论上讲，一定的脱磷体系，其实磷容量是一定的，也就是说与之相平衡的钢中的磷含量是一定的，由分配定律可知，随着初始磷含量的增加，脱磷率相应在增加，但是当初始磷含量增到一定程度，脱磷率再增加的幅度会变小。因为与脱磷体系相平衡的钢中的磷维持在大致相同的值。可见当初始磷含量高于一定值以后对于实验的脱磷体系，再增加初始磷含量，脱磷率的变化是在小范围内增加。

3.5.4.4　温度对脱磷效果的影响

为了考察温度对脱磷效果的影响，取以上实验所确定的效果较好的炉渣配比：碱度3.0，渣中氧化铁含量为15%，考察钢水温度在1550～1700℃变化时的脱磷效果，试验相关结果如图3-14、图3-15所示。

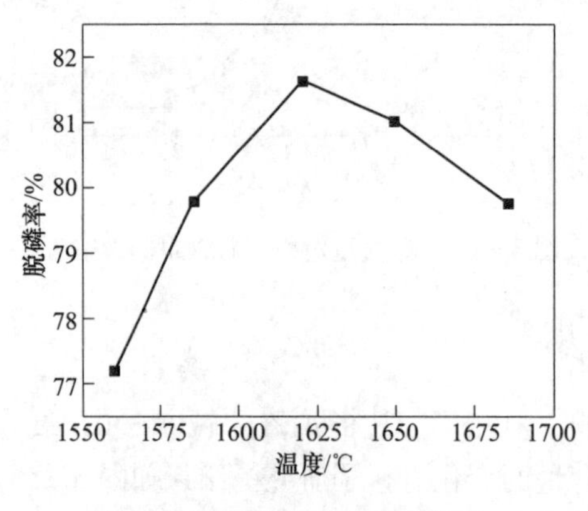

图3-14　温度对脱磷率的影响

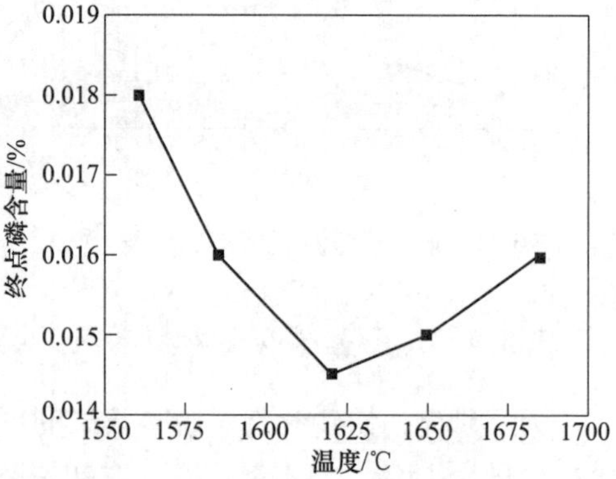

图3-15　温度对终点磷含量的影响

通过对图3-14和图3-15分析可得出，随着温度的升高，脱磷率也不断提高，在1620℃时达到最高为81.6%，在1620℃以上时，随着温度的上升，脱磷率不断下降；同时终点磷含量随着温度的升高不断降低，在1620℃时达到最低为0.0145%；随后，随着温度的上升，终点磷含量不断上升；因此温度也是影响脱磷效果的重要因素之一，由于脱磷反应是放热反应，温度的降低有利于脱磷，但是太低的温度又会降低磷在钢液与渣中扩散的速度，降低渣的流动性。由于本次实验采用成品钢样作为钢料，钢样熔点较高，约为1540℃左右，所以在温度1550～1620℃区间，动力学条件成为脱磷的限制性环节，大于1620℃后，炉渣的流动性好，热力学条件成为主要影响因素，所以就出现脱磷率先升高后降低，在1620℃左右时出现极值的情况。

3.5.4.5　渣料对脱磷效果的影响

为摸清脱磷剂加入量对脱磷效果的影响规律，选定了脱磷效果较好的渣系配比做了加入量变化对脱磷效果的影响。该配比为碱度3.0，氧化铁含量为15%；分别做了渣料加入量为钢水量的5%、10%、15%三种方案的试验，结果如图3-16所示。

从图3-16可以看出，随着加入量的增加，脱磷率在增大。当加入量为钢水

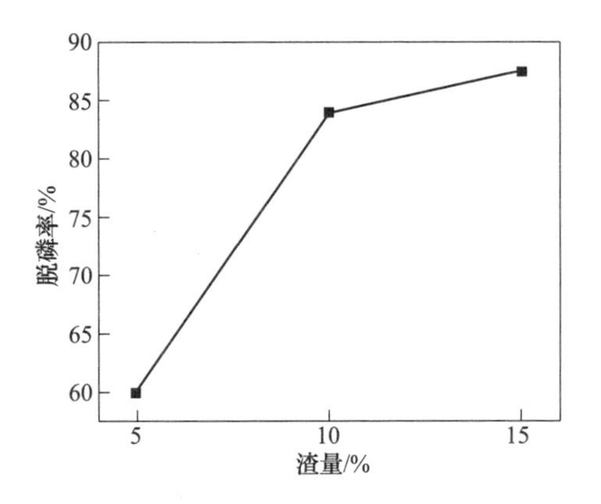

图 3-16 渣量对脱磷率的影响

量的 5%时，平均脱磷率为 60%；加入量为 10%时，平均脱磷率为 84%，加入量为 15%时，平均脱磷率为 87.5%；当加入量大于 10%时，脱磷率随着渣料加入量的增加变化不明显。由此可以看出加入量大于 10%时，增大加入量对脱磷的贡献就不太显著了。由于本试验在碳管炉中进行，试剂加入量较小，实验过程中试剂的挥发、黏结对实验的结果都有较大的影响，因此，实际生产中的渣料加入量应在保证脱磷效果的基础上，加入量越少越好。过大的渣量，不仅使成本提高，而且也影响了后续工位的操作。

3.5.5 脱磷剂实验结果讨论

由于脱磷剂的使用是转炉出钢过程中加入钢包或出钢之前加入包底，因此，脱磷剂指标的确定主要考虑渣料成分、碱度、黏度、氧化性、脱磷能力等方面。考虑钢包中带有少量转炉渣，实验时的渣系由钢包渣加脱磷剂混合而成。混合后的具体的成分如表 3-4～表 3-6 所示，实验时选择初始磷含量为 0.03%～0.05%，变化碱度、氧化性来考察不同渣系对脱磷效果的影响。

碱性更强的 Na_2O、BaO 能提高渣系的脱磷能力，对低氧化性条件下控制钢液回磷是有好处的。Na_2O、BaO 是在固定渣系的 CaO/SiO_2 值及其他配比后作为添加剂加入，替代渣中等质量的部分 CaO，因为 CaO、SiO_2 渣系的黏度主要是由高过其熔化温度的过热度和硅氧络离子的尺寸、数量等因素决定，添加剂替代 CaO 后使 CaO 及高熔点 $2CaO \cdot SiO_2$（熔点为 2130℃）的量减少，渣系熔点降低，而且添加剂同 CaO、SiO_2 及硅酸钙可生成低熔点化合物，如 $2CaO \cdot BaO \cdot 3SiO_2$ 熔点为 1320℃，远低于 $2CaO \cdot SiO_2$ 的熔点，所以渣系熔点降低。其次是由于 Na^+、Ba^{2+}对 O^{2-}的静电吸引力（$I = 2z^+/a^2$）分别为 0.36、0.5，比 Ca^{2+}对 O^{2-}的静电吸引力（0.69）小，O^{2-}容易脱离金属离子进入硅氧复合离子，使之变为简单结构，尺寸变小，使渣黏度降低。

3.5.5.1　CaO 系脱磷剂实验结果与讨论

CaO 系脱磷剂的主要组成为 CaO、SiO_2、CaF_2、(FeO+MnO)、MgO、P_2O_5，实验时变换碱度从 2.5~4.0，实验中钢水氧化性（FeO+MnO）为 2%~7%。从实验的结果来看，CaO 系脱磷剂的脱磷效果波动较大，有部分炉次发生了回磷现象，平均脱磷率为 18.9%，脱磷率最高的配比为：碱度 3.5，(FeO+MnO) 为 7%，CaF_2 为 15%，脱磷率为 71.8%。

由图 3-17 所示，实验时选用碱度为：2.5、3.0、3.5、4.0 四种不同的碱度，钢水氧化性（FeO+MnO）选择为 7%，渣中 CaF_2 的含量 10%~15%。随着碱度的增加，脱磷率不断上升，在 $R=3.5$ 左右达到高峰，脱磷率最高的炉次达到 71.8%。由于实验中钢水的氧化性较低，CaO 系脱磷剂的脱磷效果波动较大，即使同一碱度下的脱磷率也有较大起伏，另外，由于钢水的氧化性较低，碱度较低（如图 3-17 中碱度为 2.5 时）时出现了回磷现象。

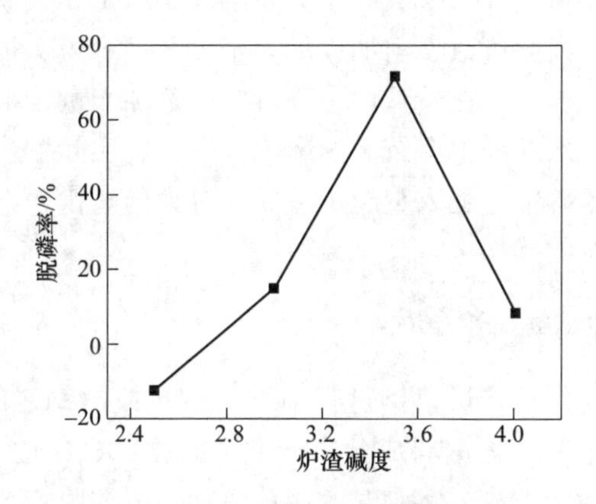

图 3-17　炉渣碱度对脱磷效果的影响

CaF_2 能够降低炉渣的黏度，改善脱磷的动力学条件，但是，渣中 CaF_2 的含量增加也会减弱了碱性物作用，以致脱磷效率降低，因此存在一个最佳含量的区间。实验情况如图 3-18 所示，与理论情况基本吻合，在加入量为 15%左右脱磷率最高。

炉渣的氧化性是氧化脱磷的必要条件，本实验炉渣碱度 3.0 左右，实验结果如图 3-19 所示，随着氧化性（FeO+MnO）的增加，脱磷率呈单纯增加趋势。钢水氧化性是决定脱磷或回磷的重要因素之一，在 CaO 渣系脱磷剂中，碱度 3.0 左右，钢水氧化性低于 5%时，将产生回磷现象。

3.5.5.2　Na_2O 系脱磷剂实验结果与讨论

Na_2O 渣系脱磷剂主要以 Na_2O 替代渣中的等质量的部分 CaO，实验时采用等

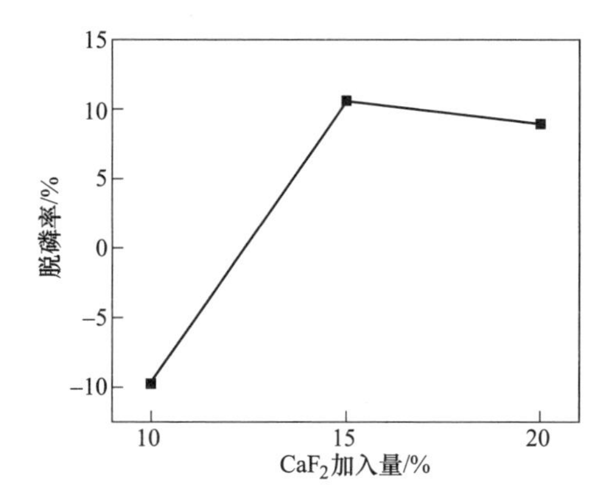

图 3-18 CaF_2 加入量对脱磷效果的影响

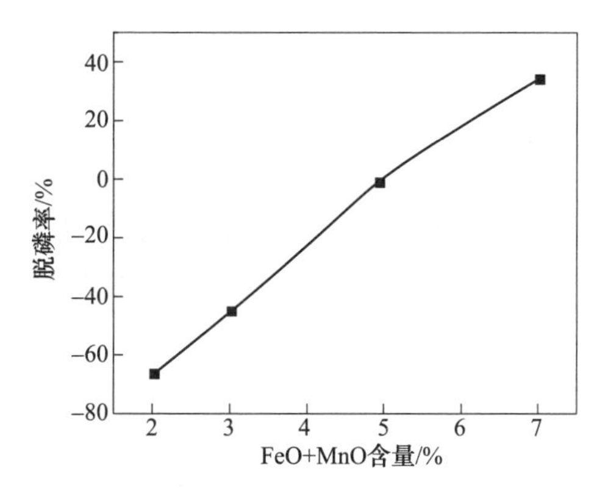

图 3-19 炉渣氧化性对脱磷效果的影响

Na_2O 含量的无水正盐 Na_2CO_3 代替 Na_2O，来考察 Na_2O 加入量对脱磷效果的影响，具体方案如表 3-5 所示。

Na_2O 加入量与脱磷率的关系如图 3-20 所示，不同 Na_2O 加入量的实验平均脱磷效率达到 42.58%，Na_2O 加入量为 20%时脱磷效果最佳，此时脱磷率达到 75.61%，可见 Na_2O 渣系脱磷剂有较强的脱磷效果。Na_2O 渣系脱磷率随着 Na_2O 加入量的增加而增加，当质量分数在 15%~20%时，脱磷能力变化不大并出现峰值；当质量分数超过 20%以后，脱磷能力随 Na_2O 质量分数增加呈下降趋势。

分析加入 Na_2O 提高渣系脱磷能力的原因有二：一是 Na_2O 替代 CaO 后，由于它的碱性强于 CaO，金属阳离子对 O^{2-} 的吸引力小，使渣中 O^{2-} 活度升高，促使渣中的 P_2O_5 与 O^{2-} 结合转化为 PO_4^{3-} 并稳定存在；二是由于 Na_2O 替代等质量的 CaO 后渣系熔点降低，黏度降低，改善渣金反应动力学条件，钢液脱磷效果增加。但是加入过多的 Na_2O 与渣中 Fe_2O_3 结合生成铁酸盐，加快渣中的 FeO 向

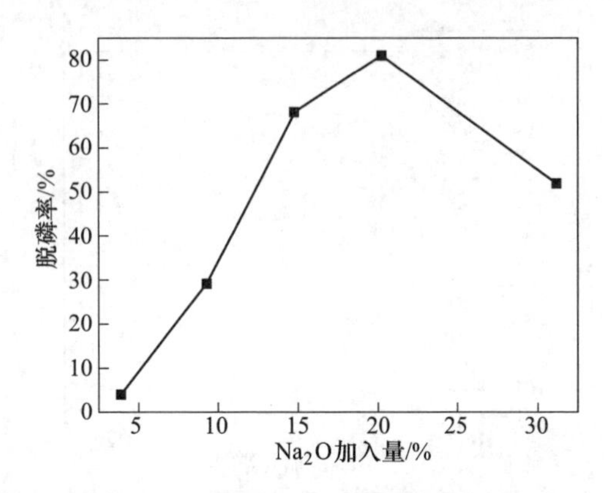

图 3-20　Na_2O 加入量与脱磷率的关系

Fe_2O_3 转化，降低了 FeO 活度，从而使渣系氧化能力降低，脱磷能力下降，所以合适的添加量在 15%～20%左右。

3.5.5.3　BaO 系脱磷剂实验结果与讨论

BaO 渣系脱磷剂主要以 BaO 替代渣中的等质量的部分 CaO，实验时采用等 BaO 含量的无水正盐 $BaCO_3$ 代替 BaO，来考察 BaO 加入量对脱磷效果的影响试验，方案如表 3-6 所示。

BaO 加入量与脱磷率的关系如图 3-21 所示，不同 BaO 加入量的实验平均脱磷效率达到 57.55%，BaO 渣系脱磷剂有较强的脱磷效果。BaO 渣系脱磷剂的脱磷率随着 BaO 加入量的增加而增加，当质量分数在 10%时，脱磷能力已较强，随着其含量的增加，脱磷能力随之继续增加；在 15%时就达到很理想的脱磷高值，以后再增加 BaO 含量，脱磷率增加的幅度变缓。分析 BaO 渣系脱磷能力的原因是 BaO 是强碱，用 BaO 替代 CaO 后，由于它的碱性强于 CaO，金属阳离子

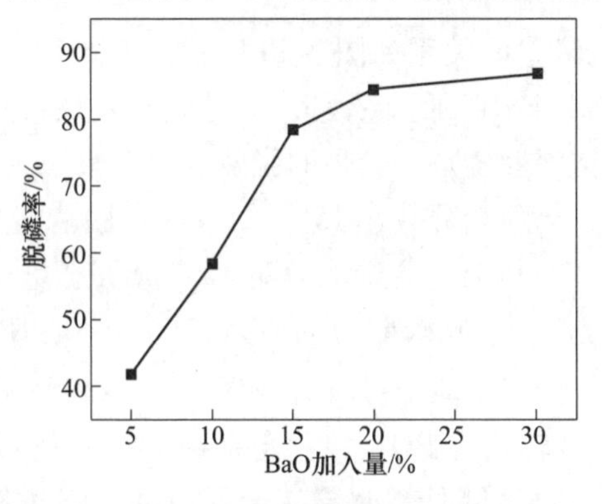

图 3-21　BaO 加入量与脱磷率的关系

对 O^{2-} 的吸引力小，使渣中 O^{2-} 活度升高，促使渣中的 P_2O_5 与 O^{2-} 结合转化为 PO_4^{3-} 并稳定存在；而且生成脱磷产物在 Ba^{2+} 存在不易分解，所以不会发生回磷反应。

含 BaO 为 15%的钡系脱磷剂试验加入量与脱磷率的关系如图 3-22 所示。此钡系脱磷剂加入量为钢液质量的 0.5%就有明显的脱磷率效果，达到 23.2%，随着脱磷剂加入量的增加，脱磷率相应增加，在用量为 1%时就能达到 44.1%的脱磷效果。这为工业试验提供了良好的依据。

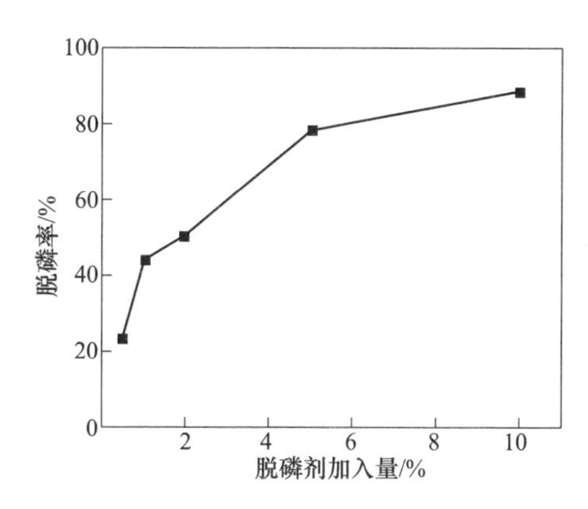

图 3-22 钡系脱磷剂加入量与脱磷率的关系

3.5.6 小结

通过对影响转炉冶炼脱磷效果的主要因素：碱度、氧化性、温度、初始磷含量及渣量的试验研究，得到合适的转炉冶炼渣系：碱度 3.0~3.5，氧化铁含量 20%~25%，渣量占 10%，温度为 1580~1620℃。

根据以上针对 CaO、Na_2O 和 BaO 渣系脱磷实验结果，可得以下基本结论：

（1）CaO 系渣脱磷剂的脱磷效果一般，平均脱磷率为 18.9%，由于钢水的氧化性较低，且脱磷率波动比较大，部分炉次发生了回磷现象；CaF_2 对脱磷效率的影响存在一个最佳含量的区间，本实验条件下在加入量为 15%左右脱磷率最高；碱度、氧化性对脱磷效果都有很大的影响，决定脱磷或回磷反应的方向，要取得好的脱磷效果，必须保证碱度和氧化性大于临界值。

（2）Na_2O 和 BaO 是强碱性物质，添加 Na_2O 和 BaO 到钙系脱磷剂中，可以提高脱磷效果；Na_2O 和 BaO 渣系脱磷剂与 CaO 渣系相比有更高的脱磷率，脱磷效果更稳定。固定渣系的碱度$(Na_2O+CaO)/SiO_2$ 为 3.5，钢水氧化性（以（FeO+MnO）表示）选择在 7%，渣中 CaF_2 的含量 10%~15%，试验 Na_2O 渣系的平均脱磷效率可以达到 42.58%以上，BaO 渣系的平均脱磷效率可以达到 57.55%以上。

（3）Na_2O 渣系脱磷剂的脱磷率随着 Na_2O 加入量的增加而增加，当质量分数为15%~20%时，脱磷能力变化不大并出现峰值，因此最佳的 Na_2O 加入量范围为20%；BaO 渣系脱磷剂的脱磷率随着 BaO 加入量的增加而增加，当质量分数为15%，脱磷能力就达到很高的值，再增加 BaO 的量脱磷率增加变缓。

3.6　基于感应炉实验的中高磷铁水脱磷效果研究

3.6.1　实验设备

无铁芯感应电炉加热和熔化金属是利用电磁感应在金属内部形成的感应电流来加热和熔化金属的。为使必需的电磁感应现象产生，感应电炉由变频电源、电容器、感应线圈与坩埚中的金属炉料等组成基本电路。基本电路如图3-23所示。

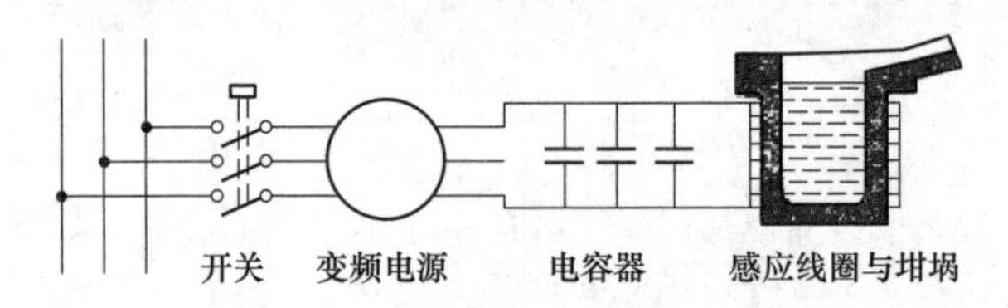

图3-23　感应电炉的基本电路

变频电源将50Hz的工频电流增频后变成150~20000DHz的电流，并把这种电流输送给由感应线圈与电容器组成的回路中。感应线圈是用铜管绕成的螺旋形线圈，铜管通水进行冷却。变频电流通过感应线圈时使坩埚内的金属炉料因电磁感应而产生感应电流。利用这种电流把炉料加热、熔化。由电容器和感应线圈组成的振荡回路是感应电炉电路中的重要组成部分。本次试验采用最常用的 MgO 质坩埚，预制成形或炉内浇注捣打成形。

3.6.2　实验方案

3.6.2.1　转炉冶炼脱磷实验

采用初始磷含量为0.03%的钢样、磷铁及 Fe_2O_3 配制初始钢水样，具体配比如表3-7所示。

表3-7　初始磷含量时的配比

项　目		配入量	磷含量	备　注
配比	钢样	20kg	0.03%	
	磷铁	110~130g	20%	估计增磷：0.11%，目标至0.14%~0.17%
	Fe_2O_3	343g		目标：C 0.07%，Si 0%，Mn 0.10%

根据碳管炉的试验结果，感应炉采用最优化的工艺参数，碱度（CaO/

SiO_2)：3.0~3.5，FeO 含量：20%~25%，渣量按金属料的 10%加入。其他成分：MgO 8%~10%。实验钢料 20kg，渣量 2kg，具体成分及试验结果如表 3-8 所示。

表 3-8 不同碱度条件下感应炉脱磷试验结果

碱度	初始磷含量/%	终点磷含量/%	脱磷率/%
$R=3$	0.148	0.017	88.51
$R=3$	0.171	0.015	91.23
$R=3$	0.181	0.016	91.16
$R=3$	0.168	0.013	92.26
$R=3.5$	0.188	0.016	91.49
$R=3.5$	0.158	0.012	92.41
$R=3.5$	0.153	0.013	93.33
$R=3.5$	0.162	0.012	92.59

3.6.2.2 脱磷剂实验

根据前期碳管炉实验的总结分析，感应炉实验主要验证 BaO 渣系和 Na_2O 渣系两种渣系的脱磷效果，初始磷含量控制在：0.04%左右，脱磷剂加入量为 100kg/t 钢，总量为 2kg。具体成分及结果如表 3-9 所示。

表 3-9 $R=3.5$ 时 BaO/Na_2O 系脱磷剂感应炉脱磷试验结果

（质量分数,%）

试验序号		试剂					初始磷含量	终点磷含量	脱磷率
		CaO	SiO_2	CaF_2	BaO	Na_2O			
1	$R=3.5$	65	20	10	5		0.031	0.012	61.29
2	$R=3.5$	60	20	10	10		0.044	0.017	61.36
3	$R=3.5$	55	20	10	15		0.037	0.011	70.27
4	$R=3.5$	50	20	10	20		0.041	0.011	73.17
5	$R=3.5$	65	20	10		5	0.035	0.015	57.14
6	$R=3.5$	60	20	10		10	0.047	0.019	59.57
7	$R=3.5$	55	20	10		15	0.033	0.010	69.69
8	$R=3.5$	50	20	10		20	0.038	0.011	71.05
9	$R=3.0$	62.5	22.5	10	5		0.031	0.013	56.67
10	$R=3.0$	57.5	22.5	10	10		0.044	0.016	63.64

续表 3-9

试验序号		试剂					初始磷含量	终点磷含量	脱磷率
		CaO	SiO_2	CaF_2	BaO	Na_2O			
11	R=3.0	52.5	22.5	10	15		0.037	0.012	67.57
12	R=3.0	47.5	22.5	10	20		0.041	0.011	73.17
13	R=3.0	62.5	22.5	10		5	0.035	0.015	57.14
14	R=3.0	57.5	22.5	10		10	0.047	0.018	61.70
15	R=3.0	52.5	22.5	10		15	0.033	0.012	63.64
16	R=3.0	47.5	22.5	10		20	0.038	0.012	68.42

3.6.3　实验过程

实验开始前先将规定配比将称量过的钢料及配加的磷铁加入到感应炉中，所需材料准备就绪后通电加热。待钢料全部熔化并达规定温度后，用取初始钢样，然后加入按一定比例配制并称量过的渣料，渣料分两次由上部加入，开始时加入渣料总量的2/3，全部熔化后再加入全部剩余渣料。从加渣料结束后开始计时，每隔5~10min取一过程钢样，达到实验所需出钢温度1650℃后，取终点样；对于脱磷剂试验将规定配比称量过的脱磷剂加入圆模底，然后将熔化后的目标成分钢水注入圆模中，并在此过程中加入合金进行脱氧合金化。钢水浇注完在1600℃保温4~6min。取终点钢样。

3.6.4　实验结果与讨论

3.6.4.1　转炉冶炼脱磷实验结果与讨论

由于本试验是在前面碳管炉的基础上进行的，故采用前面试验中最优化的数据进行感应炉试验，碱度R=3及R=3.5各做四炉，结果如表3-8所示。

从图3-24可以看出，随着熔渣碱度的增加，熔渣脱磷率提高，有利于提高脱磷效果。炉渣碱度从3.0增加到3.5时，平均脱磷率由90.79%提高至92.46%，主要是由于置于感应炉内的钢液在电磁力的作用下流动，钢液运动的动力学条件很好，可以和实际转炉中的动力学条件相比拟，因此在感应炉中相同的脱磷体系由于加快了脱磷过程的传质，比碳管炉的脱磷效果要好。用碳管炉优化的转炉渣系在感应炉上基本能实现把磷控制在0.015%以下的目的。试验常用的中、高频感应炉磁场布置及钢液被加热时的流场如图3-25和图3-26所示。

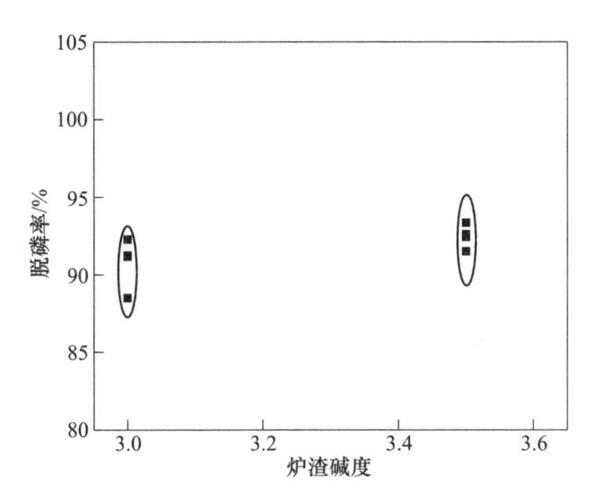

图 3-24 炉渣碱度对脱磷率的影响

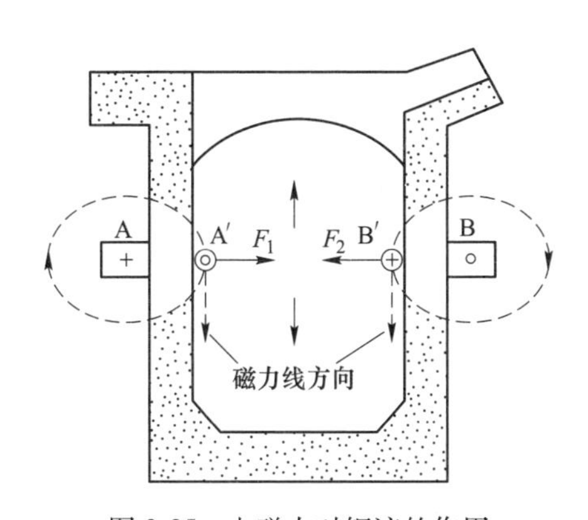

图 3-25 电磁力对钢液的作用

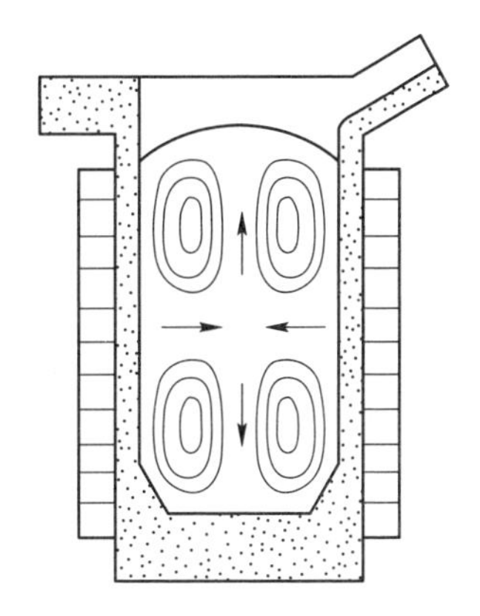

图 3-26 炉内钢液运动

3.6.4.2 转炉剂试验结果与讨论

根据前期碳管炉实验的总结分析，感应炉实验主要验证 BaO 渣系和 Na_2O 渣系两种渣系的脱磷效果，碱度 $R=3$ 及 $R=3.5$ 各做四炉，结果如表 3-9 所示。

从图 3-27~图 3-30 可以看出：

(1) 在碱度一定情况下，钡的脱磷效果比钠系要稳定，因此虽然氧化钠的碱性比氧化钡的强，但是钡系的脱磷率要高。

(2) 相同脱磷剂条件下，脱磷率随碱度的增加而增加。

(3) 在感应炉试验情况下，通过脱磷剂能获得低磷优质钢，终点磷含量可以达到 0.010%左右甚至以下。

(4) 这种脱磷剂的加入方法操作简单，易于在生产中加以实践。

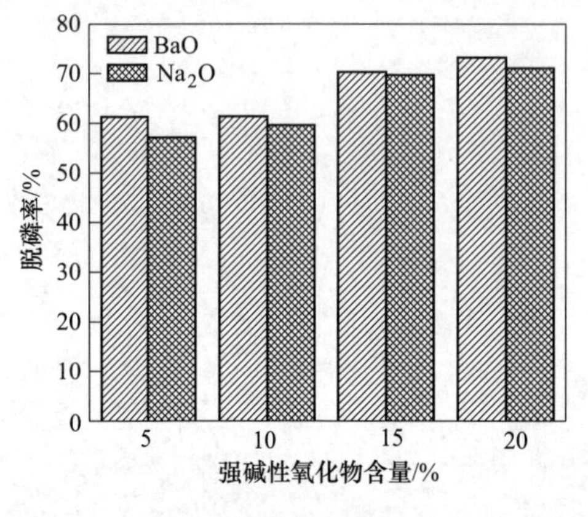

图 3-27　$R=3.5$ 时强氧化物含量对脱磷率的影响

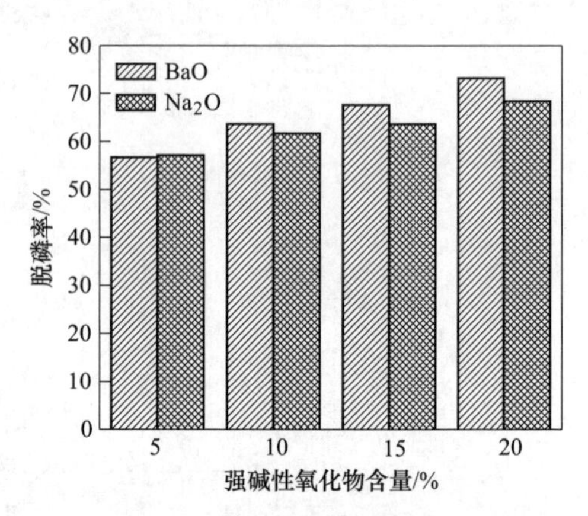

图 3-28　$R=3$ 时强氧化物含量对脱磷率的影响

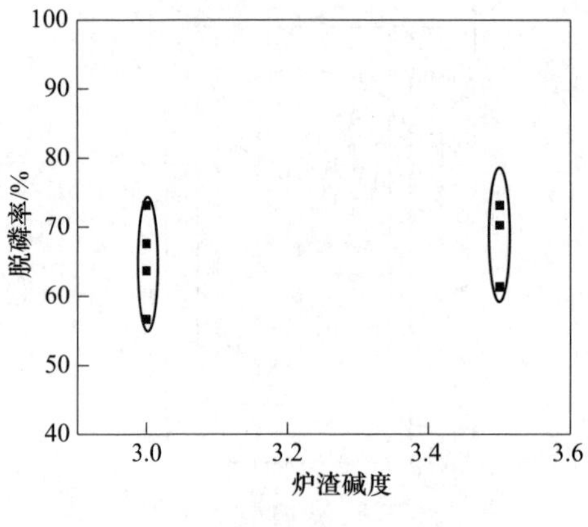

图 3-29　不同碱度钡系脱磷剂对脱磷率的影响

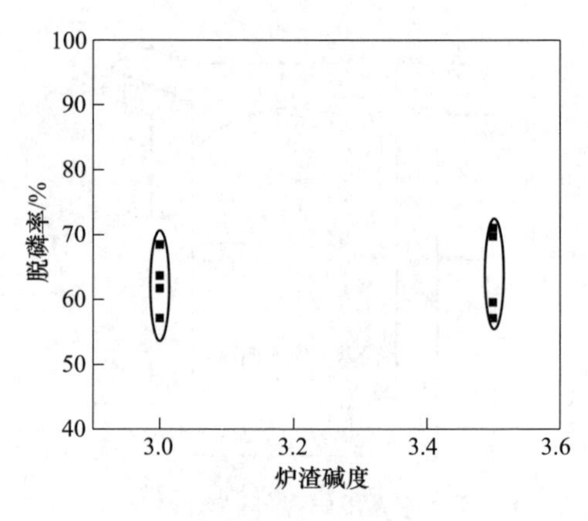

图 3-30　不同碱度钠系脱磷剂对脱磷率的影响

3.6.5　小结

（1）用碳管炉优化的转炉渣系在感应炉上完全可以把磷控制在 0.015 以下。

（2）在感应炉试验情况下，通过脱磷剂能获得低磷优质钢，终点磷含量可以达到 0.010%以下。

3.7　中高磷铁水脱磷热力学分析

脱磷试验结果及计算的磷分配比、P_2O_5 活度系数和磷容量结果分别如表 3-10 和表 3-11 所示。

表 3-10 脱磷试验结果 （质量分数，%）

序号	CaO	SiO_2	CaF_2	FeO	MnO	MgO	P_2O_5	Na_2O	BaO	初始磷含量	终点磷含量
1	58.93	20.36	—	11.01	2.73	5.17	1.78	—	—	0.091	0.016
2	53.82	23.38	—	10.6	5.52	4.98	1.71	—	—	0.097	0.022
3	52.73	24.09	—	10.87	5.19	5.22	1.89	—	—	0.1	0.021
4	59.62	18.25	—	9.64	5.26	5.05	2.18	—	—	0.11	0.016
5	63.19	15.85	—	12.37	2.09	5.21	1.29	—	—	0.067	0.013
6	57.91	20.13	—	11.68	3.75	5.10	1.43	—	—	0.079	0.018
7	57.73	20.09	—	11.53	4.11	5.08	1.46	—	—	0.079	0.016
8	57.79	20.11	—	11.45	4.06	5.09	1.51	—	—	0.079	0.0145
9	57.84	20.02	—	11.49	4.06	5.09	1.50	—	—	0.079	0.015
10	57.85	20.02	—	11.55	4.02	5.09	1.47	—	—	0.079	0.016
11	62.51	21.8	—	6.49	2.78	5.02	1.41	—	—	0.084	0.023
12	59.11	19.23	—	11.64	3.59	5.05	1.38	—	—	0.084	0.024
13	58.18	15.43	—	16.99	2.4	5.31	1.68	—	—	0.084	0.015
14	50.57	17.77	—	20.64	4.43	4.96	1.64	—	—	0.084	0.012
15	46.78	16.25	—	25.56	4.82	4.95	1.63	—	—	0.084	0.012
16	51.93	23.04	9.69	4.85	2.81	5.82	1.85	—	—	0.032	0.036
17	54.07	19.88	9.61	4.81	3.66	5.77	2.21	—	—	0.038	0.025
18	51.69	18.17	14.77	4.92	2.48	5.91	2.06	—	—	0.038	0.034
19	53.55	15.33	14.76	4.92	2.72	5.9	2.82	—	—	0.053	0.015
20	50.89	14.78	19.57	4.89	1.96	5.87	2.05	—	—	0.045	0.041
21	51.50	18.00	9.66	4.83	3.30	5.79	2.09	4.83	—	0.076	0.069
22	46.53	17.88	9.63	4.81	3.54	5.78	2.20	9.63	—	0.055	0.042
23	41.50	17.78	9.58	4.79	3.52	5.75	2.39	14.37	—	0.063	0.025
24	36.82	17.91	9.61	4.80	3.29	5.76	2.60	19.21	—	0.041	0.01
25	19.84	15.69	19.30	4.82	3.05	5.79	2.57	28.95	—	0.057	0.028
26	50.67	17.83	9.50	4.75	3.90	5.70	2.91	—	4.75	0.111	0.065
27	46.16	17.93	9.55	4.78	3.89	5.73	2.42	—	9.55	0.039	0.016
28	40.97	17.81	9.46	4.73	4.70	5.67	2.48	—	14.18	0.034	0.0074
29	36.54	17.89	9.53	4.77	3.88	5.72	2.59	—	19.07	0.037	0.0057
30	19.57	15.76	19.03	4.76	3.90	5.71	2.71	—	28.55	0.043	0.0056

表 3-11　各试验炉次结果处理后各参数值

序号	$\lg L_P$	$\lg C_{PO_4^{3-}}$	$\lg\gamma_{P_2O_5}$	T/℃
1	1.69	18.280	−20.393	1650
2	1.59	18.180	−20.157	1650
3	1.53	18.120	−20.116	1650
4	1.77	18.380	−20.394	1650
5	1.63	18.220	−20.571	1650
6	1.54	18.758	−19.497	1560
7	1.6	18.637	−19.827	1585
8	1.66	18.452	−20.221	1620
9	1.64	18.230	−20.447	1650
10	1.6	17.961	−20.680	1685
11	1.4	17.990	−20.039	1650
12	1.43	18.020	−20.076	1650
13	1.69	18.280	−20.448	1650
14	1.78	18.370	−20.642	1650
15	1.77	18.360	−20.641	1650
16	1.35	18.352	−19.169	1590
17	1.59	18.521	−19.576	1600
18	1.42	18.351	−19.309	1600
19	1.91	18.912	−19.934	1590
20	1.33	18.331	−19.057	1590
21	1.12	18.193	−18.515	1580
22	1.36	18.362	−19.037	1590
23	1.62	18.622	−19.488	1590
24	2.06	19.062	−20.285	1590
25	1.60	18.602	−19.391	1590
26	1.29	17.947	−19.096	1640
27	1.82	18.893	−19.787	1580
28	2.16	19.162	−20.547	1590
29	2.29	19.292	−20.775	1590
30	2.32	19.293	−20.702	1580

3.7.1　炉渣组分和温度与磷分配比的关系

炉渣碱度和 FeO 含量对磷分配比的影响如图 3-31 所示，碱度对渣钢之间磷分配比 L_P（$L_P = (\%P)/[\%P]$）的影响基本与对脱磷率的影响一致，碱度 3.5 时 $\lg L_P$最大，为 1.77；碱度为 2.0 时 $\lg L_P$最小，为 1.53，表明低碱度渣容磷能力较差。碱度为 3，渣中 FeO 含量在 10%~30%范围内波动时，$\lg L_P$值在 1.40~1.77 之间，当渣中 FeO 含量超过 25%后，渣钢间磷分配比增加趋势均较缓慢，甚至向相反方向变化。

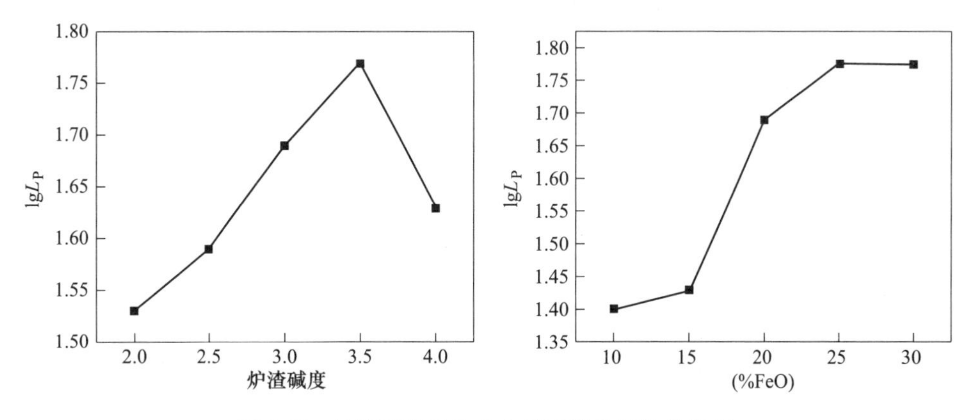

图 3-31 炉渣碱度和 FeO 含量对磷分配比的影响

图 3-32 为 Na_2O 和 BaO 含量对磷分配比的影响。$\lg L_P$值随 Na_2O 和 BaO 含量的增加而增加，不过增加的趋势越来越缓甚至下降。当 Na_2O 含量为 4.83%~28.95%时，$\lg L_P$值为 1.12~2.06，而 BaO 含量为 4.75%~28.55%时，$\lg L_P$ 值为 1.29~2.32。加入 Na_2O 和 BaO 增加磷分配比的原因主要是：Na_2O 和 BaO 是比 CaO 碱性更强的物质，具有很高的脱磷能力。

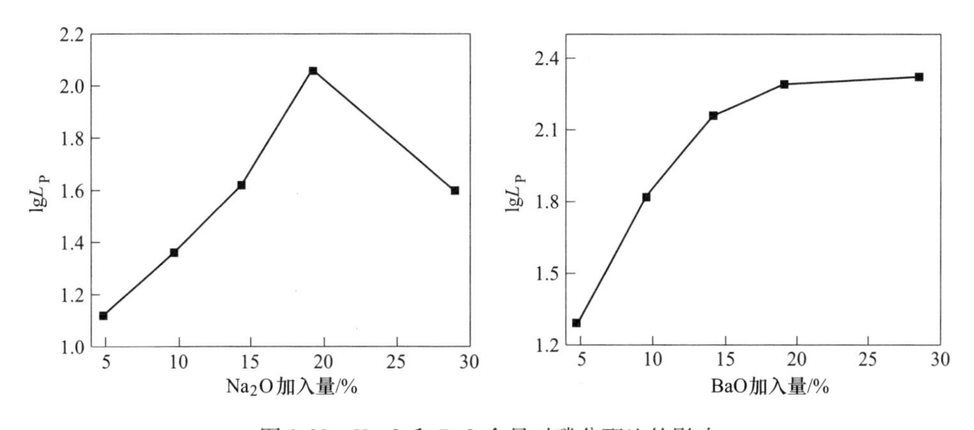

图 3-32 Na_2O 和 BaO 含量对磷分配比的影响

图 3-33 为终点温度对磷平衡分配比的影响。温度对磷分配比的影响与对脱磷率的影响基本一致，随着温度的升高，$\lg L_P$先升高后降低，温度在 1620℃ 时 $\lg L_P$最高为 1.66。在温度较低时与理论计算变化趋势不一致，主要是由于理论计算时没考虑低温时炉渣流动性较差，脱磷动力学条件不足。

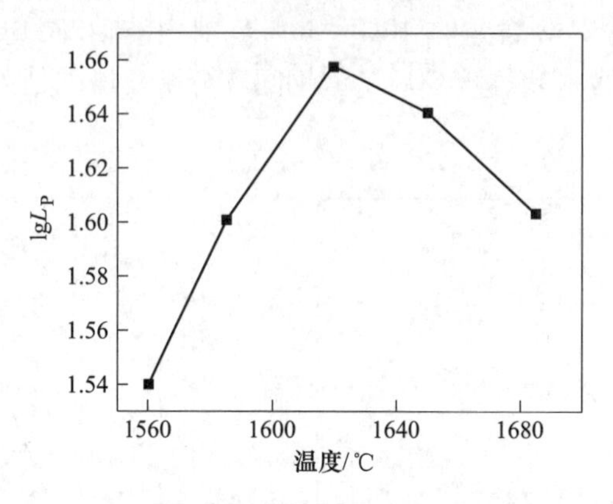

图 3-33　终点温度对磷分配比的影响

对实验结果进行统计分析，回归得出本实验条件下炉渣组分及温度和磷分配比的经验关系式（3-26）：

$$\lg L_P = -5.109 + 0.0504(\%CaO) + 0.0480(\%SiO_2) + 0.0323(\%CaF_2) + 0.0679(\%FeO) - 0.0019(\%MnO) - 0.1507(\%MgO) + 0.3991(\%P_2O_5) + 0.0581(\%Na_2O) + 0.0819(\%BaO) + 3569.65/T \quad (R = 0.709) \tag{3-26}$$

图 3-34 为磷分配比 $\lg L_P$实测值与计算值之间的关系。实测值和估算值比较接近，说明可以用该磷分配比计算式来估算渣钢间磷分配比。

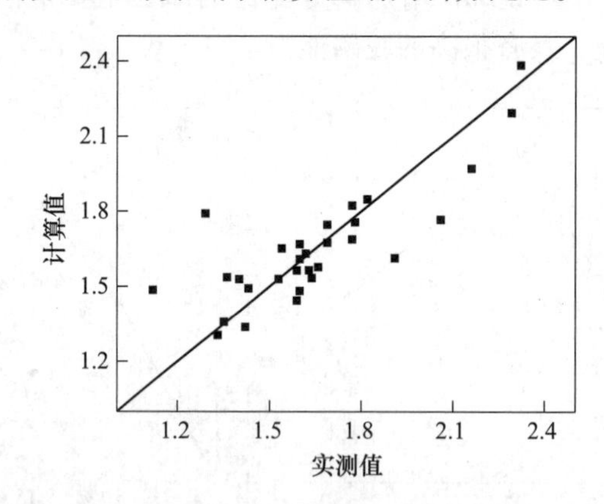

图 3-34　磷分配比实测值和计算值比较

3.7.2　炉渣组分和温度与磷容量的关系

图 3-35 为炉渣碱度和 FeO 含量对炉渣 $\lg C_{PO_4^{3-}}$的影响。炉渣 $\lg C_{PO_4^{3-}}$随着炉渣碱度的增加而增加，同时，炉渣 $\lg C_{PO_4^{3-}}$随着 FeO 含量的增加线性增加，这主要是随着 FeO 含量增加渣钢间磷分配比增加，从而使磷容量增加。

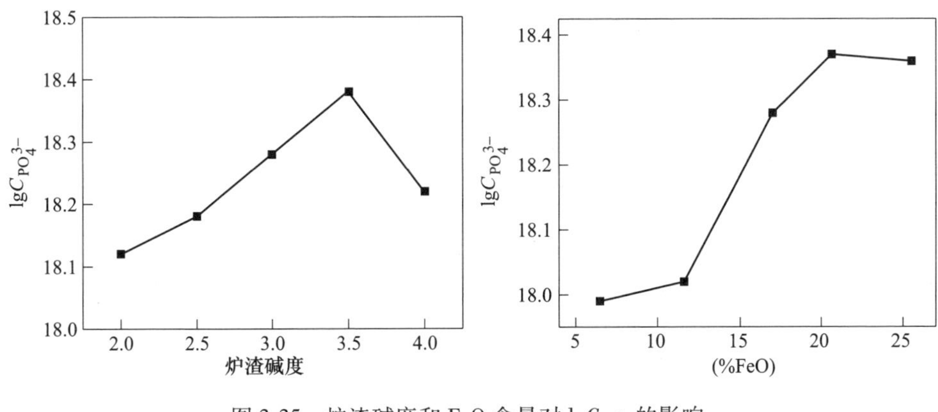

图 3-35 炉渣碱度和 FeO 含量对 $\lg C_{PO_4^{3-}}$ 的影响

图 3-36 为 Na_2O 和 BaO 含量对 $\lg C_{PO_4^{3-}}$ 的影响。Na_2O 和 BaO 属于强碱性物质，炉渣磷容量随渣中 Na_2O 和 BaO 含量的增加而增加，当 Na_2O 含量为 4.83%～28.95%时，$\lg C_{PO_4^{3-}}$ 值为 17.6～18.0；而 BaO 含量为 4.75%～28.55%时，$\lg C_{PO_4^{3-}}$ 值为 17.4～18.8。图 3-37 为终点温度对 $\lg C_{PO_4^{3-}}$ 的影响。从图中可以看出，温度对磷容量有着重要的影响，随着温度的降低，炉渣磷容量 $\lg C_{PO_4^{3-}}$ 线性降低，在 1833～1953K 范围之间时，$\lg C_{PO_4^{3-}}$ 值为 18.4～19.3，与李光强等人[12]研究得出在 1823～1873K 含镁饱和的 $CaO-Fe_tO-SiO_2-Na_2O-Al_2O_3$ 炉渣 $\lg C_{PO_4^{3-}}$ 值在 17.84～19.00 相近。

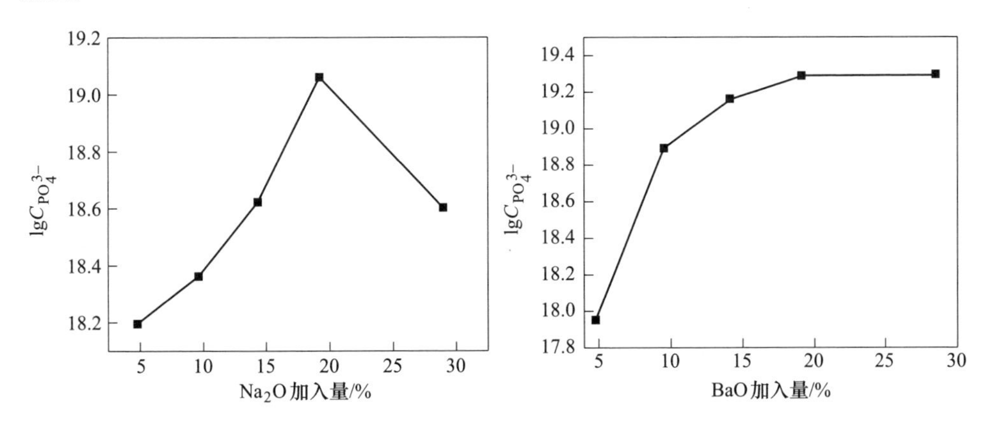

图 3-36 Na_2O 和 BaO 含量对 $\lg C_{PO_4^{3-}}$ 的影响

对实验结果进行统计分析，回归得出本实验条件下炉渣组分及温度和炉渣磷容量 $\lg C_{PO_4^{3-}}$ 的经验关系式（3-27）：

$$\lg C_{PO_4^{3-}} = -3.198 + 0.0866(\%CaO) + 0.0819(\%SiO_2) + 0.0659(\%CaF_2) + 0.1031(\%FeO) + 0.0402(\%MnO) - 0.0789(\%MgO) + 0.4382(\%P_2O_5) + 0.0942(\%Na_2O) + 0.1159(\%BaO) + 21571.23/T \quad (R = 0.849) \tag{3-27}$$

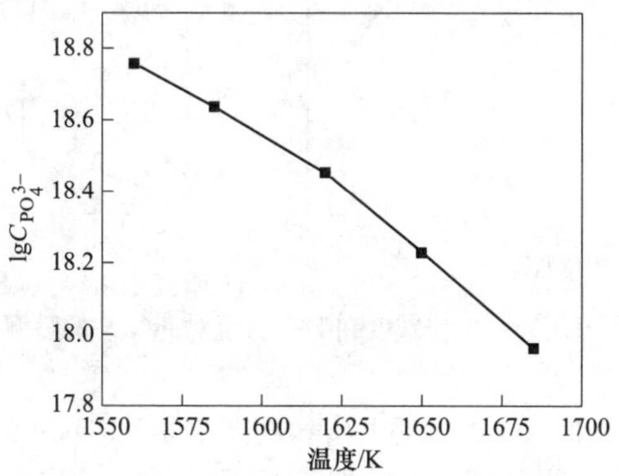

图 3-37 终点温度对 $\lg C_{PO_4^{3-}}$ 的影响

图 3-38 为炉渣磷容量 $\lg C_{PO_4^{3-}}$ 实测值与计算值之间的关系。实测值和估算值比较吻合，说明可以用该炉渣磷容量 $\lg C_{PO_4^{3-}}$ 计算式来估算渣系的磷容量。

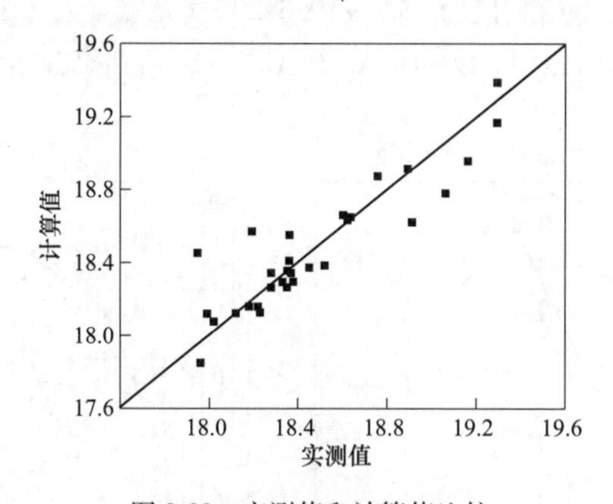

图 3-38 实测值和计算值比较

3.7.3 炉渣组分和温度与 $\gamma_{P_2O_5}$ 的关系

图 3-39 为炉渣碱度和 FeO 含量对 $\lg\gamma_{P_2O_5}$ 的影响。随着炉渣碱度和 FeO 含量的增加，熔渣中 $\lg\gamma_{P_2O_5}$ 降低。图 3-40 为终点温度对熔渣 $\lg\gamma_{P_2O_5}$ 的影响。从图中可以看出，在试验温度下 $\lg\gamma_{P_2O_5}$ 值在 $-20.7 \sim -19.5$ 之间，随着温度的增加，熔渣 $\lg\gamma_{P_2O_5}$ 线性降低。

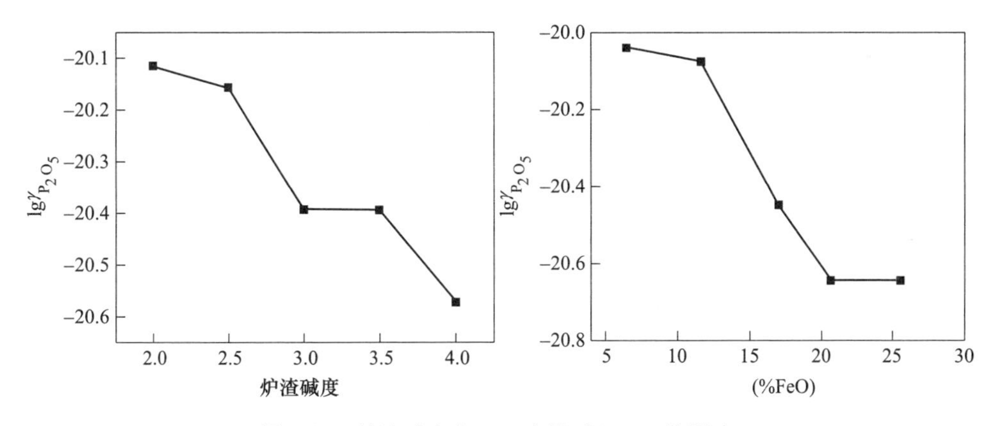

图 3-39 炉渣碱度和 FeO 含量对 $\lg\gamma_{P_2O_5}$的影响

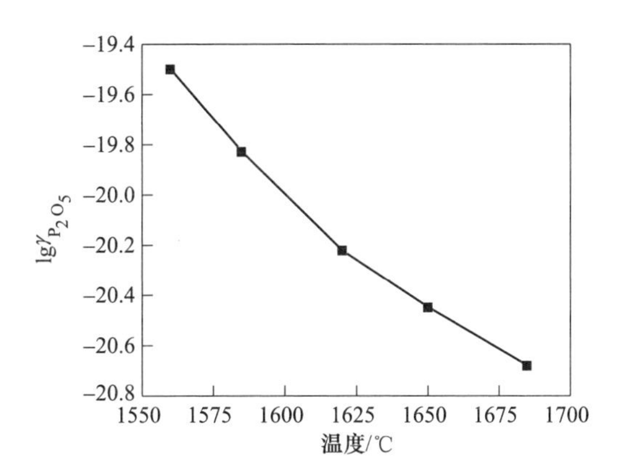

图 3-40 终点温度对 $\lg\gamma_{P_2O_5}$的影响

图 3-41 为 Na_2O 和 BaO 含量对 $\lg\gamma_{P_2O_5}$的影响。强碱性物质 Na_2O 和 BaO 含量的增加能显著降低熔渣中的 $\lg\gamma_{P_2O_5}$，其中 BaO 对 $\lg\gamma_{P_2O_5}$的影响明显超过 Na_2O 的影响。

对实验结果进行统计分析，回归得出本实验条件下炉渣组分及温度和炉渣 $\lg\gamma_{P_2O_5}$的经验关系式（3-28）：

$$\begin{aligned}\lg\gamma_{P_2O_5} = & -19.5438 - 0.1238(\%CaO) - 0.1147(\%SiO_2) - 0.0875(\%CaF_2) - \\ & 0.1562(\%FeO) - 0.0105(\%MnO) + 0.349(\%MgO) - \\ & 0.4057(\%P_2O_5) - 0.1390(\%Na_2O) - 0.1878(\%BaO) + \\ & 15581.93/T \quad (R = 0.763)\end{aligned} \tag{3-28}$$

图 3-42 为炉渣 $\lg\gamma_{P_2O_5}$实测值与计算值之间的关系。实测值和估算值比较吻合，说明可以用该 $\lg\gamma_{P_2O_5}$计算式来估算渣系的 P_2O_5 活度系数。

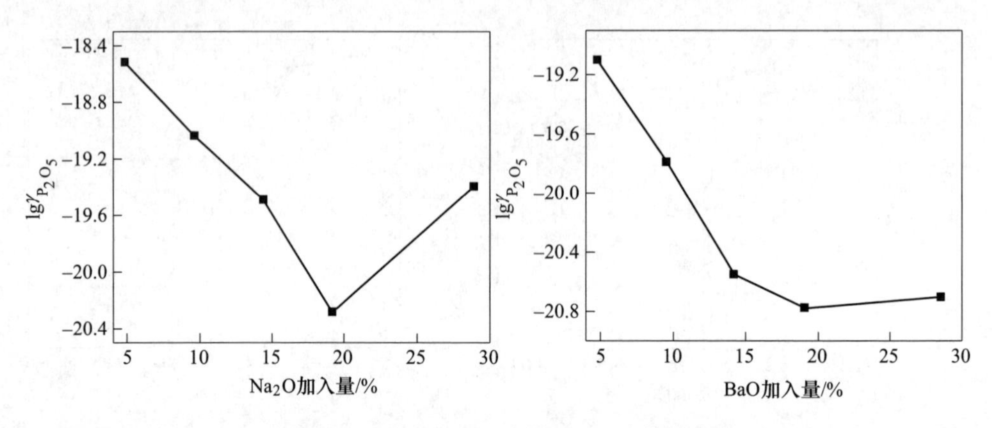

图 3-41　Na_2O 和 BaO 含量对 $\lg\gamma_{P_2O_5}$ 的影响

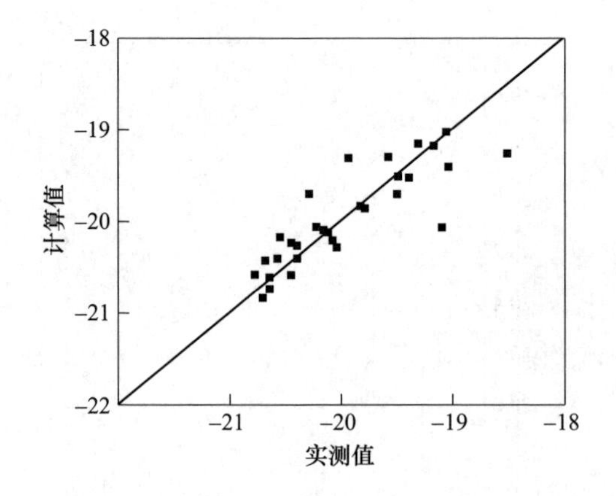

图 3-42　实测值和计算值比较

3.7.4　光学碱度的应用

转炉炼钢脱磷主要是通过渣/钢界面间反应来完成，熔渣中磷酸盐容量及 P_2O_5 活度系数是炉渣脱磷的重要参数；同时磷酸盐容量和 P_2O_5 活度系数与温度和 O^{2-} 活度有关，而炉渣光学碱度和渣中 O^{2-} 的行为有关，并用渣中 O^{2-} 活度来描述，是关于炉渣成分的函数，但熔渣中 O^{2-} 活度无法测出，因此采用光学碱度和温度来综合描述炉渣磷酸盐容量和 P_2O_5 活度系数对研究转炉冶炼过程中渣钢间磷行为有重要意义。其中，光学碱度由式（3-29）计算得出，部分氧化物光学碱度如表 3-12[6,13] 所示。

$$\Lambda = \sum_{i=1}^{n} x_i \Lambda_i \tag{3-29}$$

式中，Λ_i 为氧化物的光学碱度；x_i 为氧化物中阳离子摩尔分数。

表 3-12 熔渣中各组元的光学碱度[14,15]

CaO	SiO_2	BaO	MgO	CaF_2	FeO	MnO	P_2O_5	Na_2O
1.00	0.48	1.15	0.80	0.2	0.48	0.60	0.40	1.15

式（3-30）和式（3-31）为回归出的光学碱度及温度与炉渣磷容量 $\lg C_{PO_4^{3-}}$ 和 $\lg\gamma_{P_2O_5}$ 关系式，将计算值与实测值对比结果作图于图 3-43，计算值与实测值具有一定相关性，可以用式（3-30）和式（3-31）来描述炉渣磷容量 $\lg C_{PO_4^{3-}}$ 和 $\lg\gamma_{P_2O_5}$，为熔渣高效脱磷提供理论基础。

$$\lg C_{PO_4^{3-}} = 8.10321.2499\Lambda + 15309.37/T \qquad (R = 0.669) \qquad (3\text{-}30)$$

$$\lg\gamma_{P_2O_5} = -37.6309 - 4.9763\Lambda + 34023.75/T \qquad (R = 0.802) \qquad (3\text{-}31)$$

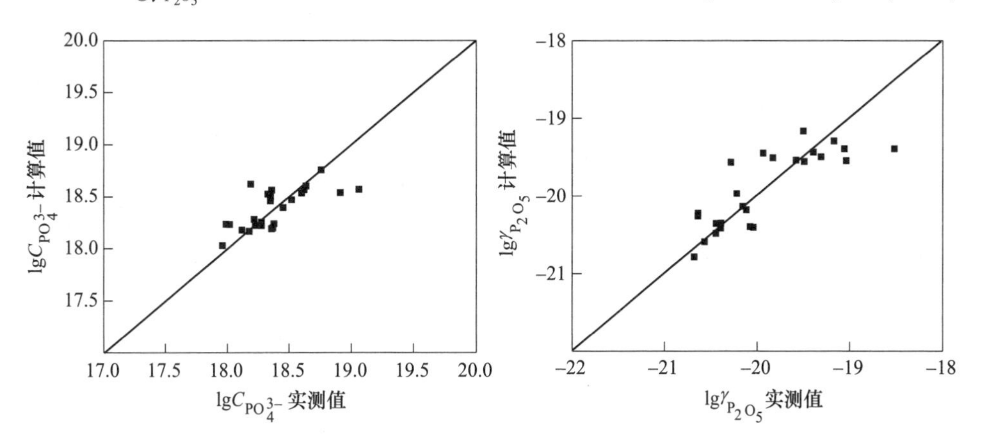

图 3-43 $\lg C_{PO_4^{3-}}$、$\lg\gamma_{P_2O_5}$ 实测值和计算值比较

3.8 中高磷铁水脱磷动力学分析

3.8.1 试验方法与过程

采用某钢厂 Q195 钢样、磷铁在高温碳管炉内配制试验用钢水，实验金属料重 1kg，添加不同组成的 CaO-CaF_2-FeO 系脱磷剂对钢水进行深脱磷的实验。各炉次实验脱磷剂组成，金属试料的初始和最终的化学成分如表 3-13 所示。

表 3-13 实验用初渣成分 （质量分数，%）

炉次	渣系组成			初始磷含量	终点磷含量
	CaO	CaF_2	FeO		
1	72	20	8	0.035	0.0144
2	77	15	8	0.031	0.0217
3	80	20		0.027	0.0092
4	85	15		0.022	0.0084

实验开始前先将称量过的钢料及配加的磷铁加入到坩埚中，准备就绪后通电加热。待钢料全部熔化并达规定温度后，用 ϕ8mm 石英管取初始钢样，然后加入按一定比例配制并称量过的渣料，渣料分两次由上部加入，并不断用钼丝搅拌渣子以加速其熔化。脱磷反应时间的确定取开始加入脱磷剂这一时刻为 0，以后每隔 5min 取样进行成分分析，实验时间为 20~30min。

3.8.2　实验结果及分析

图 3-44 和图 3-45 分别为各试验炉次钢中磷含量和[%P]/[%P_0]随时间的变化曲线。从图中结果可以看出，试验开始后脱磷反应便迅速进行，反应开始 5min，各炉次钢中磷含量去除较快，脱磷率分别为 48%、19%、45%和 32%，各炉次前 5min 脱磷量分别占总脱磷量的 81%、63%、66%和 52%，10min 后钢中的磷含量减少较缓慢。其中，第一炉次和第三炉次前 5min 脱磷率明显高于第二炉次和第四炉次，主要在第一炉次和第三炉次 CaF_2 含量相对较高，脱磷前期化渣效果较好，因此脱磷率较高。而第二炉次整体脱磷量相对较低，主要原因可能是钢中初始硅含量较高，脱磷和脱硅同时进行，炉渣减低较低，从而炉渣容磷能力下降。经 CaO-CaF_2-FeO 处理后，钢中磷含量能降低到 0.015%以下。

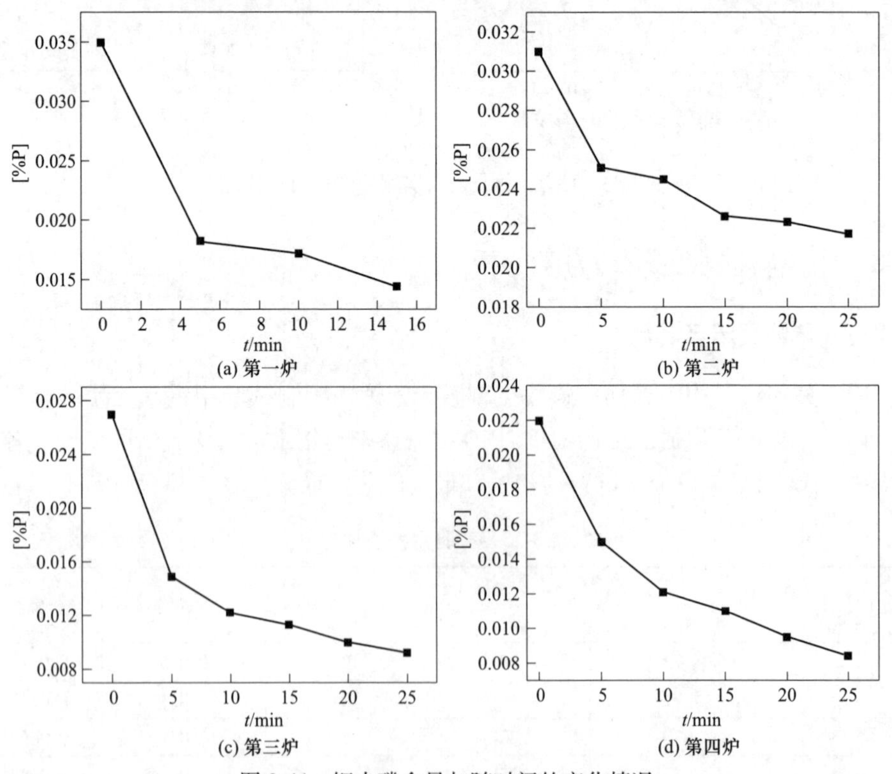

图 3-44　钢中磷含量与随时间的变化情况

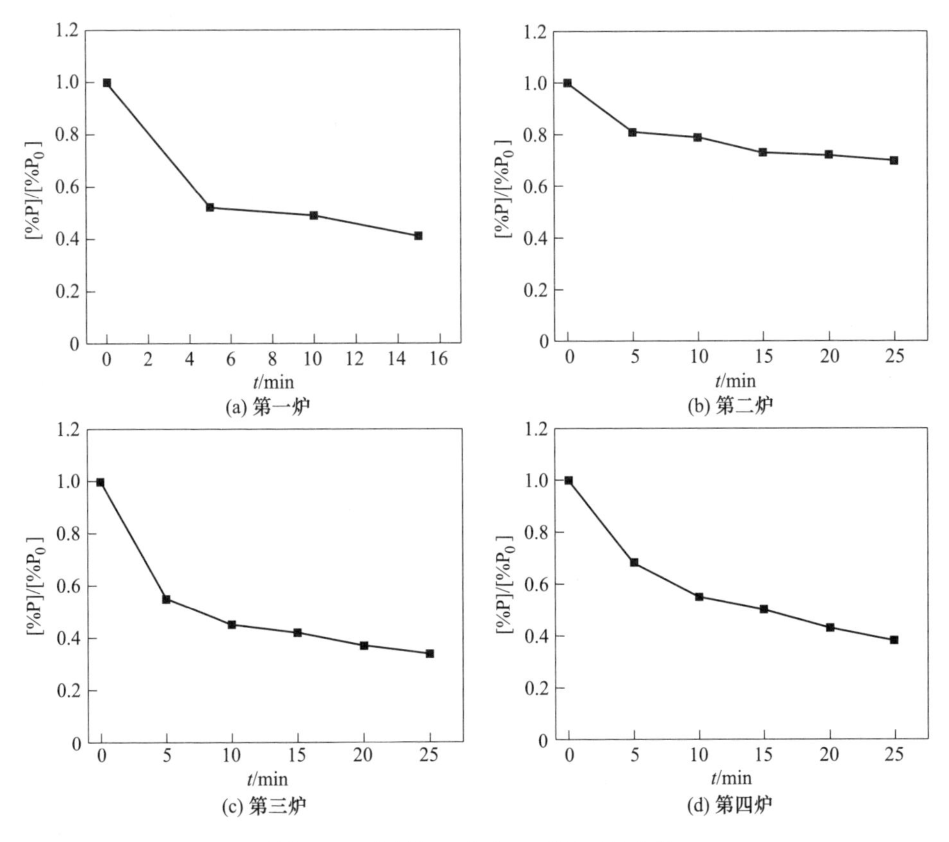

图 3-45 各炉[%P]/[%P_0]随时间变化

3.8.3 脱磷动力学模型的建立

3.8.3.1 脱磷动力学模型建立

脱磷热力学过程反应的是炉内脱磷的平衡状态，而实际炼钢过程远未达到平衡状态，受到炉内动力学条件的限制。一般可以认为脱磷过程由以下几个步骤综合控制。

（1）钢液中磷向反应界面的扩散和对流传质；

（2）炉渣中的铁、氧离子向反应界面的扩散与对流传质；

（3）渣-金界面进行的化学反应；

（4）磷由反应界面向渣中的扩散和对流传质；

（5）铁由反应界面向金属中传质。

然而由于转炉脱磷反应是高温（1550~1650℃）下的电化学反应，其反应速率远大于组分在两相内的扩散速率，所以扩散往往成为整个反应过程速率的限制环节。根据基于液相反应的双膜理论，假设反应界面达到平衡，磷在渣-钢两侧的传质方程可分别表达为：

磷在渣-钢两相间传质方程为：

$$J_{[P]} = k_m(C_{[P]} - C_{[P]}^*) \tag{3-32}$$

$$J_{(P)} = k_m(C_{(P)}^* - C_{(P)}) \tag{3-33}$$

渣-钢两相中的传质方程可分别表达为：

$$\frac{d[\%P]}{dt} = \frac{A}{W_m}\rho_m k_m\{[\%P]^* - [\%P]\} \tag{3-34}$$

$$\frac{d(\%P)}{dt} = -\frac{A}{W_s}\rho_s k_s\{(\%P) - (\%P)^*\} \tag{3-35}$$

$$\frac{d(\%P)}{dt}W_s = -\frac{d[\%P]}{dt}W_m \tag{3-36}$$

将式（3-34）和式（3-35）代入式（3-36）可得：

$$\rho_s k_s\{(\%P) - (\%P)^*\} = \rho_m k_m\{[\%P] - [\%P]^*\} \tag{3-37}$$

将如式（3-36）所示的磷平衡分配比代入式（3-37），可求出界面磷的浓度。

$$L_P = \frac{(\%P)^*}{[\%P]^*} \tag{3-38}$$

$$[\%P]^* = \frac{\rho_m k_m[\%P] + \rho_s k_s(\%P)}{\rho_m k_m + \rho_s k_s L_P} \tag{3-39}$$

将式（3-39）代回式（3-34），可得如下脱磷速率方程：

$$\frac{d[\%P]}{dt} = -\frac{A}{W_m}\frac{1}{\dfrac{1}{\rho_s k_s} + \dfrac{L_P}{\rho_m k_m}}\{L_P[\%P] - (\%P)\} \tag{3-40}$$

因此定义表观脱磷速率常数为：

$$k_P = \frac{1}{\dfrac{1}{\rho_s k_s} + \dfrac{L_P}{\rho_m k_m}} \tag{3-41}$$

故对于脱磷方程式（3-40）可简化为：

$$\frac{d[\%P]}{dt} = -\frac{A}{W_m}k_P\{L_P[\%P] - (\%P)\} \tag{3-42}$$

式中，$J_{(P)}$、$J_{[P]}$分别为熔渣和钢水中传质通量；$C_{(P)}$、$C_{[P]}$分别为渣相和钢水中磷的摩尔浓度；$C_{(P)}^*$、$C_{[P]}^*$分别为渣相和金属相界面磷的摩尔浓度；(%P)、[%P] 分别为熔渣和钢水中磷的质量分数,%；$(\%P)^*$、$[\%P]^*$分别为渣相和金属相界面磷的质量分数,%；k_m、k_s分别为磷在钢液和炉渣间传质系数，cm/s；W_m、W_s 分别为钢液和炉渣质量，g；ρ_m、ρ_s分别为钢液和炉渣密度，g/cm^3；J 为传质通量，mol/(cm^2 · s)；

A 为渣钢反应界面面积，cm^2；k_p为表观脱磷速率常数，$g/(cm^2 \cdot s)$。

3.8.3.2 表观脱磷速率常数及传质系数的计算

由前面结果可以得出，当钢液脱磷动力学受控于熔渣、金属相的混合传质时，钢液脱磷速率方程可以表示为式（3-42）。又根据质量守恒原理，在任意 t 时刻钢水中的磷等于铁水初始磷含量减去进入渣相中的磷，具体公式有：

$$W_m[\%P] = W_m[\%P_0] - W_s(\%P) \tag{3-43}$$

将式（3-43）代入式（3-42），积分可得钢水中磷随时间变化的动力学方程式：

$$\frac{[\%P]}{[\%P_0]} = \frac{L_P}{L_P + \frac{W_m}{W_s}} e^{-\frac{A}{W_m}k_P\left(L_P + \frac{W_m}{W_s}\right)t} + \frac{\frac{W_m}{W_s}}{L_P + \frac{W_m}{W_s}} \tag{3-44}$$

脱磷动力学方程推倒式（3-42）具有如下形式：

$$y = y_0 + A_1 e^{-x/t_1} \tag{3-45}$$

对比式（3-44）可得各项系数分别为：

$$y_0 = \frac{\frac{W_m}{W_s}}{L_P + \frac{W_m}{W_s}} \tag{3-46}$$

$$A_1 = \frac{L_P}{L_P + \frac{W_m}{W_s}} \tag{3-47}$$

$$t_1 = \left[\frac{A}{W_m}k_P\left(L_P + \frac{W_m}{W_s}\right)\right]^{-1} \tag{3-48}$$

由此可知，根据式（3-44）对各炉实验脱磷过程进行拟合即可根据各项参数，从而求出实验条件下各炉次的表观脱磷速率常数。图 3-46 为典型炉次一至四炉的拟合结果图。图中的点是实验过程中的实测点，曲线是根据拟合方程表达式拟合得出的。由图中结果可以看出，根据脱磷方程式的拟合结果与脱磷实验过程中的实测结果吻合得较好。

根据脱磷方程式的拟合结果估算出的表观脱磷速率常数 k_P值如表 3-14 所示，从表中结果可以看出，一至四炉次拟合函数相关系数 R^2 基本都在 0.95 以上，证明了拟合结果的可靠性。实验炉次表观脱磷速率常数 k_P均在 2.703×10^{-3} ~ 8.611×10^{-3} $g/(cm^2 \cdot s)$之间，与刁江[10]测得的表观脱磷速率常数 0.868×10^{-3} ~ 8.602×10^{-3} $g/(cm^2 \cdot s)$ 及田志红[2]测得的表观脱磷速率常数 0.54×10^{-3} ~ 6.88×10^{-3} $g/(cm^2 \cdot s)$比较接近。

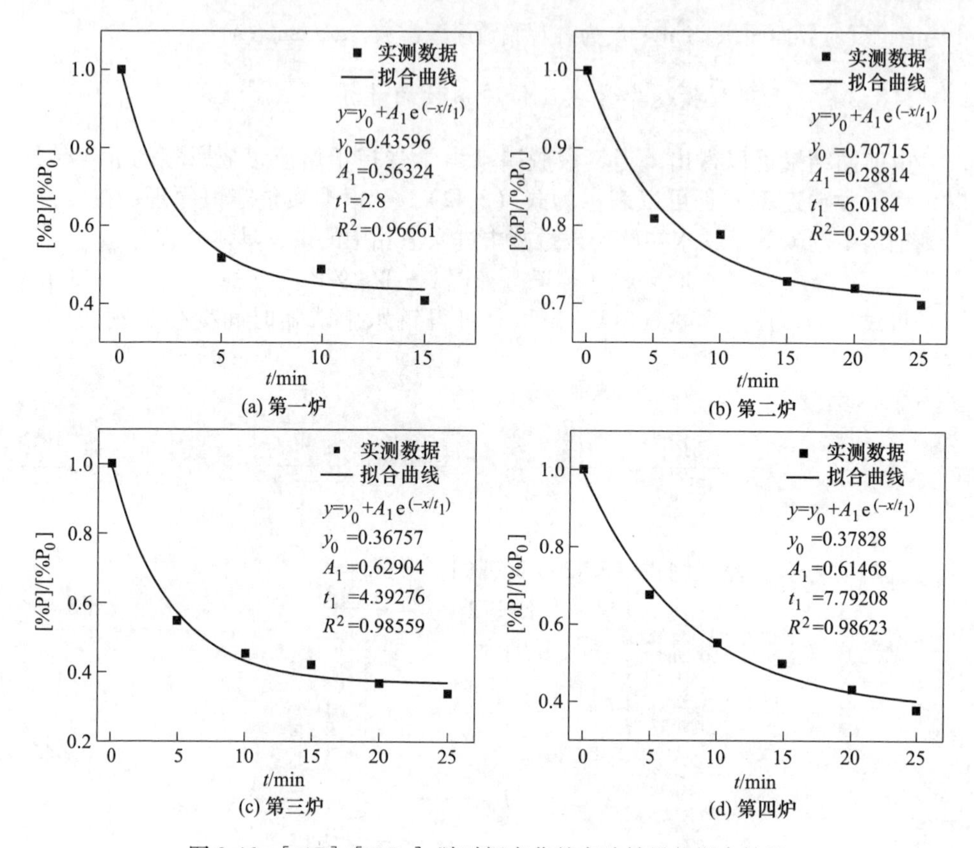

图 3-46　[%P]/[%P$_0$] 随时间变化的实验结果与拟合结果

表 3-14　拟合结果及计算的表观脱磷速率常数

序号	y_0	A_1	t_1	R^2	L_P	$k_P\times10^{-3}$/g·(cm^2·s)$^{-1}$
1	0.43596	0.56324	2.8	0.96661	32.76	8.611
2	0.70715	0.28814	6.0184	0.95981	9.82	6.523
3	0.36757	0.62904	4.39276	0.98559	44.31	4.640
4	0.37828	0.61468	7.79208	0.98623	37.08	2.703

3.8.3.3　总传质系数的计算

众所周知，脱磷过程的限制环节是渣相及钢液中传质过程综合控制，然而通过实验的方法分别测定渣-钢两相间的传质过程是比较困难的。因此，许多学者在建立脱磷动力学过程中，通常假定磷在渣钢两相间某一相间的传质为主要控制环节。段宏韬[16]采用 $CaO-CaF_2-Fe_2O_3$ 系渣对中磷铁水脱磷进行了研究，结果表明当磷分配比 L_P较小时，渣中磷的传质为脱磷的限制性环节，当 L_P 较大时，金属相和渣相中磷的混合传质为脱磷限制性环节。田志红[2]假设钢液中磷的传质为主要的限制环节，计算出磷在钢渣中的传质系数为 0.0056～0.0058cm/s；郭上型等人[17]采用 $CaO-CaF_2-Fe_2O_3$ 系渣研究了钢液脱磷行为，假定渣相中磷的传质是脱磷的限制性环节，测得磷在渣相中的传质系数为 0.38×10^4～1.58×10^4cm/s。然而有研究者提出将脱磷过程看成在某相中磷的传质并不能反映实际的脱磷过程，因此在此基础上提出了用整个液相体系中的总的传质系数 k_Q 来表征脱磷过程。k_Q 的定义式如下[10,18,19]：

$$k_Q = \frac{1}{\dfrac{\rho_m}{\rho_s k_s L_P} + \dfrac{1}{k_m}} \tag{3-49}$$

对比式（3-41）可知，表观脱磷速率常数与总传质系数之间存在如下关系：

$$k_Q = \frac{k_P L_P}{\rho_m} \tag{3-50}$$

因而式（3-40）可转换为：

$$\frac{d[\%P]}{dt} = -\frac{A\rho_m}{W_m}k_Q\left\{[\%P] - \frac{(\%P)}{L_P}\right\} \tag{3-51}$$

将式（3-43）代入式（3-51），积分可得：

$$-\frac{A\rho_m k_Q}{W_m}t = \frac{1}{1+\dfrac{W_m}{W_s L_P}}\ln\left\{\left(1+\frac{W_m}{W_s L_P}\right)\frac{[\%P]}{[\%P_0]} - \frac{W_m}{W_s L_P}\right\} \tag{3-52}$$

图 3-47 为试验炉次一至四炉钢水磷含量随时间的变化关系拟合图，图中的点是实验过程中的实测点，曲线是根据拟合方程表达式拟合得出的。由图中结果可以看出曲线拟合结果与脱磷实验过程中的实测结果基本吻合。同时拟合函数相关系数 R^2 基本都在 0.95 以上，证明了拟合结果的可靠性。

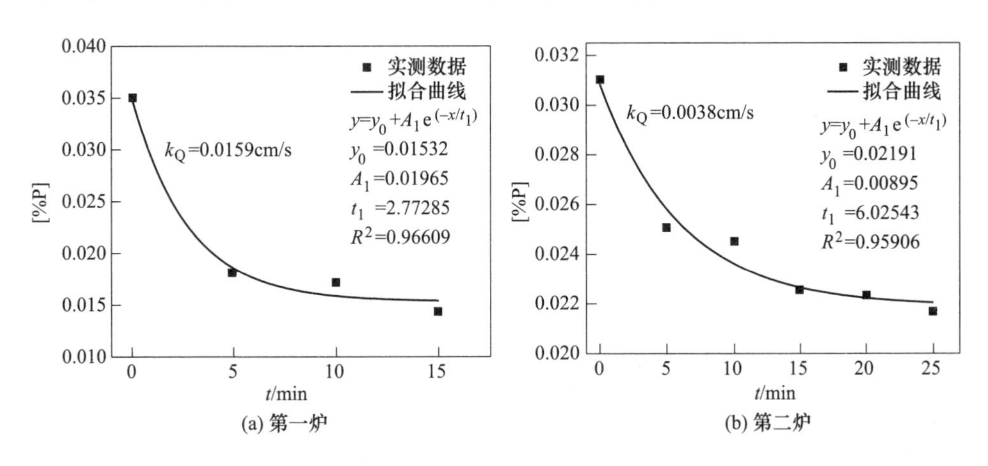

(a) 第一炉　　(b) 第二炉

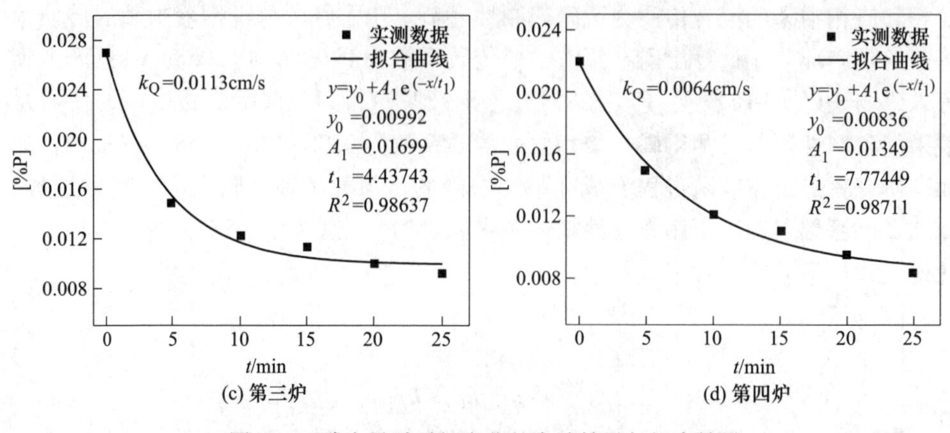

(c) 第三炉　　(d) 第四炉

图 3-47　磷含量随时间变化的实验结果与拟合结果

表 3-15 为各炉次总的传质系数计算结果，从表中结果可以看出，本实验炉次计算得到总的传质系数为 0.0038~0.0159cm/s 之间，与刁江[10]计算得到总的传质系数 0.005~0.024cm/s 比较接近。同时一炉次和三炉次总传质系数 k_P 明显大于二炉次和四炉次，可见添加 CaF_2 对总传质系数影响明显。

表 3-15　各炉次总的传质系数计算结果

炉次	1	2	3	4
k_Q/cm · s^{-1}	0.0159	0.0038	0.0113	0.0064

3.9　本章小结

本章主要对中高磷铁水脱磷进行了研究，从磷分配比、P_2O_5 活度系数及磷容量等方面对脱磷热力学进行了探讨，同时分析了脱磷的动力学行为，为在炼钢过程中从源头减少钢渣的生成提供理论基础，主要结果如下：

（1）根据热力学基础对脱磷终点条件及熔渣成分对钢中磷的分配行为进行了理论计算。计算结果表明：低温，高碱度有利于脱磷；渣中 FeO、MnO 及 P_2O_5 含量增加，磷分配比降低；低碱度渣 MgO 含量增加，磷分配比增加，高碱度渣 MgO 含量增加，磷分配比降低。

（2）通过合理的转炉冶炼渣系及工艺操作控制，可以实现用 0.15%~0.20%中磷铁水冶炼优质低磷钢，优化后的转炉渣系能够实现把中磷铁水中的磷脱到 0.015%以下的要求；优化的转炉渣系为：碱度为 3.0~3.5；氧化铁含量为 20%~25%；渣量 10%；合适的脱磷温度为：1580~1620℃。同时，如果初始磷含量更高，以及在实际转炉操作中控制发生异常波动，造成出钢时磷稍高，也能够通过加入脱磷剂的办法，把磷控制在合适的范围内。

（3）研究中炉渣光学碱度主要集中在0.6~0.7，随着炉渣光学碱度增加，炉渣磷容量增加，P_2O_5 活度系数减小。回归了光学碱度及温度与炉渣磷容量 $\lg C_{PO_4^{3-}}$ 和 $\lg\gamma_{P_2O_5}$ 关系式，实测值和估算值比较吻合，可为高效脱磷渣系选择提供指导。

（4）从脱磷动力学出发，建立了钢水脱磷动力学数学模型。基于该模型可分析脱磷工艺因素对脱磷速率和最终效果的影响；基于本脱磷数学模型，拟合估算出本实验条件下的表观脱磷速率常数在(2.703~8.611)×10^{-3}g/(cm^2·s)范围内，总传质系数为0.0056~0.0058cm/s，均与文献值吻合。基于钢水脱磷的动力学机理分析，当钢中磷含量低时，在精炼的条件下基本可以认为脱磷反应进程完全由钢中磷的传质控制，加强搅拌利于加速脱磷过程，在加脱磷剂时采用钢渣混出，在出钢过程中加入脱磷剂效果最好。

参 考 文 献

[1] 黄希祜．钢铁冶金原理［M］.3版．北京：冶金工业出版社，2006.

[2] 田志红，孔祥涛，蔡开科，等．BaO-CaO-CaF_2 系渣用于钢液深脱磷能力［J］. 北京科技大学学报，2005，27（3）：294-297.

[3] 刘浏．超低磷钢的冶炼工艺［J］. 特殊钢，2000，21（6）：20-24.

[4] 李太全．高级别管线钢生产工艺及关键技术研究［D］. 北京：北京科技大学，2009.

[5] Sobandi A，Katayama H G，Momono T. Activity of phosphorus oxide in CaO-MnO-SiO_2-$PO_{2.5}$(MgO，Fe_tO) slags［J］. ISIJ International，1998，38（8）：781-788.

[6] Young R W，Duffy J A，Hassall G J，et al. Use of optical basicity concept for determining phosphorus and sulphur slag-metal partitions［J］. Ironmaking & Steelmaking，1992，19（3）：201-219.

[7] Mori T. On the phosphorus distribution between slag and metal［J］. Transactions of the Japan Institute of Metals，1984，25（11）：761-771.

[8] Ide K，Fruehan R J. Evaluation of phosphorus reaction equilibrium in steelmaking［J］. Iron and Steelmaker，2000，27（12）：65-70.

[9] Healy G W. A new look at phosphorus distribution［J］. J. Iron Steel Institute，1970，208（7）：664-668.

[10] 刁江．中高磷铁水转炉双联脱磷的应用基础研究［D］. 重庆：重庆大学，2010.

[11] Monaghan B J，Pomfret R J，Coley K S. The kinetics of dephosphorization of carbon-saturated iron using an oxidizing slag［J］. Metallurgical and Material Translation B，1998，29（1）：111-118.

[12] Li G Q，Hamano T，Tsukihashi F. The effect of Na_2O and Al_2O_3 on dephosphorization of molten steel by high basicity MgO saturated CaO-FeO_x-SiO_2 slag［J］. ISIJ International，2005，45（1）：12-18.

[13] 王敏，包燕平，崔衡，等．CaO-SiO_2-Al_2O_3-MgO 精炼渣氮行为［J］. 北京科技大学学报，

2010, 32 (2): 175-178.

[14] 肖超平. 9Ni 钢关键冶炼技术研究 [D]. 北京: 北京科技大学, 2011.

[15] Henrandez A, Morales R D, Romero A, et al. Dephosphorization pretreatment of liquid iron [C] //Ironmaking Conference Proceedings, 1996, 55: 27-33.

[16] 段宏韬. 中磷生铁脱磷的研究 [D]. 北京: 北京科技大学, 1986.

[17] 郭上型, 董元篪, 彭明. CaO 基熔剂对钢液二次精炼脱磷速度的研究 [J]. 安徽工业大学学报, 1993, 20 (2): 91-93.

[18] Conejo A N, Lara F R, Morales R D, et al. Kinetics model of steel refining in a ladle furnace [J]. Steel Research International, 2007, 78 (2): 141-150.

[19] Wei P, Sano M, Hirasawa M, et al. Kinetics of phosphorus transfer between iron oxide containing slag and molten iron of high carbon concentration under $Ar\text{-}O_2$ atmosphere [J]. ISIJ International, 1993, 33 (4): 479-487.

4 转炉脱磷成本模型研究

目前转炉冶炼存在三种典型工艺，分别是单渣工艺、双渣工艺和双联工艺，不同工艺具备不同的特点，脱磷能力也有一定的区别，针对脱磷工艺的选择标准，至今仍没有统一的标准。本书在文献调研和生产实践的基础上，对脱磷工艺的选择标准进行归纳和总结，提出选择工艺时应从以下三个维度进行考虑。

(1) 冶炼目标：若冶炼低磷钢、超低磷钢甚至极低磷钢，其脱磷率超过95%，单渣工艺已然无法完成脱磷任务，则选择双渣、双联工艺。如果冶炼普钢，其目标脱磷率较小，单渣工艺因效率高而成为较佳选择。

(2) 原料情况：铁水作为转炉冶炼的主要金属料，其成分波动是各企业面临的客观问题，随着铁水磷含量越来越高，达到某一界限值，单渣法已无法完成脱磷任务，则需要采用双渣、双联工艺。此外，随着铁水硅含量的增加，炉渣渣量越来越大，当铁水硅含量至某一界限值，基于安全性的考虑已不宜采用单渣冶炼。

(3) 成本情况：钢铁生产作为一种商业行为，成本优势是必须考虑的元素。炼钢即炼渣，在保证完成脱磷任务的前提下，减少辅料消耗，减少钢渣产生与排放对降低成本和保护环境具有重要意义。相对于单渣工艺来说，双渣、双联工艺可实现部分热态渣的直接回用，不仅能在一定程度上可降低辅料消耗，还可减少钢渣排放。

本章以转炉脱磷成本为切入点，从物料平衡、热平衡及冶金热力学等基本原理出发，研究不同原料条件下三种工艺流程脱磷成本变化规律，建立转炉脱磷经济技术成本模型，同时进行脱磷经济技术分析，为实现脱磷能力—钢渣减量化—成本的协同控制提供一定的理论基础。

4.1 转炉脱磷成本模型建立

4.1.1 转炉炼钢过程中成本构成

对于整个转炉炼钢过程都伴随着脱磷，通过控制铁水初始条件及转炉吹炼终点条件，能很好地控制转炉脱磷过程中钢铁料消耗、原辅料消耗（石灰、萤石、轻烧白云石等）、合金料加入量（硅铁、锰铁等）及燃料动力消耗（氧气等），而经过文献[1-4]研究发现钢铁料消耗、原辅料、合金料及燃料动力占整个转炉脱磷成本的90%以上。因此，用钢铁料消耗、原辅料消耗、合金料消耗及燃料动力消耗来反映炼钢过程脱磷成本有着重要实际依据，这也为通过模型从冶金基本原理出发来核算炼钢脱磷成本提供了实际支撑。

对A厂2011年1月到2011年12月不同流程5210炉转炉工序中成本种类和对象进行分析研究。研究发现该厂钢铁料成本占总调研物料成本的87.92%，因此抓好转炉冶炼过程的钢铁料消耗成本是控制炼钢生产成本的关键，这跟文献调研结果基本类似。调研结果如表4-1和图4-1所示。

表4-1 转炉成本系统对象

成本种类	成本对象
主原料成本	铁水、废钢
副原料成本	石灰、萤石、烧结矿、轻烧白云石、焦炭、增碳剂、熔渣剂、碳化硅等
合金成本	硅铁、锰铁、磷铁、铝铁、电解镍、电解铜等
燃料动力成本	Ar、N_2、O_2 等
转炉可控成本	钢铁料消耗成本+副原料成本+合金成本+燃料动力成本
消耗总成本	主原料成本+副原料成本+合金成本+燃料动力成本

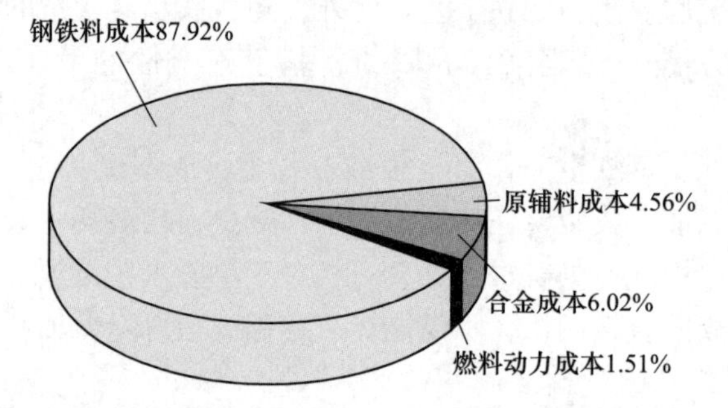

图4-1 调研厂家转炉生产成本构成（2011年）

4.1.2 模型基本假设

本模型做出如下假设[5]：

（1）碳氧化过程中，10%碳氧化为 CO_2；

（2）烟尘损失占铁水量1%，其中FeO为75%，Fe_2O_3 占20%；

（3）喷溅占铁水量的1%；

（4）转炉气化脱硫占1/3；

（5）计算中，取各加入冷料入炉温度为25℃，纯铁熔点为1536℃；

（6）转炉吹炼过程中热损失一般为总热量收入的3%~8%，模型中假设5%；

（7）氧气利用率为80%，锰铁合金利用率为80%；

（8）假设CO分压为1；

（9）假设冶炼过程加入原辅料石灰、萤石、烧结矿及轻烧白云石以一定比例加入，根据该厂冶炼数据分析得，加入量比例平均为 1∶0.0368∶0.265∶0.260；

（10）钢包与顶渣间 C-O(FeO)、Mn-O(FeO)、P-O(FeO)、Fe-O 反应达到平衡；

（11）对于双渣法，假设换渣前和换渣后钢水状态等效；

（12）对于双联法，假设脱磷炉终点和脱碳炉初始状态等效；

（13）模型以 2012 年数据为准，设钢铁料 3000 元/吨，铁矿石 1300 元/吨，石灰 600 元/吨，萤石 1900 元/吨，废钢 3500 元/吨，中碳锰铁 10000 元/吨，轻烧白云石 500 元/吨，氧气 0.6 元/立方米（标况），在模型中设置价格模块可实时更新。

4.1.3 基本方程

4.1.3.1 物料平衡方程

根据各元素氧化反应方程式可以计算出所需要 FeO 理论消耗量（kg/t）（以 100%FeO 做氧化剂计算）。

$$m_{FeO} = 51.157[\Delta\%Si] + 13.078[\Delta\%Mn] + 59.875[\Delta\%C] + 58.000[\Delta\%P] \tag{4-1}$$

式中，m_{FeO} 为氧化每吨铁水中 Si、Mn、C、P 等元素所需要的 FeO 量，kg/t；$\Delta[\%i]$ 为 i 元素（Si、Mn、C、P）脱磷前后浓度差；

根据质量守恒定律，脱磷过程中加入氧化剂有效利用部分与实际消耗氧化剂的全氧量，考虑到铁矿粉和氧气的利用系数，即有如下关系：

$$1.350 \times m_{ore} \times (\%Fe_2O_3)_{ore} \times \eta_{ore} + 5.879 \times V_{O_2} \times \eta_{O_2} = m_{FeO} \times W_0 \tag{4-2}$$

式中，η_{ore}、η_{O_2}分别为氧气和固体氧化剂铁矿石的利用率；m_{ore}为加入铁矿石质量，kg；V_{O_2}为吹入氧气量，m^3（标况）。

4.1.3.2 炉渣碱度方程

$$R = \frac{\sum W(CaO)}{\sum W(SiO_2) + \sum W(P_2O_5)} \tag{4-3}$$

式中，$\sum W(CaO)$、$\sum W(SiO_2)$、$\sum W(P_2O_5)$ 分别为渣中 CaO、SiO_2、P_2O_5 质量，kg；R 为炉渣碱度；

渣中 CaO 质量为：

$$\sum W(CaO) = (m_{CaO})_{lime} + (m_{CaO})_{ore} + (m_{CaO})_{dolomite} - (m_{CaO})_{De\text{-}S} \tag{4-4}$$

渣中 SiO_2 质量为：

$$\sum W(SiO_2) = (m_{SiO_2})_{De\text{-}Si} + (m_{SiO_2})_{lime} + (m_{SiO_2})_{fluorite} + (m_{SiO_2})_{dolomite} + (m_{SiO_2})_{ore} \tag{4-5}$$

渣中 P_2O_5 质量为：

$$\sum W(P_2O_5) = (m_{P_2O_5})_{De\text{-}P} + (m_{P_2O_5})_{ore} + (m_{P_2O_5})_{fluorite} \tag{4-6}$$

假设脱磷过程中加入石灰、铁矿石、萤石及轻烧白云石等加入量按 $s1:s1:s2:s3$ 加入，则有加入的石灰量为：

$$m_{lime} : m_{ore} : m_{fluorite} : m_{dolomite} = 1 : s1 : s2 : s3 \tag{4-7}$$

式中，$(m_{P_2O_5})_i$ 为各加料（石灰铁矿石、萤石、轻烧白云石）中 P_2O_5 带入量，kg；$(m_{SiO_2})_i$ 为各加料（石灰铁矿石、萤石、轻烧白云石）中 SiO_2 带入量，kg；$(m_{CaO})_i$ 为各加料（石灰铁矿石、萤石、轻烧白云石）中 CaO 带入量，kg；m_i 为物料（石灰铁矿石、萤石、轻烧白云石）加入量；$(m_{P_2O_5})_{De\text{-}P}$ 为脱磷产生 P_2O_5 质量，kg；$(m_{SiO_2})_{De\text{-}Si}$ 为脱硅产生的 SiO_2 质量，kg。

4.1.3.3　热平衡方程

根据转炉脱磷过程中热量守恒原理可知：

$$Q_w + Q_y + Q_c = Q_g + Q_s + Q_b + Q_x + Q_q + Q_f \tag{4-8}$$

式中，Q_w 为铁水物理热，kJ；Q_y 为元素氧化热及成渣热，kJ；Q_c 为烟尘氧化热，kJ；Q_g 为钢水物理热，kJ；Q_s 为炉渣物理热，kJ；Q_b 为白云石分解热，kJ；Q_x 为炉气、烟尘、铁珠和喷溅金属物理热，kJ；Q_q 为热损失，kJ；Q_f 为废钢吸热，kJ。

转炉过程热收入：

（1）铁水物理热 Q_w：

$$T_t = 1538 - (90[\%C_0] + 6.2[\%Si_0] + 1.7[\%Mn_0] + 28[\%P_0] + 40[\%S_0] + 7) \tag{4-9}$$

$$Q_w = 1000W_0[0.745(T_t - 25) + 218 + 0.837(T_0 - 273 - T_t)] \tag{4-10}$$

（2）元素氧化热及成渣热 Q_y：

100%使用氧气：

C-O(CO 含量为 x，CO_2 含量为 $1-x$）反应热（kJ）：

$$Q_{1C\text{-}O1} = \frac{10^4 x W_0[\Delta\%C]}{M_C} \times 140.580 = 117150xW_0[\Delta\%C] \tag{4-11}$$

$$Q_{1C\text{-}O2} = \frac{10^4(1-x)W_0[\Delta\%C]}{M_C} \times 419.050 = 349208.3(1-x)W_0[\Delta\%C] \tag{4-12}$$

Si-O(SiO_2) 反应热（kJ）：

$$Q_{1\text{Si-O}} = \frac{10^4 \times W_0[\Delta\%\text{Si}]}{M_{\text{Si}}} \times 804.880 = 286536.1W_0[\Delta\%\text{Si}] \tag{4-13}$$

Mn-O(MnO) 反应热（kJ）：

$$Q_{1\text{Mn-O}} = \frac{10^4 \times W_0[\Delta\%\text{Mn}]}{M_{\text{Mn}}} \times 412.230 = 93234.4W_0[\Delta\%\text{Mn}] \tag{4-14}$$

P-O(P_2O_5) 反应热（kJ）：

$$Q_{1\text{P-O}} = \frac{10^4 \times W_0[\Delta\%\text{P}]}{M_{\text{P}}} \times 719.2 = 232224.7W_0[\Delta\%\text{P}] \tag{4-15}$$

1mol 氧气产生的热量为（kJ）：

$$Q_{\text{m-O}_2} = \frac{Q_{1\text{C-O1}} + Q_{1\text{C-O2}} + Q_{1\text{Si-O}} + Q_{1\text{Mn-O}} + Q_{1\text{P-O}}}{n_{\text{O}_2}} \tag{4-16}$$

100%使用矿石（Fe_2O_3）：

C-O(CO 含量为 x) 反应热（kJ）：

$$Q_{2\text{C-O1}} = \frac{10^4 x W_0[\Delta\%\text{C}]}{M_{\text{C}}} \times (-126.220) = -105183.3xW_0[\Delta\%\text{C}] \tag{4-17}$$

$$Q_{2\text{C-O2}} = \frac{10^4(1-x)W_0[\Delta\%\text{C}]}{M_{\text{C}}} \times (-112.284) = -93570.0(1-x)W_0[\Delta\%\text{C}] \tag{4-18}$$

Si-O(SiO_2) 反应热（kJ）：

$$Q_{2\text{Si-O}} = \frac{2 \times 10^4 \times W_0[\Delta\%\text{Si}]}{3M_{\text{Si}}} \times 813.840 = 193150.6W_0[\Delta\%\text{Si}] \tag{4-19}$$

Mn-O(MnO) 反应热（kJ）：

$$Q_{2\text{Mn-O}} = \frac{10^4 \times W_0[\Delta\%\text{Mn}]}{M_{\text{Mn}}} \times 145.430 = 26470.7W_0[\Delta\%\text{Mn}] \tag{4-20}$$

P-O(P_2O_5) 反应热（kJ）：

$$Q_{2\text{P-O}} = \frac{5 \times 10^4 \times W_0[\Delta\%\text{P}]}{6M_{\text{P}}} \times 616.375 = 165852.7W_0[\Delta\%\text{P}] \tag{4-21}$$

1mol Fe_2O_3 产生的热量为：

$$Q_{m\text{-Fe}_2\text{O}_3} = \frac{Q_{2\text{C-O1}} + Q_{2\text{C-O2}} + Q_{2\text{Si-O}} + Q_{2\text{Mn-O}} + Q_{2\text{P-O}}}{n_{\text{Fe}_2\text{O}_3}} \tag{4-22}$$

总的化学反应热为（kJ）：

$$Q_{\text{化学}} = 40.906\eta_{\text{O}_2}V_{\text{O}_2}Q_{m\text{-O}_2} + 0.0626(\%\text{Fe}_2\text{O}_3)\eta_{\text{Fe}_2\text{O}_3}m_{\text{ore}}Q_{m\text{-Fe}_2\text{O}_3} \tag{4-23}$$

Fe-O(FeO) 反应热（kJ）：

$$Q_{\text{Fe-O}} = \frac{m_{\text{FeO}}}{M_{\text{FeO}}} \times 238070 = 3313.4m_{\text{FeO}} \tag{4-24}$$

$2CaO \cdot SiO_2$ 成渣反应热（kJ）：

$$Q_{2CaO \cdot SiO_2} = \frac{m_{SiO_2}}{M_{SiO_2}} \times 118712 = 1975.6 m_{SiO_2} \tag{4-25}$$

$3CaO \cdot P_2O_5$ 成渣反应热（kJ）：

$$Q_{3CaO \cdot P_2O_5} = \frac{m_{P_2O_5}}{M_{P_2O_5}} \times 777535 = 5477.9 m_{P_2O_5} \tag{4-26}$$

因此：

$$Q_y = Q_{化学} + Q_{Fe\text{-}O} + Q_{2CaO \cdot SiO_2} + Q_{3CaO \cdot P_2O_5} \tag{4-27}$$

（3）烟尘氧化热 Q_c（假设铁水量的 φ_1）：

$$\begin{aligned} Q_c &= 100\varphi_1 W_0 \left[\frac{(\%FeO)_{烟尘}}{71.85} \times 238.070 + \frac{(\%Fe_2O_3)_{烟尘}}{159.7} \times 1.5 \times 533.600 \right] \\ &= \varphi_1 W_0 [331.3(\%FeO)_{烟尘} + 501.2(\%Fe_2O_3)_{烟尘}] \end{aligned} \tag{4-28}$$

计算热支出：

（1）钢水物理热 Q_g：

$$Q_g = 1000 W_1 [0.699(T_g - 25) + 272 + 0.837(T_1 - 273 - T_g)] \tag{4-29}$$

$$\begin{aligned} T_g = 1538 - (&90[\%C]_1 + 6.2[\%Si]_1 + 1.7[\%Mn]_1 + \\ &28[\%P]_1 + 40[\%S]_1 + 7) \end{aligned} \tag{4-30}$$

（2）炉渣物理热 Q_s：

$$Q_s = m_{slag}[1.248(T_1 - 298) + 209] \tag{4-31}$$

（3）炉气、烟尘、铁珠和喷溅金属物理热 Q_x：

$$Q_x = Q_{x1} + Q_{x2} + Q_{x3} + Q_{x4} \tag{4-32}$$

炉气物理热（气化脱硫占 y）：

$$Q_{x1} = 1.137 \times (1450 - 25) m_{gas} = 1620.2 m_{gas} \tag{4-33}$$

烟尘物理热：为铁水量的 φ_1。

$$Q_{x2} = 10\varphi_1 W_0 \times [0.996 \times (1450 - 25) + 209] = 16283\varphi_1 W_0 \tag{4-34}$$

铁珠物理热：为渣量的 φ_2。

$$Q_{x3} = 0.01\varphi_2 m_{slag} \times [0.699(T_g - 25) + 272 + 0.837(T_1 - 273 - T_g)] \tag{4-35}$$

喷溅金属物理热：为铁水量的 φ_3。

$$Q_{x4} = 10\varphi_3 W_0 \times [0.699(T_g - 25) + 272 + 0.837(T_1 - 273 - T_g)] \tag{4-36}$$

（4）白云石分解热 Q_b：

$$Q_b = \frac{(m_{CaO})_{dolomite}}{100 M_{CaCO_3}} \times 169050 + \frac{(m_{MgO})_{dolomite}}{100 M_{MgCO_3}} \times 118020$$

$$= 16.9 (m_{CaO})_{dolomite} + 14.0 (m_{MgO})_{dolomite} \tag{4-37}$$

(5) 废钢吸热 Q_f:

假定 $Q_q = \varphi_4 Q_{支出}$，由热平衡有，废钢加入量 W_3 为:

$$W_3 = \frac{Q_f}{0.699(T_g - 25) + 272 + 0.837(T_1 - 273 - T_g)} \tag{4-38}$$

式中，T_1、T_g 分别为转炉入炉铁水熔点和转炉终点钢水熔点,℃；m_j 分别为炉渣 j 组分（FeO、SiO_2、P_2O_5）质量，kg；M_j 为 j 物质（FeO、SiO_2、P_2O_5、$CaCO_3$、$MgCO_3$）物质的量，g/mol；m_{gas} 为产生烟气质量，kg；$(m_{CaO})_{dolomite}$、$(m_{MgO})_{dolomite}$ 分别为加入轻烧白云石中 CaO、MgO 质量，kg。

4.1.3.4 转炉脱磷热力学基本原理

在转炉过程，通过吹入氧气等氧化剂使熔池中的 [Si]、[Mn]、[C]、[P]、[Fe] 等氧化，氧化产物进入炉渣和产生炉气，因此转炉过程实际一系列平衡过程，对于吹炼终点，建立氧气转炉中 Si-O(FeO)、C-O(FeO)、Mn-O(FeO)、P-O(FeO)、Fe-O 平衡，各平衡反应热力学数据[6]如下：

$$[C] + (FeO) = [Fe] + CO(g) \tag{4-39}$$

$$\lg K_1^{\ominus} = \lg \frac{p_{CO}}{X_{FeO}\gamma_{FeO}[\%C]_1 f_C} = -\frac{5092.539}{T_1} + 4.782 \tag{4-40}$$

$$[Mn] + (FeO) = (MnO) + [Fe] \tag{4-41}$$

$$\lg K_2^{\ominus} = \lg \frac{X_{MnO}\gamma_{MnO}}{X_{FeO}\gamma_{FeO}[\%Mn]_1 f_{Mn}} = \frac{9097.513}{T_1} - 4.048 \tag{4-42}$$

$$[Si] + 2(FeO) = (SiO_2) + 2[Fe] \tag{4-43}$$

$$\lg K_3^{\ominus} = \lg \frac{X_{SiO_2}\gamma_{SiO_2}}{X_{FeO}^2\gamma_{FeO}^2[\%Si]_1 f_{Si}} = \frac{17172.236}{T_1} - 5.806 \tag{4-44}$$

$$2[P] + 5(FeO) + 3(CaO) = (3CaO \cdot P_2O_5) + 5[Fe] \tag{4-45}$$

$$\lg K_4^{\ominus} = \lg \frac{a_{3CaO \cdot P_2O_5}}{X_{FeO}^5\gamma_{FeO}^5 X_{CaO}^3\gamma_{CaO}^3[\%P]_1^2 f_P^2} = \frac{85115.205}{T_1} - 38.066 \tag{4-46}$$

$$Fe + [O] = (FeO) \tag{4-47}$$

$$\lg K_5^{\ominus} = \lg \frac{X_{FeO}\gamma_{FeO}}{[\%O]_1 f_O} = \frac{6316.441}{T_1} - 2.734 \tag{4-48}$$

式中，$K_1^{\ominus} \sim K_5^{\ominus}$ 分别为反应式（4-39）、式（4-41）、式（4-43）、式（4-45）和式（4-47）的平衡常数；T_1 为终点温度，K；X_j 分别为渣中 j 组分（FeO、MnO、SiO_2、CaO）摩尔分数；γ_j 为渣中 j 组分（FeO、MnO、SiO_2、CaO）活度系数；f_i 分别为 i 元素（Si、Mn、C、P）的活度系数；$[\%i]_1$ 分别为 i 元素（Si、Mn、C、P、O）的终点成分。

4.1.3.5　转炉脱磷成本核算

本模型脱磷综合成本主要考虑以下几个方面：钢铁料消耗（铁水各元素吹损，烟尘带走的铁量，转炉炉渣带走的铁量及转炉喷溅损失）、物料加入情况（石灰、铁矿石、萤石、轻烧白云石等）、氧化剂吹入量（氧气）、合金加入量（锰铁）及脱磷工艺流程情况（单渣法、双渣法及双联法）。通过以上介绍可知，转炉炼钢过程中钢铁料成本、原辅料成本、合金成本及燃料动力成本占整个转炉脱磷成本的90%，本模型通过核算各成本的变化来反映脱磷过程成本具有一定可靠性，对指导现场优化炼钢工艺、控制合理铁水成分及终点成分有一定实际意义。

物料加入成本：

$$Y_1 = \frac{m_{\text{lime}}}{m_{\text{steel}}} \cdot y_{\text{lime}} + \frac{m_{\text{ore}}}{m_{\text{steel}}} \cdot y_{\text{ore}} + \frac{m_{\text{fluorite}}}{m_{\text{steel}}} \cdot y_{\text{fluorite}} + \frac{m_{\text{dolomite}}}{m_{\text{steel}}} \cdot y_{\text{dolomite}} \tag{4-49}$$

式中，Y_1 为物料加入总成本，元/吨钢；y_{lime}为石灰价格，元/千克；y_{ore}为铁矿石价格，元/千克；y_{fluorite}为萤石价格，元/千克；y_{dolomite}为轻烧白云石价格，元/千克。

锰铁合金加入成本：

$$Y_2 = W_{\text{MnFe}} \cdot y_{\text{MnFe}} \tag{4-50}$$

式中，Y_2 为锰铁合金加入成本，元/吨钢；y_{MnFe}为锰铁合金价格，元/千克。

燃料动力成本：

$$Y_3 = \frac{V_{O_2}}{m_{\text{steel}}} \cdot y_{O_2} \tag{4-51}$$

式中，Y_3 为燃料动力成本，元/吨钢；y_{O_2}为氧气价格，元/立方米（标况）。

钢铁料消耗成本：

$$Y_4 = m_{\text{loss}} \cdot y_{\text{steelloss}} \tag{4-52}$$

式中，Y_4 为钢铁料消耗成本，元/吨钢；$y_{\text{steelloss}}$为生铁价格，元/吨。

由于不同铁水成分、钢水终点成分、工艺流程及操作工艺而引起脱磷成本变化，而整个脱磷过程相对成本 Y 为：

$$Y = Y_1 + Y_2 + Y_3 + Y_4 \tag{4-53}$$

本模型通过核算各条件下脱磷成本 Y 值，来指导现场，给出合理转炉脱磷流程、优化脱磷工艺条件及控制合理铁水成分和终点钢水成分。

4.1.4　程序实现

转炉脱磷经济技术数学模型由式（4-1）~式（4-52）来描述，同时应用 VB 语言将转炉炼钢脱磷成本模型编制成转炉脱磷成本模拟软件。转炉冶炼过程中脱磷成本模型控制图如图 4-2 所示，软件界面如图 4-3 所示。

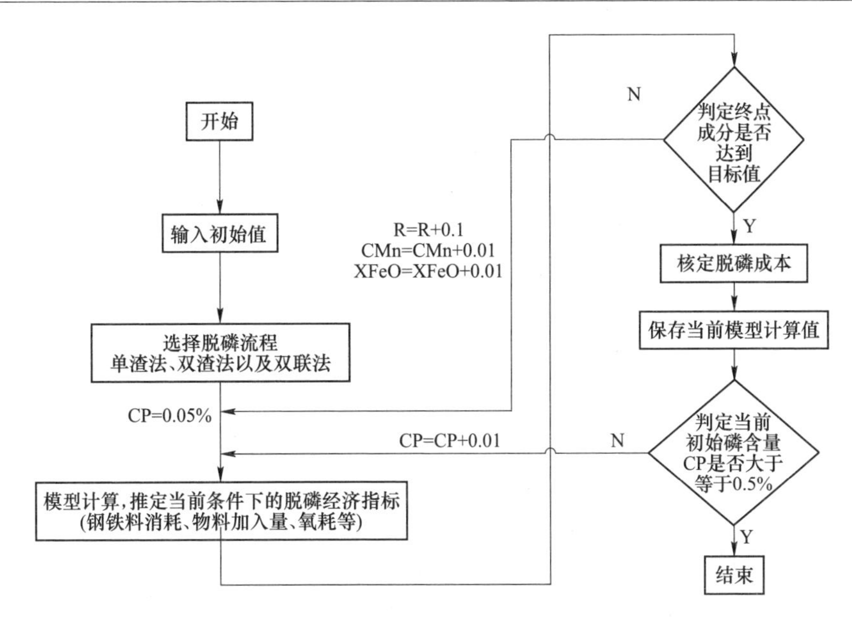

图 4-2 脱磷成本模型控制原理图

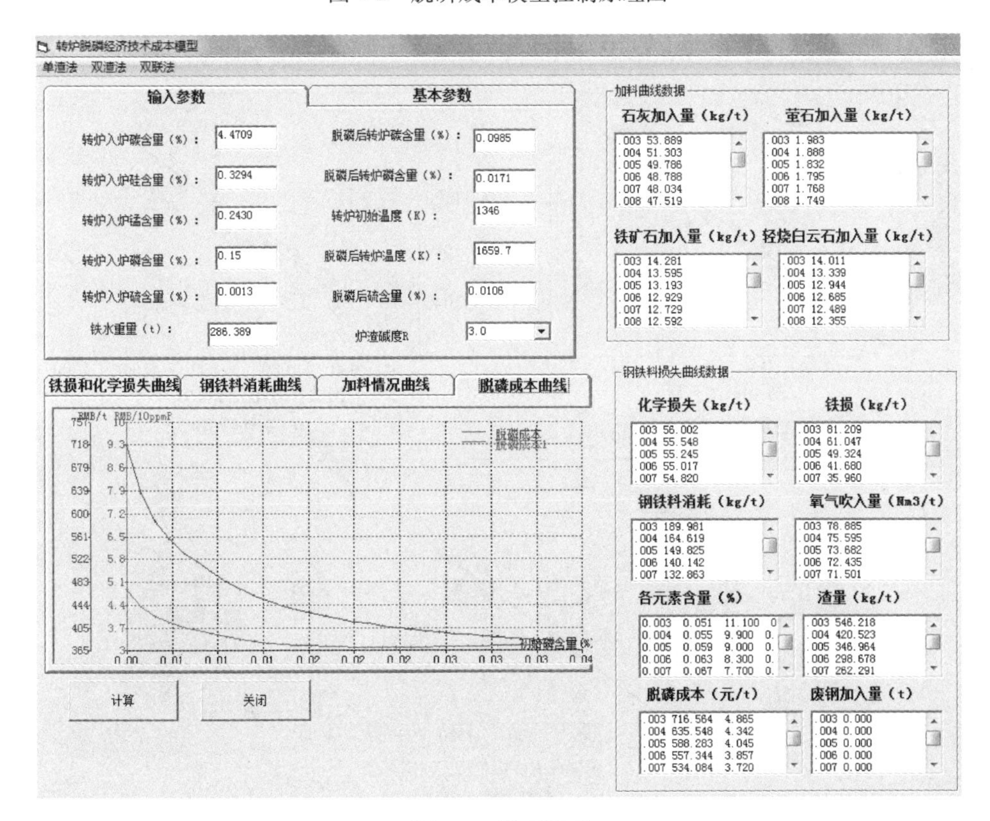

图 4-3 程序界面

4.1.5　模型验证

对 A 厂 300t 大型转炉采用单渣法生产 2565 炉数据进行调研，调研钢种包括 Q235A、A235B、SS400、DC06；同时对 A 厂采用双联法生产 2645 炉数据进行了调研，调研钢种包括 Q235A、A235B、SS400、DC06。通过调研数据对本模型进行参数优化，对优化后的脱磷成本模型进行现场数据随机验证。

如前所述本模型重点考虑原辅料消耗（石灰、萤石、轻烧白云石及矿石等）、钢铁料消耗、氧耗、合金元素损耗（主要是钢中锰的损失）四个方面，其中氧耗及锰损失占整个成本值比例较小，且模型预测值与现场实际值水平相一致，因此重点考虑了石灰等原辅料加入量及钢铁料消耗经济技术指标的验证和优化。

4.1.5.1　单渣法流程模型结果的准确性

对某钢厂 300t 转炉炼钢生产数据进行调研，调研钢种包括 Q235A、Q235B、DC06，同时对转炉炼钢脱磷经济技术指标进行了分析，随机取了其中 33 炉冶炼数据带入模型进行计算，相关脱磷经济技术指标并与本研究中建立的炼钢脱磷成本模型预测值进行了比较，结果如图 4-4 所示。

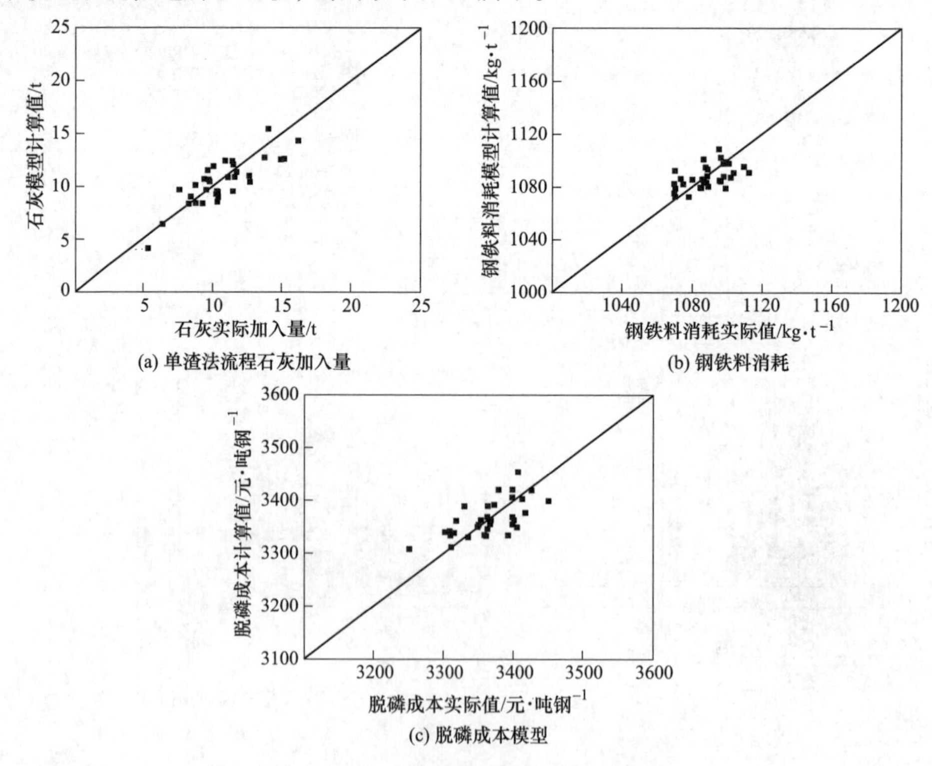

图 4-4　单渣法模型预测值与实际值比较

结果表明，石灰加入量模型预测结果误差范围在±20%以内占 97.0%，其中误差范围在±10%以内占 57.6%；钢铁料消耗模型预测结果误差范围在±2%以内占 100%，其中误差范围在±1%以内占 66.7%；脱磷成本模型预测结果误差范围都在±2%以内，其中误差范围在±1%以内占 63.6%，证明了模型能实现单渣法流程脱磷成本的准确预报，具有较高的应用价值。

4.1.5.2 双联法流程模型结果的准确性

对某钢厂 300t 转炉炼钢生产数据进行调研，其冶炼流程为双联法，同时对转炉炼钢脱磷经济技术指标进行了分析，随机取了其中 35 炉冶炼数据带入模型进行计算，相关脱磷经济技术指标并与本书中建立的炼钢脱磷成本模型预测值进行了比较。结果如图 4-5 所示。

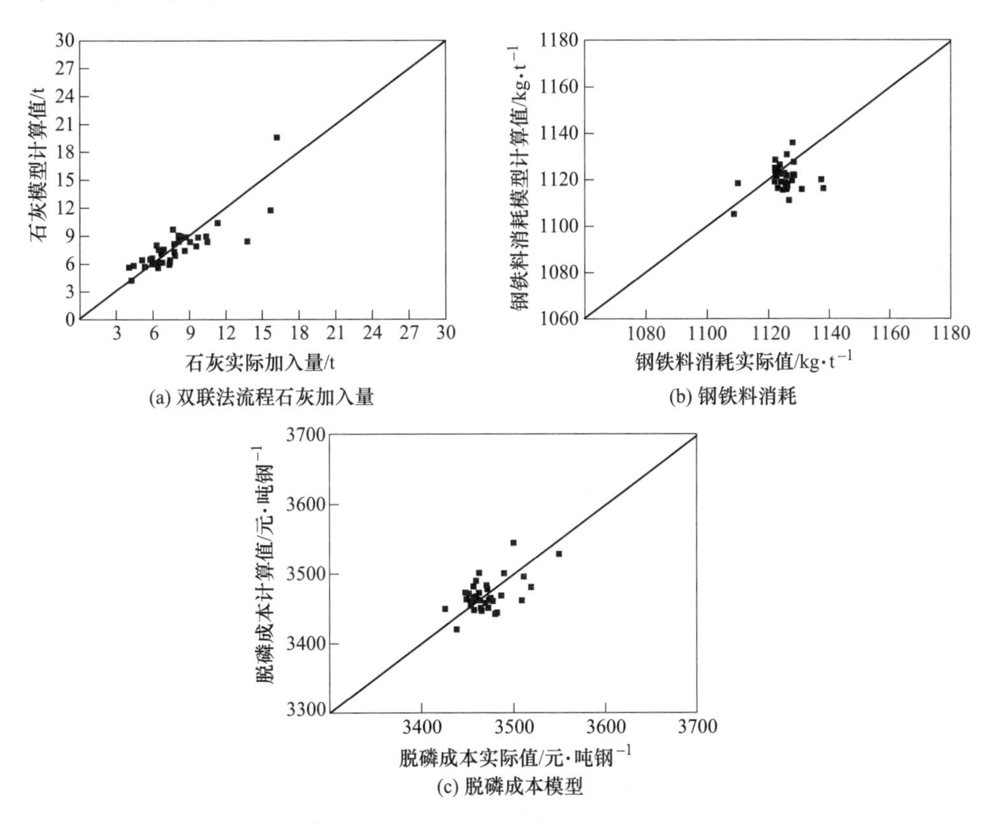

图 4-5 双联法模型预测值与实际值比较

结果表明，石灰加入量模型预测结果误差范围在±20%以内占 82.8%，其中误差范围在±10%以内占 42.9%；钢铁料消耗模型预测结果误差范围在±1.5%以内占 100%，其中误差范围在±1%以内占 88.6%；脱磷成本模型预测结果误差范围都在±1.5%以内，其中误差范围在±1%以内占85.7%；证明了模型能实现双联法流程脱磷成本的准确预报，具有较高的应用价值。

4.2 模型的应用与分析

4.2.1 单渣法脱磷成本分析

4.2.1.1 铁水硅含量对脱磷成本的影响

调研某厂转炉单渣法铁水进站温度平均为1346℃，吹炼终点温度平均为1660℃。铁水初始成分［C］=4.47%、［Si］=0.32%、［Mn］=0.24%，转炉吹炼终点成分控制为［C］=0.099%、［P］=0.017%。采用建立的脱磷成本模型计算了不同铁水硅含量对单渣法脱磷成本的影响，结果如图4-6所示。

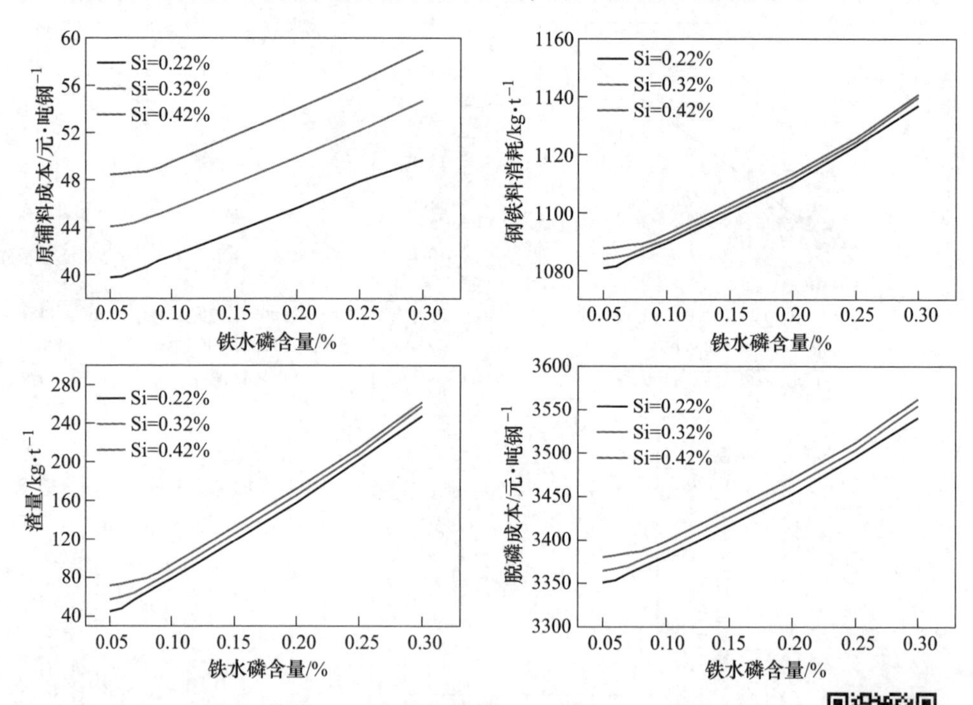

图4-6　不同硅含量时铁水磷含量与脱磷经济指标的关系

彩色原图

从图4-6可知，铁水初始硅含量越高，所需要石灰等原辅料越多，原辅料成本越高，脱磷过程中所需渣量越大，钢铁料消耗越多，脱磷成本增加，硅含量每提高0.1%，脱磷成本平均增加约9元/吨钢。在各个铁水硅含量下，随着铁水磷含量的增加，脱磷所需要的石灰等原辅料增加，原辅料成本增加；随着铁水磷含量增加，脱磷过程渣量越大，钢铁料消耗越多，脱磷成本也越高。

对于铁水硅含量分别为0.22%、0.32%和0.42%，在铁水磷含量超过一定值时脱磷成本显著增加，临界磷含量分别为0.066%、0.070%和0.075%。因此对于该厂单渣法冶炼条件下，从节约炼钢成本角度考虑，建议控制铁水硅含量在较低水平，磷含量不要超过0.08%。

4.2.1.2 转炉终点磷含量对脱磷成本的影响

其他工艺条件不变的情况下，模拟了该厂300t转炉终点磷含量分别为0.010%、0.015%、0.020%、0.025%的脱磷成本情况，结果如图4-7所示。

从图4-7结果可知，终点磷含量越低，所需要石灰等原辅料越多，原辅料成本越高，脱磷过程中所需渣量增大，渣中铁损增大，钢铁料消耗越多，因而脱磷成本增加。当终点磷含量为0.01%时，转炉脱磷过程中渣量及钢铁料消耗显著增加，脱磷成本显著升高，这表明对于采用单渣法冶炼超低磷钢有一定难度，经济条件较差。在终点磷含量要求一定的情况下，随着铁水磷含量增加，脱磷过程渣量越大，钢铁料消耗越多，脱磷成本越高，当终点磷含量在0.015%以上时，铁水磷含量控制在0.08%以内，脱磷成本变化不大。

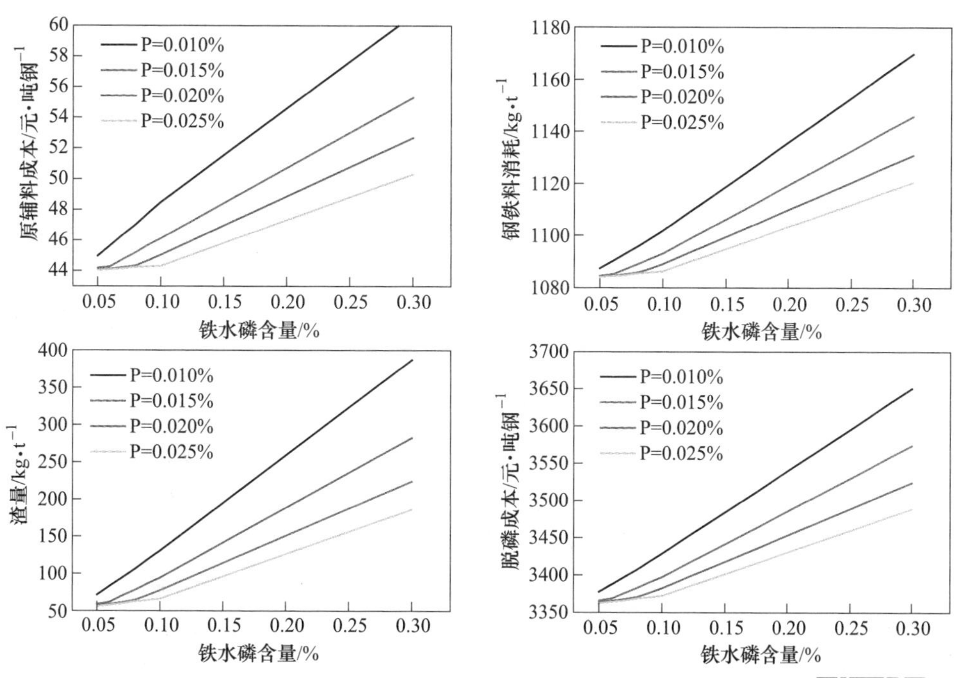

图4-7 不同终点磷含量时铁水磷含量与脱磷经济指标的关系

彩色原图

4.2.1.3　铁水初始磷含量对脱磷成本的影响

其他工艺条件不变的情况下，模拟了该厂 300t 转炉铁水初始磷含量分别为 0.064%、0.084%、0.104%、0.124%的脱磷成本情况，结果如图 4-8 所示。

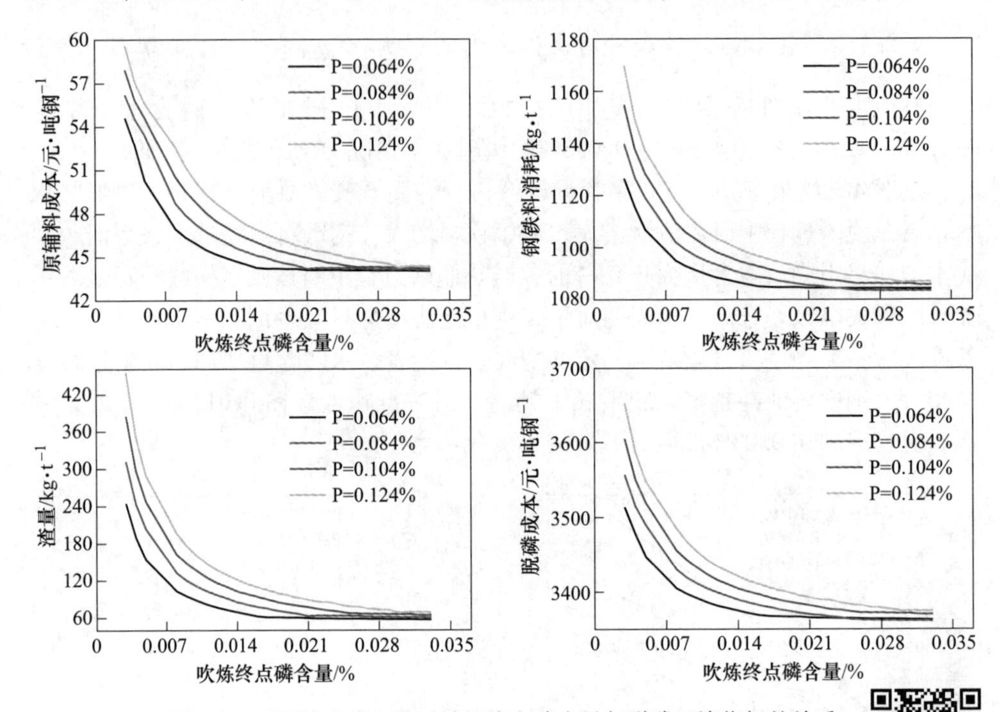

图 4-8　不同铁水磷含量时转炉终点磷含量与脱磷经济指标的关系

彩色原图

从图 4-8 可知，铁水初始磷含量越高，所需要石灰等原辅料越多，原辅料成本越高，脱磷过程中所需渣量增大，渣中铁损增大，钢铁料消耗越多，脱磷成本越高。不过当终点磷含量大于 0.025%，脱磷成本变化不大，因此可以选择中高磷铁水冶炼终点磷含量大于 0.025%，降低原材料成本；在铁水磷含量要求一定的情况下，随着转炉终点磷含量降低，脱磷所需要的石灰等原辅料越多，脱磷过程渣量越高，钢铁料消耗越高，脱磷成本越高。对于铁水磷含量分别为 0.064%、0.084%、0.104%和 0.124%，在转炉终点磷含量低于一定值时脱磷成本显著增加，临界磷含量分别为 0.013%、0.017%、0.019%和 0.021%。

因此对于该厂平均初始磷含量为 0.084%，单渣法冶炼终点碳含量为 0.1%，从经济角度建议终点磷含量不要低于 0.015%，该工艺控制条件如需冶炼磷含量低于 0.010%的超低磷钢，建议降低铁水磷含量至 0.06%以内或改换为双渣法冶炼低磷钢。

4.2.2 双渣法脱磷成本分析

4.2.2.1 铁水硅含量对脱磷成本的影响

假设铁水进站温度为 1300℃，铁水初始成分 [C] = 4.5%、[Mn] = 0.6%，转炉吹炼终点成分要求 [C] = 0.05%、[P] = 0.01%。采用建立的脱磷成本模型计算了不同铁水硅含量对双渣法脱磷成本的影响，结果如图 4-9 所示。

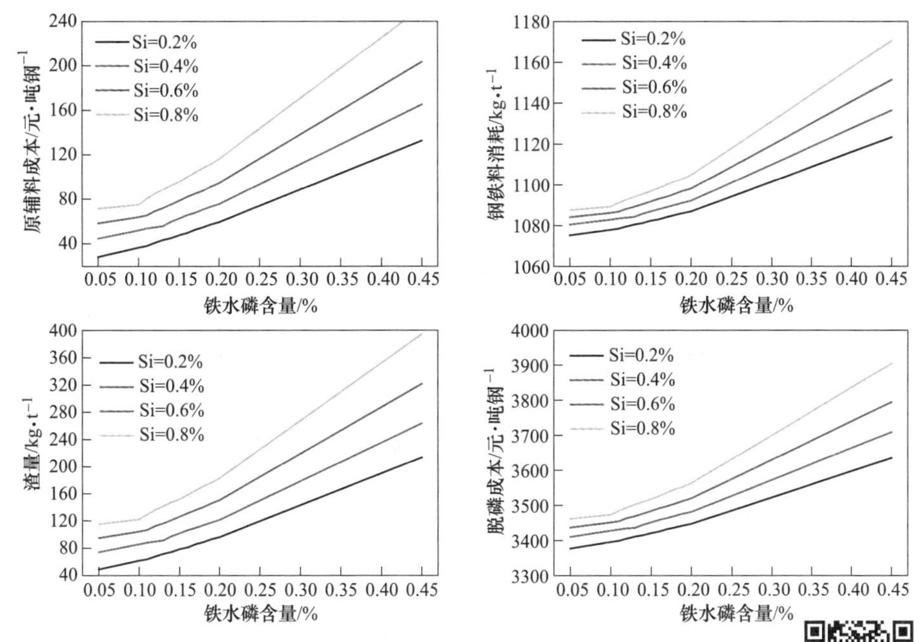

图 4-9 不同硅含量时铁水磷含量与转炉相关指标的关系

彩色原图

从图 4-9 中结果可以看出，铁水初始硅含量越高，所需要石灰等原辅料越多，原辅料成本越高，渣量越大，钢铁料消耗越多脱磷成本增加；在各个铁水硅含量下，随着铁水磷含量的增加，脱磷所需要的石灰等原辅料增加，脱磷成本增加；脱磷过程渣量越大，钢铁料消耗越多，这主要是随磷含量增高，要达到脱磷要求理论上通过大渣量来稀释渣中 P_2O_5 浓度，来增大炉渣的脱磷量，同时渣量增加也使渣中金属铁的损失增大，使钢铁料消耗增加。

对于铁水硅含量分别为 0.2%、0.4%、0.6%和 0.8%，在铁水磷含量超过一定值时脱磷成本显著增加，临界磷含量分别为 0.13%、0.13%、0.12%和 0.11%。因此对于现有工艺条件下，从节约脱磷成本考虑，冶炼终点碳含量为 0.05%，磷含量为 0.01%的低磷钢，建议控制铁水硅含量在较低水平，磷含量不要超过 0.13%。

4.2.2.2 转炉终点磷含量对脱磷成本的影响

其他工艺条件不变的情况下，模拟了转炉双渣法流程终点磷含量分别为

0.005%、0.010%、0.015%、0.020% 时的脱磷成本情况，结果如图 4-10 所示。

从图 4-10 可以看出，终点磷含量越低，所需要石灰等原辅料越多，原辅料成本越高，脱磷过程中渣量大，钢铁料消耗越多，脱磷成本增加。当终点磷含量低于 0.01%时，原辅料成本显著，转炉脱磷过程中渣量及钢铁料消耗显著增加，但与单渣法冶炼低磷钢相比，增加的趋势相对较弱。

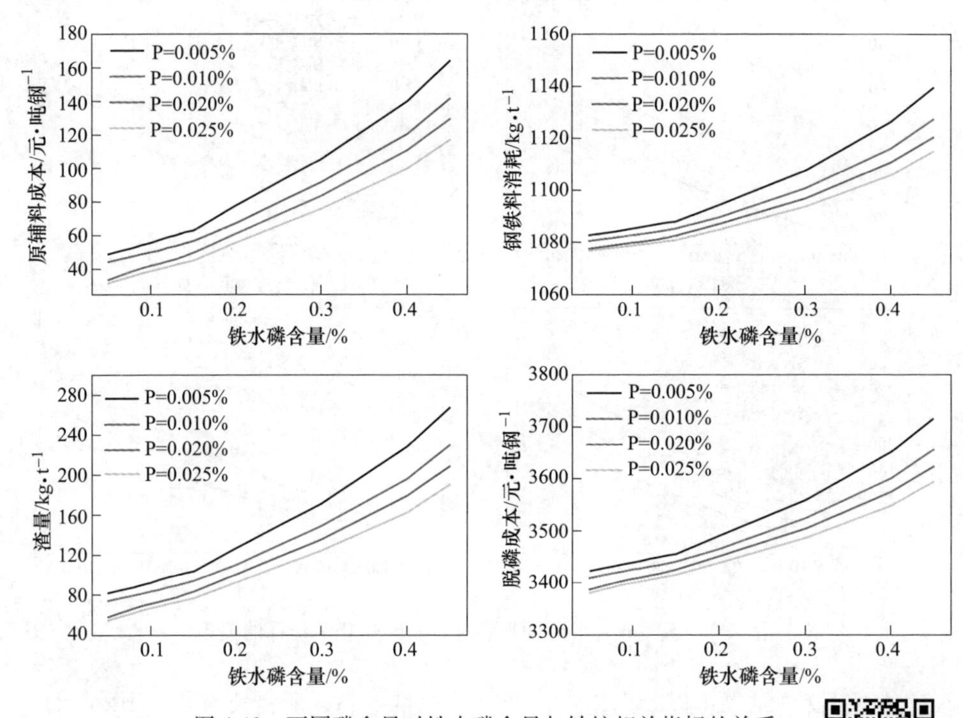

图 4-10　不同磷含量时铁水磷含量与转炉相关指标的关系

彩色原图

4.2.2.3　扒渣量对脱磷成本的影响

保持其他工艺参数条件不变，模拟了转炉换渣时，扒渣量分别为 40%、50%、60%和 70%时脱磷成本等情况，结果如图 4-11 所示。

从图 4-11 可以看出，各个扒渣量情况下各经济指标变化趋势基本一致，并且扒渣量越大，原辅料消耗少，渣量减少，铁损降低，钢铁料消耗降低，脱磷成本越低。这主要是由于随着扒渣量增加，渣中 P_2O_5 含量减少，在达到相同脱磷量时可使第二次造渣时加入的石灰等造渣剂减少，同时渣量减少，渣中铁损减少，钢铁料消耗减少，脱磷成本较低。从经济性角度考虑，在保证减少扒渣时金属铁的损失情况下，尽量增大扒渣量，有利于脱磷成本的降低。

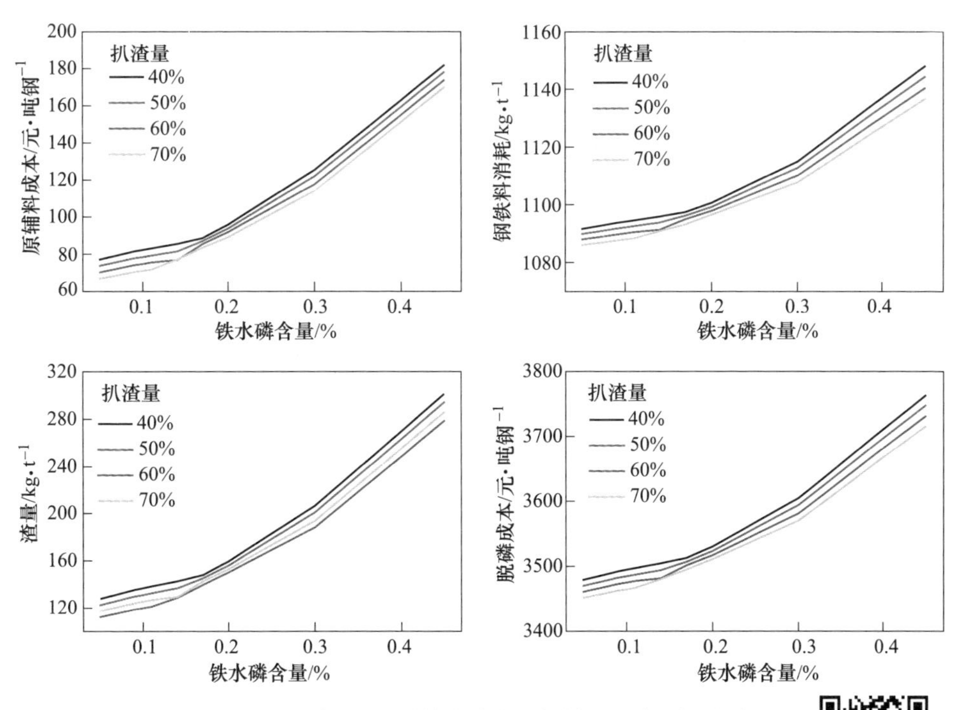

图 4-11　不同扒渣量时铁水磷含量与转炉相关指标的关系

彩色原图

4.2.3　双联法脱磷成本分析

4.2.3.1　铁水硅含量对脱磷成本的影响

调研某厂 300t 转炉双联法铁水进站温度平均为 1355℃，相应脱磷炉终点温度平均为 1340℃，脱碳炉吹炼终点温度为 1677℃。铁水初始成分 [C] = 4.53%、[Si] = 0.32%、[Mn] = 0.20%，转炉吹炼终点平均成分 [C] = 0.144%、[P] = 0.017%。采用建立的脱磷成本模型计算了不同铁水硅含量对双联法脱磷成本的影响，结果如图 4-12 所示。

从图 4-12 可知，铁水初始硅含量越高，所需要石灰等原辅料越多，脱磷过程中所需渣量越大，钢铁料消耗越多，造成渣中铁损也增加，从而使脱磷成本增加。硅含量从 0.22%提高到 0.32%，脱磷成本平均增加约 4.4 元/吨钢；而硅含量从 0.32%提高到 0.42%，脱磷成本平均增加约 6.6 元/吨钢。在各个铁水硅含量下，随着铁水磷含量的增加，脱磷所需要的石灰等原辅料增加，产生大渣量来稀释渣中 P_2O_5 浓度，从而脱磷过程渣量越大，渣中金属铁的损失也越大，钢铁料消耗越多，脱磷成本增加。

对于铁水硅含量分别为 0.22%、0.32%和 0.42%，脱磷成本有一拐点值，拐

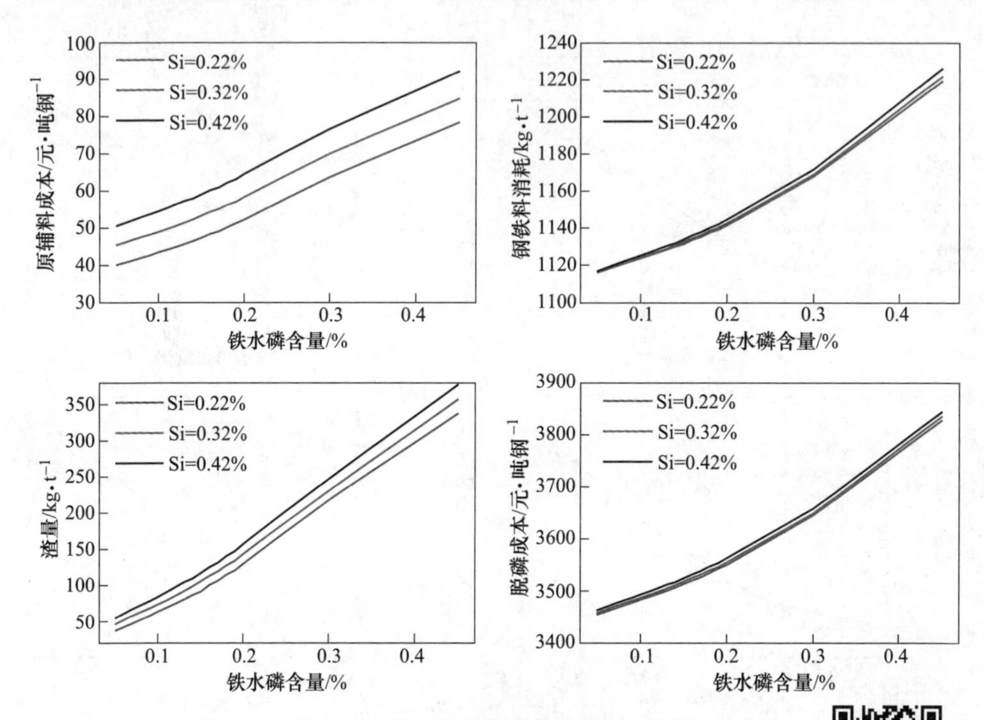

图 4-12　不同硅含量时铁水磷含量与转炉相关指标的关系

彩色原图

点磷含量分别为 0.18%、0.17%和 0.15%。因此对于该厂双联冶炼条件下，从节约炼钢成本角度考虑，建议控制铁水硅含量在较低水平，磷含量不要超过 0.18%。

4.2.3.2　转炉终点磷含量对脱磷成本的影响

其他工艺条件不变的情况下，模拟了该厂 300t 双联转炉终点磷含量分别为 0.005%、0.010%、0.015%、0.020%时的脱磷成本情况，结果如图 4-13 所示。

由图 4-13 结果可以看出，终点磷含量越低，所需要石灰等原辅料越多，原辅料成本越高，脱磷过程中所需渣量增大，渣中铁损增大，钢铁料消耗越多，因而脱磷成本增加。在现有生产条件下，转炉终点磷含量降为 0.005%时，转炉脱磷过程中渣量及钢铁料消耗显著增加，脱磷成本显著升高。终点磷含量从 0.020%降为 0.015%时，脱磷成本平均增加 5.5 元/吨，终点磷含量从 0.015%降为 0.010%时，脱磷成本平均增加 5.5 元/吨，而终点磷含量从 0.010%降为 0.005%时，脱磷成本平均增加 23.1 元/吨。

4.2.3.3　铁水初始磷含量对脱磷成本的影响

保持其他工艺参数条件不变，模拟了转炉铁水初始磷含量分别为 0.069%、0.089%、0.109%和 0.129%时脱磷成本等情况，结果如图 4-14 所示。

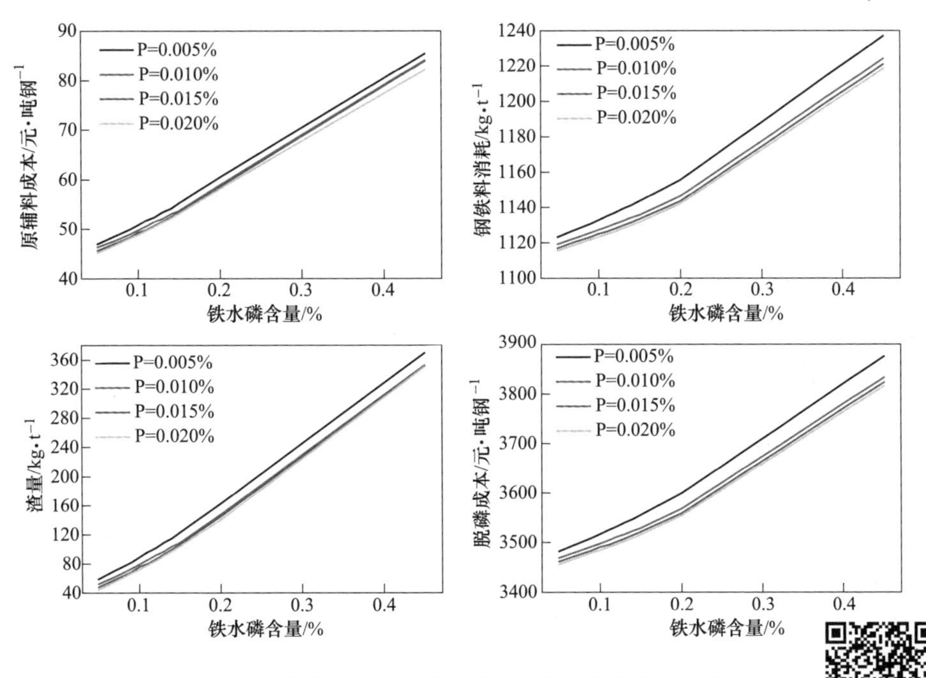

图 4-13 不同终点磷含量时铁水磷含量与转炉相关指标的关系

彩色原图

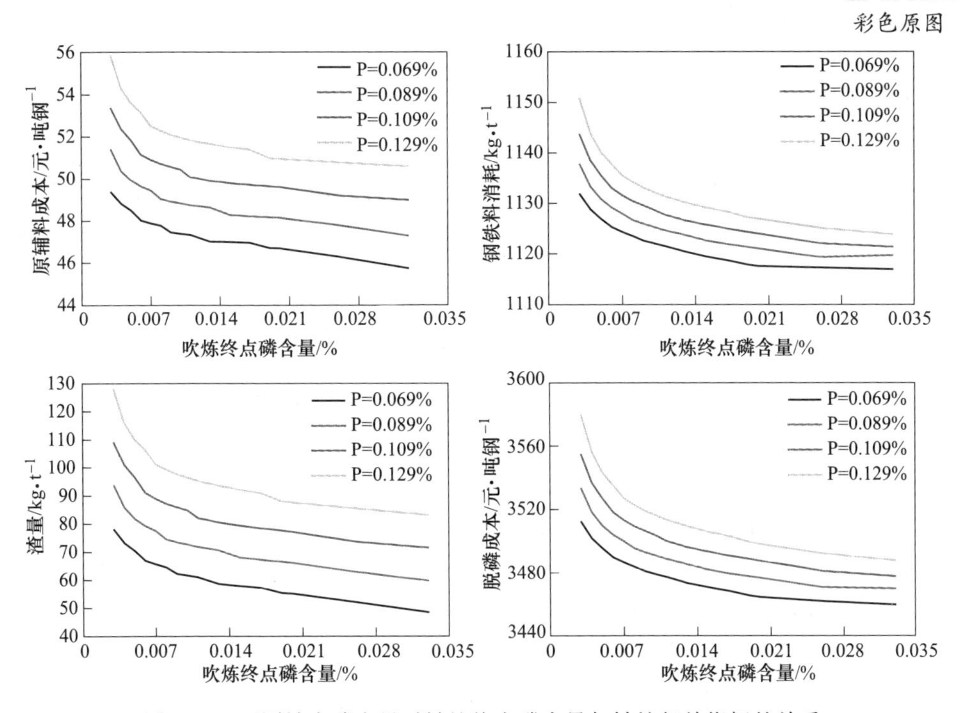

图 4-14 不同铁水磷含量时转炉终点磷含量与转炉相关指标的关系

由图 4-14 可以看出，铁水初始磷含量越高，所需要石灰等原辅料越多，原辅料成本越高，脱磷过程中所需渣量增大，渣中铁损增大，钢铁料消耗越多，脱磷成本越高，不过当终点磷含量大于 0.025%，脱磷成本变化不大，因此可以选择中高磷铁水冶炼终点磷含量大于 0.025%，可降低原材料成本。对于铁水磷含量分别为 0.069%、0.089%、0.109%和 0.129%，在转炉终点磷含量低于一定值时脱磷成本显著增加，临界磷含量分别为 0.009%、0.011%、0.014% 和 0.016%。相较于单渣法（图 4-8），各个铁水初始磷含量下，临界磷含量有所降低；且随着铁水磷含量增加，脱磷成本增加幅度较单渣法小，说明采用中高磷铁水冶炼低磷钢双联法冶炼流程有一定优势。

4.2.4　三种工艺流程脱磷成本对比分析

工吨钢成本 23.67 元，占总成本的 0.61%；耗材及设备投资吨钢成本 45.72 元，占总成本的 1.19%；生产率损失及新建冶炼设备导致的增加成本为 233.4 元，占总成本的 6.05%；冲减项回收成本 51.58 元。目前对于一般钢种生产，对现行三种常见转炉脱磷工艺流程（单渣法、双渣法及双联法）脱磷成本进行分析。

（1）单渣法控制条件：假设铁水初始温度 1300℃，转炉终点温度 1650℃，铁水硅含量 0.4%，转炉吹炼终点碳含量 0.05%。

（2）双渣法控制条件：假设铁水初始温度 1300℃，换渣前温度 1420℃，转炉终点温度 1650℃，铁水硅含量 0.4%，转炉吹炼终点碳含量 0.05%，扒渣量为 50%。

（3）双联法控制条件：假设铁水初始温度 1300℃，脱磷炉终点温度 1330℃，脱碳炉终点温度 1650℃，铁水硅含量 0.4%，脱碳炉吹炼终点碳含量 0.05%，脱碳炉炉渣利用率 50%。

4.2.4.1　不同终点碳含量对三种工艺流程脱磷成本的影响

采用单渣法、双渣法及双联法三种工艺流程冶炼终点磷含量为 0.01%的低磷钢水，利用建立的脱磷成本模型计算三种工艺流程冶炼不同碳含量钢水对脱磷成本的影响。计算结果如图 4-15 所示。

从图 4-15 中可以看出，在各控制条件下，双联法成本最低，双渣法次之，单渣法脱磷成本最高；随着终点碳含量增加，三种工艺流程脱磷成本均有不同程度的减少，其中双渣法在冶炼高碳钢比冶炼低碳钢时脱磷成本明显降低，这是由于冶炼高碳钢时，渣中氧势低（$\sum FeO$ 低），而双渣法造两次渣，渣磷容量大，脱磷过程中渣量相对提高不多，综合上看双渣法冶炼高碳钢中铁损明显降低，钢铁料消耗明显下降，脱磷成本较冶炼低碳钢明显降低；而单渣法渣磷容量优势不明显，当冶炼高碳钢渣氧势低时，为满足脱磷条件，必须相应提高渣量，因此在铁水磷低时，采用单渣法冶炼高碳钢脱磷成本比冶炼低碳钢低，在铁水磷高时，冶炼高碳钢脱磷成本比冶炼低碳钢高（图 4-15）。因此，从脱磷经济性考虑，对于单渣法，在铁水磷低时，冶炼高碳钢，铁水磷高时冶炼低碳钢；对于双渣法，冶炼高碳钢脱磷成本比冶炼低碳钢低，而且对于高碳钢冶炼，双渣法比单渣法在脱磷成本上有明显的优势。

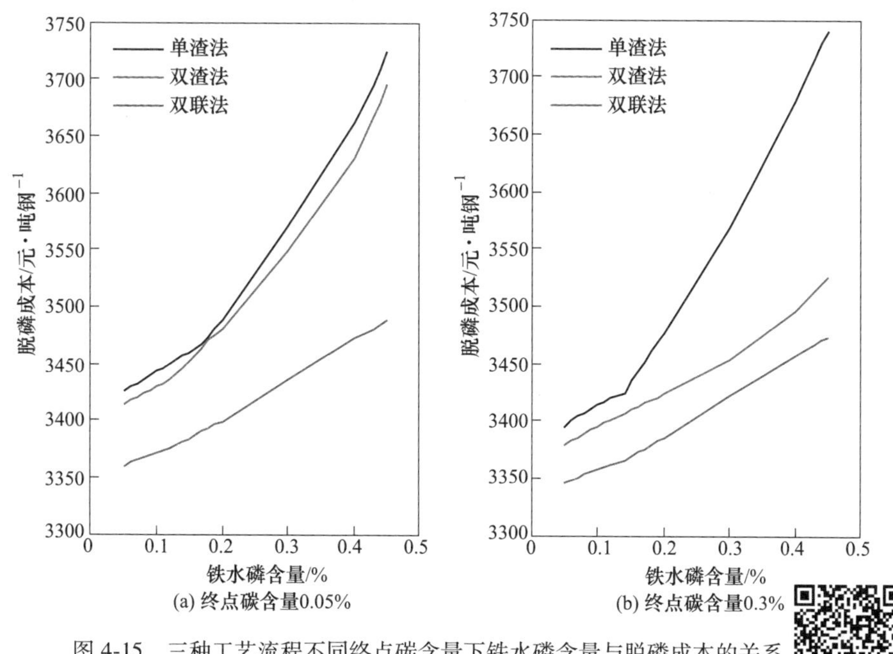

图 4-15 三种工艺流程不同终点碳含量下铁水磷含量与脱磷成本的关系

彩色原图

4.2.4.2 不同铁水硅含量对三种工艺流程脱磷成本的影响

根据三种工艺流程（单渣法、双渣法及双联法）控制情况，采用建立的脱磷成本模型计算了三种工艺流程下铁水硅含量分别为 0.2%、0.4%、0.8%和 1.0%时对脱磷成本的影响，结果如图 4-16 所示。

从图 4-16 中可以看出，在铁水硅含量为 0.2%时，单渣法脱磷成本略低于双渣法，随着铁水硅含量增加，单渣法脱磷成本渐渐高于双渣法，当铁水磷含量高于一定值，随铁水硅含量增加，单渣法脱磷成本比双渣法高出得越多，这主要是由于钢中硅含量增加，炉渣碱度降低，要到达相同的脱磷量，单渣法比双渣法渣量大，铁损高，钢铁料消耗大，脱磷成本高；在各个冶炼条件下，双联法脱磷成本比单渣法和双渣法低。因此，从脱磷经济性考虑，铁水硅含量高时，采用双渣法脱磷比单渣法优越。

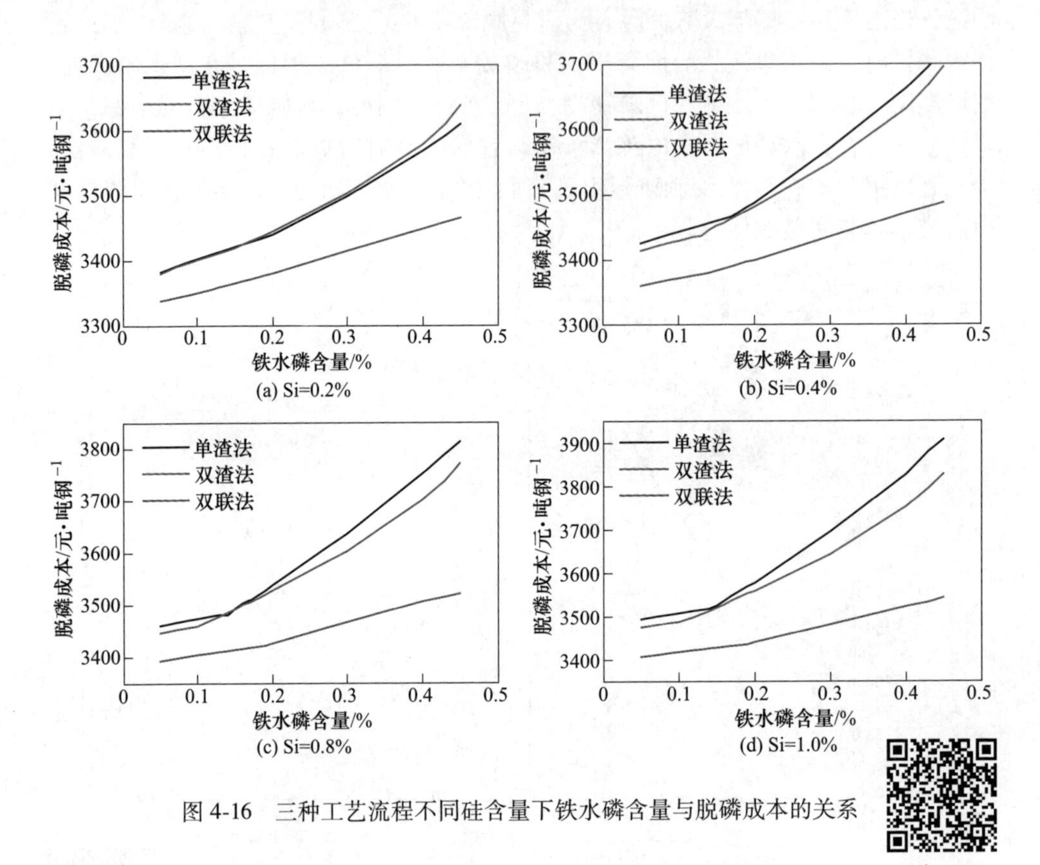

图 4-16　三种工艺流程不同硅含量下铁水磷含量与脱磷成本的关系

4.2.4.3　不同铁水初始磷含量对三种工艺流程脱磷成本的影响

根据三种工艺流程（单渣法、双渣法及双联法）控制情况，采用建立的脱磷成本模型计算了三种工艺流程下铁水磷含量分别为 0.1%、0.2%、0.3%和 0.4%时对脱磷成本的影响，结果如图 4-17 所示。

从图 4-17 中可以看出，在各个铁水磷含量下，存在一个临界终点磷含量，当终点磷含量高于临界磷含量时双渣法脱磷成本比单渣法高，反之双渣法脱磷成本比单渣法低，在模型条件下，铁水磷含量分别为 0.1%、0.2%、0.3%和 0.4%时，临界终点磷含量分别为 0.007%、0.009%、0.012%和 0.014%，临界点随铁水磷含量增加而增加；对于双联法，在铁水磷含量低时，双联法脱磷成本比双渣法和单渣法低，在铁水磷含量高，冶炼高磷钢，双联法成本优势不明显。因此从脱磷经济性考虑，在各个铁水磷含量下，冶炼低磷钢双渣法脱磷成本比单渣法低，冶炼高磷钢时单渣法脱磷成本比双渣法低；对于高磷铁水冶炼低磷钢采用双渣法的冶炼，条件允许时最好采用双联法。

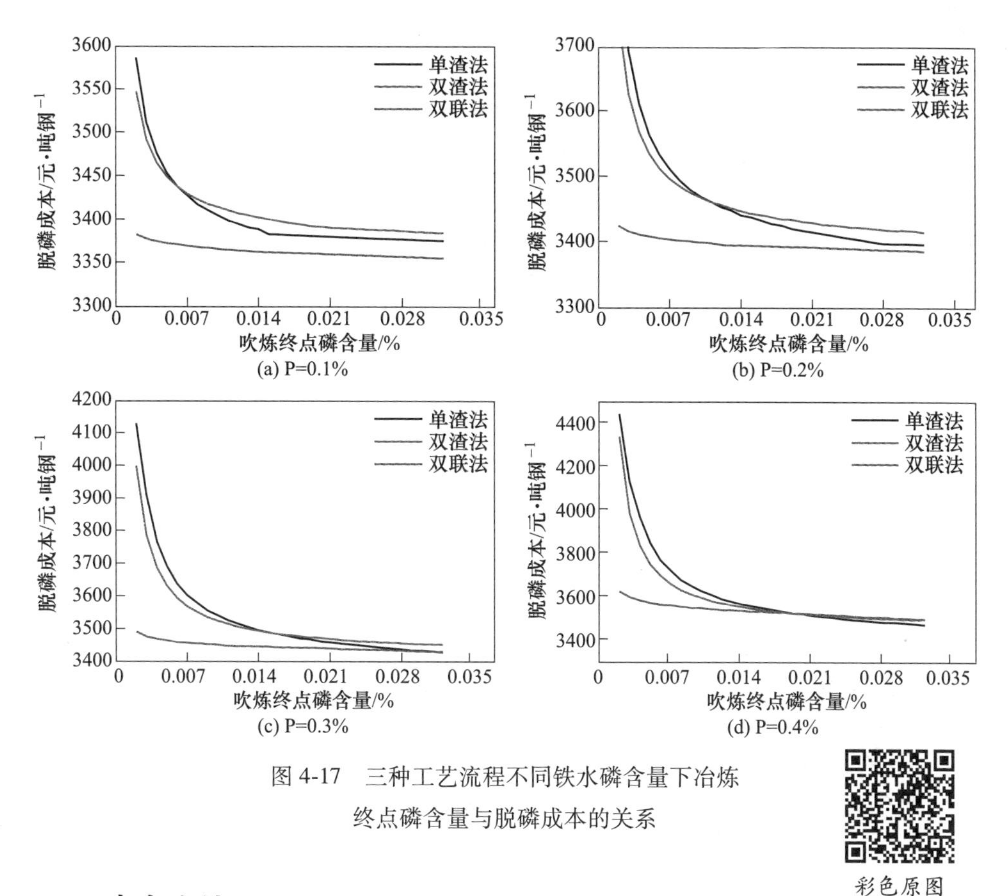

图 4-17 三种工艺流程不同铁水磷含量下冶炼终点磷含量与脱磷成本的关系

彩色原图

4.3 本章小结

本章以物料平衡、热平衡及冶金热力学基本原理为基础，建立了转炉炼钢脱磷成本模型，与某厂 300t 转炉实际冶炼数据对比，该模型可以准确预测冶炼过程中原辅料消耗（石灰、萤石、轻烧白云石及烧结矿等）、钢铁料消耗及脱磷成本，从而指导现场控制冶炼条件及选择合理工艺模式，对降低转炉冶炼成本有着重要意义。具体结论有以下几点：

（1）铁水硅含量越高，磷含量越高，转炉终点磷含量要求越低，脱磷成本越高。对于调研厂家铁水条件及实际工艺情况，硅含量每提高 0.1%，单渣法流程脱磷成本增加 9 元/吨钢，双联法流程脱磷成本平均增加 4~6 元/吨钢；如该厂生产终点磷含量低于 0.010%钢种，从经济角度，需降低铁水磷含量至 0.06%以内或改换为双渣法冶炼低磷钢。

（2）随着终点碳含量的增加，三种工艺流程脱磷成本均有不同程度的减少，其中双联法成本最低，双渣法次之，单渣法脱磷成本最高。从脱磷经济性考虑，对于单渣法，在铁水磷低时，冶炼高碳钢，铁水磷高时冶炼低碳钢；对于双渣法，冶炼高碳钢脱磷成本比冶炼低碳钢低，而且对于高碳钢冶炼，双渣法比单渣法在脱磷成本上有明显的优势。

（3）在各个铁水硅含量条件下，双联法脱磷成本最低；随着铁水硅含量增加，单渣法脱磷成本逐渐高于双渣法，而且高出得越来越多。

（4）在现有工艺条件下，铁水磷含量分别为 0.1%、0.2%、0.3%和 0.4%时，终点磷含量分别高于临界磷含量 0.007%、0.009%、0.012%和 0.014%时双渣法脱磷成本比单渣法高，反之双渣法脱磷成本比单渣法低。因此从脱磷经济性考虑，冶炼低磷钢双渣法脱磷成本比单渣法低，条件允许时最好采用双联法；冶炼高磷钢时单渣法脱磷成本比双渣法低。

参考文献

[1] 李聿军，徐宁辉，李斌，等. 小型转炉降低钢铁料消耗的生产实践［J］. 中国冶金，2008，18（8）：28-31.

[2] 冯建新. 钢铁料消耗影响因素探讨与生产实践［J］. 湖南冶金，2006，34（1）：17-20.

[3] 王兆红，张超，胡庆利. 对影响转炉钢铁料消耗因素的分析与探讨［J］. 金属世界，2007（4）：53-55.

[4] 石中雪，杨俊峰，徐新琰，等. 降低 100t 转炉钢铁料消耗的工艺研究［J］. 钢铁，2011，46（5）：28-32.

[5] 李传薪. 钢铁厂设计原理［M］. 北京：冶金工业出版社，1995.

[6] Ide K，Fruehan R J. Evaluation of phosphorus reaction equilibrium in steelmaking［J］. Iron and Steelmaker，2000，27（12）：65-70.

5 钢渣减量化工艺技术研究

面对我国钢渣逐年累计以及综合利用率较低的现状，钢渣减量问题越来越受到重视。钢渣减量应从减少钢渣产生量的同时提高钢渣的二次资源利用率两个维度考虑，才能消纳历史堆存的钢渣。炼钢渣包括转炉渣、电炉渣、精炼渣以及部分保护渣等，其中转炉渣在钢渣年产量中所占比重最大。本章围绕减少钢渣产生量维度展开讨论，提出“铁水分级冶炼模式”，并围绕“留渣工艺”与“提高转炉废钢比”等途径，深入探讨了转炉生产过程中的钢渣减量化技术。

5.1 基于铁水分级多模式冶炼的成渣路线

5.1.1 转炉成渣路线的选择与设计

在探究炉渣组元对炉渣脱磷能力的影响规律之后，为实现高效脱磷，需要确定合理的成渣路线，快速成渣路线可以实现早化渣，化好渣，在脱磷黄金期，快速提高炉渣的脱磷能力以实现高效脱磷。

本节借助 FactSage 7.2 热力学软件计算 CaO-SiO_2-FeO-MnO-MgO-P_2O_5 渣系的液相线图，确定了低温液相区的范围，然后基于正规离子模型，计算了该渣系下的等磷分配比曲线。之后，综合考虑炉渣熔点、等磷分配比曲线以及磷容量选择了一条炉渣熔点缓慢上升，炉渣脱磷能力迅速升高的成渣路线，并对枪位变化和加料时机进行了优化。最后，以国内某厂为例，基于快速成渣路线进行了枪位和加料模式的优化，并进行了工业试验，验证了铁质成渣路线的脱磷效率。

5.1.1.1 六元渣系液相线温度

炉渣作为转炉脱磷的核心物质，在保证其具备一定的脱磷能力的前提下，应具备较好的物理性质，即快速形成液态渣，具备良好的流动性。该厂炉渣的主体结构是六元系，本章利用 FactSage 7.2 热力学软件[1]，选取 phase 模块计算 CaO-SiO_2-FeO-MnO-MgO-P_2O_5 渣系的液相线分布图，选取 pure solid 相，结合脱磷渣选取 solution species 相应的物相，其中 CaO、SiO_2、FeO 三项前面的系数为 1，其他组元的系数为其在渣系里的质量分数除以 CaO、SiO_2 和 FeO 组元质量分数之和。选取 FactSage 7.2 中的 oxide 数据库，计算 1300～2000℃ 内渣系液相曲线，结果如图 5-1 所示。

图 5-1 中阴影部分炉渣熔点不大于 1500℃，可视作低熔点区域。据图可知低

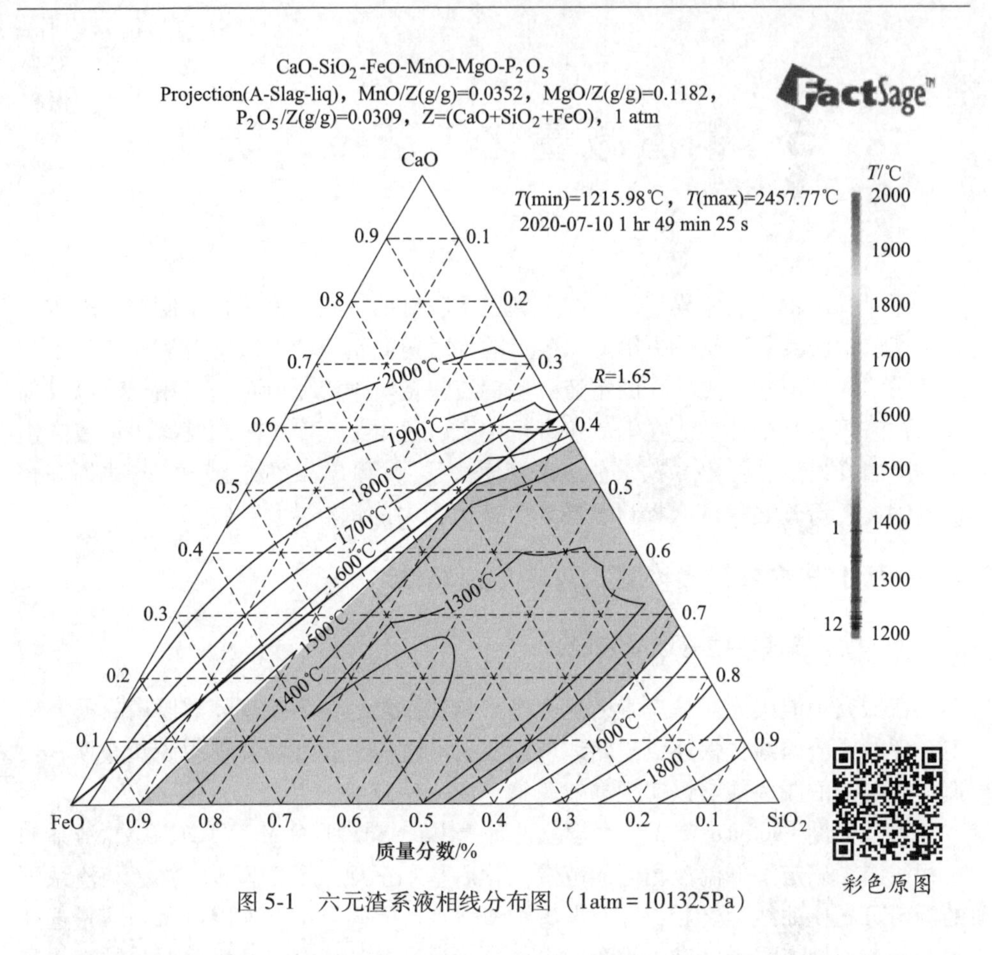

图 5-1　六元渣系液相线分布图（1atm = 101325Pa）

熔点区位于低碱度区，$R \leqslant 1.65$。其中，熔点小于 1300℃ 的区域氧化物成分范围是：$w_{CaO} = 0 \sim 40\%$，$w_{FeO} = 2.5\% \sim 60\%$，$w_{SiO_2} = 27.5\% \sim 66\%$；熔点小于 1400℃ 的区域氧化物成分范围是：$w_{CaO} = 0 \sim 55\%$，$w_{FeO} = 0 \sim 85\%$，$w_{SiO_2} = 15\% \sim 68\%$；熔点小于 1500℃ 的区域氧化物成分范围是：$w_{CaO} = 0 \sim 57.5\%$，$w_{FeO} = 0 \sim 90\%$，$w_{SiO_2} = 10\% \sim 72.5\%$。在吹炼过程中，若想实现快速化渣，成渣初期应尽量控制渣的成分落于低温液相区，并在成渣过程中尽量较长时间维持在低温区域，保证炉渣具备良好的流动性。

5.1.1.2　等磷分配比曲线

基于正规离子模型，通过设计炉渣成分，可以计算 L_P，本研究通过设定炉渣 L_P 值，反向计算炉渣成分信息，可得到等磷分配比曲线[2]，并在三元相图中进行标注，如图 5-2 所示。

如图 5-2 所示，黑色曲线为磷分配曲线，箭头方向为磷分配比增大的方向，

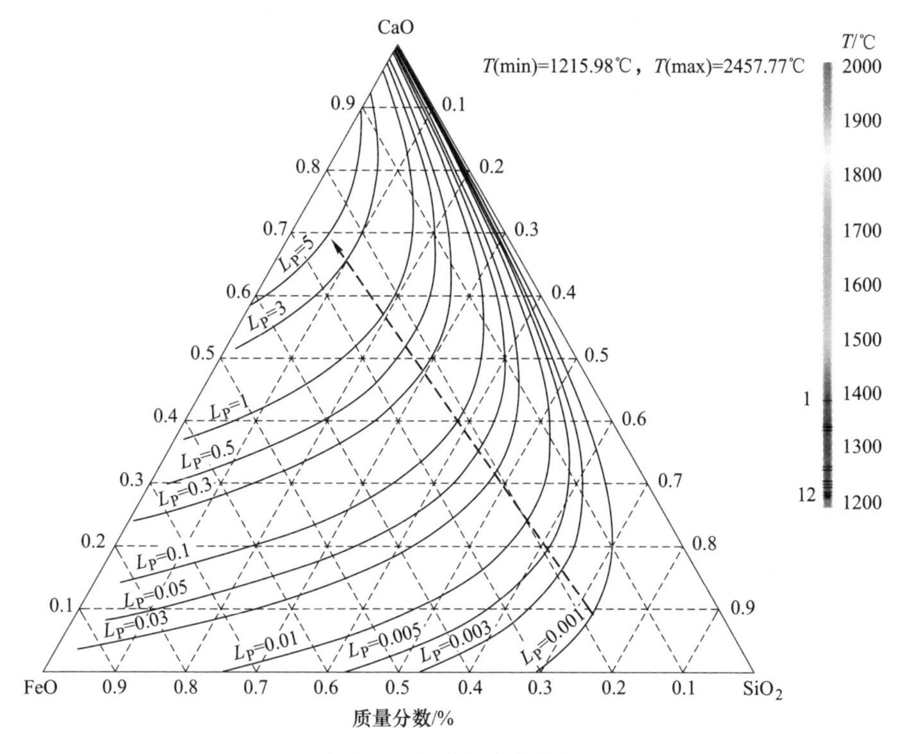

图 5-2　等磷分配比曲线

渣系的磷分配比越高表示其脱磷驱动力越大，脱磷能力越大。脱磷反应为放热反应，吹炼前期温度较低，是脱磷的最佳阶段。因此，若想实现快速脱磷，需保证在低温阶段快速成渣，还需要炉渣具备一定的脱磷能力，即渣系的磷分配比较高。据图 5-2 可知，磷分配比与渣中 CaO 含量呈显著正相关。

5.1.1.3　快速成渣路线设计

在冶炼过程中，冶炼前期温度较低，是脱磷过程的最佳时期。因此，基于对炉渣液相线温度和炉渣脱磷能力的分析，应该选择一条炉渣熔点缓慢上升，磷分配比迅速升高的成渣路线。以 70(B) 钢种为例，通过采集 50 炉终渣数据映射到三元相图上，确定成渣路线的终点域，如图 5-3 中 E 点所示，而吴伟等人[3]通过采集转炉冶炼过程渣样，确定低碱度初渣区范围大致在图 5-3（b）中 A 区域。快速成渣路线如图 5-3 所示。

如图 5-3（b）所示为铁质成渣路线，从 A 点到 B 点渣中 FeO 迅速提高，渣系 L_P 提高，渣中 FeO 升高可促进石灰的熔化，提高前期碱度。从 B 点到 C 点，由于石灰逐渐熔化以及脱碳越来越激烈，炉渣碱度缓慢上升，渣中 FeO 含量明显下降。从 C 点到 D 点，渣中 FeO 含量升高，脱磷反应继续进行，此时脱碳反应

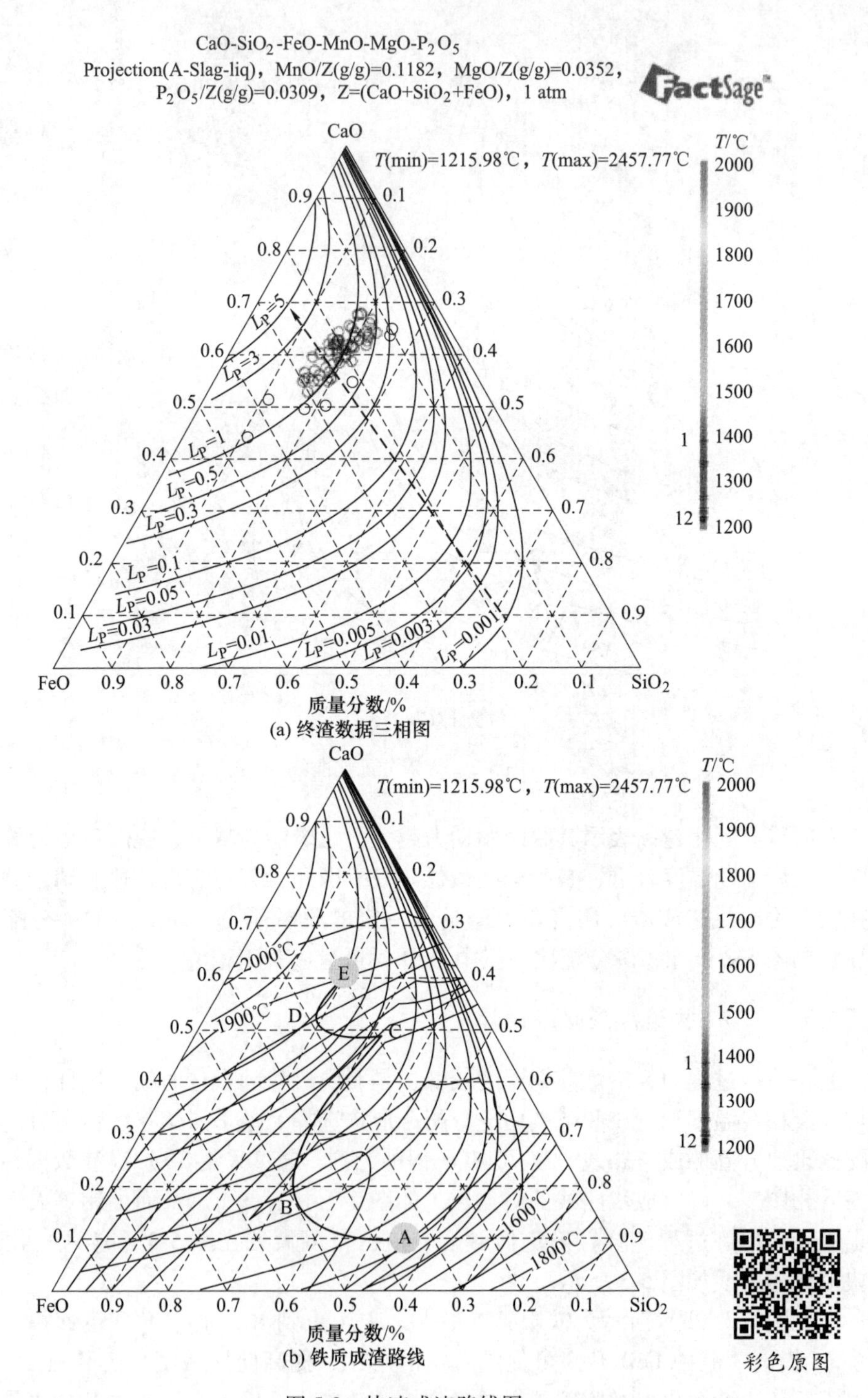
CaO-SiO2-FeO-MnO-MgO-P2O5
Projection(A-Slag-liq)，MnO/Z(g/g)=0.1182，MgO/Z(g/g)=0.0352，
P2O5/Z(g/g)=0.0309，Z=(CaO+SiO2+FeO)，1 atm
FactSage
CaO
T(min)=1215.98℃，T(max)=2457.77℃
T/℃
2000
1900
1800
1700
1600
1500
1400
1300
1200
LP=5
LP=3
LP=1
LP=0.5
LP=0.3
LP=0.1
LP=0.05
LP=0.03
LP=0.01
LP=0.005
LP=0.003
LP=0.001
FeO
SiO2
质量分数/%
(a) 终渣数据三相图
2000℃
1900℃
1600℃
1800℃
A
B
C
D
E
(b) 铁质成渣路线
彩色原图

图 5-3　快速成渣路线图

进入后期，脱碳速率减慢。从 D 点到 E 点渣中 FeO 逐渐降低，这时采用压枪操作，一方面是减少倒渣时的铁损，另一方面增大对反应熔池的搅拌力，均匀钢水和成分。

5.1.2 基于快速成渣路线的吹炼模式设计与效果

5.1.2.1 基于快速成渣路线的吹炼模式设计

渣中 FeO 在脱磷过程中起双重作用，既是氧化脱磷的重要反应物，还是成渣的重要过渡物质，突出了 FeO 对于炉渣脱磷的重要性。渣中 FeO 对脱磷反应的影响较为复杂，若渣中 FeO 过低，石灰不能很好地融化，阻碍脱磷反应进行，但 FeO 过高，将稀释 CaO，削弱炉渣的脱磷能力。可以说，渣中的 FeO 含量的控制是实现快速化渣和高效脱磷的关键。在吹炼过程中，FeO 的控制手段有两种，一是枪位的控制；二是加入含铁氧化物。本章基于成渣路线的设计对吹炼过程中的枪位和加料进行了优化，如图 5-4 所示。

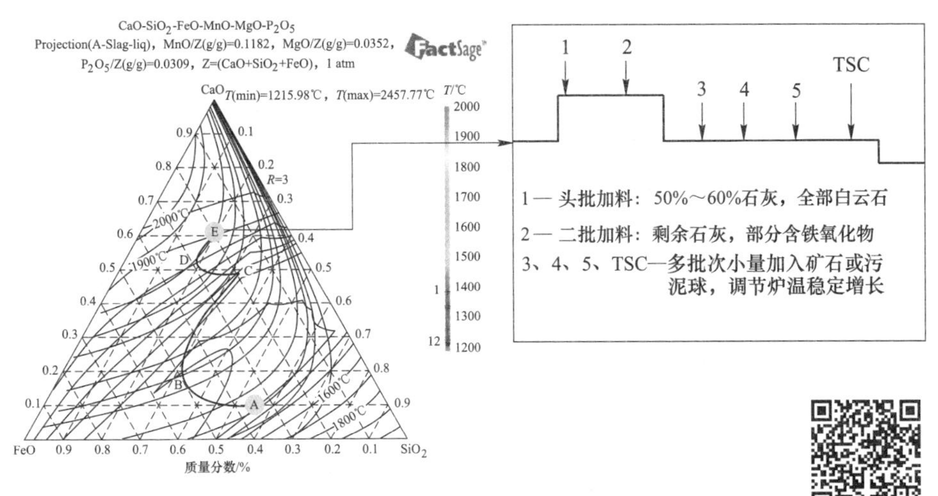

图 5-4 枪位、加料优化图

彩色原图

基于成渣路线，点火时采用低枪位，形成酸性初渣，氧步达到 10%左右提高枪位，增加渣中 FeO，同时加入第一批造渣料。因前期炉渣碱度最佳 1.65 左右，故加入石灰总量的 50%～60%；为了减弱炉渣对炉衬的侵蚀，加入全部白云石；氧步达到 30%时，加入第二批造渣料，即剩余石灰和部分含铁氧化物，因为随着脱磷反应的进行以及脱碳速率的加快，渣中 FeO 含量快速下降，在加入二批石灰时加入部分含铁氧化物，有助于化渣的进行。进入冶炼中期后，采用低枪位，此时脱碳快速进行，温度快速增长，渣中 FeO 迅速降低，为了保证持续化渣、稳定升温以及减少回磷，分批次、小批量加入铁矿石等含铁氧化物质。当吹炼末期，脱碳速率降低，渣中 FeO 含量回升，此时已经形成高碱度渣，进行压枪操作，降低渣中 FeO 含量，减少铁损，同时均匀钢水成分和温度。

5.1.2.2 基于快速成渣的吹炼模式试验分析

A 试验过程与记录

依托某厂 120t 转炉，以 70(B) 为目标钢进行工业试验。采集了该厂生产过程中 A 和 B 两种不同的工艺路线，选取铁水成分相近的两炉，采用相同的氧流量和底吹流量，采集到的生产情况如表 5-1 所示。

表 5-1 加料情况统计 (kg)

冶炼工艺	加料批次	石灰	轻烧白云石	生白云石	矿石
A	1	230	1432	1366	—
	2	3565	—	—	—
	3	264	—	294	453
	4	220	—	291	449
	5	261	—	295	849
	6	—	—	—	883
B	1	2320	1727	672	—
	2	1642	—	—	
	3	—	—	—	212
	4	—	—	—	149
	5	—	—	—	281

基于表 5-1 所示的加料情况，对冶炼过程进行追踪得到其枪位变化与烟气分析数据如图 5-5 所示。

图5-5（a）所示为低-高-低-低的吹炼模式，降枪点火后，保持枪位，中期提高枪位稳定脱碳速率，后期逐渐降低枪位，维持脱碳速率，吹炼末期压低枪位，降低铁损。石灰的加入情况是在吹炼 2min 时集中加入石灰，占总量的 80%左右，剩余石灰分批次、小批量加入。据图 5-5（c）可知，从吹炼前期进入吹炼中期时，CO 大量产生，将导致炉温增长过快，需要频繁向炉中加入冷料控制炉温，极易造成原料浪费以及过回磷现象的发生。此外，前期石灰的集中加入后，并未采取相应措施调节渣中 FeO 含量，导致前期化渣能力不足，错过脱磷的最佳时期，还会增加炉渣返干的风险，容易爆发喷溅。

如图 5-5（b）和图 5-5（d）所示，基于铁质成渣路线后的冶炼工艺，首先低枪位点火，起渣后迅速提高枪位，增加渣中 FeO 含量，同时加入第 1 批造渣料，其中石灰加入占总量的 58.5%左右，形成具备一定碱度的前期渣；第 1 批料

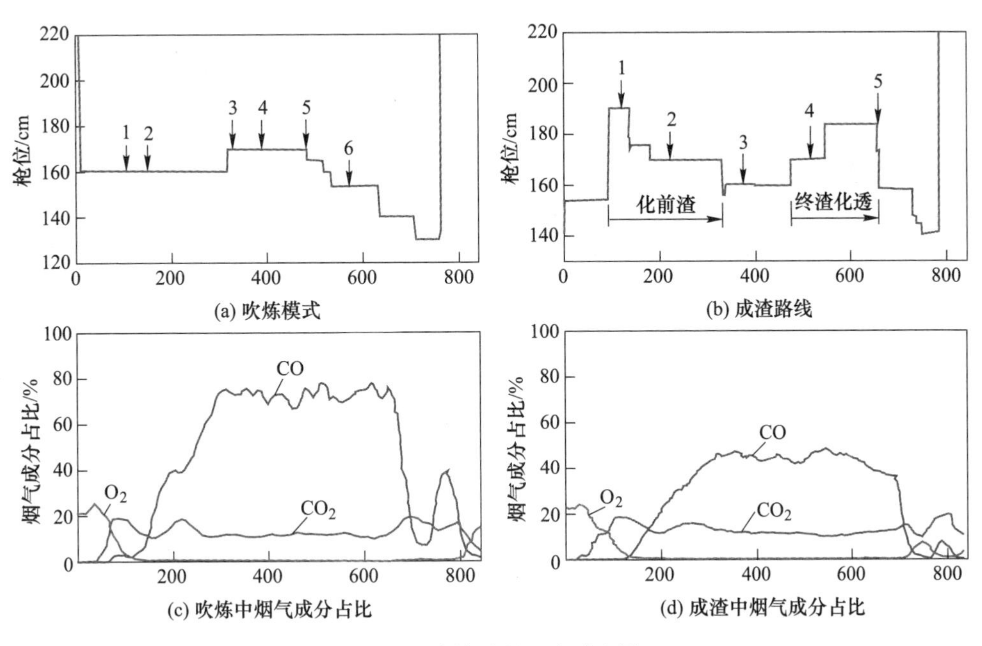

图 5-5 冶炼过程跟踪对比图

加入 1.5min 后，加入第二批料，即剩余石灰，继续化渣；在进入快速脱碳期后，降低枪位，进行快速脱碳，并分批次，小批量加入含铁氧化物，控制炉温稳定上升；吹炼后期提枪化透炉渣进行最终脱磷后，采用压枪操作，降低铁损以及均匀钢水成分。据图 5-5（b）所示，在吹炼过程中，烟气中 CO 控制相对平稳，可有效避免爆发喷溅现象。

B 试验结果对比

本研究跟踪并记录了新冶炼模式应用效果。在本研究中，获得了样品炉次的铁水样品、钢水样品和钢渣样品，并记录了石灰消耗量，数据值如表 5-2 所示。

表 5-2 脱磷效果与石灰消耗的比较

工艺	铁水磷含量/%	终点磷含量/%	终点温度/℃	脱磷率/%	石灰消耗/$kg \cdot t^{-1}$
A	0.122	0.014	1627	88.52	32.89
B	0.120	0.01	1622	91.66	28.78

根据表 5-2 可知，对于 70(B)，优化前的脱磷率为 88.52%，优化前每吨钢的石灰消耗为 32.76kg/t。采用优化工艺后，脱磷率提高到 91.87%。每吨钢材的石灰消耗量降至 28.78kg/t。一般来说，基于高 FeO 含量的成渣路线设计的吹炼方式具有更好的脱磷效果。冶炼吨钢的石灰消耗减少 3.98kg/t，脱磷率仍可提高 3.35%。

5.2　基于铁水分级多模式冶炼

5.2.1　铁水分级原因分析

在转炉炼钢工序，原材料条件差、成分波动较大是难以推广标准化操作的症结所在，也是转炉炼钢自动化程度难以提高的限制性环节。所以应该尽量保证入炉原材料在理化性质上的基本一致，并以此为基础稳定炉前冶炼操作，推广标准化操作模式，实现自动化程度高的转炉炼钢，提高转炉冶炼的终点命中率，改善钢水质量。但原料条件波动大是各大钢铁企业面临的客观问题，这对转炉炼钢的平稳运行带来了极大的挑战。

现阶段，大部分钢厂始终沿用基于经验的转炉操作制度，在获取铁水信息时，操作工人根据以往的操作经验来进行本炉操作。在铁水成分波动较大的时候，这对操作工人带来了极大的挑战，一旦操作失误，极有可能导致冶炼事故，严重时导致安全问题。因此，在操作过程中，操作工人需要时刻关注炉口火焰的变化情况以判断当前反应进程，从而调整枪位、加料等操作，此种操作模式要求操作工人具备极其丰富的操作经验，极大地增大了操作的难度。基于铁水分级的多模式冶炼思路图如图 5-6 所示。

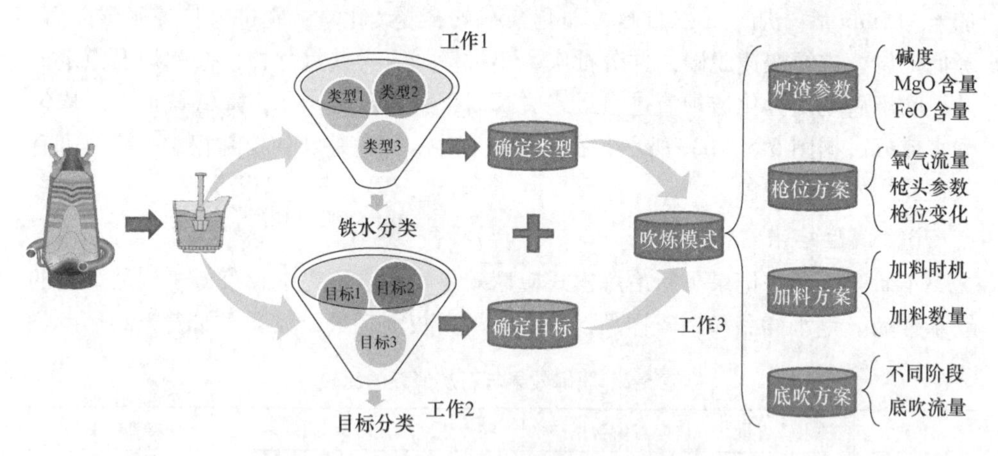

图 5-6　基于铁水分级的多模式冶炼思路图

铁水成分和温度的稳定是平稳炼钢的先决条件。若铁水成分稳定则可设计一套适合当前铁水条件的吹炼模式。基于这种思路，参考数学中的“微分”思想，面对成分波动较大的铁水，根据冶金原理对其进行分级归类，分类后每一类铁水的成分在“窄窗口”内波动，可看作是稳定的。然后，针对每类铁水匹配合理的吹炼模式，包括枪位、加料、底吹以及造渣等方面，如此在获取铁水成分和温度信息后，可根据其隶属的铁水类型采取与之对应的吹炼模式，实现转炉吹炼模式的动态调整，对促进转炉的平稳化冶炼具有非常重要的意义。

5.2.2 铁水分级方法

5.2.2.1 铁水分级指标的选取

目前，铁水分级仍没有统一的标准，若想实现对铁水的合理分级，首先需要遴选出合理的分级指标[4]。铁水的主要指标有碳、硅、锰、磷、硫等元素含量和铁水温度。其中，碳、硅、锰是冶炼中的重要发热元素。磷和硫作为钢液内的有害元素，其含量越低，转炉吹炼任务越小，钢液质量越高。铁水物理热占据炉内热量来源的60%~70%，对转炉冶炼顺行具有很大影响。为了确定铁水分级指标，本章调研了国内某钢厂的铁水信息，铁水中碳含量一般被认为达到饱和状态，因此铁水碳含量暂不作为分级指标。本章统计了该厂共计 27526 炉铁水信息，其中铁水硫和锰分布情况如图 5-7 所示，铁水硅、磷含量，温度分布如图 5-8 所示。

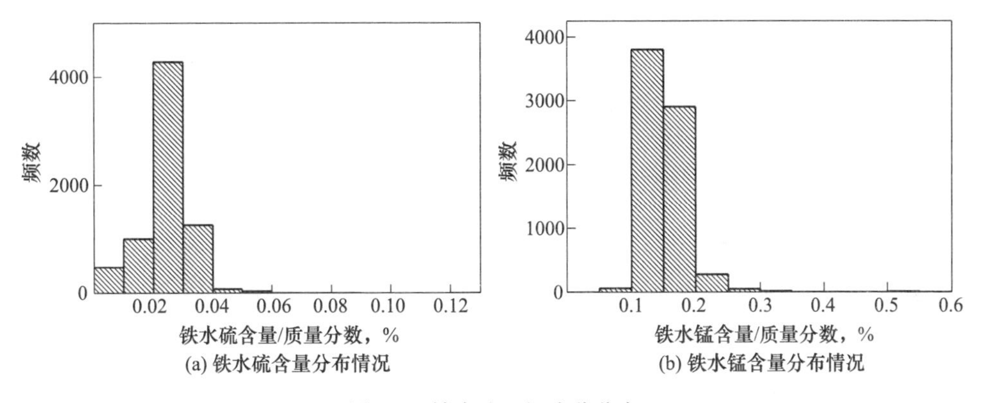

图 5-7　铁水硫、锰成分分布

据图 5-7（a）可知，该厂铁水硫含量很低，其含量都小于 0.04%，对冶炼影响较小，因此铁水硫含量不作为分级指标。如图 5-7（b）显示，铁水锰含量主要分布在 0.1%~0.2%，其含量比较少并且波动性小，因此也不作为铁水分级的指标。

如图 5-8（a）和图 5-8（b）所示，铁水磷含量波动范围是 0.05%~0.26%，但整体分布相对集中，主要集中在 0.1%~0.14%，占总炉次的 85.63%，平均铁水磷含量为 0.12%。图 5-8（c）显示铁水硅含量的波动范围是 0.1%~1.1%，波动范围较大。图 5-8（d）显示，平均铁水硅含量为 0.418%，铁水硅含量大于 0.8%的炉次很少出现，一般分布在 0.1%~0.8%。图 5-8（e）显示铁水温度波动范围是 1200~1460℃，温度跨度达 260℃。图 5-8（f）显示，平均铁水温度为 1360℃，铁水温度主要分布在 1300~1440℃。综上所述，铁水磷含量比较稳定，铁水硅含量和铁水温度存在较大波动性，确定铁水硅含量和铁水温度作为铁水分级指标。

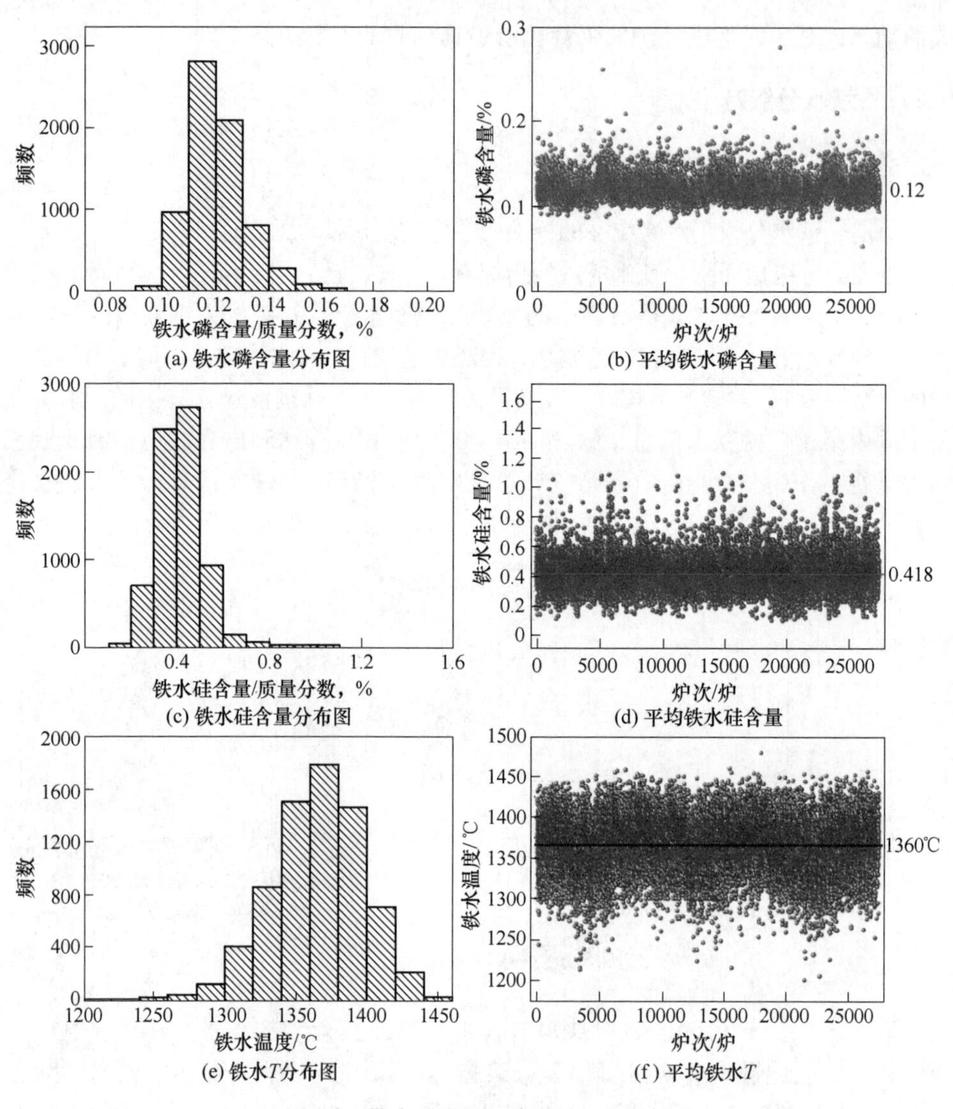

图 5-8　铁水硅含量、磷含量、T 分布

5.2.2.2　铁水分级制度

铁水硅氧化后形成的 SiO_2 是成渣的重要物质，若铁水硅含量过低将导致渣量不足，无法有效脱磷。若铁水硅含量过高则会导致渣量过多，虽可达到脱磷效果，但会存在较大喷溅或者炉渣返干风险，为吹炼控制带来很大难度，也会造成辅料的浪费。因此，从理论角度考虑，铁水硅含量与铁水磷含量存在合理比值（Si/P），本研究采用了刘国平提出的 Si/P 比估算的数学模型[5]对铁水合理硅含量进行计算，模型如下：

A 渣量的确定

基于磷平衡原理确定渣量，通过对炉内磷元素流动途径的研究得知，转炉内部的磷主要来自铁水和废钢等金属料，约占总磷量的98.55%，其模型参数如表5-3所示。

表5-3 模型参数表

原 料	装入量/kg	磷含量 w_P/%
铁水	W_{iron}	w_1
废钢	W_{scrap}	w_2
钢水量	W_{steel}	w_3

(1) 钢水量计算：

$$W_{steel} = (W_{tie} + W_{scrap}) \times w_{shou} \tag{5-1}$$

式中，w_{shou}为钢水的收得率，经验取值92%。

根据磷平衡原理，进入渣中的磷的质量计算公式为：

$$W_{SP} = \frac{W_{tie} \times w_1 + W_{scrap} \times w_2}{0.9855} - W_{steel} \times w_3 \tag{5-2}$$

(2) 炉渣总质量：

$$W_{slag} = \frac{W_{SP}}{w_{SP}} \tag{5-3}$$

式中，w_{SP}为渣中磷元素的质量分数；W_{slag}为炉渣质量。

B 铁水硅含量

$$w_{SiO_2} + w_{CaO} = M \tag{5-4}$$

$$R = \frac{w_{CaO}}{w_{SiO_2}} \tag{5-5}$$

式中，M为假设渣中SiO_2质量分数与渣中CaO质量分数总和。

联立式(5-4)和式(5-5)，可得：

$$w_{SiO_2} = \frac{M}{1 + R} \tag{5-6}$$

渣中SiO_2质量为：

$$W_{SiO_2} = W_{slag} \times w_{SiO_2} \tag{5-7}$$

渣中硅的质量为：

$$W_{Si} = W_{SiO_2} \times \frac{28}{60} \tag{5-8}$$

铁水中硅的质量分数为：

$$w_{Si} = \frac{W_{Si}}{W_{tie}} \times 100 \tag{5-9}$$

基于上述铁水硅含量的估计方法，采集 1005 炉现场炉渣成分数据，统计得到 M=57.29%，对该钢厂的合理 Si/P 进行计算。基于 27526 炉样本数据，统计得到铁水硅含量分布如图 5-9 所示。

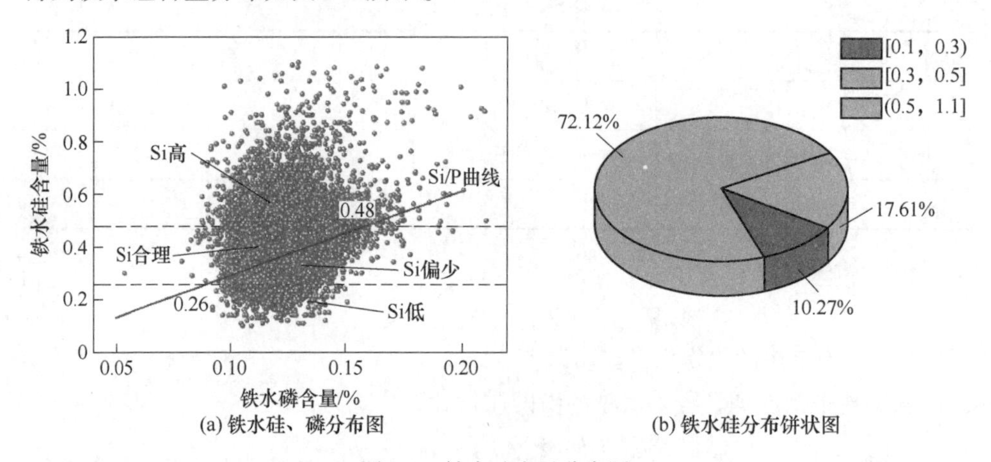

(a) 铁水硅、磷分布图　　(b) 铁水硅分布饼状图

图 5-9　铁水硅含量分布图

据图 5-9（a）可知，仅从 Si/P 曲线分析，当铁水磷含量在 0.09%～0.14% 范围内，硅含量应控制在 0.26%～0.48%。图 5-9（a）中散点数据表示该厂铁水的硅、磷分布情况，据图 5-9（a）可知，本研究将数据集分为四个区域，位于高硅区内的铁水硅含量超出了脱磷需要，在冶炼过程中产生大量的 SiO_2，为维持炉渣碱度，需要加入大量的石灰来进行造渣，导致辅料消耗增多，渣量大，为操作带来很大困难。位于低硅区内的铁水硅含量无法满足脱磷需要，若想实现有效脱磷，则需要向炉内补充硅元素。硅合理区内的铁水，不会出现硅含量远大于脱磷需要或是远小于脱磷需要的情况。硅偏少区内的铁水虽然铁水硅含量略有不足，基于渣料会带入部分 SiO_2 的考虑，该区域铁水含量基本上也可满足脱磷需要。

据图 5-9（b）可知，铁水硅含量处于［0.1，0.3）的炉次占总炉次的 10.27%，铁水硅含量处于［0.3，0.5］的炉次占总炉次的 72.12%，铁水硅含量处于（0.5，1.1］的炉次占总炉次的 17.61%，基于上述讨论，本研究根据铁水硅含量将铁水分为三级：$0.3 \leqslant w_{Si} \leqslant 0.5$ 为一级铁水、$w_{Si} > 0.5\%$ 为高硅铁水，$w_{Si} < 0.3\%$ 为低硅铁水。如图 5-10 所示。

针对铁水温度，在铁水硅含量一定的情况下越高越好，因为温度越高铁水热量越充足，可通过提高废钢比调节炉内热量，既可减少渣料消耗，实现少渣炼钢，还可提高冶炼节奏。据图 5-8（f）可知铁水平均温度是 1360℃。因此，本章将温度大于 1360℃ 的铁水定义为高温铁水，将温度小于等于 1360℃ 的铁水定义为低温铁水，如图 5-10 所示基于铁水硅含量和铁水 T 将铁水分为 6 类，针对不同类型铁水的吹炼模式进行跟踪，并基于快速成渣路线对吹炼模式进行优化。

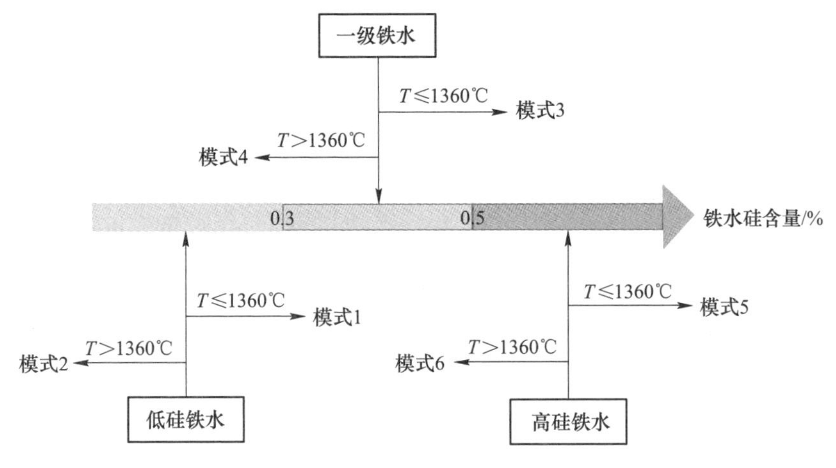

图 5-10　铁水分级结果图

5.2.3　终点分类方法

国内某些钢厂产品结构较为复杂，不同钢种对转炉终点目标磷含量的要求也不同。具体可分为 $P\leqslant0.008\%$、$P\leqslant0.01\%$、$P\leqslant0.012\%$、$P\leqslant0.015\%$、$P\leqslant0.02\%$、$P\leqslant0.025\%$和 $P\leqslant0.035\%$等，铁水磷含量波动范围 0.08%～0.18%。在实际冶炼过程中，因为铁水成分的波动性和生产计划的不确定性，每一炉的目标脱磷率是实时变化的，不同的目标脱磷率对钢渣的脱磷能力要求不同，因此，本研究综合铁水磷含量和目标终点磷含量，将目标脱磷率进行分类，针对不同的目标脱磷率匹配不同的炉渣碱度，从而保证脱磷效果。具体如表 5-4 所示。

表 5-4　目标脱磷率(k)分布表

铁水磷含量/%	0.008	0.01	0.012	0.015	0.02	0.025	0.03
0.08	90	87.5	85	81.25	75	68.75	62.5
0.10	92	90	88	85	80	75	70
0.12	93.3	91.67	90	87.5	83.33	79.17	75
0.14	94.28	92.85	91.43	89.28	85.71	82.14	78.57
0.15	94.67	93.33	92	90	86.67	83.33	80
0.16	95	93.75	92.5	90.62	87.5	84.37	81.25
0.18	95.55	94.44	93.33	91.67	88.89	86.11	83.33

据表 5-4 可知，目标脱磷率变化范围在 62.5%~95.55%，将目标脱磷率进行分类：$k<80\%$，$80\% \leqslant k<85\%$，$85\% \leqslant k<90\%$，$90\% \leqslant k<95\%$，$k>95\%$。不同目标脱磷率象征不同的脱磷任务，对钢渣碱度的要求不同。当 $k<80\%$时，目标钢渣碱度 $R=2.5$；当 $80\% \leqslant k<85\%$时，目标钢渣碱度 $R=2.8$；当 $85\% \leqslant k<90\%$时，目标钢渣碱度 $R=3.0$；当 $90\% \leqslant k<95\%$时，目标钢渣碱度 $R=3.2$；当 $k>95\%$时，目标钢渣碱度 $R=3.5$。

5.2.4 基于铁水分级的多模式冶炼

5.2.4.1 低硅铁水

硅作为炉内重要的放热元素，低硅将导致铁水的化学热不足，前期熔池温度低，加入的石灰不能完全化开，小容量转炉甚至不能正常吹炼。除此之外，铁水硅低，还会导致脱硅期提前结束，脱碳反应提前，消耗的 FeO 量增加，均不利于脱磷反应进行。基于 2945 炉样本数据，统计低硅铁水的温度分布，如图 5-11 所示。

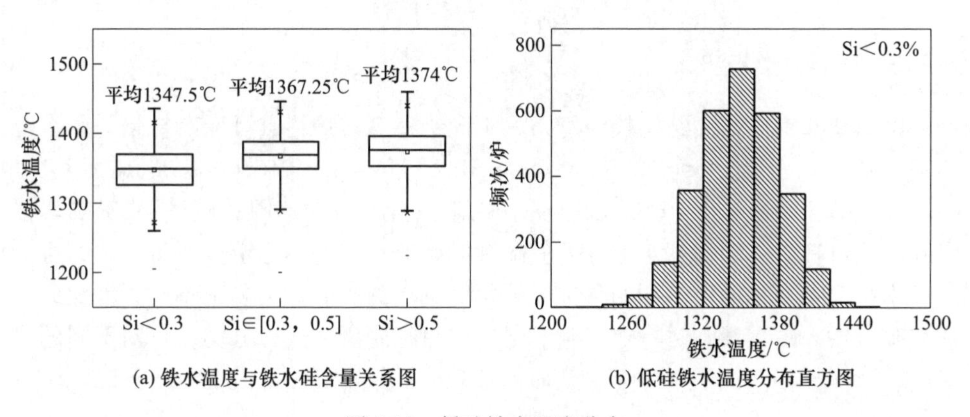

(a) 铁水温度与铁水硅含量关系图　　(b) 低硅铁水温度分布直方图

图 5-11　低硅铁水温度分布

如图 5-11（a）所示，铁水温度与铁水硅含量存在正相关的关系，低硅铁水平均温度为 1347.5℃，一级铁水平均温度为 1367.25℃，高硅铁水的平均温度高达 1374℃。如图 5-11（b）为低硅铁水温度分布直方图，低硅铁水温度分布范围为［1205℃，1449℃］，虽然高温铁水所占比例不高，但应该建立基于不同铁水温度的冶炼模式。

A　低硅-低温铁水

低硅-低温铁水冶炼的核心问题便是炉内热量不足，化渣困难，脱磷难度增大。而且当铁水硅含量小于 0.3%时，渣量少，无法满足脱磷需要。基于热平衡的考虑，建议采用留渣工艺匹配低硅低温铁水的冶炼。留渣带入部分热量、较高的碱度以及一定的氧化性，有利于形成初渣。

炉料结构：采用留渣工艺，选用热值最小的“石灰+轻烧+矿石”模式。此外，因铁水温度低，炉内热量不足，应适当降低炉次废钢比。

吹炼模式：吹炼模式如图 5-12 所示。吹炼采用恒压变枪，枪位模式是低-高-低。因采用留渣操作，钢液覆盖有炉渣，开吹采用低枪位，枪位降至 150cm，进行点火和快速提温；氧步达到 10%，提高枪位至 160cm，同时加入第一批造渣料，即 60%石灰，100%轻烧白云石；氧步达到 22%时，枪位提升至 170cm 进行吹炼，因为铁水硅含量较少，前提硅氧化期较短，较早进入脱碳期，为了防止脱碳速度过快和促进化渣，提高枪位进行吹炼。为了保证头批料化透，延长第二批料的加入时间，氧步达到 33%时，加入第二批造渣料，即 40%石灰；氧步达到 37%时，提高枪位至 180cm 进行吹炼，继续化渣。为了保证炉温稳定上升，在快速脱碳期分批次，小批量地加入矿石。氧步达到 65%时，进入吹炼后期，脱碳速率减弱，降低枪位至 170cm，加强熔池搅拌，促进脱碳。氧步达 90%时，压枪至 140cm，降低炉渣氧化性。

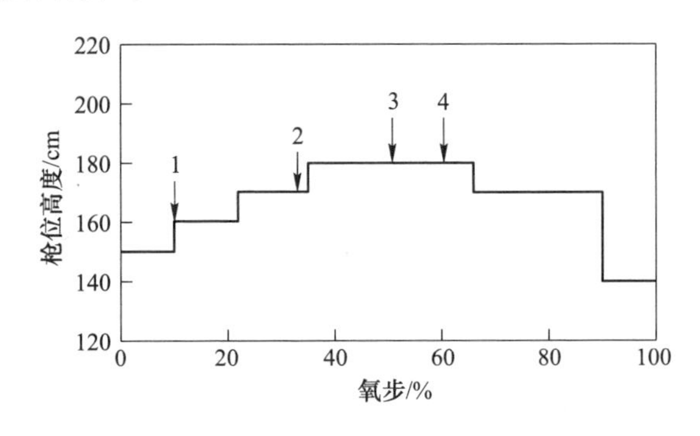

图 5-12 模式 1 枪位模式

B 低硅-高温铁水

低硅-高温铁水部分炉次的铁水温度高达 1400℃，甚至 1420℃，尽管这种铁水类型出现频次较少，但是面对此类铁水时，炉内热量相对充足，可选用模式 2。

炉料结构：可向炉内加入部分石英砂，提高渣中 SiO_2，增大渣量。

吹炼模式：吹炼模式如图 5-13 所示。采用恒压变枪，枪位模式为高-低-高-低。开吹时采用高枪位，迅速形成氧化性较高的初渣。氧步 10%时，加入头批料，即 65%石灰，100%白云石，促进化渣；因为铁水硅含量低，脱硅期时间短，吹炼进入脱碳期较早，为防止进入脱碳期时产生爆发性喷溅，在氧步达 22%时，降低枪位至 160cm，降低渣中 FeO 含量，搅拌熔池，为脱磷提供良好的动力学条件。氧步达 30%，加入第二批造渣料，即 35%石灰；氧步达 37%时，提高枪位至 180cm，继续化渣和脱碳，因脱碳反应的进行，为了维持渣中 FeO 含量，保持一定的化渣能力，可进行 3、4、5 分批次，小批量加入矿石；氧步达到 65%，降低枪位至 170cm，氧步达到 90%时，进行压枪操作，降低枪位至 140cm，降低渣中 FeO 含量，降低铁损。

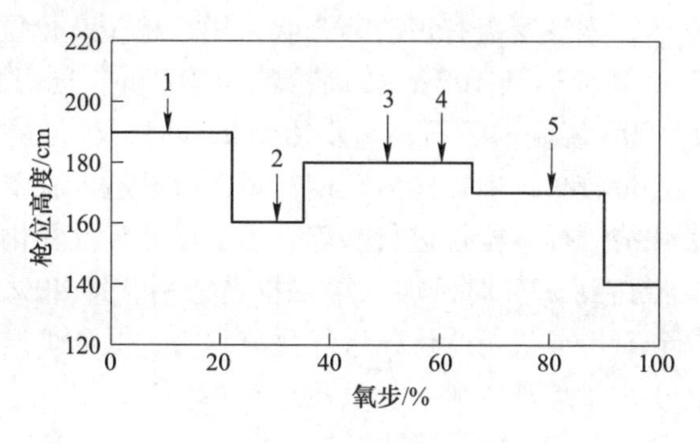

图 5-13　模式 2 枪位模式

5.2.4.2　中硅铁水

合理铁水 Si/P 分布在较为合理的区间内，中硅铁水硅含量一方面可满足的脱磷生产的需要，另一方面还可以避免渣量过大，辅料消耗过多的问题。基于 19742 炉样本数据，统计中硅铁水的温度分布，如图 5-14 所示。

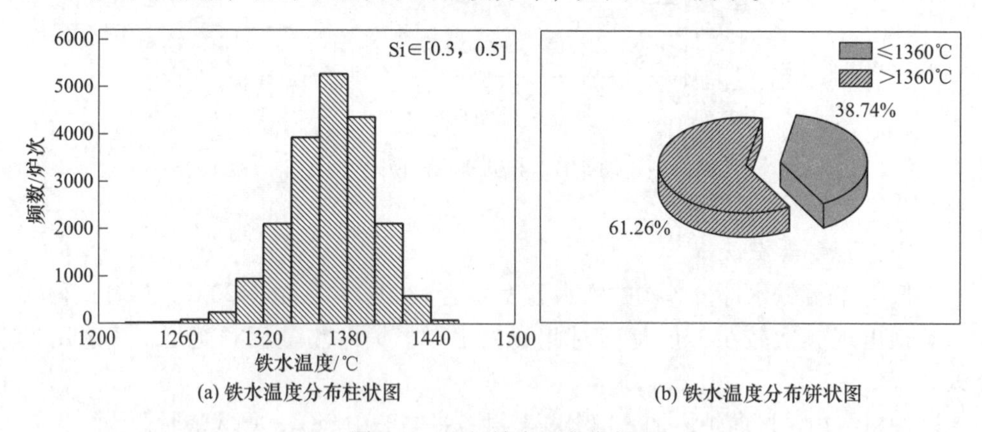

图 5-14　一级铁水温度分布

由图 5-14（a）可知，一级铁水温度主要分布在［1260℃，1460℃］，温度波动范围达到 200℃，其中铁水温度不大于 1360℃ 的炉次占 38.74%，铁水温度大于 1360℃ 的炉次占 61.26%。

A　中硅-低温铁水

炉料结构：针对一级低温铁水，应适当降低废钢比，选用“石灰+轻烧+矿石”的配料模式。当铁水温度不大于1360℃时，基于快速成渣、化渣的考虑，可选择吹炼模式3。

吹炼模式：吹炼模式如图5-15所示。在吹炼过程中采用恒压变枪，枪位模式低-高-低。因为铁水温度较低，开吹时采用低枪位，枪位降至150cm，快速提升熔池温度；为了满足前期化渣需要，氧步达到10%左右时，迅速提高枪位至180cm，提高渣中FeO含量，同时加入头批料，即60%石灰和100%白云石，促进石灰融化；氧步达22%时，降低枪位至170cm，氧步达22%时枪位降至160cm后，加入第二批造渣料，即40%石灰，继续化渣。当氧步达42%时，压低枪位至160cm，进行快速脱碳，为了稳定炉温，保证炉渣氧化性，防止发生回磷现象，分批次、小批量加入矿石，分别进行3次、4次、5次、6次加料。当氧步达到90%，继续压低枪位至140cm，以便降低渣中FeO含量，减少铁损。

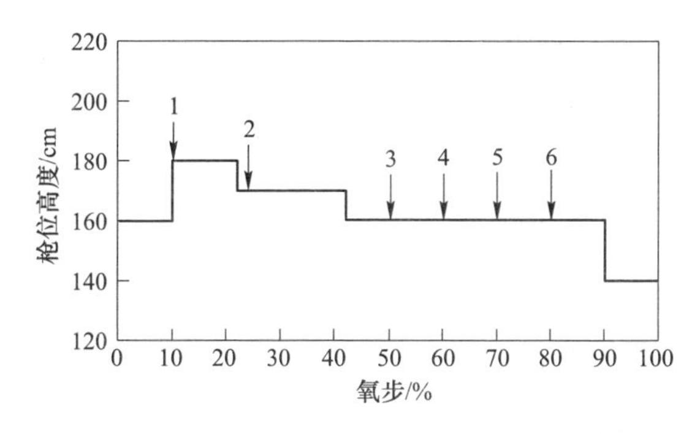

图5-15 吹炼模式3

B 中硅-高温铁水

炉料结构：据图5-14（b）可知，一级铁水中低温炉次较少，大部分炉次铁水热量比较充足，选用热值最小的“石灰+轻烧+矿石”的辅料结构，根据铁水温度适当调整废钢比，吹炼选用模式4。

吹炼模式：吹炼模式如图5-16所示。同样采用恒压变枪，枪位模式为高-低-

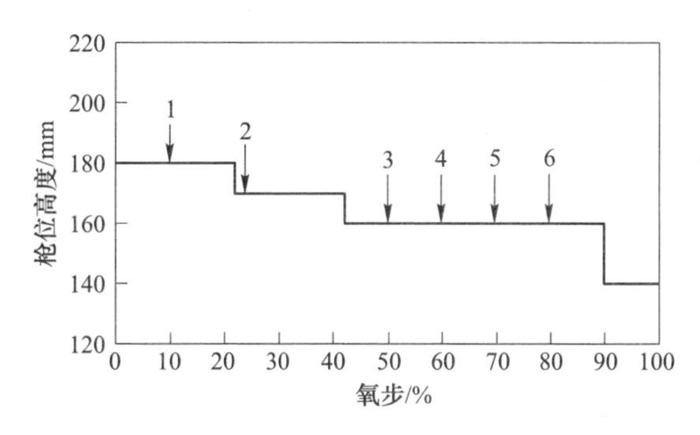

图5-16 吹炼模式4

低。因为前期炉内热量充足，开吹直接采用高枪位，枪位降至 180cm 进行吹炼，提高炉渣氧化性，促进化渣；氧步达 10%时，加入头批料，即 65%石灰，100%轻烧白云石，形成具备一定碱度的初渣；氧步达 20%时，枪位降至 170cm；氧步达 25%时加入第二批造渣料，即剩余 40%石灰和 20%矿石；在氧步达 42%时，枪位降至 160cm 进行快速脱碳，为保证化渣的持续进行以及炉渣的稳定升温，分批次、小批量加入铁矿石等冷却剂，分别进行 3 次、4 次、5 次、6 次加料。

5.2.4.3　高硅铁水

高硅铁水冶炼面临的问题是渣量多，需要频繁地调节枪位，加大了操作难度。此外，在吹炼过程中，硅和锰先被氧化，若初期渣中 $SiO_2 \geqslant 20\%$，$FeO \leqslant 5\%$，石灰颗粒的表面将形成熔点高达 2130℃ 的 C_2S 外壳，从而使得石灰不能继续溶解，导致化渣不良，脱磷效率低等问题。基于 4880 炉高硅铁水样本数据，统计其温度分布情况，如图 5-17 所示。

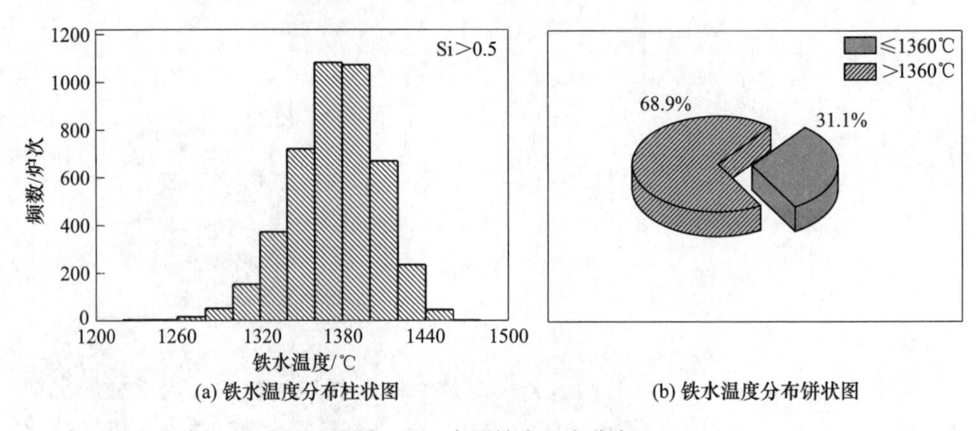

(a) 铁水温度分布柱状图　　(b) 铁水温度分布饼状图

图 5-17　高硅铁水温度分布

高硅铁水往往伴随着高温，由图 5-17 可知，铁水温度大于 1360℃ 的炉次占 68.9%，铁水温度≤1360℃ 的炉次仅占 31.1%。高硅铁水的 Si/P 值较大，因此冶炼过程中炉内热量充足，渣量比较大。针对高硅铁水冶炼的主要措施是如何化好渣，防止喷溅。

A　高硅-低温铁水

针对高硅-低温铁水，硅含量较高，可在一定程度上弥补铁水热量不足，冶炼前期应该注意熔池升温，为化渣提供所需温度。

炉料结构：对于高硅-低温铁水，选用“石灰+轻烧+矿石”的配料模式。

吹炼模式：吹炼模式如图 5-18 所示。采用恒压变枪，枪位模式为低-高-低。开吹时采用低枪位，枪位降至 150cm，进行快速脱 Si，促进快速升温；因为高硅铁水化渣压力大，高枪位比一级铁水提高 10cm，氧步达到 10%时，迅速提高枪位至 190cm，同时加入头批料，即 65%石灰和 100%轻烧白云石，促进化渣；氧步达 16%时，降低枪位至 180cm，氧步达 22%时枪位降至 170cm，逐级降低枪位降低渣中 FeO 含量，防止因脱碳速率加快，产生爆发性喷溅；氧步达 20%时，加入第二批料，即 35%石灰，继续化渣；氧步达 42%时，压低枪位至 160cm，进行快速脱碳，渣中 FeO 含量下降，炉温快速升高，为稳定炉温，保证渣中具备一定的 FeO 含量，防止回磷现象的发生，分批次、小批量加入矿石，分别进行 3 次、4 次、5 次、6 次加料，调节炉温。当氧步达到 90%，压枪至 140cm，降低渣中 FeO 含量，减少铁损。

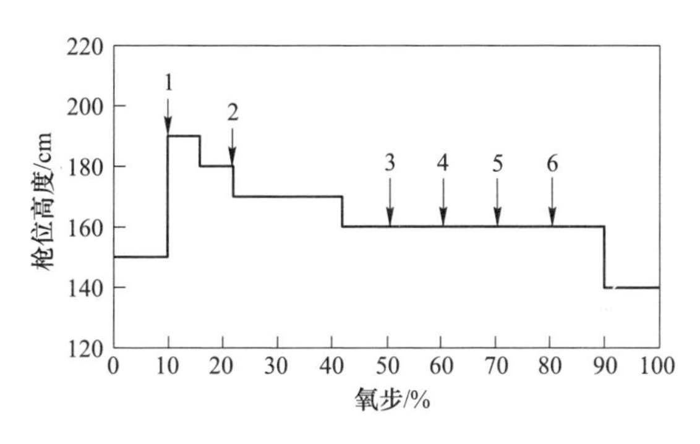

图 5-18 吹炼模式 5

B 高硅-高温铁水

针对高硅-高温铁水，炉内热量充足，不仅有铁水带入的物理热，还有高 Si 带来的化学热，而且，铁水硅含量高炉内渣量增多，为化渣带来困难。当高硅铁水温度大于 1360℃时，可选用模式 6。

炉料结构：高硅铁水的 Si/P 值比较大，渣量多。针对高硅-高温铁水应适当提高废钢比，减少铁水装入量，提高废钢装入量，不仅可有效利用炉内热量，还可以降低渣量，实现少渣炼钢，减少污染物排放。

吹炼模式：吹炼模式如图 5-19 所示。采用恒压变枪，枪位变化为高-低-低。因为吹炼前期炉内热量充足，采用高枪位，枪位降至 190cm 进行吹炼，提高渣中 FeO 含量；氧步达 5%时，加入头批料，即 65%石灰和 100%白云石，促进前期渣的形成，提高脱磷效率；在进入冶炼中期前，同样采用逐级降低枪位的方式，氧步达 15%时，枪位降至 180cm，氧步达 20%时，枪位降至 170cm，与此同时加入第二批造渣料，即剩余 35%石灰和 20%矿石；氧步达 42%时，枪位降至 160cm 进行快速脱碳，为保证化渣的持续进行以及炉渣的稳定升温，分批次、小批量加入矿石，进行第 3~6 次加料。

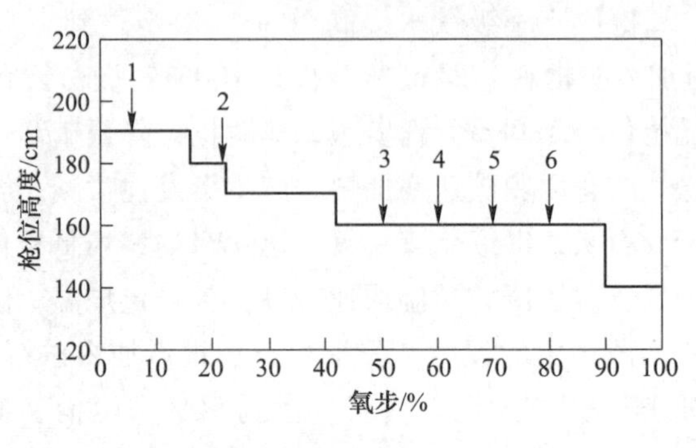

图 5-19　吹炼模式 6

5.3　基于留渣工艺的少渣冶炼技术

转炉留渣操作是将上一炉的终渣全部或一部分留给下炉使用，留渣操作示意图如图 5-20 所示。终点炉渣具有碱度高、温度高，并且是有一定的全铁含量和氧化锰含量的现成熔体，对下一炉初期渣的形成十分有利[6]。

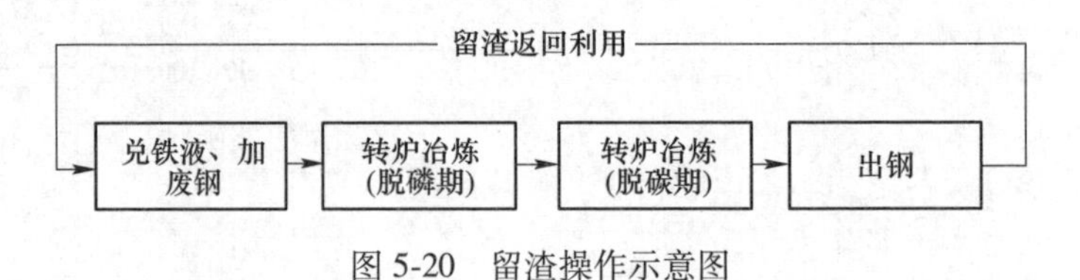

图 5-20　留渣操作示意图

近几年各钢厂转炉工序重点攻关研究了留渣操作技术，主要是利用前炉钢冶炼终点的高碱度、高氧化性和高温炉渣，促进本炉冶炼前期快速化渣，提高脱磷效率并降低渣料消耗。留渣操作又根据是否冶炼过程倒渣分为双渣留渣法和单渣留渣法。

5.3.1　基于留渣+单渣的冶炼工艺研究

5.3.1.1　留渣+单渣冶炼工艺存在危害的原理及预防

转炉留渣操作在 20 世纪 80 年代就已被提出，但由于没有掌握留渣后操作安全规律，一直没有得到大范围推广应用。留渣操作主要的风险是兑铁时碳氧剧烈反应发生大喷。

A　留渣安全性研究[7]

兑铁水时产生喷溅的原因是在兑铁的瞬间，铁水中的碳与钢渣中的 FeO 发生机理的脱碳反应，生成的 CO 气泡在近似自由空间迅速膨胀，把铁水和钢渣推出炉口所致。当铁水兑入留有上一炉终渣的转炉时，金属与炉渣发生下列反应：

$$[C] + (FeO) = CO + [Fe] + Q \tag{5-10}$$

从上述反应式中可以看出抑制喷溅的方法可以从降低铁水中的碳含量、渣中FeO含量、增加CO分压和降低反应温度等方面考虑。铁水中的含碳量是不能改变的条件；渣中FeO含量、CO分压和反应温度都是可控条件，因此也作为控制反应的手段进行分析。

(1) 温度对喷溅的影响及控制方法。

反应式的自由能变化可表示为：

$$\begin{aligned}\Delta G &= \Delta G_1^{\ominus} + RT\ln(P_{CO} f_{Fe}[Fe]/\alpha_{(FeO)} f_C[C]) \\ &= 131100 - 73.87T + 4.575T(\lg P_{CO} + \lg f_{Fe} + \lg[Fe] - \lg a_{(FeO)} - \lg f_C - \lg[C])\end{aligned} \tag{5-11}$$

式中，f_i 为该溶质在钢液中的活度系数。

根据铁水条件按碳含量4.5%，铁含量93%，锰含量0.27%，磷含量0.150%，硫含量0.040%可得：

$$\begin{aligned}\lg f_C &= e_C^C[C] + e_C^{Si}[Si] + e_C^{Mn}[Mn] + e_C^P[P] + e_C^S[S] \\ &= 0.14 \times 0.45 + 0.08 \times 0.40 - 0.012 \times 0.27 + 0.051 \times 0.15 + 0.046 \times 0.04 \\ &= 0.7083\end{aligned} \tag{5-12}$$

$$\lg f_{Fe} = 1 \tag{5-13}$$

式中，e_i^j 为钢液中的溶质 j 对溶质 i 的相互作用系数。

根据转炉炼钢终渣的成分查表得为 $a_{(FeO)} = 0.024$，取 $P_{CO} = 0.1\text{atm}$，将上面数据代入公式得：

$$\begin{aligned}\Delta G &= \Delta G_1^{\ominus} + RT\ln(P_{CO} f_{Fe}[Fe]/\alpha_{(FeO)} f_C[C]) \\ &= 131100 - 73.87T + 4.575T(\lg P_{CO} + \lg f_{Fe} + \lg[Fe] - \lg a_{(FeO)} - \lg f_C - \lg[C]) \\ &= 131100 - 74.767T\end{aligned} \tag{5-14}$$

要限制铁水中碳元素的氧化，必须使 $\Delta G \geqslant 0$，即满足：

$$131100 - 74.767T \geqslant 0 \tag{5-15}$$

$$T \leqslant 1753.48\text{K} = 1480.33℃ \tag{5-16}$$

兑铁过程中，如能控制兑铁时炉渣温度小于1480.33℃，就能有效抑制上述反应式向右进行，继而使得兑铁过程中不会发生喷溅。

(2) 渣中FeO对喷溅的影响及控制方法。

从前面对式（5-10）的分析可知，降低渣中FeO含量可以减缓反应进行，据文献［8］介绍，当渣中FeO≤16%时，可以抑制喷溅情况的发生。而某钢厂部分转炉终渣FeO含量较高，达到26%左右，此时炉渣氧化性较强，存在兑铁喷溅的可能性，因此需采取手段适当降低渣中FeO。

为降低渣中FeO含量，国内某厂自主研发了一种终渣改质剂，改质剂的主要构成成分是炭粉和MgO（成分见表5-5）。

表 5-5 终渣调渣剂成分 (%)

C	MgO	CaO	SiO_2	H_2O	P	S
30. 2	35. 47	4. 97	4. 12	1. 05	0. 012	0. 012

其改质原理为:

$$C + (FeO) \longequal CO + [Fe] \quad (5\text{-}17)$$

(3) 改变 CO 分压。

降低渣中的 FeO 含量的同时生成的 CO 气体增大了炉内的 CO 分压。增加 CO 的分压也在一定程度上抑制反应向右进行，从而进一步抑制兑铁过程中出现喷溅。

B 炉渣循环次数[7]

单渣留渣工艺留渣次数越多，渣中的磷含量越富集，当炉渣循环利用次数超过一定范围时，脱磷较为困难，甚至要增加辅料消耗进行脱磷，此时渣量较大，冶炼困难，因此炉渣循环次数在该工艺中至关重要。图 5-21 为国内某厂工业试验循环次数与炉渣中 P_2O_5 含量的关系图，图 5-22 为循环次数与渣量的关系图。

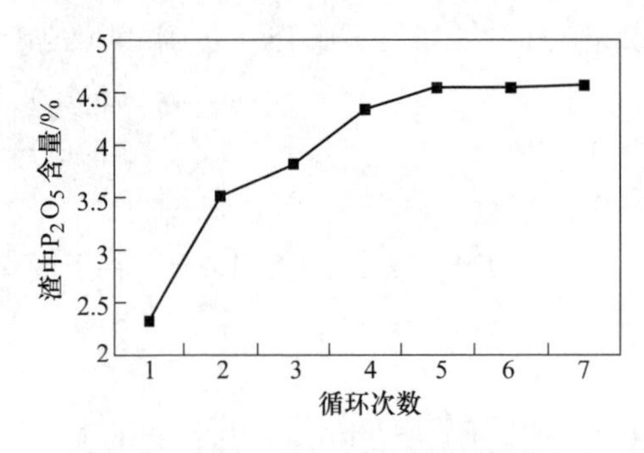

图 5-21 循环次数与 P_2O_5 含量的关系图

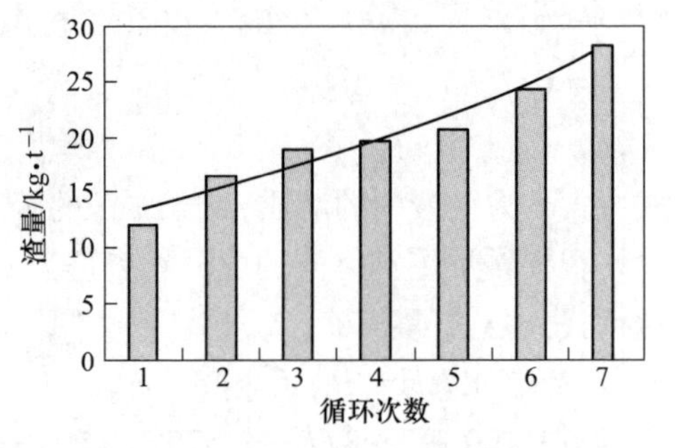

图 5-22 循环次数与渣量的关系图

从图 5-21、图 5-22 中可以看出，当炉渣循环次数在 5 炉及以上时，渣中（P_2O_5）含量趋于稳定，因此可得出炉渣最佳循环次数为 5~6 炉。

5. 3. 1. 2 留渣工艺的效果及效益

氧气转炉留渣操作能够充分利用前炉钢终点炉渣的热量、碱度和氧化性，大幅降低渣料消耗，在转炉吹炼初期可以快速造就高碱度氧化渣，有利于提高生产效率，并具有显著的经济效益，特别在铁水资源不足的钢厂效益更加突出。因此各钢厂一直在进行生产试验，以求实现留渣操作的稳定。

史庭坚等人[9]针对天钢 3 座 120t 转炉进行留渣工艺研究，批量试验结果表明，单渣留渣工艺下终点磷含量最大值为 0. 026%，较常规工艺的最大值 0. 031%降低了 0. 005%，平均磷含量由 0. 017%降至 0. 014%，完全可以满足 Q235、10、20 等普通钢种的要求。其脱磷效率对比如图 5-23 所示。

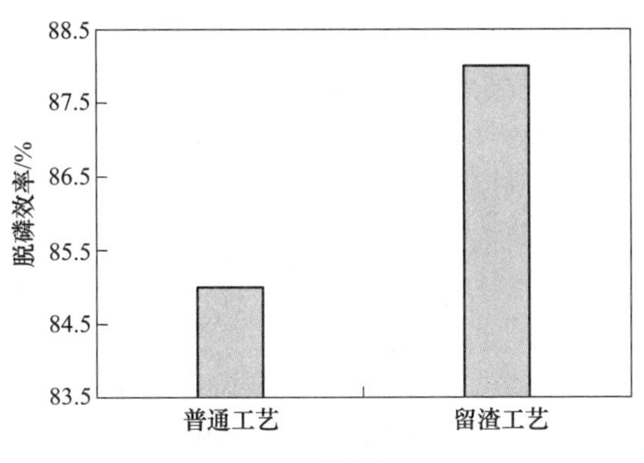

图 5-23 脱磷效率对比图

数据统计显示，留渣+单渣工艺与常规工艺相比，脱磷率从 85% 提升至 88%，提高了 3%。

刘忠建等人[10]针对莱钢银山炼钢厂 120t 复吹转炉降低冶炼成本、提高经济指标打下了良好基础。实践表明，采用留渣单渣工艺散装料和钢铁料消耗显著降低。石灰消耗降低 15.67kg/t，白云石消耗降低 1.60kg/t，烧结矿降低 10.07kg/t，钢铁料消耗减少 18kg/t。

采用单渣留渣冶炼工艺后，由于散装料加入量的降低以及终点命中率的提高等使转炉渣量大幅度降低。传统冶炼工艺与单渣留渣冶炼工艺渣量对比情况如表 5-6 所示。

表 5-6 喷溅渣量和总渣量 (kg/t)

项 目	喷溅渣量	总渣量
传统单渣工艺	16.35	102.52
单渣留渣工艺	8.02	77.36

吴杰[7]同样针对天钢 3 座 120t 转炉进行留渣单渣冶炼工艺研究，采用留渣单渣操作后，辅料的消耗量与不留渣单渣法相比有所降低，辅料消耗情况如表 5-7 所示。

表 5-7 辅料消耗对比 (kg/t)

类 别	石灰石	生白云石	返矿	石灰	辅料形成渣量
单渣	21.02	16.07	20.72	32.17	56.93
留渣单渣	14.57	12.95	21.95	24.26	44.61
差值	6.45	3.12	-1.23	7.91	12.32

5.3.2 基于留渣+双渣的冶炼工艺研究

留渣双渣工艺脱磷阶段由于熔池温度低，具备良好的脱磷热力学条件，脱磷阶段结束时，钢液中的大部分磷已氧化进入渣中，此时尽可能多地将脱磷渣从炉内倒出，将明显降低后期脱碳阶段的脱磷负担，反之若此时倒渣量少，在脱碳阶段渣中 P_2O_5 将会还原至钢液中，最终影响整个留渣双渣工艺吹炼终点脱磷效果。

转炉-留渣双渣工艺在脱磷阶段结束后，需要将脱磷渣从炉内倒出，由于炉渣与钢液之间的黏附力，炉渣在正常状态下难以从炉内倒出，此时需要使炉渣泡沫化，炉渣体积增加十几倍甚至几十倍后才能将炉渣从炉内倒出，炉渣泡沫化是将前期脱磷渣从炉内倒出的主要手段。

本节从炉渣泡沫化机理出发，研究了脱磷阶段泡沫渣的形成过程，为进一步研究转炉留渣双渣工艺获得更大倒渣量提供理论指导。

5.3.2.1　脱磷阶段泡沫渣的形成过程

转炉碳氧反应形成大量 CO/CO_2 气泡，这些密集的气泡进入炉渣中将发生碰撞，无论是两个气泡之间的碰撞，还是多个气泡之间的碰撞，任意两个气泡在相互碰撞时，由 Laplace 定律可知，不同气泡内部压力不同，如图 5-24 所示，假设其中一个气泡碰撞液膜处内部压力为 p，则相应另一个气泡碰撞液膜处内部压力为 $p - \frac{2\gamma}{r}$，此时，相邻气泡的压力差满足：

$$\Delta p = p - \left(p - \frac{2\gamma}{r}\right) = \frac{2\gamma}{r} \tag{5-18}$$

式中，Δp 为碰撞气泡压力差，N/m^2；γ 为气泡表面张力，N/m；r 为碰撞气泡曲率半径，m。

气泡碰撞时，若液膜强度不足以维持压力差，相邻气泡则会合并。因此，碰撞气泡内部压力差是导致气泡合并的动力，合并后单个气泡体积增加，合并后的气泡再与其他气泡继续碰撞，单个气泡体积不断增加。气泡碰撞示意图如图 5-25 所示。

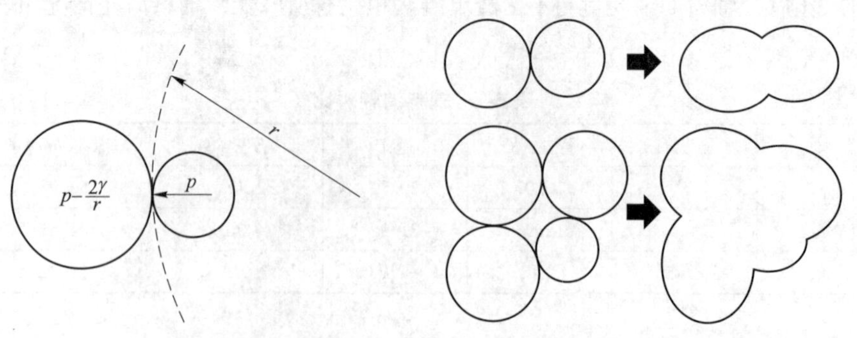

图 5-24　气泡碰撞时内部压力差　　　图 5-25　两个或多个气泡之间碰撞示意图

随着单个气泡的体积增加，渣中大气泡增多，同时气泡之间的渣相在重力作用下析液，析液将导致气泡间的几何结构重排，气泡间的几何拓扑结构发生变化，气泡析液几何拓扑结构变化图如图 5-26 所示。

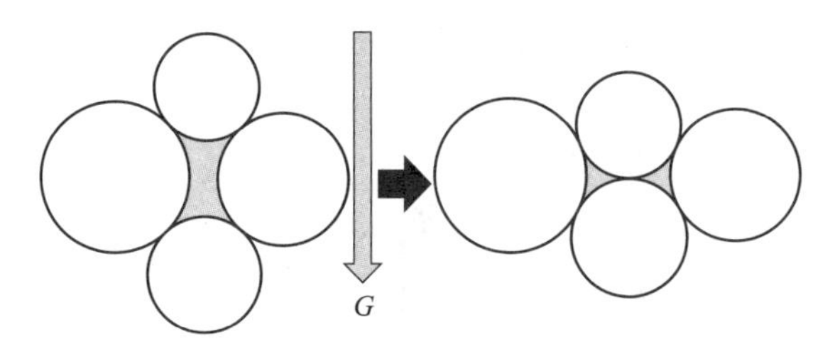

图 5-26　气泡几何拓扑结构随炉渣析液变化图

由图 5-26 可见，气泡之间渣相的析液使得气泡之间的渣相减少。这样，在泡沫渣形成过程中同时发生着两种变化：（1）气泡之间不断碰撞，使得大气泡逐渐增多，气泡在自身浮力作用下及新生产气泡的排挤下不断上升；（2）气泡之间的炉渣在重力作用下不断析液，气泡之间的渣相减少，气泡之间的几何拓扑结构不断发生变化，泡沫渣的孔隙率增加。

伴随着气泡直径的变大及气泡上浮，泡沫渣孔隙率增加，泡沫渣高度不断增加。留渣双渣工艺脱磷阶段，泡沫渣达到一定高度后即可倒渣。倒渣时，首先倒出的是孔隙率高、大气泡多的上层泡沫渣，之后泡沫渣孔隙率逐渐减小且大气泡减少，底部泡沫渣孔隙率最低，但由于炉渣和钢液之间的黏附力，底部泡沫渣难以从炉内分离。

气泡碰撞长大后，气泡曲率半径增加，根据 Laplace 定律气泡内部压力（$p=2\gamma/r$）降低，气泡受到渣相及相邻气泡的挤压，气泡难以维持球形。经典的泡沫理论认为随着析液及气泡不断碰撞长大，理想状态下气泡存在由球形向多面体演化的趋势，储少军等通过物理模拟实验验证了冶金过程中的泡沫渣存在气泡由球形向多面体的转变。但转炉内环境复杂，通过电镜照片可观察到实际泡沫渣中小气泡以球形为主，少数大气泡呈不规则形状。留渣双渣工艺脱磷阶段泡沫渣形成过程示意图如图 5-27 所示。

因此，留渣双渣工艺脱磷阶段泡沫渣的形成过程为：随着硅、锰氧化结束，碳氧反应到来，大量 CO/CO_2 气泡进入渣中，气泡之间不断碰撞、合并，由于新生成气泡不断进入，上部气泡被下部气泡抬挤且由于气泡本身的浮力作用，气泡不断上升，气泡在上升同时由于重力作用，气泡之间的渣相在重力作用下析液，气泡的拓扑结构不断发生变化，气泡之间不断碰撞合并。气泡碰撞长大后，气泡内部压力减小，气泡受到周围渣相及相邻气泡的挤压，气泡由小气泡时的球形转变为大气泡时的不规则形状。最终，气泡的碰撞、炉渣的析液形成上部大气泡多、孔隙率高，下部小气泡多、孔隙率低的泡沫渣。

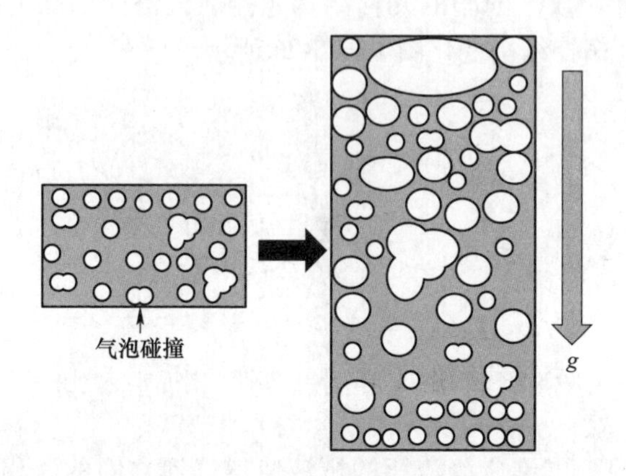

图 5-27　留渣双渣工艺脱磷阶段泡沫渣形成过程示意图

5.3.2.2　炉渣发泡钢液卷入行为研究

在转炉熔池中，由于炉渣覆盖在钢液表面，CO/CO_2 气泡在钢液中形成后，从钢液中运动到钢/渣界面，最后进入渣中，此时上升的 CO/CO_2 气泡极易将钢液卷入渣中。对于这种由于气泡上升将下层高密度的钢液卷入上层低密度渣液中的现象，有关学者做过大量数学或物理模拟研究[11-13]。转炉炼钢生产中，钢液的卷入行为一方面有利于加强钢/渣之间的热量、质量传递，促进脱磷、脱碳反应的进行，但另一方面过多的钢液进入渣中会降低转炉二次燃烧率，并增加铁损。

转炉脱磷阶段结束泡沫渣中含有大量铁珠。脱磷阶段结束倒渣时，若渣中铁珠含量过多，倒渣铁损过大，生产成本增加。本小节使用水/硅油界面模拟了转炉炼钢过程中的钢/渣界面，重点研究了不同黏度、不同气泡当量直径下钢液的卷入行为，分析了减少钢液卷入量的有利因素，并进一步探讨了钢液卷入炉渣的机理。

A　液柱受力分析

气泡穿越钢/渣界面时，气泡下方形成液柱[14]。图 5-28 为液柱主要受力示意图。

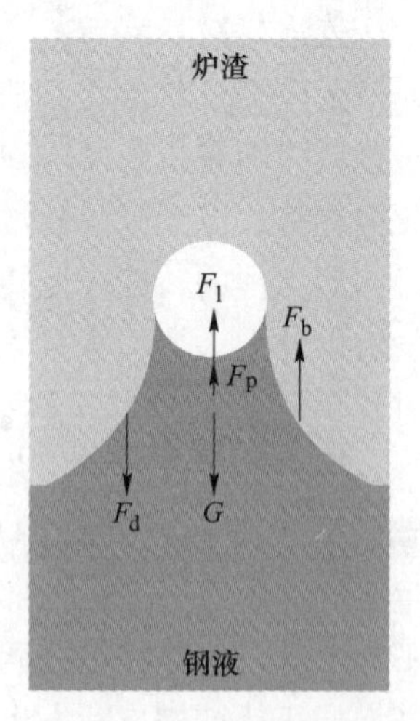

图 5-28　气泡穿越钢/渣界面时液柱受力分析

气泡下方液柱主要受力为：

(1) 惯性力。气泡带动液柱向上运动，液柱产生向上运动的惯性力 F_p。

$$F_p = ma \tag{5-19}$$

式中，m 为液柱质量，kg；a 为液柱向上减速运动的加速度，m/s^2。液柱初速度越大，a 越大，液柱运动初速度由气泡穿越钢/渣界面运动速度决定，因此，液柱惯性力随气泡穿越钢/渣界面运动速度增加而增加。

（2）黏附力。气泡与液柱顶端黏附产生黏附力 F_1，F_1 与气泡和液柱顶端接触面积成正比[15]，在本物理实验中为气泡和水的黏附力。

（3）浮力。液柱进入液态炉渣中，受到来自炉渣的浮力 F_b。

$$F_b = \rho_s V g \tag{5-20}$$

式中，ρ_s 为炉渣密度，kg/m；V 为液柱体积，m^3；g 为重力加速度，9.8m/s^2。

（4）曳力。液柱与液态炉渣之间发生相对运动时，液柱和炉渣之间存在摩擦力，该摩擦力称为曳力 F_d，曳力的表达式为：

$$F_d = \frac{1}{2}\rho_s C_d \Delta v^2 S \tag{5-21}$$

式中，ρ_s 为炉渣密度，kg/m^3；S 为液柱的迎风面积，m^2；C_d 为曳力系数；Δv 为液柱和炉渣相对速度差，m/s。

（5）液柱自身重力 G：

$$G = mg \tag{5-22}$$

液柱总受力为：

$$F = F_p + F_1 + F_b - F_d - G \tag{5-23}$$

式中，F_p、F_1、F_b 为促进液柱进入炉渣的驱动力；F_d、G 为阻碍液柱进入炉渣的阻力。

B 钢液卷入机理

在驱动力的作用下，气泡下方液柱进入炉渣中。液柱在阻力作用下，上升过程中不断减速，液柱顶端由于气泡的黏附力，随气泡不断上升，由于液柱向上的运动速度小于气泡运动速度，同时液柱在自身表面张力作用下不断收缩，液柱被不断拉长，最终变化为上细下粗的漏斗状。

图 5-29 为气泡穿越水/硅油界面时的平均速率（曲线 M1 零界面至 10mm 高

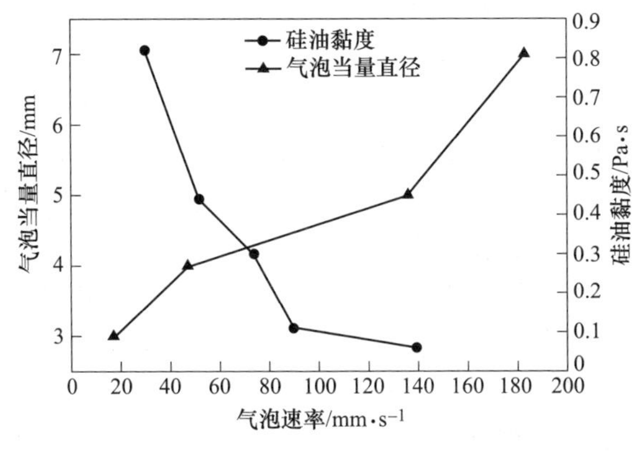

图 5-29 气泡穿越水/硅油界面时的平均速率

度之间的平均斜率)。可见，当硅油黏度为 0.6Pa·s 时，气泡穿越水/硅油界面的平均速率为 136.3mm/s，而当硅油黏度增加到 8.2mPa·s 时，气泡穿越水/硅油界面的平均速率仅为 21.5mm/s，随着硅油黏度增加，气泡穿越水/硅油界面速率明显下降。同样当硅油黏度固定为 0.6mPa·s 时，气泡当量直径为 3mm 时，气泡穿越水/硅油界面的平均速率仅为 17mm/s，而当气泡当量直径增加为 7mm 时，气泡穿越水/硅油界面的平均速率增加到 183mm/s，随着气泡当量直径增加，气泡穿越水/硅油界面速率增加。

气泡穿越钢/渣界面速率越快，液柱的惯性力越大，液柱的驱动力增加，钢液更容易卷入渣中，图 5-30 和图 5-31 为气泡运动速率与卷入水滴体积及卷入率关系图。可见，随着气泡速率增加，卷入的水滴体积及卷入率增加。

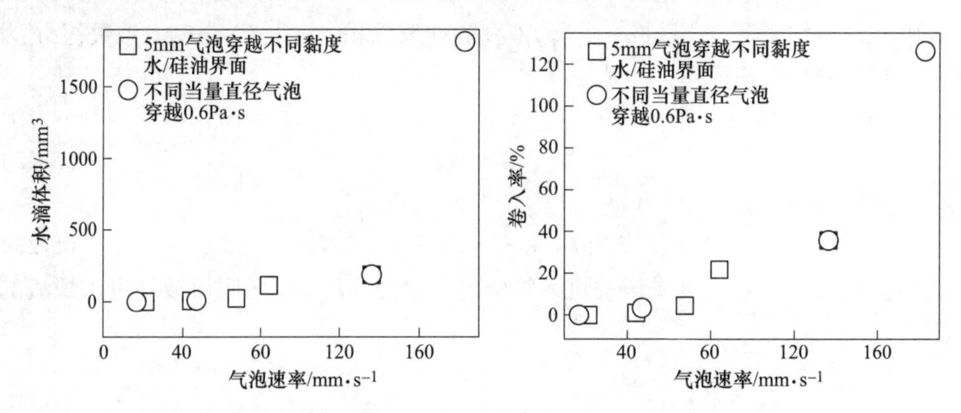

图 5-30 气泡运动速率与卷入水滴体积关系图　　图 5-31 气泡运动速率与卷入率关系图

比较当量直径 5mm 气泡穿越不同黏度硅油的水/硅油界面照片，可见，气泡在穿越水/硅油界面时主要有球冠形和锥球形两种形态。而硅油黏度固定为 0.6mPa·s，气泡当量直径变化时，同样存在类似的变化规律。气泡运动形态的变化时，气泡与液柱接触面积不同，液柱与气泡间黏附力不同，显然，球冠形更有利于增加气泡与水柱的接触面积，从而获得更大的黏附力。

液柱穿越钢/渣界面不同的初速度及气泡运动形态，使得液柱进入炉渣的驱动力不同，液柱随气泡上升到不同的高度，液柱的收缩使得液柱顶端与气泡接触面积逐渐减少，气泡与液柱之间的黏附力减少，气泡与液柱有分离的趋势。液柱与气泡分离后，液柱与气泡黏附力消失，液柱在自身重力及曳力作用下逐渐停止向上运动，最后在重力作用下逐渐向下回落。同时，液柱在表面张力作用下继续收缩，若液柱来不及沉降回钢液已发生断裂，形成卷入炉渣中的钢液。

A. Suter 等人[16]研究表明，液柱进入炉渣的高度决定了最终卷入炉渣中的钢液量，Lauri Holappa[17]研究认为，液柱高度越高，液柱稳定性越差，液柱更容易断裂在渣中，液柱的断裂最终形成卷入炉渣中的钢液。图 5-32 和图 5-33 为水柱高度与卷入的水滴体积及卷入率关系图。可见，卷入硅油中的水滴体积及卷入率随水柱高度的增加而增加。

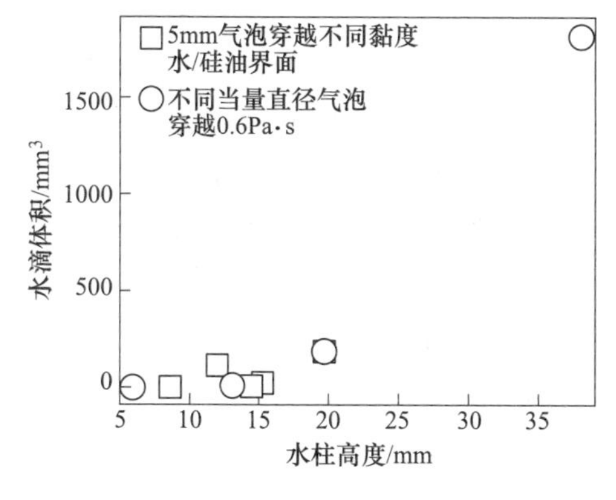

图 5-32 水柱高度与卷入水滴体积关系图

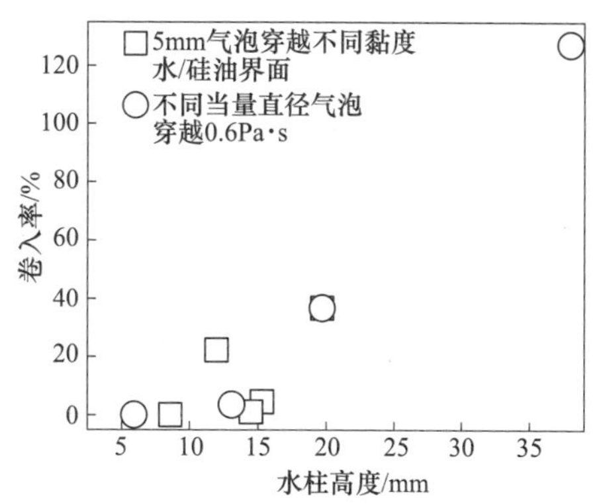

图 5-33 水柱高度与卷入率关系图

综上所述，钢液卷入炉渣机理如图 5-34 所示。气泡穿越钢/渣界面时，由于炉渣黏度及气泡尺寸的差异，导致了气泡穿越钢/渣界面的运动速度不同。气泡运动速度的差异决定了液柱进入炉渣的驱动力不同，液柱随气泡上升时受阻力的影响做减速运动，液柱在自身表面张力的作用下直径不断收缩，液柱顶端在黏附力（气泡与钢液）及惯性力作用下不断向上运动，气泡的不同运动形态影响了液柱顶端与气泡的接触面积，进而形成不同的黏附力，液柱最终被拉伸为不同高度、上细下粗的漏斗状。随着液柱直径的收缩，气泡与液柱最终分离。液柱与气泡分离后逐渐停止向上运动，之后在重力作用下开始沉降，当液柱沉降回钢液前已发生断裂时，形成卷入炉渣中的钢液，一般情况下形成的液柱高度越高，卷入炉渣中的钢液量越多。大尺寸液滴主要由高速运动的球冠形气泡卷入，而小尺寸液滴则主要是由运动速度较慢的锥球形气泡卷入。

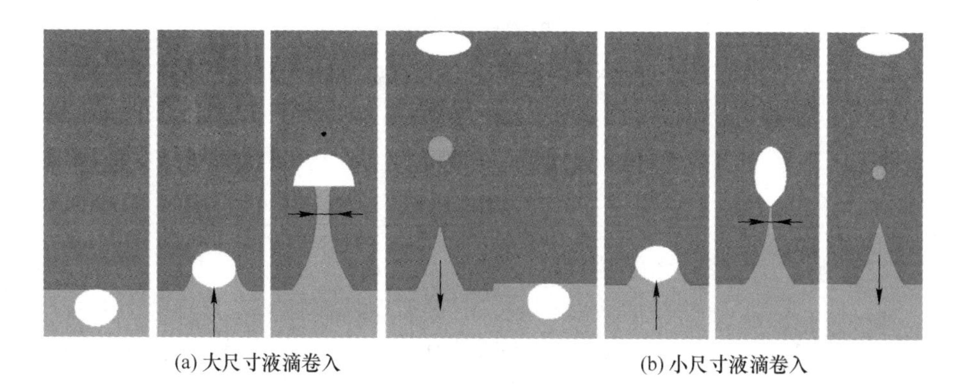

(a) 大尺寸液滴卷入 (b) 小尺寸液滴卷入

图 5-34 钢液卷入机理

5.3.2.3 关于留渣-双渣工艺的关键技术

A 留渣方式的探讨

图 5-35 为留渣-双渣工艺典型枪位及渣料加入量控制图。留渣-双渣工艺脱磷阶段吹氧时间一般为 3~6min，倒渣时间一般为 3~5min，脱碳阶段吹炼时间一般为 10~13min。如图 5-35 所示，开吹点火后立即加入石灰、白云石、矿石等第一批造渣料。倒渣前 0.5~1min 分批次向炉内加入矿石，以促进泡沫渣生成，图中矿石加入量为 2kg/t，实际生产中加入量一般为 0~10kg/t。脱磷阶段结束后倒渣，之后进入脱碳阶段吹炼，脱碳阶段渣料加入量及时间如图 5-35 所示。吹炼枪位一般采用低-中-高-低模式，生产中根据炉内化渣情况调整。

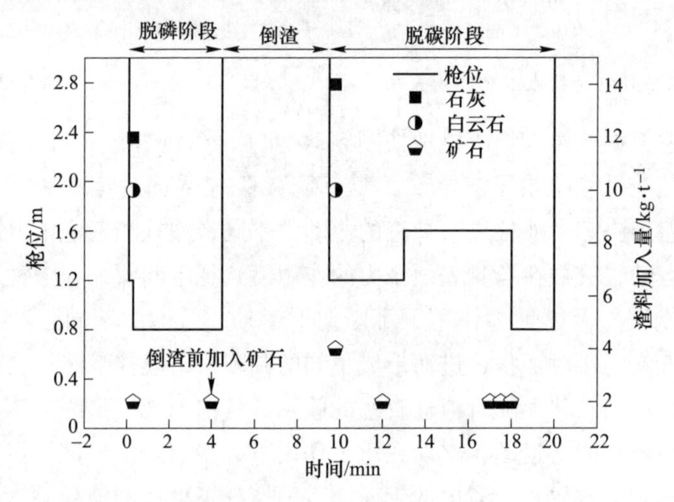

图 5-35 原留渣双渣工艺典型枪位及渣料加入量控制图

为减少铁水、废钢等炼钢原料对统计数据的干扰，选取原料条件相近的炉次。所取数据铁水成分、温度及废钢搭配量如表 5-8 所示。

表 5-8 分析炉次铁水、废钢条件

铁水主要成分 w_B/%				铁水温度/℃	废钢量/t
C	Si	P	Mn		
4.2~4.7	0.4~0.6	0.13~0.16	0.15~0.30	1280~1350	6~8

a 倒渣量影响因素分析

（1）白云石加入量对倒渣量的影响。图 5-36 为统计留渣双渣工艺白云石加入量对倒渣量的影响。可见，脱磷结束倒渣量随白云石加入量的增加而降低。当白云石加入量不大于 12kg/t，平均倒渣量为 55kg/t，当白云石加入量 12~20kg/t 时，平均倒渣量为 52.4kg/t，当白云石加入量不小于 20kg/t，平均倒渣量为 48kg/t。

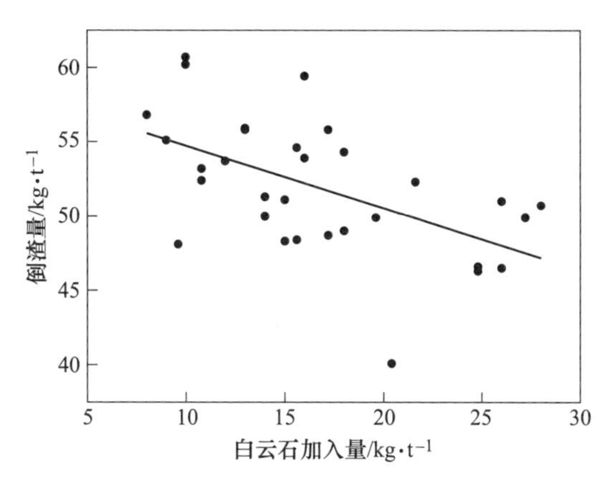

图 5-36 白云石加入量对倒渣量的影响

转炉造渣加入白云石主要是控制渣中 MgO 含量，减少炉渣对炉衬的侵蚀，但 MgO 的增加缩小了炉渣液相线区间，白云石加入量越多，渣中 MgO 含量越高，炉渣流动性越差，倒渣量越小[18]。为获得更大倒渣量需要减少白云石加入量，但减少白云石加入量不可避免加快了转炉炉衬的侵蚀速度，因此，为尽量减少对转炉炉衬侵蚀的影响并获得更大的倒渣量，该厂将白云石的加入量固定为 12kg/t，并适当增加一定的补炉等手段使转炉炉衬侵蚀控制在了一个正常水平。

（2）矿石加入量对倒渣量的影响。脱磷阶段泡沫渣由钢液中产生的 CO/CO_2 气泡停留在炉渣中形成，根据 Fruehan 等研究者对泡沫化指数 $\varSigma$ 的定义：

$$\varSigma = \frac{\Delta h}{\Delta v_g^s} \tag{5-24}$$

式中，Δh 为炉渣高度的增量；Δv_g^s 为表观气体速率，定义为 $v_g^s = Q_g/A$；Q_g 为气体流量；A 为容器横截面积。

上式可转化为：

$$\Delta h = \frac{\Sigma Q_g}{A} \tag{5-25}$$

可见，增加气体流量 Q_g 有利于增加泡沫渣的高度。对于留渣双渣工艺脱磷阶段后期，此时硅、锰氧化已基本趋于结束，碳氧反应迅速到来，此时若批量加入矿石，可增加氧源，瞬间形成大量 CO/CO_2 气体，从而增加气体流量 Q_g，形成更高的泡沫渣。倒渣前批量加入矿石对倒渣量的影响如图 5-37 所示。

由图 5-37 可知，矿石加入时间为倒渣前 0.5～1min。若倒渣前不加入矿石，CO/CO_2 气体全部由氧枪吹入的氧气形成，此时气体流量 Q_g 相对较小，泡沫渣高度相对较低，由该图可见，当矿石加入量为零时，获得的倒渣量一般在 40～50kg/t 之间，平均为 46.9kg/t。当批量加入 2kg/t 矿石后，倒渣量迅速增加到

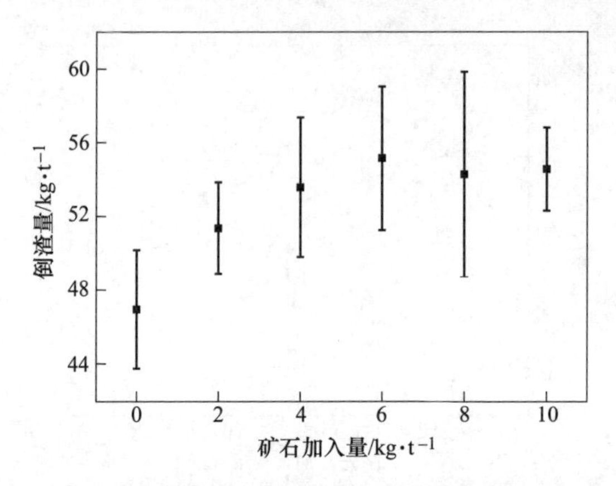

图 5-37　倒渣前批量加入矿石对倒渣量的影响

45~60kg/t 之间，平均为 51.4kg/t。之后，随着矿石加入量的增加，倒渣量继续增加，但当矿石加入量超过 6kg/t 之后倒渣量增加并不明显。其原因可能是此时炉内脱碳反应速率已达极限，碳的传质成为限制性环节。

炉渣过度泡沫化会导致铁损增加并造成严重的喷溅等生产事故，矿石加入量越多，产生爆发性喷溅的可能性越大。因此，倒渣前 0.5~1min 矿石加入量应控制在 2~6kg/t。

（3）倒渣时间对倒渣量的影响。脱磷阶段结束提枪至脱碳阶段下枪为倒渣时间，如图 5-35 所示。图 5-38 为统计倒渣时间与倒渣量关系图。

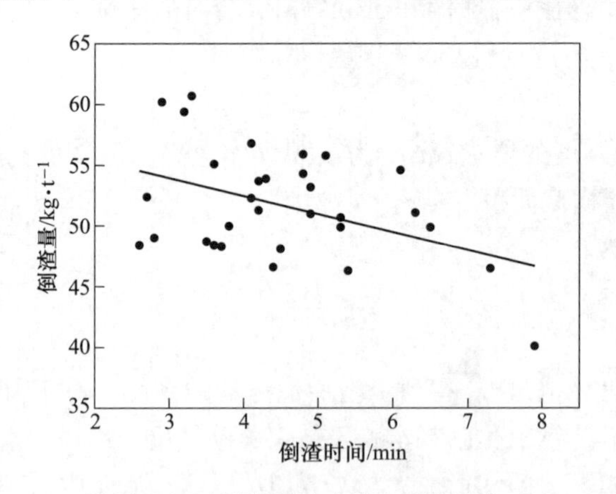

图 5-38　倒渣时间对倒渣量的影响

由图 5-38 可见，倒渣量随倒渣时间的增加而降低。倒渣时间在 4min 以内时，倒渣量基本在 45~65kg/t 之间，当倒渣时间超过 6min 时，平均倒渣量在 45kg/t 以下。倒渣时间长，炉内泡沫渣析液，泡沫渣孔隙率提高，同时，气泡碰撞合并后不断破裂泡沫渣高度降低，最终倒渣量减少，因此，控制倒渣时间小于 4min 可提高倒渣量。

倒渣时间 T_D 由以下几部分组成:

$$T_D = T_1 + T_2 + T_3 \quad (5\text{-}26)$$

式中，T_1 为倒渣准备时间，min，包括挡火装置关闭、渣罐准备等时间；T_2 为转炉倾动时间，min，由于转炉转速基本恒定该时间近似为常数；T_3 为转炉倾动时停顿时间，min。

图 5-38 中倒渣时间大于 6min 炉次主要由于倒渣准备时间过长造成。因此，要减少倒渣时间应主要减少倒渣准备时间，同时减少转炉倾动时的停顿时间。

综上所述，获得更大倒渣量的优化条件为:

（1）减少白云石的加入量有利于增加倒渣量，白云石加入量固定为 12kg/t;

（2）倒渣前 0.5~1min 批量加入矿石 2~6kg/t;

（3）减少倒渣准备时间及转炉倾动时的停顿时间，将倒渣时间控制在 4min 以内。

b　倒渣工艺优化效果

图 5-39 为优化后留渣双渣工艺典型枪位及渣料加入量控制图。对比图 5-35，主要优化措施为:

（1）白云石加入量脱磷和脱碳阶段固定为 6kg/t 和 6kg/t;

（2）倒渣前矿石加入量控制在 2~6kg/t;

（3）通过合理调度减少倒渣准备时间，同时转炉倾动过程中减少停顿，将转炉角度一次倾动到 70°，稍做停顿后倾动到 78°~80°，使倒渣时间控制在 4min 以内。

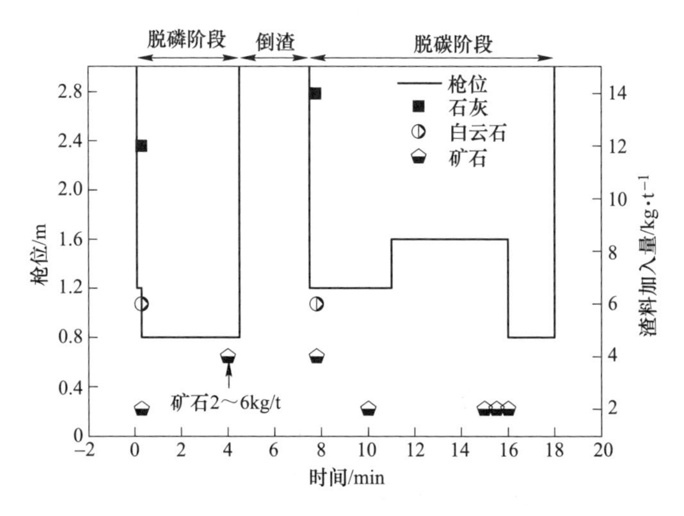

图 5-39　优化后留渣双渣工艺典型枪位及渣料加入量控制图

采用与优化前相同的方法统计了优化后倒渣炉次 30 炉，统计优化后倒渣量（原料条件范围与优化前基本相同，如表 5-8 所示），优化前后倒渣量分布如图 5-40 所示。

由图 5-40 可见，优化前倒渣量分布区间为 40～65kg/t，主要分布区间为 45～50kg/t 及 50～55kg/t 之间，分别占比 29% 及 45.1%；优化后分布区间为 50～70kg/t，主要分布区间为 55～60kg/t 及 60～65kg/t，分别占比为 36.7%和 40%。优化后不仅较大倒渣量所占比例增加，同时倒渣量波动区间减少。

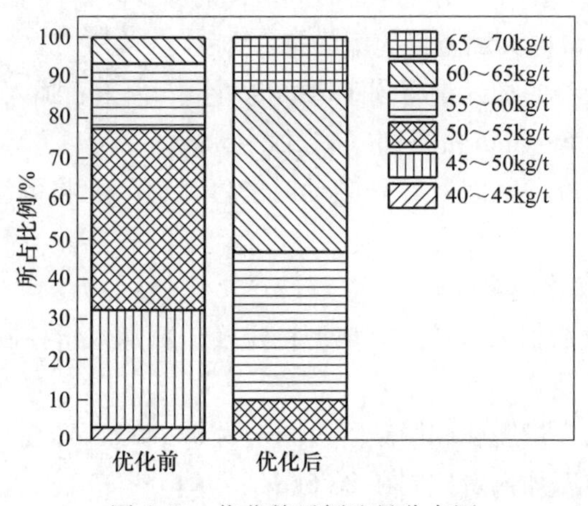

图 5-40　优化前后倒渣量分布图

图 5-41 为优化前后统计炉次平均倒渣量对比图。可见，优化前平均倒渣量 50.8kg/t，优化后平均倒渣量为 62.9kg/t，优化后平均倒渣量增加 12.1kg/t，增幅为 23.8%。

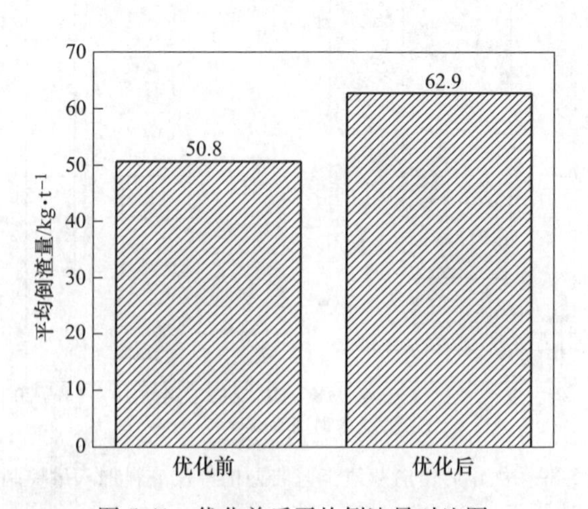

图 5-41　优化前后平均倒渣量对比图

c　连续留渣炉数分析

采用优化后留渣双渣工艺控制方案，留渣量分别为全留渣（上炉终点渣全部留至下炉）和部分留渣（上炉终点渣 1/3～2/3 留至下炉），分别冶炼 10 炉，其中全留渣分两个批次，每个批次连续留渣 5 炉，部分留渣连续留渣 10 炉。生产用铁水、废钢等原料条件如表 5-8 所示。

全留渣连续留渣

全留渣连续留渣各炉次脱磷渣成分检测结果及供氧时间如表 5-9 所示。

表 5-9　全留渣连续留渣脱磷渣成分及供氧时间

批次	炉号	脱磷渣主要成分 w_B/%						吹氧时间 /min	氧耗 /$Nm^3 \cdot t^{-1}$
		CaO	SiO_2	MgO	MnO	Fe_2O_3	P_2O_5		
Ⅰ	1	35.8	17.9	5.0	7.3	24.0	4.5	14.5	50.9
	2	34.8	18.4	5.2	7.9	21.9	4.6	15.2	53.0
	3	36.9	16.9	3.9	5.2	28.2	2.9	16.8	58.8
	4	36.0	16.0	5.4	7.3	23.2	4.2	18.4	63.7
	5	38.9	15.7	5.4	7.1	24.1	3.4	20.7	72.5
Ⅱ	1	36.6	19.9	5.3	6.1	21.2	3.8	15.1	52.9
	2	32.7	16.4	5.1	5.4	30.4	4.1	15.7	55.1
	3	39.2	18.4	7.7	5.4	18.5	3.2	16.9	59
	4	37.6	18.1	5.2	4.3	22.7	3.8	19.1	66.4
	5	38.6	16.7	6.9	6.1	20.1	4.4	21.4	74.2

图 5-42 为试验两批次脱磷渣碱度随连续留渣炉数变化图。可见，两个批次脱磷渣碱度总体上都随连续留渣炉数增加而上升，其中批次 1 由留渣第 1 炉碱度 2.0 上升至第 5 炉 2.47，碱度上升 23.5%，而批次 2 由第 1 炉碱度 1.84 上升至 2.31，碱度上升 26.5%。

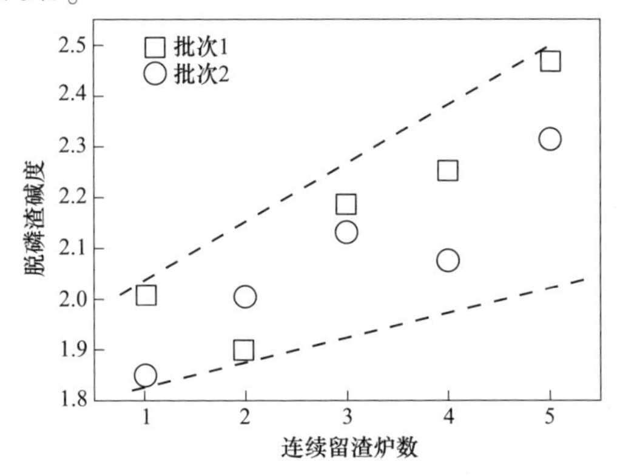

图 5-42　全留渣连续留渣脱磷渣碱度随连续留渣炉数变化图

图 5-43 和图 5-44 为试验两批次全留渣连续留渣吹氧时间及氧耗随留渣炉数变化图。可见，吹氧时间及氧耗随留渣炉数增加呈明显上升趋势。批次 1 留渣第 1 炉供氧时间为 14. 5min，之后逐渐增加，到第 5 炉时供氧时间达 20. 7min，增幅达 42. 8%。批次 2 则从 15. 1min 增加到 21. 4min，增幅为 39. 7%。同样，批次 1 氧耗由第 1 炉 50. 9Nm^3/t 增加到第 5 炉 72. 5Nm^3/t，批次 2 氧耗由第 1 炉 52. 9Nm^3/t 增加到第 5 炉 74. 2Nm^3/t。

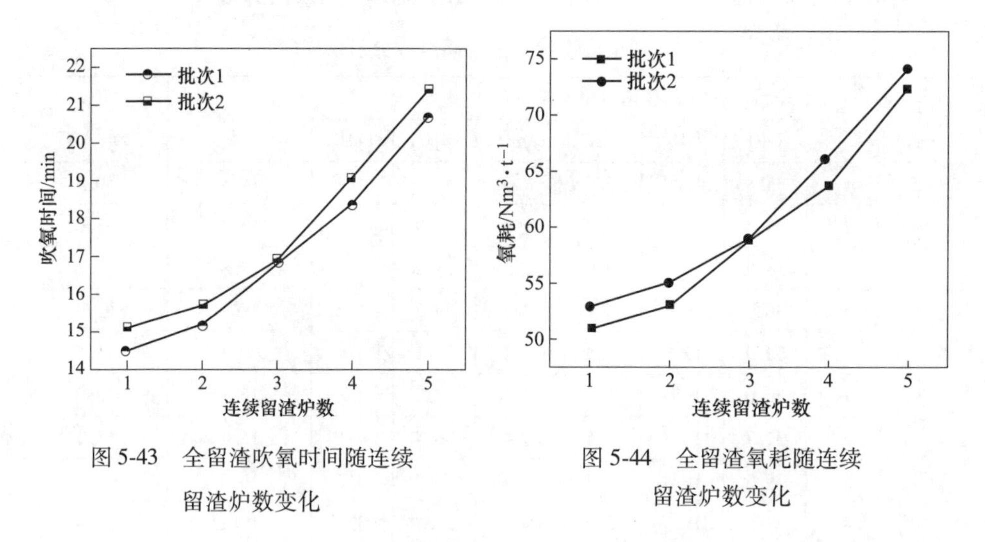

图 5-43　全留渣吹氧时间随连续留渣炉数变化

图 5-44　全留渣氧耗随连续留渣炉数变化

全留渣时，由于留渣量过大，转炉脱磷阶段结束倒渣负担过重，若此时倒渣量不足，炉内渣量逐炉累积，渣层变厚，氧气射流无法穿透渣层，氧气利用率下降，导致供氧时间增加。供氧时间增加不仅使氧耗增加，成本增加，同时延长转炉生产周期，使各工序衔接出现困难。综合图 5-42、图 5-43、图 5-44 可见，留渣前 2 炉碱度及吹氧时间增加并不明显，因此，若采用全留渣工艺，连续留渣炉数应控制在 2 炉以内。

部分留渣连续留渣

采用全留渣工艺连续留渣时，炉渣碱度逐炉升高，炉内渣量不断累积，主要原因是炉内留渣量过大，虽然工艺优化后倒渣量增加，但仍然无法满足倒渣量需求。因此，为减轻脱磷阶段结束倒渣负担，采用部分留渣工艺，即留渣量为上炉终点渣 1/3~2/3。实际生产中操作工主要根据上炉吹氧时间判断炉内渣量，控制留渣量，留渣量存在一定误差。

表 5-10 为采用部分留渣工艺连续留渣 10 炉各炉次脱磷渣检测成分及供氧时间。图 5-45 为部分留渣时脱磷渣碱度随连续留渣炉数变化图。

表 5-10 部分留渣连续留渣脱磷渣成分及供氧时间

炉号	脱磷渣主要成分 w_B/%						吹氧时间 /min	氧耗 /$Nm^3 \cdot t^{-1}$
	CaO	SiO_2	MgO	MnO	Fe_2O_3	P_2O_5		
1	32.6	18.3	5.1	6.3	25.6	3.8	14	49
2	30.6	16.3	7.0	5.3	28.4	4.6	14.8	51.6
3	37.4	20.7	5.8	3.3	21.3	3.2	14.2	49.3
4	38.5	18.4	5.4	4.6	18.5	3.7	15.7	54.3
5	31.6	25.6	5.2	5.1	17.6	3.5	15.1	52.7
6	40.2	20.0	5.8	4.2	19.6	4.1	14.8	51.5
7	33.2	17.4	7.3	7.3	21.6	4.1	15.6	54.6
8	38.1	17.5	5.9	4.7	20.4	3.6	16.8	58.1
9	31.7	19.5	5.4	6.6	24.0	3.2	15.3	54.5
10	33.6	17.3	8.3	4.8	24.5	3.9	14.6	51.1

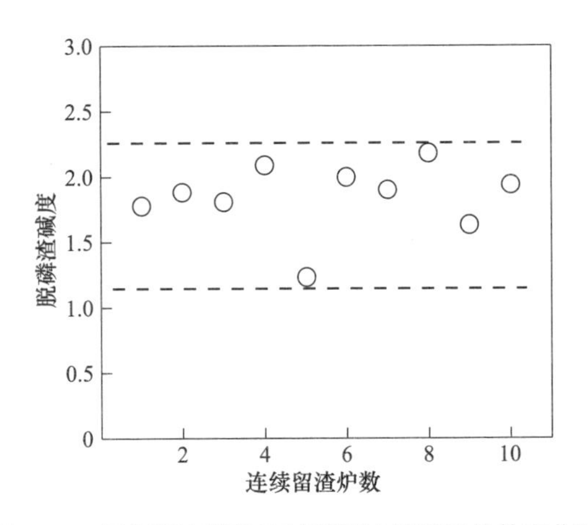

图 5-45 部分留渣脱磷渣碱度随连续留渣炉数变化图

由图 5-45 可见，试验炉次脱磷渣碱度分布在 1.23~2.37 之间，其中多数在 1.6~2.0 之间，连续留渣 10 炉脱磷渣碱度无明显增加的迹象。

图 5-46、图 5-47 为部分留渣时吹氧时间及氧耗随连续留渣炉数变化图。可见，供氧时间分布在 14~17min 之间，主要集中在 14.5~16min 之间，供氧时间存在波动，但并未明显升高趋势。同样，氧耗分布在 49~59Nm^3/t 之间，随留渣炉数增加无明显增加趋势。

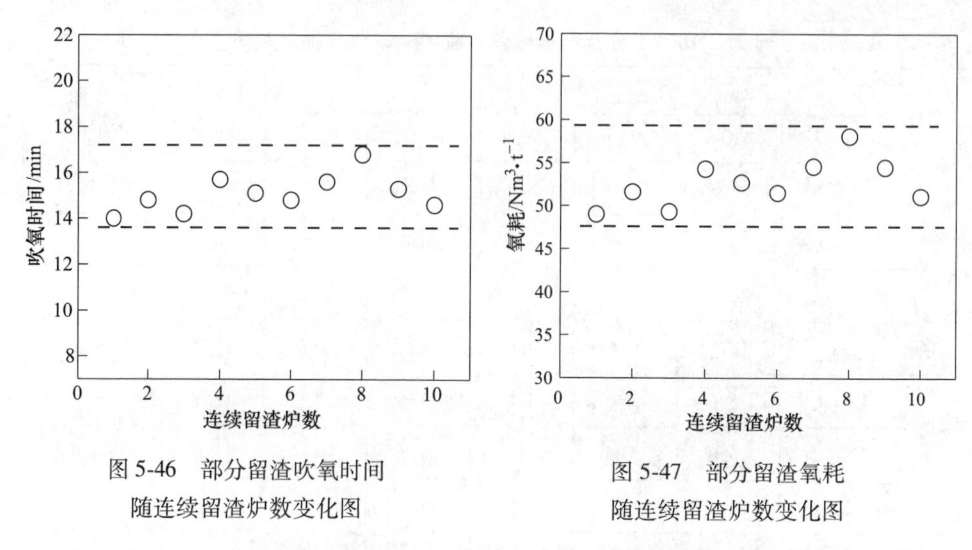

图 5-46　部分留渣吹氧时间随连续留渣炉数变化图

图 5-47　部分留渣氧耗随连续留渣炉数变化图

部分留渣时，由于留渣量减少，脱磷结束倒渣负担减轻，同时留渣量可依据上炉吹氧时间变化及时调整，避免了炉渣在炉内的不断累积。由图 5-45、图 5-46、图 5-47 可见，部分留渣时可不间断连续留渣，彻底解决了留渣双渣工艺无法连续留渣的难题。

B　脱磷工艺控制条件分析

脱磷工艺参数是留渣双渣工艺深脱磷的关键点，本节分析了工业生产条件下脱磷阶段及脱碳阶段脱磷工艺的具体控制参数，明确了留渣双渣工艺深脱磷的具体控制参数。

a　试验原料及方法

通过现场生产试验，分析转炉留渣双渣工艺脱磷关键控制条件。试验用铁水及废钢条件如表 5-11 所示。

表 5-11　试验炉次原料条件

铁水主要成分 w_B/%				铁水温度/℃	废钢量/t
C	Si	P	Mn		
4. 2~4. 7	0. 4~0. 6	0. 13~0. 15	0. 15~0. 30	1250~1350	5~8

本次试验留渣量为部分留渣，试验取样方案如表 5-12 所示，其中每炉取样 2~3 次。使用现场生产用样勺取样。取样序号分别为Ⅰ、Ⅱ、Ⅲ，其中前 12 炉每炉取样 3 次，后 13 炉每炉取样 2 次。同时，每炉取样Ⅱ、Ⅲ时测温，即脱磷阶段结束和脱碳阶段结束测温。待所取试样冷却后做如下检测：

（1）使用荧光分析法（XRF）检测渣样成分；

（2）使用光谱分析法检测钢样磷含量。

表 5-12 试验炉次取样方案

炉号	Ⅰ		Ⅱ		Ⅲ	
	取样时刻	取样种类	取样时刻	取样种类	取样时刻	取样种类
1、2	吹氧 0.5min	钢样	脱磷阶段结束	渣样、钢样	脱碳阶段结束	渣样、钢样
3、4	吹氧 1min	钢样	脱磷阶段结束	渣样、钢样	脱碳阶段结束	渣样、钢样
5、6	吹氧 1.5min	钢样	脱磷阶段结束	渣样、钢样	脱碳阶段结束	渣样、钢样
7、8	吹氧 2min	钢样	脱磷阶段结束	渣样、钢样	脱碳阶段结束	渣样、钢样
9、10	吹氧 2.5min	钢样	脱磷阶段结束	渣样、钢样	脱碳阶段结束	渣样、钢样
11、12	吹氧 3min	钢样	脱磷阶段结束	渣样、钢样	脱碳阶段结束	渣样、钢样
13~25	—	—	脱磷阶段结束	渣样、钢样	脱碳阶段结束	渣样、钢样

数据计算公式：

$$\text{脱磷率} = \frac{[\%P_0] - [\%P]}{[\%P_0]} \times 100\% \tag{5-27}$$

$$\lg L_P = \lg(\%P_2O_5)/[\%P]^2 \tag{5-28}$$

式中，$[\%P_0]$为铁水磷含量,%；$[\%P]$ 为钢液磷含量,%；$(\%P_2O_5)$ 为渣中 P_2O_5 含量,%。

b 脱磷阶段控制条件

(1) 吹氧时间控制。留渣双渣工艺脱磷阶段吹氧时间是控制脱磷阶段脱磷效果及衔接脱碳阶段的重要参数。吹氧时间过短，钢液中磷未充分去除，脱磷效果差，吹氧时间过长，导致脱碳阶段时间吹氧时间缩短，不利于脱碳阶段加入的渣料熔化，影响终点形成高碱度炉渣。

图 5-48 及图 5-49 为留渣双渣工艺脱磷阶段吹氧时间对脱磷率及钢液磷含量的影响。可见，吹氧 2min 时（折算为吹氧量 6.4m^3/t）钢液脱磷率已超过 60%，钢液中磷含量已下降至 0.05%以下。随着供氧时间增加，脱磷继续进行，但吹

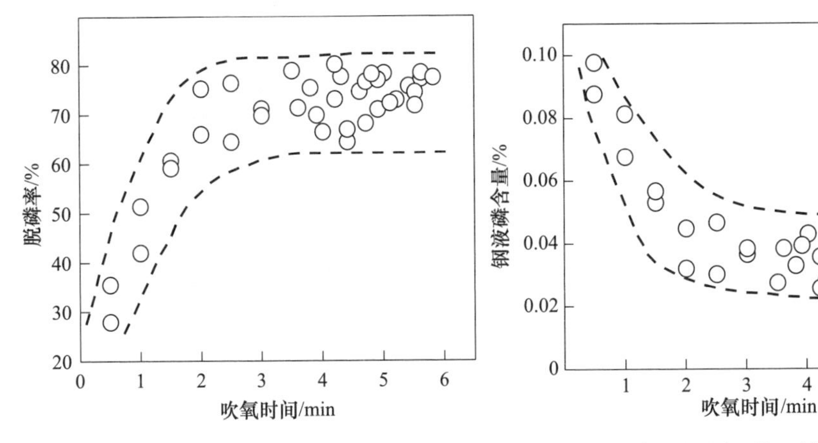

图 5-48 脱磷阶段吹氧时间对脱磷率的影响　　图 5-49 脱磷阶段吹氧时间对[%P]的影响

氧 2~4min 时脱磷速率已明显下降，此时钢液中的磷含量缓慢降低。吹氧 4min 后，钢液磷含量变化趋势已不明显。

杨肖[19]报道了沙钢 180t 转炉使用传统双渣工艺脱磷阶段钢液磷含量随吹氧量变化趋势：使用双渣工艺冶炼时，吹氧量 $8m^3/t$（吹氧时间 2.5min）时脱磷率不足 30%，吹氧量 $11m^3/t$（吹氧时间 3.4min）时脱磷率在 50%左右。可见，相对传统双渣工艺，留渣双渣工艺前期脱磷速率更快。

留渣双渣工艺吹氧 0~2min 时，磷在钢液和渣相之间的活度梯度大，同时钢液温度低。因此，在这些有利的热力学条件下，脱磷速度快。但此时留渣双渣工艺脱磷速度明显快于传统双渣工艺，其关键原因在于留渣双渣工艺将上炉终渣留至本炉使用，由于上炉终渣已成渣，不需要像双渣工艺一样有一个石灰逐渐溶解的过程，留渣双渣工艺吹氧前 2min 脱磷速度明显快于传统双渣工艺。

吹氧 2min 后由于大部分磷已被氧化去除，磷在钢液和渣相之间的活度梯度变小，但此时脱磷阶段新加入的石灰开始大量熔化，炉渣渣量增加，炉渣仍然可以较慢的速度脱磷。吹氧 4min 后由于加入的石灰大部分熔化，且钢液温度升高，脱磷速率趋于稳定。

综上所述，留渣双渣工艺脱磷阶段按脱磷速率可分为 3 个区间：1）吹氧前 2min，以上炉留渣脱磷为主的快速脱磷阶段；2）吹氧 2~4min，本炉新加入石灰脱磷为主的慢速脱磷阶段；3）吹氧 4min 以后的稳定脱磷阶段。可见，留渣双渣工艺要保证脱磷阶段脱磷效果，吹氧时间应大于 4min，但吹氧时间也不宜过长，吹氧时间过长脱碳阶段吹氧时间缩短，不利于脱碳阶段石灰熔化，现场生产中一般不超过 6min。因此，留渣双渣工艺脱磷阶段吹氧时间应控制在 4~6min。

（2）钢液温度控制。研究钢液温度对于转炉脱磷阶段脱磷效果的影响时，为避免炉渣成分对脱磷的干扰，尽量缩小其他影响因素范围，选择 $R=1.5\sim2.0$，同时渣中 Fe_2O_3 含量为 15%~25%的炉次。图 5-50~图 5-52 为统计脱磷阶段钢液温度对 $\lg L_P$、钢液磷含量及脱磷率的影响。

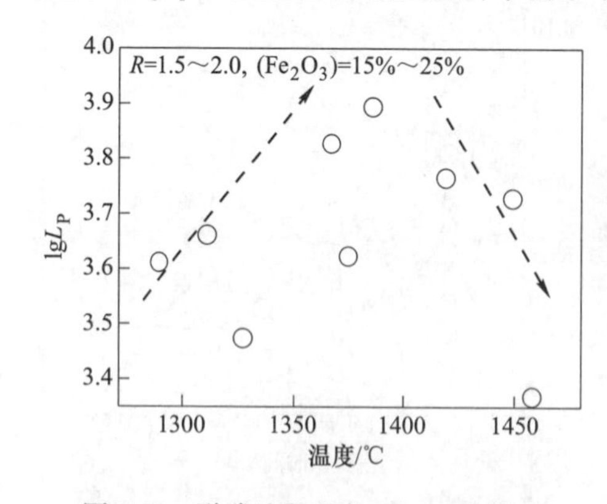

图 5-50　脱磷阶段温度对 $\lg L_P$ 的影响

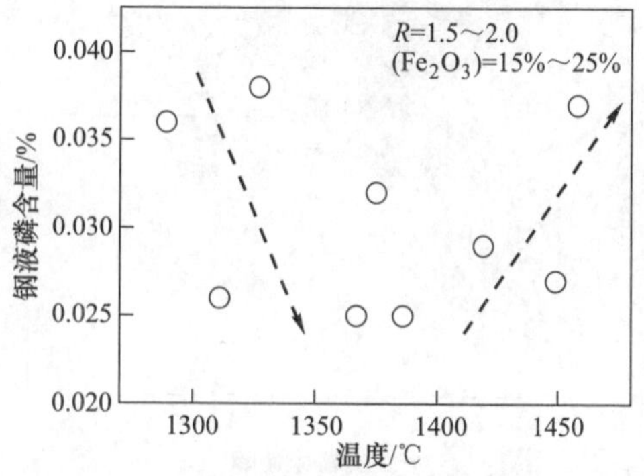

图 5-51　脱磷阶段温度对[%P]的影响

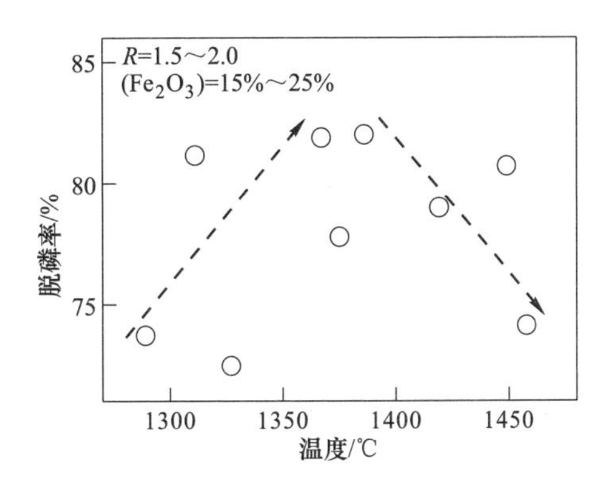

图 5-52 脱磷阶段温度对脱磷率的影响

由图 5-50～图 5-52 可见，当脱磷阶段温度区间为 1280～1470℃之间时，温度对脱磷的影响变化趋势为：升高温度时 $\lg L_P$ 及脱磷率先增加后减少，钢液磷含量先降低后增加。当温度低于 1350℃时，平均 $\lg L_P$ 为 3.58，钢液平均磷含量为 0.033%，平均脱磷率为 75.8%；当温度介于 1350～1400℃之间时，平均 $\lg L_P$ 为 3.78，钢液平均磷含量为 0.027%，平均脱磷率为 80.6%；当温度高于 1400℃时，平均 $\lg L_P$ 为 3.62，钢液平均磷含量为 0.031%，平均脱磷率为 77.9%。

温度过低并不利于脱磷，主要原因是温度过低时石灰熔化困难，炉渣流动性差，同时，考虑到吹炼终点钢液温度需求，脱磷阶段温度控制过低会使脱碳阶段升温负担过重，甚至可能导致转炉终点钢液过氧化。但钢液温度也不能控制过高，原因在于温度过高时可能存在碳磷选择性氧化等问题。

热力学计算分析低温有利于脱磷，但热力学计算并未考虑石灰熔化、炉渣流动性等因素，比较图 5-50 和图 5-48 可见，热力学计算结果与转炉生产数据存在较大差异。

因此，当脱磷阶段温度区间为 1280～1470℃之间时，脱磷阶段温度控制在 1350～1400℃可获得更好的脱磷效果，温度过高或过低都不利于脱磷。

（3）炉渣成分控制。脱磷阶段炉渣碱度控制是整个留渣双渣工艺控制的关键点，碱度的高低不仅关系到脱磷效果，同时也影响留渣双渣工艺石灰消耗水平。研究碱度对脱磷的影响，尽量缩小其他影响因素的范围，选择 T = 1350～1450℃，同时选择渣中 Fe_2O_3 含量 15%～25%的炉次。图 5-53～图 5-55 为统计炉次脱磷渣碱度对 $\lg L_P$、钢液磷含量及脱磷率的影响，其中温度区间为 1350～1450℃，渣中 Fe_2O_3 含量为 15%～25%。

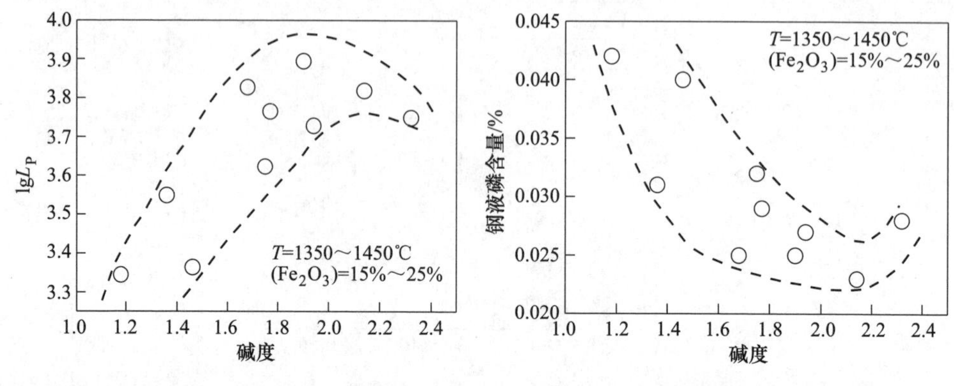

图 5-53　脱磷渣碱度对 $\lg L_P$ 的影响　　　图 5-54　脱磷渣碱度对[%P]的影响

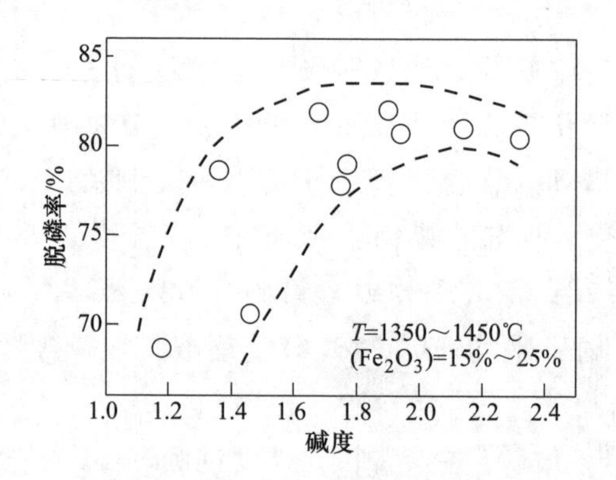

图 5-55　脱磷渣碱度对脱磷率的影响

由图 5-53~图 5-55 可见，当脱磷阶段炉渣碱度为 1~2.4 之间时，总体上随着碱度的增加 $\lg L_P$ 及脱磷率增加，钢液磷含量降低。但碱度在 2.0~2.4 之间 $\lg L_P$ 及脱磷率增加并不明显，特别当碱度大于 2.2 时，$\lg L_P$ 及脱磷率反而出现了下降的趋势。碱度小于 1.5 时，平均 $\lg L_P$ 为 3.42，平均钢液磷含量为 0.038，平均脱磷率为 72.6%；碱度 1.5~2.0 时，平均 $\lg L_P$ 为 3.77，平均钢液磷含量为 0.027，平均脱磷率为 80.3%；碱度大于 2 时，平均 $\lg L_P$ 为 3.78，钢液磷含量平均为 0.026%，平均脱磷率为 80.7%。

热力学计算结果与生产数据同样存在一定偏差，实际生产中脱磷阶段并非炉渣度越高对脱磷越有利。炉渣碱度过低脱磷效果差，无法满足钢种脱磷需求，碱度控制过高石灰消耗增加，开发留渣双渣工艺的主要目的即降低石灰消耗。

因此，当脱磷阶段炉渣碱度为 1~2.4 之间时，脱磷阶段炉渣碱度控制在 1.6~2.2 之间可获得较好的脱磷效果，低于该碱度脱磷效果明显下降，而高于该碱度脱磷效果并无明显增加趋势。

图 5-56~图 5-58 为脱磷渣 Fe_2O_3 含量对 $\lg L_P$、钢液磷含量及脱磷率的影响，

其中温度区间为 1350~1450℃，R=1.5~2。

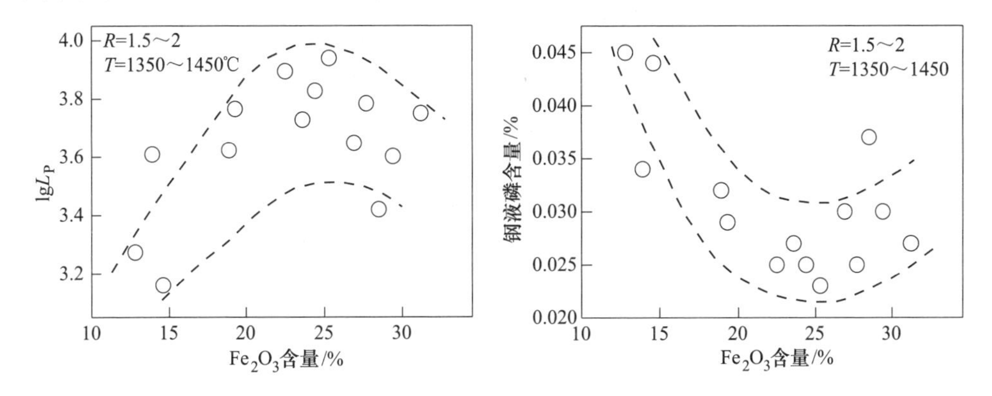

图 5-56　脱磷渣 Fe_2O_3 含量对 $\lg L_P$ 的影响　　图 5-57　脱磷渣 Fe_2O_3 含量对[%P]的影响

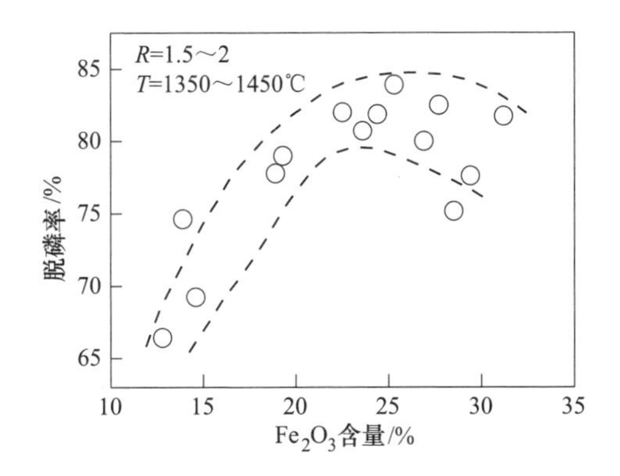

图 5-58　脱磷渣 Fe_2O_3 含量对脱磷率的影响

由图 5-56~图 5-58 可见，当脱磷阶段渣中 Fe_2O_3 含量在 12%~32%之间时，随着渣中 Fe_2O_3 含量的增加 $\lg L_P$ 及脱磷率先增加后减少，钢液磷含量先减少后降低。当 Fe_2O_3 含量低于 20%时，平均 $\lg L_P$ 为 3.48，钢液平均磷含量为 0.037%，平均脱磷率为 73.4%；当 Fe_2O_3 含量为 20%~25%时，平均 $\lg L_P$ 为 3.82，钢液平均磷含量为 0.026%，平均脱磷率为 81.5%；当 Fe_2O_3 含量超过 25%时，平均 $\lg L_P$ 为 3.69，钢液平均磷含量为 0.029%，平均脱磷率为 80.2%。Fe_2O_3 含量低渣中氧势低，不利于脱磷，Fe_2O_3 含量过高，CaO 被稀释，脱磷效果同样下降，同时铁损增加。

因此，当脱磷阶段渣中 Fe_2O_3 含量在 12%~32%之间时，脱磷阶段 Fe_2O_3 含量控制在 20%~25%可获得更好的脱磷效果，Fe_2O_3 含量过高或过低都不利于脱磷。

c　脱碳阶段控制条件

虽然留渣双渣工艺脱磷的主要任务在脱磷阶段，钢液中大部分磷在脱磷阶段已被去除，但脱碳阶段同样需要脱磷，钢液终点磷含量直接关系到成品磷含量是否合格。

（1）终点温度控制。图 5-59～图 5-61 为留渣双渣工艺脱碳阶段结束转炉终点温度对 $\lg L_p$、钢液磷含量及脱磷率的影响，其中碱度区间为 3.5～4.5，Fe_2O_3 含量为 18%～28%。

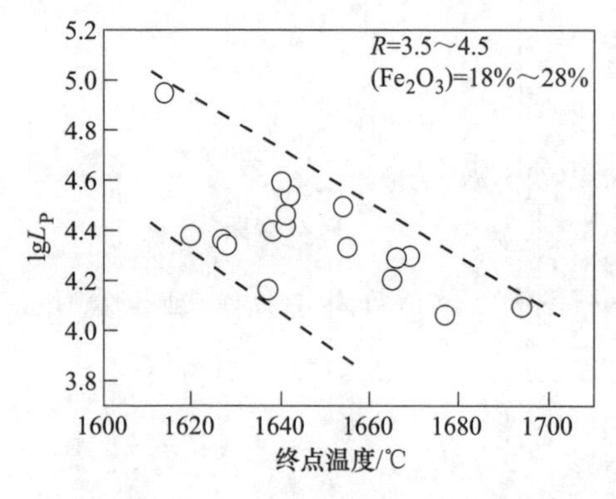

图 5-59　终点温度对 $\lg L_p$ 的影响

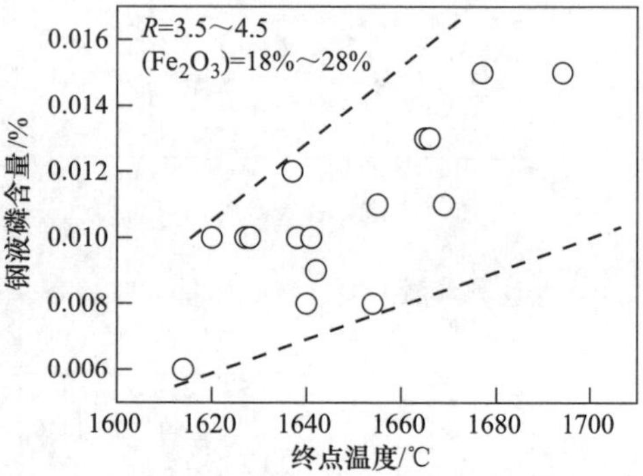

图 5-60　终点温度对[%P]的影响

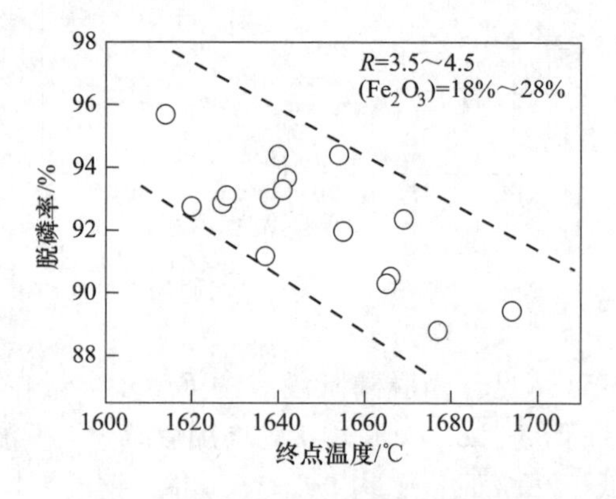

图 5-61　终点温度对脱磷率的影响

由图 5-59～图 5-61 可见，与脱磷阶段温度使 $\lg L_P$ 及脱磷率先增加后减小，钢液磷含量先降低后增加不同，脱碳阶段终点温度在 1610～1700℃之间时，随着终点温度升高 $\lg L_P$ 及脱磷率明显下降，同时钢液磷含量明显增加。当终点温度小于 1650℃时，平均 $\lg L_P$ 为 4.46，钢液平均磷含量为 0.0094%，平均脱磷率为 93.3%；当终点温度高于 1650℃时，平均 $\lg L_P$ 为 4.25，钢液平均磷含量为 0.0123%，平均脱磷率为 91.1%。

因此，终点温度在 1610～1700℃之间时，降低终点温度，有利于提高转炉终点脱磷效果，但转炉终点温度应能保证后工序冶炼需求，终点温度过低，后工序升温成本增加，在保证钢种后工序冶炼需求的前提下适当降低终点温度有利于脱磷。

（2）终渣成分控制。图 5-62～图 5-64 为留渣双渣工艺脱碳阶段结束炉渣碱度对 $\lg L_P$、钢液磷含量及脱磷率的影响，其中温度区间为 1600～1650℃，渣中 Fe_2O_3 含量为 18%～28%。

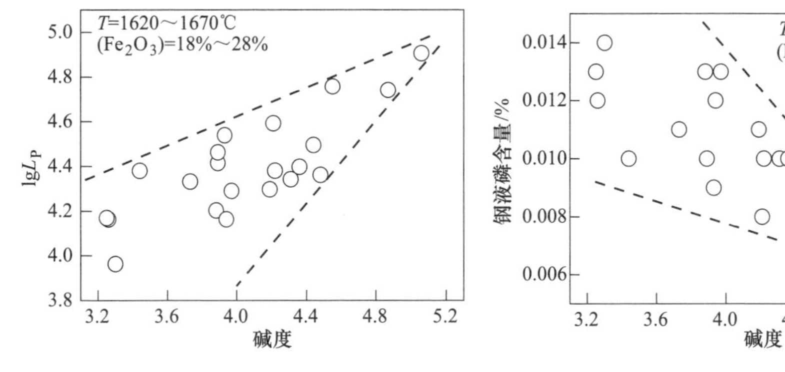

图 5-62　终渣碱度对 $\lg L_P$ 的影响

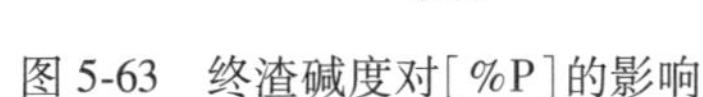

图 5-63　终渣碱度对[%P]的影响

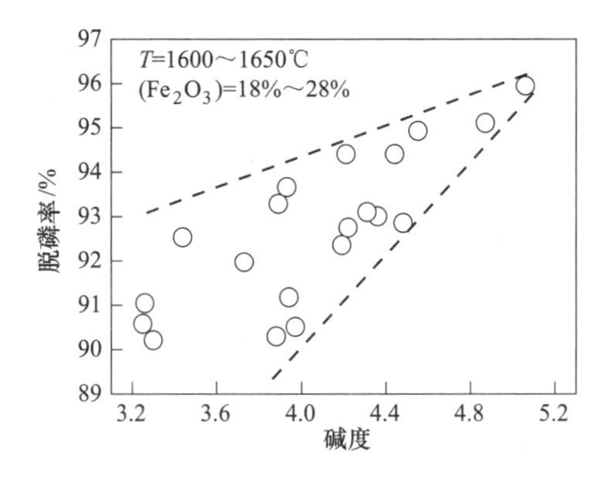

图 5-64　终渣碱度对脱磷率的影响

由图 5-62～图 5-64 可见，当终渣碱度在 3.2～5.2 之间时，碱度增加时 $\lg L_P$、脱磷率增加，同时钢液磷含量降低，而脱磷阶段则是碱度增加到一定程度脱磷效果变化不再明显，甚至出现脱磷效果下降等现象。终渣碱度小于 4 时，平均 $\lg L_P$ 为 4.28，平均钢液磷含量为 0.0117，平均脱磷率为 91.5%；终渣碱度大于 4.5 时，平均 $\lg L_P$ 为 4.8，钢液磷含量平均为 0.0087%，平均脱磷率为 94.7%。

因此，当终渣碱度在 3.2～5.2 之间时，终渣碱度越高脱磷效果越好，但碱度控制越高渣料消耗越高，应依据钢种脱磷需求控制终渣碱度。

图 5-65～图 5-67 为留渣双渣工艺脱碳阶段结束炉渣 Fe_2O_3 含量对 $\lg L_P$、钢液磷含量及脱磷率的影响，其中温度区间为 1600～1650℃，R=3.5～4.5。

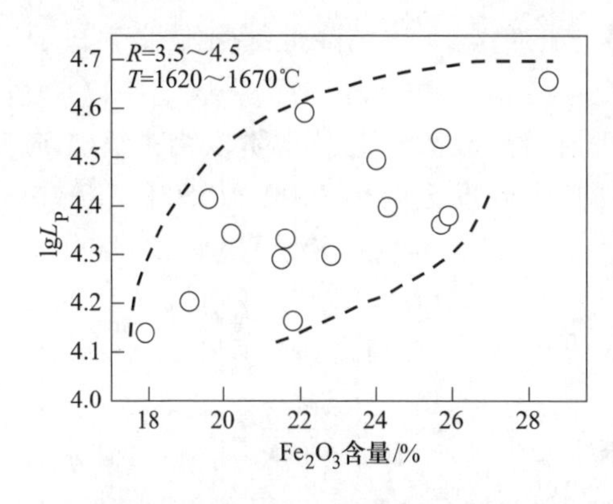

图 5-65　终渣 Fe_2O_3 含量对 $\lg L_P$ 的影响

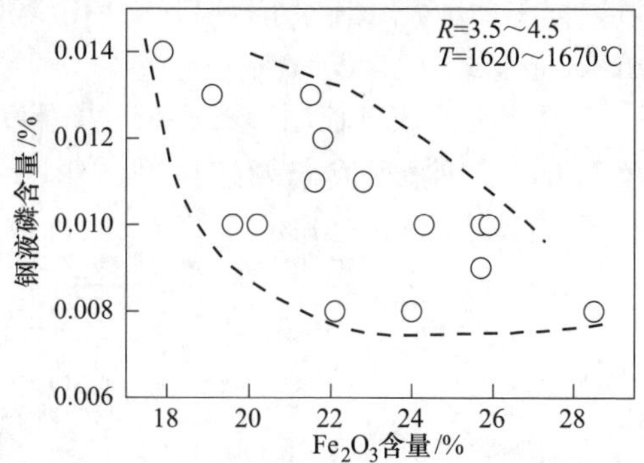

图 5-66　终渣 Fe_2O_3 含量对［%P］的影响

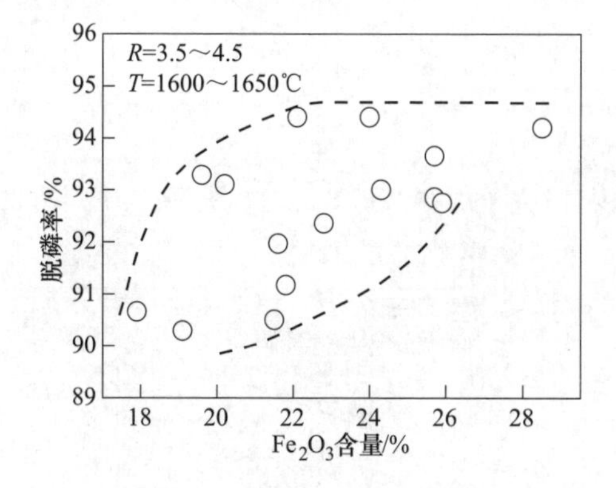

图 5-67　终渣 Fe_2O_3 含量对脱磷率的影响

由图 5-65~图 5-67 可见，终渣 Fe_2O_3 含量在 17%~30%之间时，总体上随着渣中 Fe_2O_3 含量增加 $\lg L_P$ 及脱磷率增加，钢液磷含量降低。终渣 Fe_2O_3 含量不大于 20%，平均 $\lg L_P$ 为 4.25，钢液平均磷含量为 0.0123%，平均脱磷率 91.4%；Fe_2O_3 含量 20%~25%时，平均 $\lg L_P$ 为 4.36，钢液磷含量平均为 0.0104%，平均脱磷率 92.6%；Fe_2O_3 含量大于 25%时，平均 $\lg L_P$ 为 4.48，钢液磷含量平均为 0.0105%，平均脱磷率 93.4%。

因此，终渣 Fe_2O_3 含量在 17%~30%之间时，Fe_2O_3 含量越高脱磷效果越好，但 Fe_2O_3 含量越高铁损越大，终渣 Fe_2O_3 含量应依据钢种冶炼需求控制。

d　两阶段脱磷反应对比

综合脱磷阶段及脱碳阶段研究结果，两阶段脱磷有利条件分别为：

脱磷阶段：（1）统计温度区间为 1280~1470℃之间时，温度控制在 1350~1400℃，温度过高或过低不利于脱磷；（2）统计炉渣碱度区间为 1~2.4 之间时，碱度控制在 1.6~2.2 之间可获得较好的脱磷效果，低于该碱度脱磷效果明显下降，而高于该碱度脱磷效果并无明显增加趋势；（3）统计渣中 Fe_2O_3 含量在 12%～32%之间时，Fe_2O_3 含量控制在 20%～25%，Fe_2O_3 含量过高或过低不利于脱磷。

脱碳阶段：（1）统计终点温度区间为 1610～1700℃之间时，温度越低脱磷越有利；（2）统计终渣碱度在 3.2～5.2 之间时，碱度越高脱磷效果越好；（3）终渣中 Fe_2O_3 含量在 17%～30%之间时，Fe_2O_3 含量越高脱磷效果越好。

可见，脱磷阶段和脱碳阶段脱磷有利条件存在明显差异。使用文中公式（5-5），结合检测炉渣成分，分别计算脱磷阶段热力学平衡 $\lg L_P$ 和钢液磷含量，比较两阶段热力学平衡值与实测值。

图 5-68 为脱磷阶段及脱碳阶段 $\lg L_P$ 热平衡值与实测值比较。由该图可见，脱磷阶段 $\lg L_P$ 热平衡值为 4.0～6.5 之间，平均值为 5.5，实测值为 3.0～4.0 之间，平均值为 3.6，平均值相差 1.9。脱碳阶段 $\lg L_P$ 热平衡值为 5.0～6.0 之间，平均值为 5.5，实测值为 4～5 之间，平均值为 4.4，平均值相差 1。图 5-68 中虚线为 $\lg L_P$ 热平衡值与实测值相等线，可见脱磷阶段比脱碳阶段离该线更远。

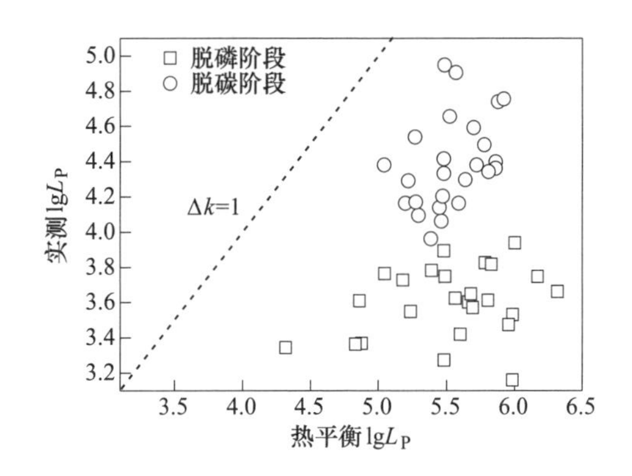

图 5-68　脱磷及脱碳阶段 $\lg L_P$ 热平衡值与实测值比较

图 5-69 为脱磷阶段和脱碳阶段［%P］热平衡值与实测值比较。由该图可见，脱磷阶段［%P］热平衡值为 0.001%～0.014%之间，平均值为 0.0041%，实测值为 0.02%～0.05%之间，平均值为 0.032%，平均值相差 0.0279%。脱碳阶段［%P］热平衡值为 0.001%～0.005%之间，平均值为 0.0028%，实测值为 0.006%～0.015%之间，平均值为 0.0105%，平均值相差 0.0077%。同样，脱磷阶段比脱碳阶段偏离［%P］热平衡值与实测值相等线更远。

因此，转炉留渣双渣工艺脱磷和脱碳阶段的脱磷反应都没有达到热力学上的平衡，但脱磷阶段偏离热平衡更远，而脱碳阶段相对更接近热力学平衡。这样，在脱磷阶段，由于脱磷反应远没有达到热力学上的平衡，其他因素如影响钢/渣

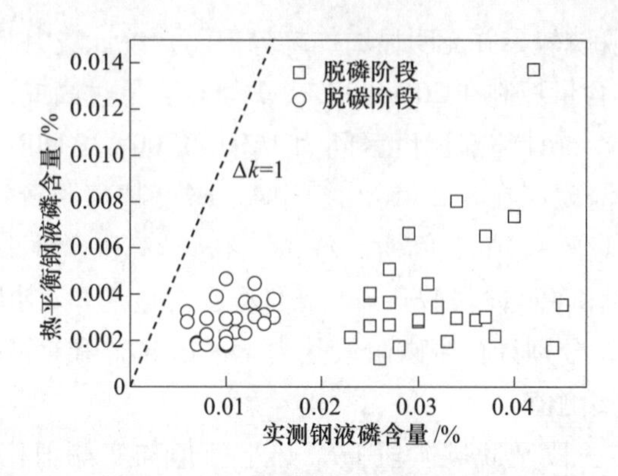

图 5-69　脱磷及脱碳阶段[%P]热平衡值与实测值比较

界面传质的炉渣黏度就可能使脱磷效果偏离热力学计算结果，如碱度、温度的影响，虽然热力学计算提高碱度，降低温度有利于脱磷，但实际在转炉脱磷反应阶段，则出现脱磷效果先增加后下降或变化趋势不明显等与热力学计算结果不符的现象。而在脱碳阶段，由于脱磷反应更接近热力学平衡，实际转炉脱磷效果更遵循热力学计算结果。

图 5-70~图 5-72 为脱磷阶段和脱碳阶段 $\lg L_P$、［%P］脱磷率对应关系，可见，转炉冶炼终点脱磷率随脱磷阶段脱磷率增加而增加，终点［%P］与脱磷阶段［%P］，终点 $\lg L_P$ 与脱磷阶段 $\lg L_P$ 同样存在类似的变化。因此，提高脱磷阶段脱磷效果有利于提高转炉冶炼终点脱磷效果。

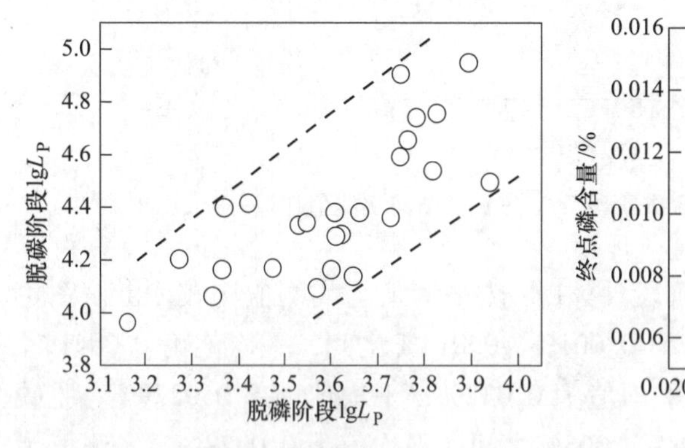

图 5-70　脱磷阶段与脱碳阶段 $\lg L_P$ 关系

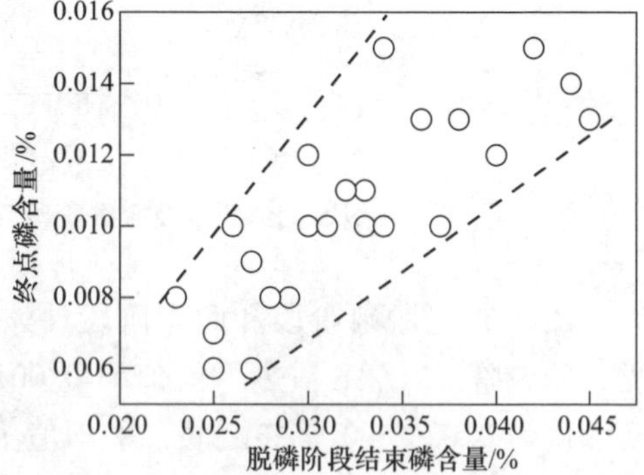

图 5-71　脱磷阶段与脱碳阶段[%P]关系

C　留渣双渣工艺经济效益

留渣双渣工艺使用上炉终渣替代本炉部分石灰，能降低石灰消耗，同时由于为提高倒渣量，减少了白云石的加入量，最终使得转炉石灰+白云石消耗降低。转炉总渣量减少，铁损减少，最终降低了钢铁料消耗，钢铁料消耗定义如下：

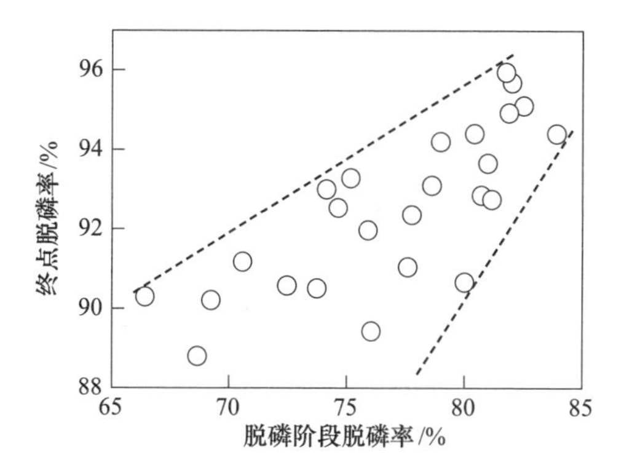

图 5-72 脱磷阶段与脱碳阶段脱磷率关系

$$\varphi = \frac{W_i + W_s + W_a}{W_b} \times 1000 \tag{5-29}$$

式中，φ 为钢铁料消耗，无量纲；W_i 为铁水质量，t；W_s 为废钢质量，t；W_a 为合金质量，t；W_b 为铸坯质量，t。

该工艺应用过程中，各厂由于铁水、废钢、造渣料等原料条件的差异，产生的经济效益不尽相同[20-23]，河南凤宝特钢推广留渣双渣工艺后同样取得了显著的经济效益，如表 5-13 所示。

表 5-13 留渣双渣工艺经济效益

冶炼工艺	终点平均脱磷率/%	石灰消耗/kg · t^{-1}	白云石消耗/kg · t^{-1}	钢铁料消耗/kg · t^{-1}
双渣	92. 9	48. 7	20. 6	1097
留渣双渣	92. 6	35. 9	14. 5	1091

可见，推广留渣双渣工艺后，相对原双渣工艺在终点平均脱磷率未明显下降的前提下，吨钢石灰消耗下降了 26. 2%，白云石消耗下降了 29. 6%，钢铁料消耗降低了 0. 55%。

综上所述，留渣工艺不仅可以将一部分钢渣循环使用，减少渣量的排放，此外还极大降低了辅料消耗，从而减少了新钢渣的产生量。因此，留渣工艺是钢渣减量化的重要技术之一。只是在进行留渣工艺的研究与应用中，应该重点关注操作的安全性、留渣量以及留渣次数以及过程工艺参数的控制等关键问题。

5. 4 基于提高转炉废钢比的少渣冶炼技术

5. 4. 1 废钢比对脱磷的影响

废钢中的磷含量远远小于铁水中的磷含量，针对转炉冶炼来说，以国内某

100t 转炉为例来说，在装入量固定的前提下，提高金属料中的废钢比，总反应体系的脱磷任务量降低，假设计算的初末条件如表 5-14 所示，则废钢对脱磷任务量的影响如图 5-73 所示。

表 5-14　计算初末条件

指　标	C/%	Si/%	Mn/%	P/%	S/%	T/℃
铁水条件	4.5	0.4	0.136	0.143	0.025	1359
终点条件	0.06	0.001	0.059	0.020	0.018	1610
废钢条件	0.18	0.2	0.92	0.045	0.025	25
总装入量	铁水+废钢=91t					

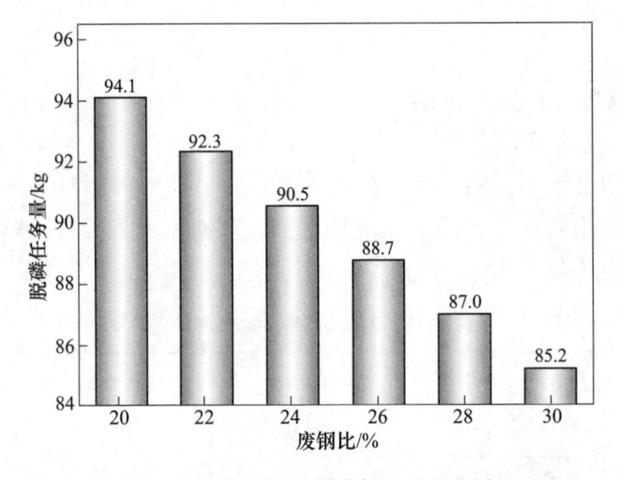

图 5-73　废钢比对脱磷任务量的影响

由图可知，在固定装入量的基础上，提高废钢比可以减少脱磷任务总量，废钢比提高 2%，脱磷任务量减少 1.8kg 左右。当废钢比从 20%提高至 30%，脱磷任务总量可降低 9.46%。从这个角度分析，高废钢比炼钢减少了脱磷任务量，可降低脱磷成本。

5.4.2　基于提高转炉废钢比的工业实践

5.4.2.1　基于物料平衡和热平衡的配料模型

转炉冶炼情况复杂多变，合理、准确的配料计算模型对指导现场加料具有很大的参考意义。将转炉视作一个理想的封闭系统，遵循物质守恒定律和能量守恒定律，即通过转炉的收入项及支出项相等。基于两大平衡定律建立炉料计算模型，精确计算铁水、废钢之间的比例、渣料的加入量，从而避免“过加料”的现象，给现场操作工人以更加准确的参考。图 5-74 为物料平衡-热平衡图。

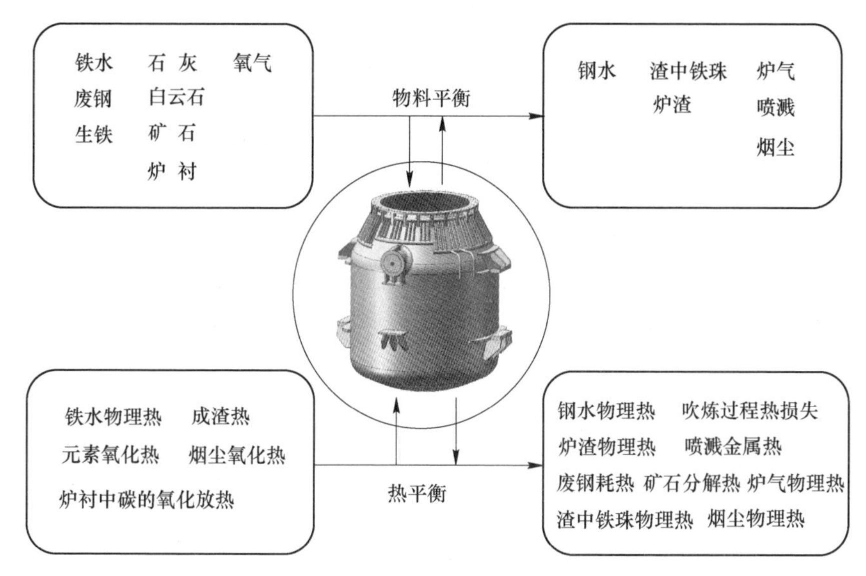

图 5-74 物料平衡-热平衡

如图 5-74 所示，根据原料条件（加入量、成分、温度等）和冶炼钢种的终点要求，计算要加入转炉的各种辅料的加入量，其中辅料加入量的计算与熔渣碱度有关。

5.4.2.2 配料模型的数字化界面设计

A 界面介绍

采用转炉配料模型静态计算转炉冶炼过程中的配料方案，本研究基于 Matlab-Guide 界面设计[24-26]功能，设计了转炉配料模型界面，界面设计情况如图 5-75 所示。

基于图 5-75，配料数字化界面具体操作流程可描述为：

（1）打开软件，输入用户名和密码。

（2）加载原料信息，包括金属料成分信息、造渣料成分信息以及原辅料单价信息。

（3）加载模型参数，包括喷溅损失率、烟尘率、渣中铁珠含量以及热损失等信息。

（4）选择计算模型，计算模型有两种：造渣料计算和废钢加入量计算。

（5）当选择造渣料计算模型时：

1）选择配料模式：选择参与计算的造渣料种类（石灰、生白云石、轻烧白云石、矿石和污泥球）以及金属料种类（铁水、废钢、生铁）。

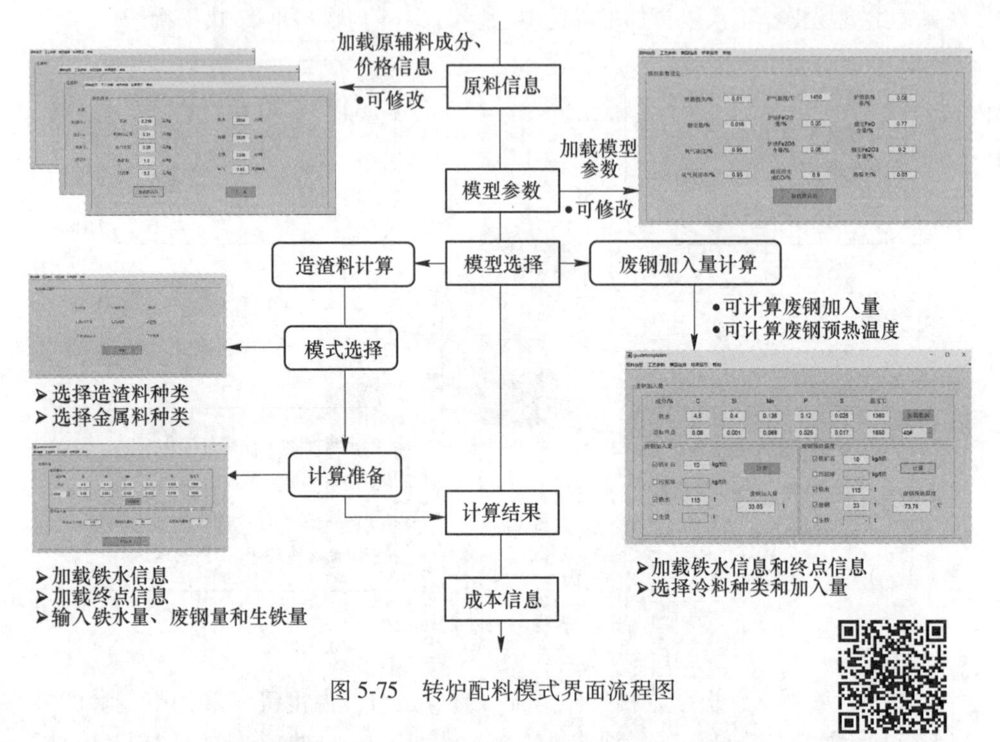

图 5-75 转炉配料模式界面流程图

彩色原图

2）输入计算初末条件，加载铁水信息和温度、终点成分和温度以及金属料的加入量。

3）点击计算按钮，自动跳转计算结果界面，包括配料结果和成本信息。

（6）当选择废钢加入量模型时：

1）加载铁水信息和目标终点信息。

2）选择废钢加入量计算功能时，需要选择冷料种类和确定加入量，输入铁水加入量，点击计算即可求出废钢加入量。

3）选择废钢预热温度计算功能时，冷料种类和确定加入量，输入铁水加入量和废钢加入量，点击计算即可计算废钢理想预热温度。

基于物料平衡和热平衡建立的配料模型，支持多种配料模式的选择，在实际使用过程中，现场操作工人可根据原辅料情况灵活选择造渣料种类以及金属种类，具体包括 24 种模式；基于 Matlab 设计的配料模型支持在线修改功能，可在线调整模型参数和初末条件；模型设有废钢加入量计算功能和废钢预热温度计算功能，为调整炉料结构提供重要参考；模型设有成本计算模块，可显示单炉次成本信息，也支持计算结果保存以及历史成本曲线显示功能，为转炉冶炼提供重要参考。

B　模型验证

对该厂采用单渣法冶炼的炉次数据进行调研，钢种包括 HRB400E、LX82A、GCr15 等，通过调研数据对模型进行参数优化，对优化后的转炉配料模型进行验证，选择配料模式为“石灰+轻烧白云石+返矿”的炉次，随机抽取 100 炉进行配料模型精度验证，如图 5-76 所示。

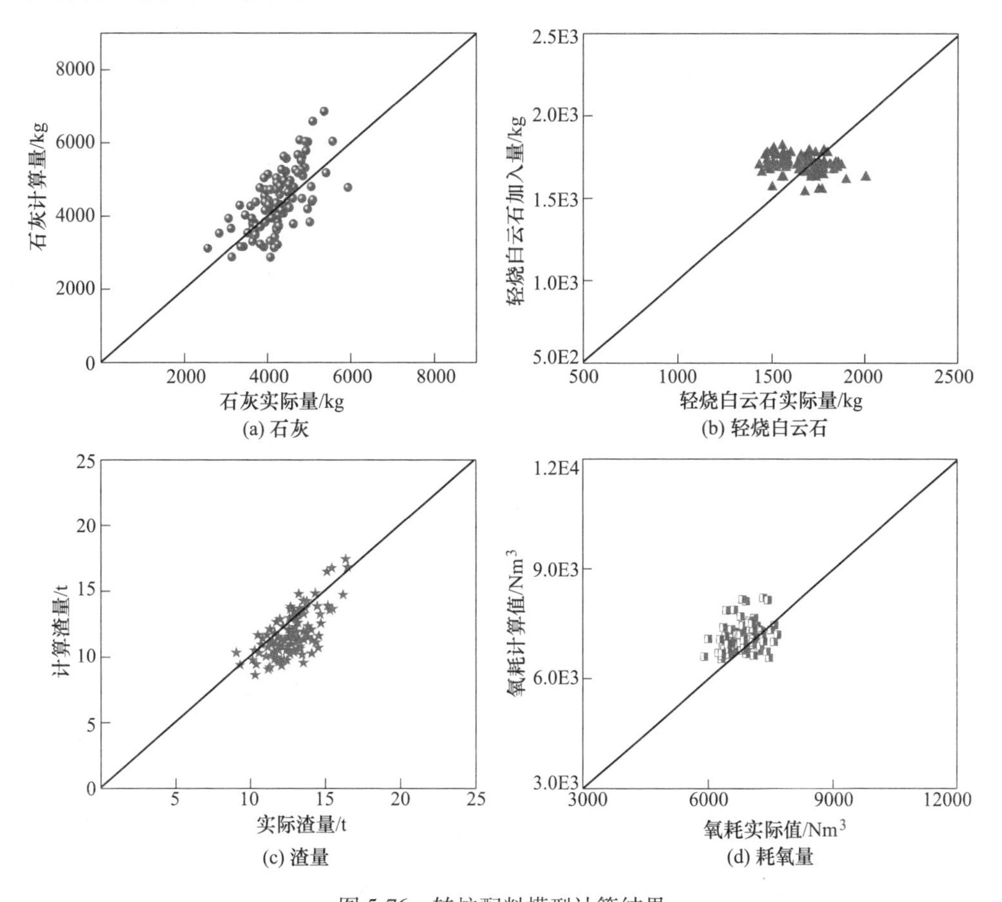

图 5-76　转炉配料模型计算结果

如图 5-76 分别为石灰加入量、轻烧白云石加入量、耗氧量和渣量的计算值与实际值比较分析图。据图可知，模型具备较高的精度，其中石灰加入量计算结果平均误差为 12. 36%；轻烧白云石加入量计算平均误差为 7. 63%；氧耗计算平均误差为 5. 94%；渣量计算平均误差为 10. 62%，证明了转炉配料模型能够实现炉料配比的准确预报，具备较高的参考价值。

C　基于高废钢比的转炉配料及试验分析

在转炉冶炼过程中减少物料加入量有利于提高吹炼效率和实现少渣炼钢。若仅从减少物料消耗的角度考虑，可采取的有效途径有 3 个：

（1）提高废钢比[27]：针对同一转炉，在装入量相对固定的情况下，高废钢比意味着地铁水比，脱碳、脱磷任务量减少，吹氧、加料也相应减少。

（2）提高辅料品质：例如，轻烧白云石相对于生白云石而言，MgO 含量更高，热值更小。若仅采用轻烧白云石不仅可以减少热量支出，还可以降低渣量，若采用品质更高的镁球，效果更佳。

（3）提高辅料利用率：辅料的利用率与工人的操作水平有关，高水平的操作可最大程度上地促进化渣，使炉渣化透，把握脱磷最佳时期，利用最少量的辅料实现冶炼目的，操作水平较低的工人往往会通过增加辅料投入来达到脱磷目的，导致“过加料”现象，物料利用率低。

本研究主要针对改变废钢比以及加料制度，提高辅料利用率方面做具体探究。在本节中，基于配料模型，从理论角度对不同废钢比下的物料消耗进行计算，固定冶炼初末条件如表 5-15 所示，选择钢种为 HRB400E。

表 5-15　计算初末条件表

指标	C/%	Si/%	Mn/%	P/%	S/%	T/℃
铁水条件	4.50	0.40	0.136	0.120	0.025	1360
终点条件	0.06	0.001	0.059	0.025	0.018	1650
废钢条件	0.18	0.20	0.92	0.03	0.025	25
总装入量	铁水+废钢=145t					

如表 5-15 所示，固定冶炼的初末条件和总装入量，炉渣碱度 $R=3.0$，渣中 MgO 设为 7%，渣中 FeO 和渣中 Fe_2O_3 分别设为 13.88%和 7%，通过调整铁水和废钢的占比，设计不同的计算方案，如表 5-16 所示。

表 5-16　不同废钢比试验方案

序号	铁水/t	废钢/t	总装入量/t	废钢比/%
1	130.5	14.5	145	10
2	123.25	21.75	145	15
3	116	29	145	20
4	108.75	36.25	145	25
5	101.5	43.5	145	30
6	94.25	50.75	145	35

基于表 5-16 将数据带入转炉配料模型，选择“石灰+轻烧白云石+返矿”的

配料模式，探究不同废钢比对转炉冶炼工艺的定量化影响。

D　废钢比对物料消耗的计算影响

图5-77所示为废钢比对吨钢石灰以及吨钢轻烧白云石消耗的影响。在固定初末条件的情况下，吨钢石灰消耗与废钢比呈负相关（如图5-77（a）所示）。废钢比等于20%时，吨钢石灰加入量为27.82kg/t；当废钢比提升至25%，吨钢石灰消耗为26.83kg/t，降低0.99kg/t。吨钢轻烧加入量同样与废钢比呈现负相关（如图5-77（b）所示），平均废钢比提高5%，吨钢轻烧白云石加入量可减少0.23kg/t。

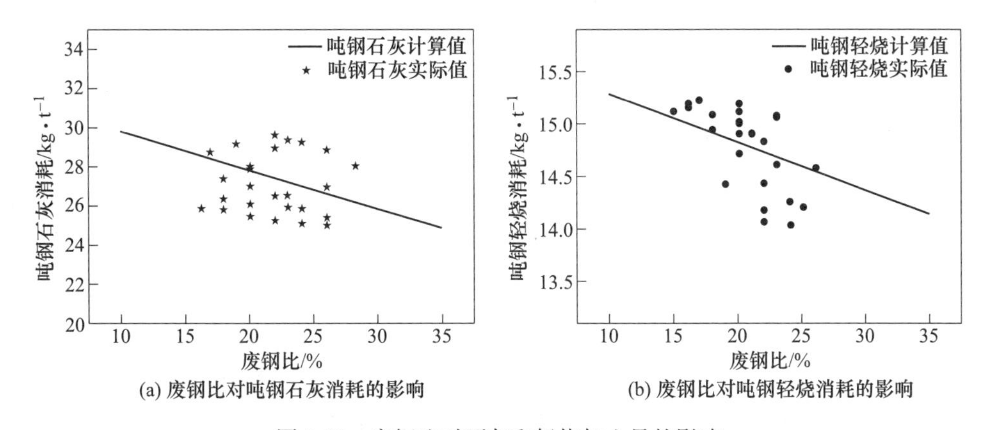

图5-77　废钢比对石灰和轻烧加入量的影响

E　工业试验数据分析

为探究不同废钢比对冶炼工艺的影响，依托该厂转炉进行工艺试验。在实际生产过程中，因称量精度有限，无法准确控制每炉装入量为145t，所以，在进行数据统计时，装入量误差在±5t的炉次都被统计在内，废钢比统计范围10%～30%。

（1）废钢比对渣料消耗的影响。由图5-78（a）可知，石灰加入量与废钢比呈负相关，随着废钢比的增加，石灰加入量呈下降趋势。这是因为石灰作为脱磷的重要物质，随着铁水比的降低，脱磷任务减弱，其加入量减少；如图5-78（b）所示为返矿加入量随废钢比的变化情况，返矿加入量与废钢比呈负相关，返矿和废钢同样作为冶炼过程中的冷却剂，废钢比提高，炉内富余热量减少，所以返矿加入量减少。据图5-78（c）可知，轻烧加入量与废钢比不存在明显的相关性。图5-78（d）显示生白云石加入量与废钢比呈现负相关。通过现场调研发现，该厂在冶炼过程中，每一炉内轻烧白云石加入量相对稳定，通过加入生白云石调节渣中MgO，因此提高废钢比也可降低含Mg物料的加入量。

（2）高废钢比对冶炼时间的影响。由图5-79（a）可知，废钢比与吹炼时间

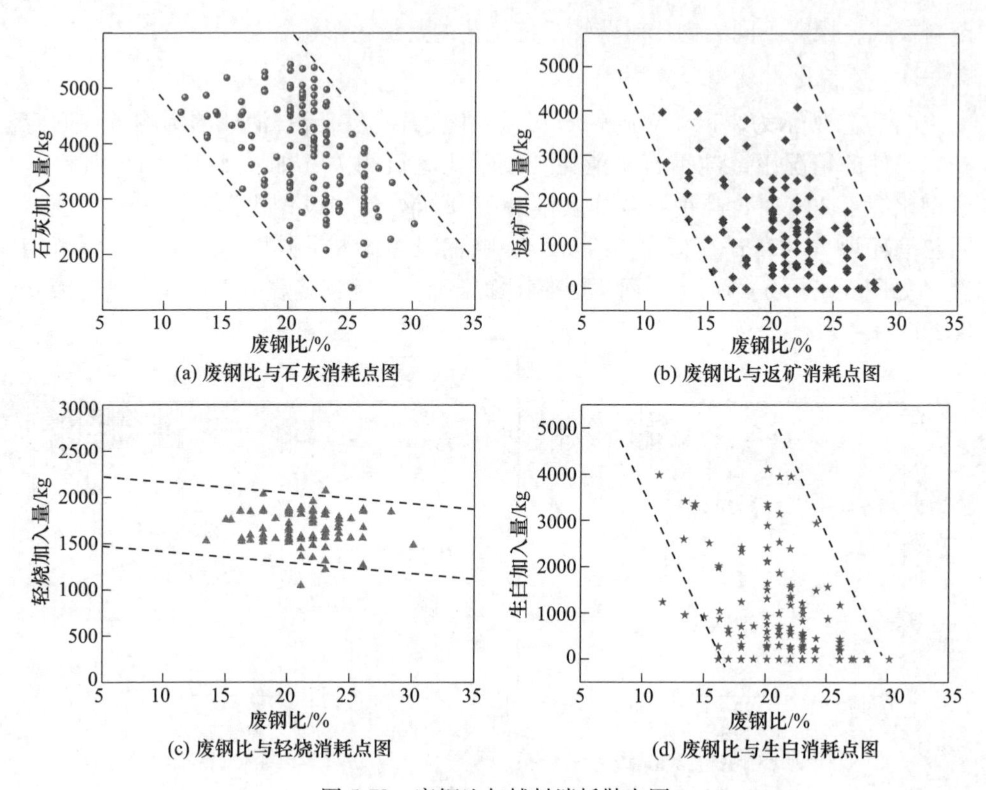

(a) 废钢比与石灰消耗点图　(b) 废钢比与返矿消耗点图

(c) 废钢比与轻烧消耗点图　(d) 废钢比与生白消耗点图

图 5-78　废钢比与辅料消耗散点图

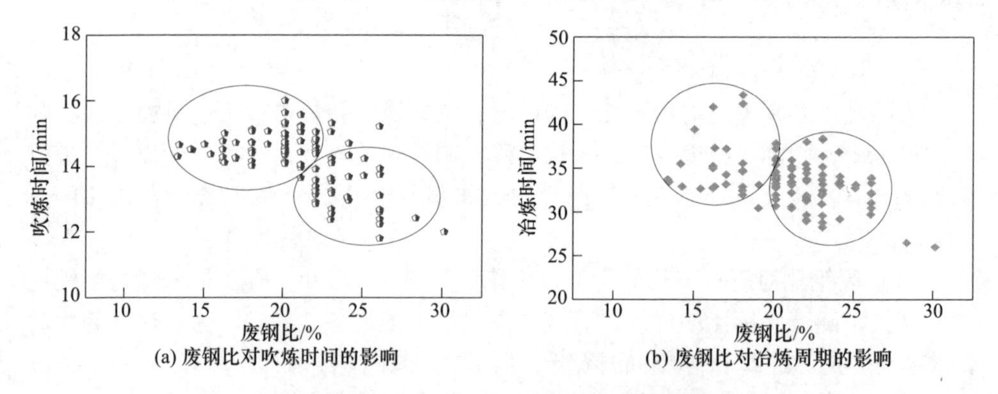

(a) 废钢比对吹炼时间的影响　(b) 废钢比对冶炼周期的影响

图 5-79　废钢比对吹炼时间和冶炼周期的影响

呈现负相关性，当废钢比小于 20%时，大部分炉次吹炼时间在 14min 以上，当废钢比高于 20%，大部分炉次吹炼时间低于 14min，说明提高废钢比有助于提高吹炼效率，缩短吹炼时间。这是因为在固定装入量的情况下，高废钢比意味着铁水比降低，脱碳、脱磷任务减弱，辅料加入量减少，提升了吹炼节奏。由图 5-79（b）可知，随着废钢比的增加，冶炼周期呈下降趋势，除了吹炼期耗时变短之外，辅料加入量变少，渣量减少，可减少倒炉次数以及倒渣时间，从流程工艺上提升冶炼速度。

（3）高废钢比对造渣过程的影响。由图 5-80（a）可知，渣量随废钢比的增加而下降。因为在装入量相对固定的情况下，提高废钢比意味着铁水比降低，需要脱除的总硅量和总磷量下降，因此造渣所需辅料减少，导致渣量减少。图 5-80（b）显示，炉渣碱度随废钢比的增加呈下降趋势。根据回归曲线可知，当废钢比为 20%时，造渣碱度控制在 3.2 左右；当废钢比提升至 25%时，造渣碱度可降至 2.85 左右。

综上所述，提高废钢比不仅可以有效减少渣量还可造低碱度渣，对实现少渣炼钢具有重要的参考意义。

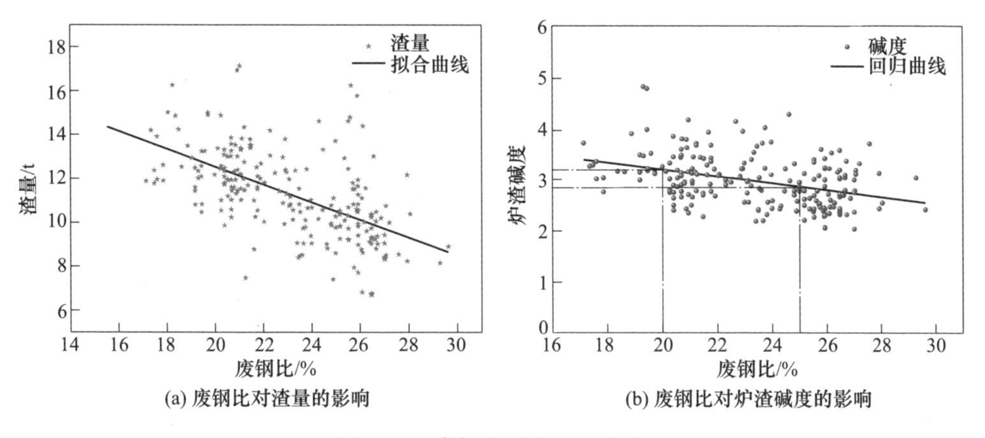

(a) 废钢比对渣量的影响　(b) 废钢比对炉渣碱度的影响

图 5-80　废钢比对造渣的影响

5.5　本章小结

本章围绕钢渣减量化技术，从单渣法吹炼模式优化、原料分级及模式设计、留渣工艺以及炉料结构优化等方面介绍了少渣冶炼工艺的原理及其效果，对实现钢渣减量具有重要的指导意义。

（1）本章综合考虑钢渣脱磷热力学和动力条件，阐述了铁质成渣路线在快速成渣和脱磷方面的优越性。并基于铁质成渣路线过程中的钢渣成分变化，设计了枪位及其加料模式。试验结果显示，此模式下的生产具备提高脱磷率，降低吨钢石灰耗量的效果，是少渣冶炼的有效手段。

（2）面对铁水成分频繁波动的现状，本章讨论了不同铁水条件对冶炼过程的影响，提出了一种铁水分级方法，并将铁水划分为六类。同一类型的铁水具备类似的冶炼特点，基于 5.1 中的模式设计原则为不同类型铁水匹配合理的冶炼模式，形成多模式冶炼方案，对提高钢渣脱磷能力，减少钢渣排放具有积极意义。

（3）本章详细介绍了“留渣+单渣”和“留渣+双渣”的工艺特点和关键控制技术，阐述了留渣工艺在减少钢渣排放的重要作用。试验数据显示，留渣工艺不仅可以将一部分钢渣循环使用，减少渣量的排放，此外还极大降低了辅料消耗，从而减少了新钢渣的产生量，因此，留渣工艺是钢渣减量化的重要技术之一。

（4）本章从炉料结构优化方面提出了高废钢比冶炼工艺，数据显示，渣量随废钢比的增加而下降，这是因为在装入量稳定的情况下，提高废钢比意味着降低铁水比，这导致脱硅和脱磷任务变小，造渣所需辅料减少，从而达到了钢渣减量的效果。

参考文献

[1] 柳哲，王艺慈，赵凤光，等. 碱度对包钢高炉渣物理性能的影响［J］. 钢铁研究学报，2019，31（8）：696-701.

[2] 蒋超. $CaO-SiO_2-FeO-MnO-MgO-P_2O_5$转炉渣系磷分配比和组元活度的热力学计算研究［D］. 重庆：重庆大学，2018.

[3] 吴伟，邹宗树，郭振和，等. 复吹转炉最佳成渣路线的探讨［J］. 钢铁研究学报，2004（1）：21-24.

[4] 冯燕波. 龙钢高炉低硅铁水冶炼研究［D］. 西安：西安建筑科技大学，2007.

[5] 刘国平，丁长江，梅忠. 转炉冶炼低硅铁水脱磷工艺的优化［J］. 安徽冶金，2004（2）：45-47.

[6] 阿不力克木·亚森，李晶，吴龙，等. 留渣技术在转炉炼钢中的应用及发展［J］. 铸造技术，2015，36（12）：2950-2952.

[7] 吴杰. 转炉留渣单渣法炼钢工艺试验［J］. 天津冶金，2017（4）：1-4.

[8] 钟良才，朱英雄，姚永宽，等. 转炉高氧化性炉渣溅渣护炉工艺优化及效果［J］. 炼钢，2015，31（5）：1-6，50.

[9] 史庭坚. 转炉单渣留渣法脱磷工艺研究［J］. 天津冶金，2018（S1）：18-20，26.

[10] 刘忠建，王忠刚，宁伟. 转炉单渣留渣高效冶炼技术的研究与应用［J］. 工业加热，2021，50（10）：12-14，22.

[11] Zheng S G，Zhu M Y. Physical modeling of gas-liquid interfacial fluctuation in a thick slab continuous casting mold with argon blowing［J］. Int. J. Miner. Metall. Mater，2010，17（6）：704-708.

[12] Sulasalmi P，Visuri V V，Fabritius T，et al. Simulation of the effect of steel flow velocity on slag droplet distribution and interfacial area between steel and slag［J］. Steel Res. Int.，2015，86（3）：212-222.

[13] Strandh J，Nakajima K，Eriksson R，et al. A mathematical model to study liquid inclusion behavior at the steel-slag interface［J］. ISIJ Int.，2005，45（12）：1838-1847.

[14] Han Z J，Holappa L. Mechanisms of iron entrainment into slag due to rising gas bubbles［J］. ISIJ Int.，2003，43（3）：292-297.

[15] Krepper E, Vanga B N R, Zaruba A, et al. Experimental and numerical studies of void fraction distribution in rectangular bubble columns [J]. Nuclear and Design, 2007, 237 (4): 399-408.

[16] Suter A, Yadigaroglu G. European Two-Phase Flow Group Meeting [R]. Brussels, 1988.

[17] Han Z J, Holappa L. Mechanisms of iron entrainment into slag due to rising gas bubbles [J]. ISIJ Int., 2003, 43 (3): 292-297.

[18] 朱国森，李海波，吕延春，等. 首钢转炉“留渣双渣”炼钢工艺技术开发与应用 [C]//第九届中国钢铁年会论文集,2013: 1-6.

[19] Yang X, Sun F M, Yang J L, et al. Optimization of low phosphorus steel production with double slag process in BOF [J]. Journal of Iron and Steel Research, International, 2013, 20 (8): 41-47.

[20] 焦兴利，熊磊，邬琼，等. 马钢300t转炉低成本“留渣+双渣”工艺的实践 [C]//第十八届全国炼钢学术会议论文集,2014: 122-128.

[21] 李伟东，杨明，何海龙. 转炉“留渣+双渣”少渣炼钢工艺实践 [J]. 鞍钢技术，2015 (5): 41-45.

[22] 杨剑洪，覃强，刘远. 150t转炉留渣+双渣冶炼技术的优化 [J]. 柳钢科技，2014 (4): 5-8.

[23] 吕凯辉，转炉留渣双渣操作生产实践 [J]. 河北冶金，2014 (1): 38-41.

[24] 李媛，侯宏录，李兰兰. 基于MATLAB GUI的多光学实验仿真平台研究 [J]. 国外电子测量技术，2018，37 (10): 25-30.

[25] 王文成，李健，王瑞兰，等. 基于Matlab GUI的数字图像处理仿真平台设计与开发 [J]. 实验技术与管理，2019，36 (2): 141-144.

[26] 张晓强，王雪松. 基于Matlab GUI的图像处理演示平台设计 [J]. 中国医学教育技术，2018，32 (3): 279-281.

[27] 蔡常青，姜迪刚. 120t转炉高废钢比冶炼技术探讨 [J]. 福建冶金，2017，46 (6): 19-22.

6 渣中磷元素的富集与提取技术

钢渣减量应从减少钢渣产生量的同时提高钢渣的二次资源利用率两个维度考虑。本书前几章针对钢渣量化的共性研究及应用技术进行了详细的讨论，本章则围绕提高钢渣的二次资源利用进行阐述，通过对渣中磷元素的富集与提取技术的研究，致力于提高钢渣的二次资源利用效率。

钢渣主要是由铁水中杂质元素的氧化产物与冶金熔剂等反应形成，通常为 $CaO-SiO_2-Fe_tO$ 渣系，同时也含有少量的 MgO、MnO 和 P_2O_5 等有价组分。由于钢渣中富含 CaO 和 Fe_tO，钢渣的最佳利用方式是作为冶金熔剂或原料在冶金流程内循环利用：钢渣代替部分石灰用作烧结熔剂时，能够改善烧结矿结构，提高烧结矿质量和烧结速度，降低烧结燃料消耗；用作高炉熔剂时，可替代生石灰和白云石，能减少熔剂消耗，降低焦比；用作铁水脱硫剂时，可加快脱硫速度，减少铁损，脱硫渣易排出；此外，钢渣中的铁也能同时被回收利用，从而降低铁矿石的消耗。但是，随着钢渣在冶金流程内循环利用，渣中的磷会不断富集，钢渣的循环使用将会加重后续炼钢过程的脱磷负担。从资源综合利用角度看，这部分含磷炉渣所含磷元素应作为磷化工行业的潜在资源加以有效利用，以减少人类对自然环境的掠取。此外，磷被脱除后的剩余炉渣以氧化钙和氧化铁为主，还有少量氧化锰、二氧化硅和氧化镁等组分，可作为目前炼钢过程中很好的化渣剂或造渣材料，且该造渣材料是经过预熔的炉渣，冶金效果良好，脱磷能力增加。因此，钢渣中磷的分离与回收是实现钢渣高效资源化利用的关键所在，对开发新的磷资源和建立无废渣炼钢流程具有重要意义。

6.1 钢渣中磷的赋存形式

目前钢渣中磷含量一般较低且均匀分布在渣中各物相中，造成渣中的磷资源难以利用及磷资源的极大浪费。因此本章从选择性富集渣中磷作为钢渣磷肥的观点出发，结合前面炉渣相平衡计算结果，通过实验室热态试验研究含磷转炉渣中磷的存在状况及赋存形式，分析磷在渣中赋存状态的影响规律，并探讨磷在渣中固液相间的迁移过程及分配行为，为有效回收渣中的磷资源提供了参考，同时也可解决高磷矿使用带来高磷渣难以利用的难题。

6.1.1 实验条件

实验在高温箱式炉上进行，该设备以硅钼棒为加热组件，采用 B 型双铂铑热电偶和708P智能温度调节仪配套使用，对炉膛内部温度的自动调节和控制，最快升温速率：10℃/min，炉膛最高温度为1750℃，恒温精度为±1℃，实验装置示意图如图6-1所示。坩埚采用的是氧化镁坩埚外套石墨坩埚保护（如图6-2所示），氧化镁坩埚尺寸为：内径ϕ45mm，外径ϕ50mm，内高110mm，底厚3mm；石墨坩埚尺寸为：内径长×宽×高（130mm×110mm×100mm），壁厚4mm，底厚10mm。

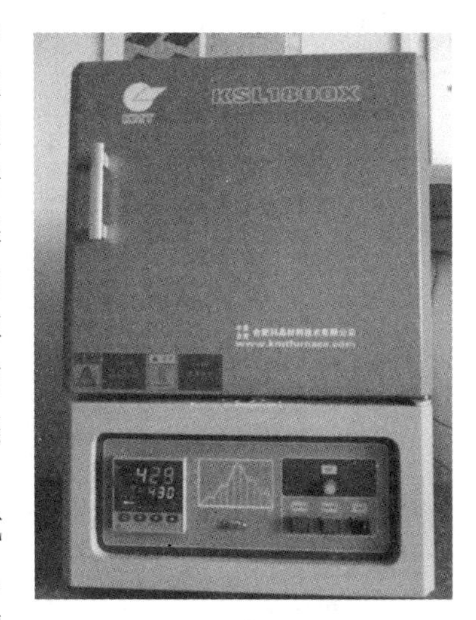

图6-1 高温箱式炉

实验用渣采用分析纯配制而成，分析纯试剂如下：CaO、SiO_2、P_2O_5、Fe_2O_3、MgO、$MnCO_3$（用于制取试验需要的MnO）、CaF_2和无水Na_2CO_3（用于制取试验需要的Na_2O）。

图6-2 氧化镁坩埚外套石墨坩埚示意图

为考察转炉渣各组分对磷富集的影响，结合第5章计算结果，制定了热态实验渣成分表，试验渣在$CaO\text{-}SiO_2\text{-}Fe_tO$三元系中成分范围分别用符号■、▲和●表示，如图6-3所示。从图中结果可以看出，试验渣系均处在硅酸二钙（C_2S）初生区内，在冷却过程中C_2S首先析出，容易形成$nC_2S\text{-}C_3P$固溶体。实验温度曲线如图6-4所示。本章主要研究内容如下：

（1）相同的冷却制度和炉渣碱度，改变炉渣组分，分析炉渣成分对磷富集的影响。

（2）相同的冷却制度和炉渣组分，改变炉渣碱度，分析炉渣碱度对磷富集的影响。

（3）针对试验结果，探讨磷在$CaO\text{-}SiO_2\text{-}Fe_2O_3\text{-}P_2O_5$系渣不同相间分配行为。

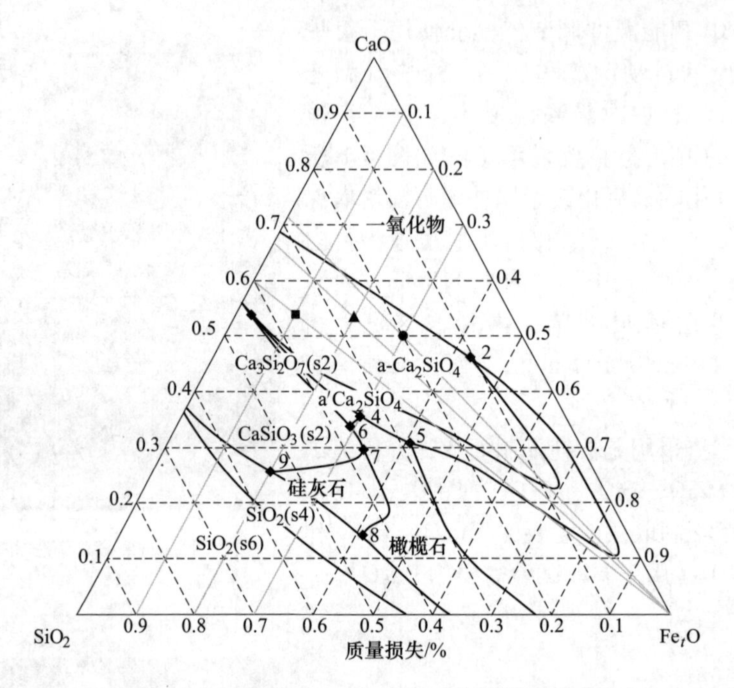

图 6-3　$CaO-SiO_2-Fe_tO$ 三元渣中试验渣系成分

（■碱度为 1.5 试验渣；▲碱度为 2.0 试验渣；●碱度为 2.5 试验渣）

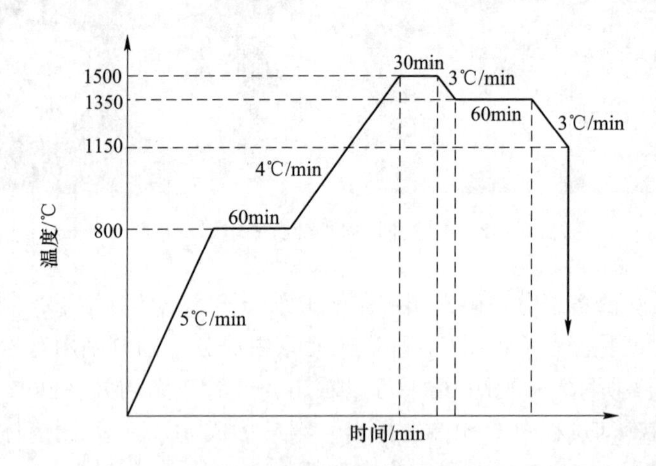

图 6-4　热态实验温度曲线图

6.1.2　熔渣组分对炉渣物相和磷赋存形式的影响

基于一般钢厂炼钢过程中转炉渣成分，本节研究了 P_2O_5、MgO、MnO、CaF_2 和 Na_2O 含量对 $CaO-SiO_2-Fe_2O_3-P_2O_5$ 系炉渣物相和磷赋存形式的影响。

6.1.2.1 P_2O_5 含量对炉渣形貌和磷赋存形式的影响

图 6-5 为表 6-1 中对应炉渣的背散射电子图，表 6-1 为对应图 6-5 中试样各相成分 EDS 结果，图 6-6 为对应 A~C 号试验渣样 XRD 分析结果。由图 6-5、图 6-6 和表 6-1 结果可知，A 号渣中富磷相主要为 $Ca_{15}(PO_4)_2(SiO_4)_6$，基体相即液相，主要是由 Ca_2SiO_4 组成，液相中还有少量磷和铁，白色富铁相主要是以铁氧化物或铁镁氧化物形式存在，渣中铁主要存在于此相中；B 号渣将渣中 P_2O_5 提高至 10%后，富磷相中主要以 $Ca_{15}(PO_4)_2(SiO_4)_6$ 和 $Ca_5(PO_4)_2SiO_4$ 形式存在，基体相中由于 SiO_2 含量增加，钙硅比明显低于 A 号渣，渣中有 $Ca_3Si_2O_7$ 或 $CaSiO_3$ 生成，结果与 FactSage 计算类似，白色富铁相（RO 相）主要是以铁氧化物或铁镁氧化物形式存在；与 B 号渣相比，C 号渣中富磷相 SiO_2 含量明显减少甚至消失，富磷相主要以单独 $Ca_3(PO_4)_2$ 形式存在，还含有少量 $Ca_{15}(PO_4)_2(SiO_4)_6$。

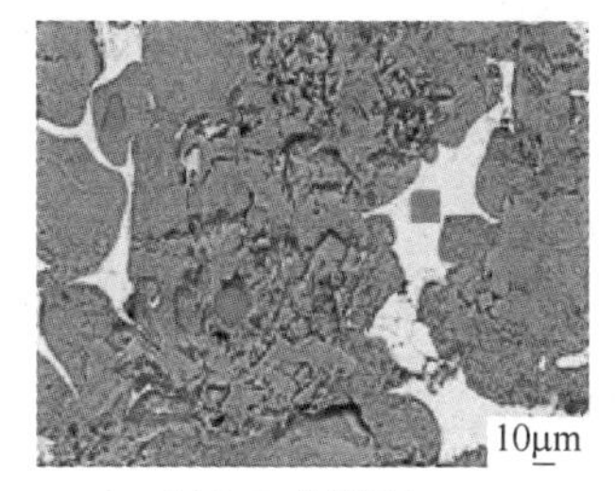

(a) P_2O_5含量6%

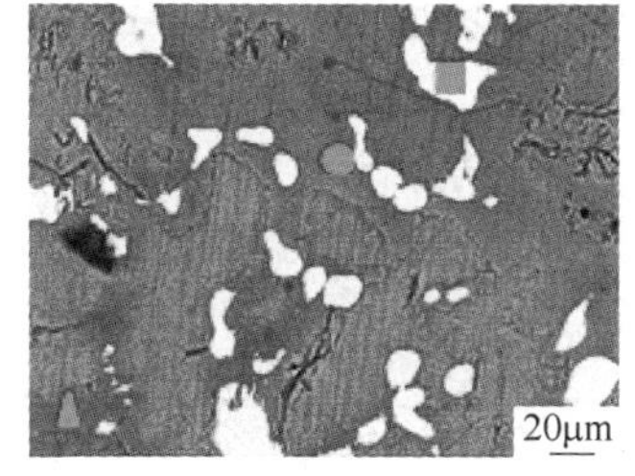

(b) P_2O_5含量10%

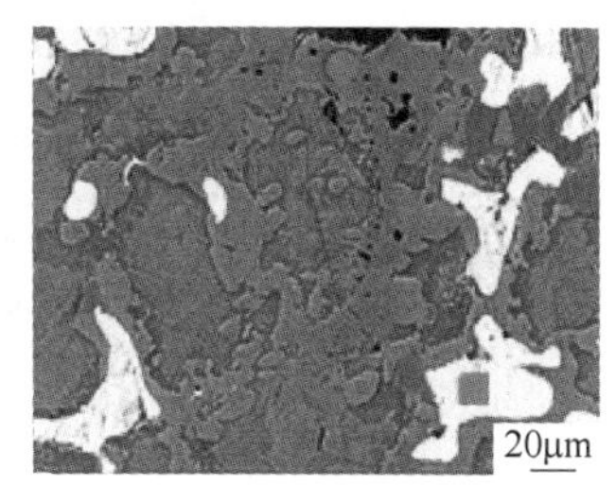

(c) P_2O_5含量18%

图 6-5 碱度 2.5，P_2O_5 含量 6%、10%和 18%熔渣的背散射电子图

（●富磷相；■RO 相；▲基体相）

彩色原图

表 6-1 $R=2.5$ 的 $CaO-SiO_2-Fe_2O_3-P_2O_5-MgO$ 四元渣系 EDS 结果分析表

（质量分数,%）

序号	物相	MgO	SiO_2	P_2O_5	CaO	Fe_2O_3
A	富磷相	0	11.69	14.96	70.04	3.31
	RO 相	16.93	0.20	0	0	82.87
	基体相	0	24.01	6.67	68.68	0.64
B	富磷相	2.95	15.24	20.75	58.90	2.16
	RO 相	5.30	0.07	0.17	0.61	93.85
	基体相	11.46	31.29	3.56	53.68	0
C	富磷相	0	6.53	34.91	58.56	0
	RO 相	2.58	0	0	0	97.42
	基体相	9.18	28.41	2.84	54.68	4.88

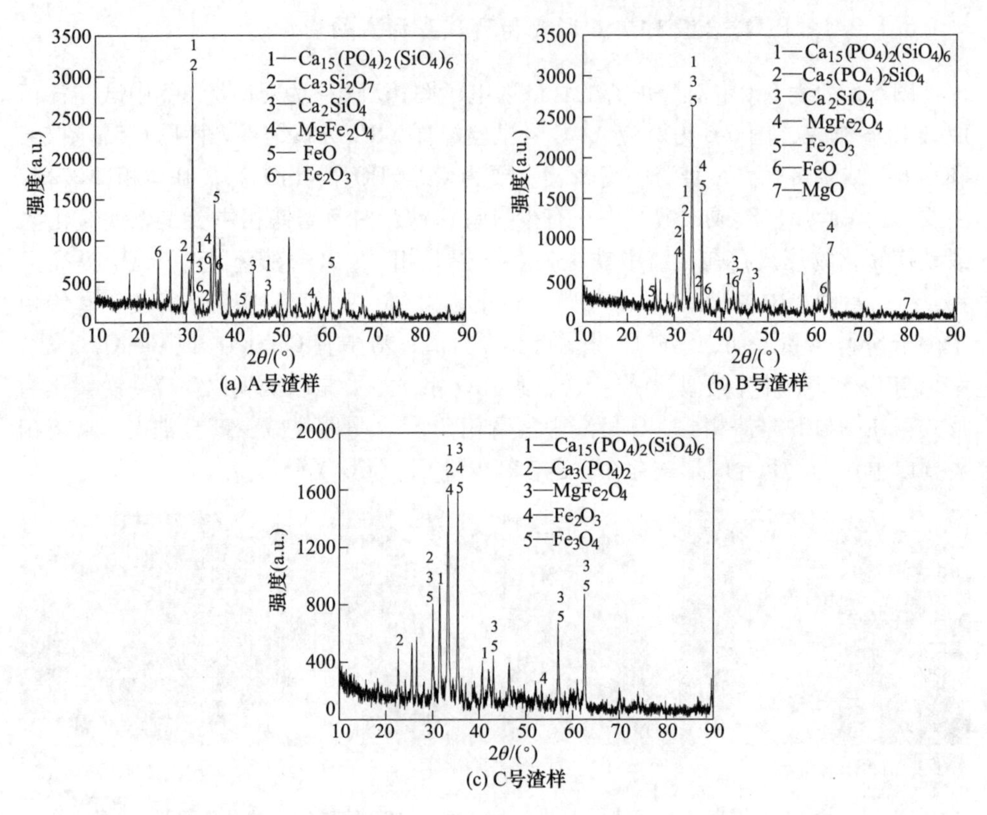

(a) A号渣样　(b) B号渣样　(c) C号渣样

图 6-6　A～C 号渣样 XRD 对比图

A 号渣中富磷相中 P_2O_5 含量为 20%左右，基体相中也有 5%～6%的 P_2O_5 含量，渣中富磷相分布较分散且粒径小，一般为 10～30μm；B 号渣富磷相中 P_2O_5 含量较 A 号渣略有增加，为 21%左右，且粒径进一步增大，一般为 20～40μm；C 号渣中富磷相 P_2O_5 含量在 30%以上，且基体相中 P_2O_5 含量减少，一般在 3%以内，富磷相粒径较大，一般在 40～60μm，少数在 100μm 以上。A～C 号试样炉渣中磷主要集中在浅灰色突起的不规则物相中，且随着炉渣中 P_2O_5 含量的增加，富磷相的平均粒径大小也在明显增加，且富磷相由较为分散的粒状逐渐长大为粒径更大的片状。EDS 结果表明有镁元素分布在炉渣表面，这是由于在高温热态实验中，渣侵蚀了镁坩埚而导致炉渣中有少量镁元素，而镁主要富集在 RO 相中。白色的 RO 相中富含铁元素，且有少量镁元素，基本没有与钙硅磷结合；富磷相和 RO 相较为分散地分布在钙硅基体相中。

6.1.2.2　MgO 含量对炉渣形貌和磷赋存形式的影响

图 6-7 为表 6-2 中对应炉渣的背散射电子图，表 6-2 为对应图 6-7 中试样各相

成分的 EDS 结果，图 6-8 为对应 B 和 K 号试验渣样 XRD 分析结果。由图 6-7、图 6-8 和表 6-2 结果可知，熔渣主要由三组物相组成：磷主要集中在浅灰色物相中，即富磷相，富磷相中主要含钙硅磷三种元素，以 $nC_2S\text{-}C_3P$ 的形式存在于该熔渣中；白色 RO 相主要含铁的氧化物，还含有少量镁；基体相主要含钙与硅元素。由于 MgO 加入，经 XRD 分析知，渣中 Ca_2SiO_4 转化为析出 $Ca_3MgSi_2O_8$，当 MgO% = 10 时，部分 MgO 与渣中 Fe 形成（MgO）（Fe_2O_3），这与 FactSage 计算结果基本一致，该富磷相是以 $Ca_{15}Si_6P_2O_{32}$，即 $6C_2S\text{-}C_3P$ 的形式存在于渣中。

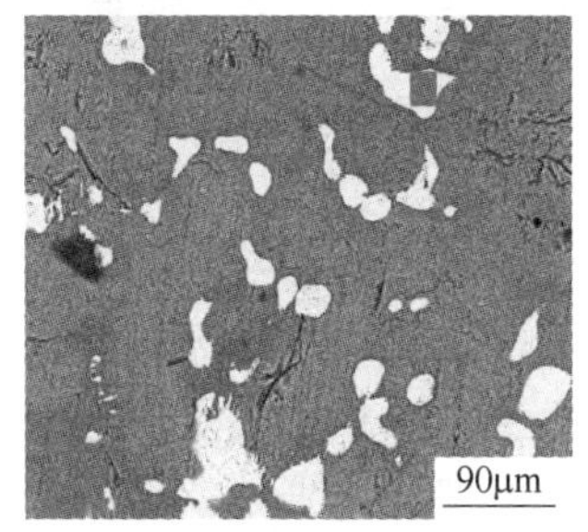

(a) MgO含量为0%

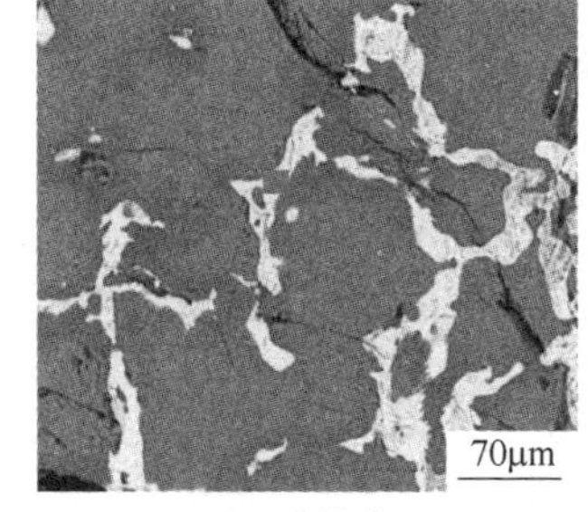

(b) MgO含量为5%

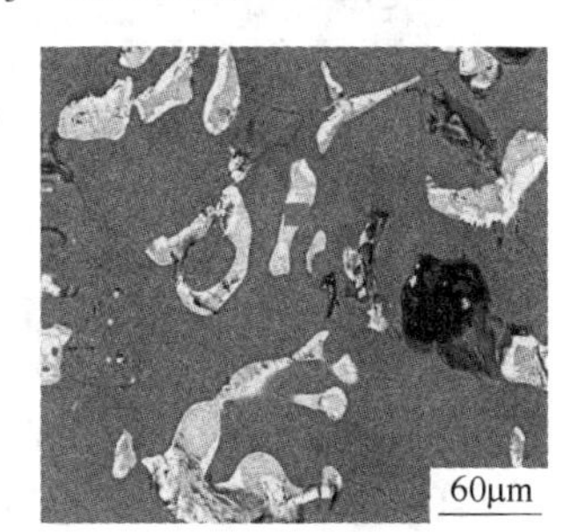

(c) MgO含量为10%

图 6-7 碱度 2.5，MgO 含量 0%、5%和 10%熔渣的背散射电子图
（●富磷相；■RO 相；▲基体相）

彩色原图

表 6-2 R=2.5 的 $CaO\text{-}SiO_2\text{-}Fe_2O_3\text{-}P_2O_5\text{-}MgO$ 五元渣系 EDS 结果分析表

（质量分数,%）

序号	物相	MgO	SiO_2	P_2O_5	CaO	Fe_2O_3
B	富磷相	2.95	15.24	20.75	58.90	2.16
	RO 相	5.30	0.07	0.17	0.61	93.85
	基体相	11.46	31.29	3.56	53.68	0
J	富磷相	0.58	12.98	20.76	65.24	0.44
	RO 相	5.92	0.40	0	1.02	92.66
	基体相	7.83	21.98	6.23	61.37	2.58
K	富磷相	2.63	15.30	19.66	60.82	1.60
	RO 相	27.53	0	0	0.60	71.87
	基体相	7.74	23.52	9.33	57.76	1.66

根据 EDS 数据可以看出，随着渣系中 MgO 的增加，富磷相的磷含量变化不大，不过 B 号渣样富磷相在渣样表面分散分布，且数量较少，平均粒径大多在 20~40μm 左右，少数在 50μm 左右，而加入 5%MgO 后 J 号渣样，富磷相粒径主

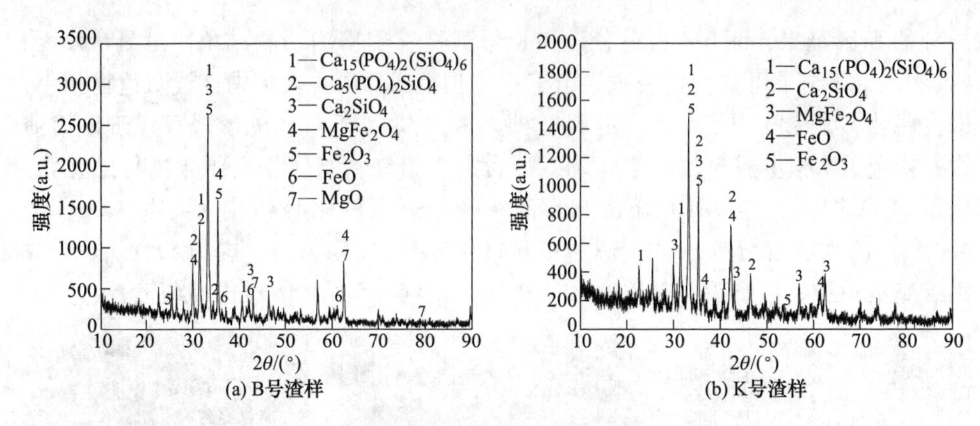

图 6-8　B、K 号渣样 XRD 对比图

要在 30~50μm 左右；K 号渣样（10%MgO）富磷相密集地分散在渣表面，根据统计结果，其平均粒径大部分都在 60μm 左右，少数可达到 100μm 左右。由上述分析结果可以得出，MgO 的加入虽然使富磷相中磷含量变化不大，但是能增加富磷相的粒径，有利于后续富磷相的提取。

6.1.2.3　MnO 含量对炉渣形貌和磷赋存形式的影响

图 6-9 为 B、M 和 N 号熔渣背散射电子图，表 6-3 为对应图 6-9 中试样各相成分的 EDS 结果，图 6-10 为对应 B 和 N 号试验渣样 XRD 分析结果。由图 6-9、图 6-10 和表 6-3 结果可以看出，磷在富磷相中仍以 $n\mathrm{C_2S}$-$\mathrm{C_3P}$ 的形式存在于渣中，添加了 MnO 的渣系富磷相中的磷与未添加 MnO 前变化不大，且 MnO 含量的增加并未引起富磷相中磷含量较大变化。MnO 主要集中在 RO 相，形成（MnO）(Fe_2O_3) 相，FactSage 计算结果证明了这点，且随着 MnO 含量的增加，RO 相中的 MnO 含量在增

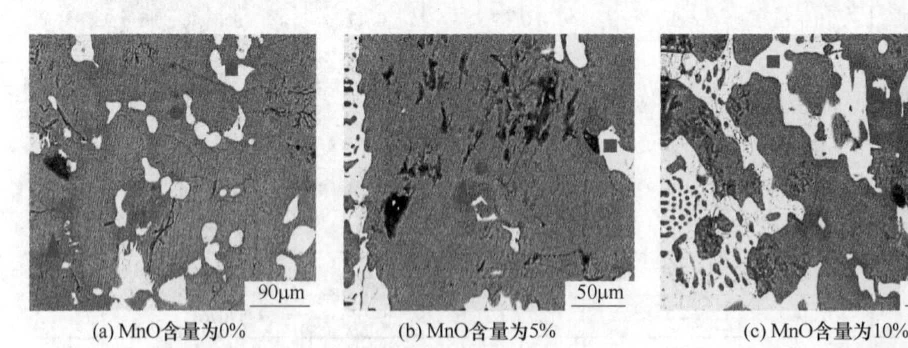

(a) MnO含量为0%　(b) MnO含量为5%　(c) MnO含量为10%

图 6-9　碱度 2.5，MnO 含量 0%、5%和 10%熔渣的背散射电子图
（●富磷相；■RO 相；▲基体相）

彩色原图

加。虽然该渣系没有 MgO，但是由于渣对镁坩埚的侵蚀，使得渣中仍含有少量镁，EDS 检测结果验证了这一点。

表 6-3 $R=2.5$ 的 $CaO-SiO_2-Fe_2O_3-P_2O_5-MnO$ 五元渣系 EDS 结果分析表

（质量分数,%）

序号	物相	MgO	SiO_2	P_2O_5	CaO	MnO	Fe_2O_3
B	富磷相	2.95	15.24	20.75	58.90	0	2.16
	RO 相	5.30	0.07	0.17	0.61	0	93.85
	基体相	11.46	31.29	3.56	53.68	0	0
M	富磷相	0.34	12.83	22.62	62.36	1.22	0.64
	RO 相	1.38	0.15	0	0.97	6.68	90.82
	基体相	7.05	26.84	2.59	57.81	2.02	3.70
N	富磷相	0	14.64	19.43	64.96	0	0.97
	RO 相	4.43	0	0	0.73	11.41	83.43
	基体相	9.59	29.90	1.79	54.57	2.31	1.84

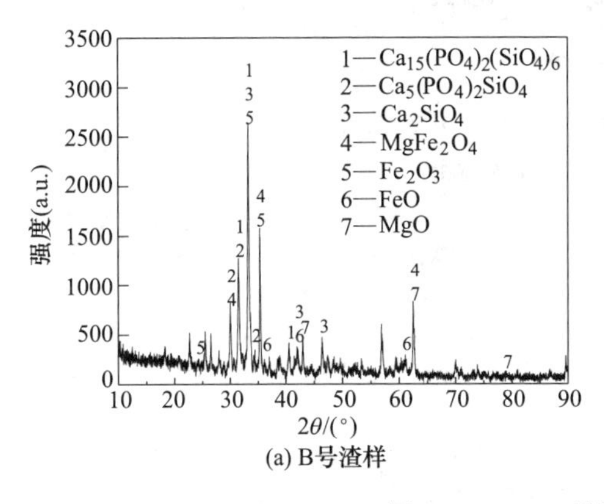

(a) B号渣样

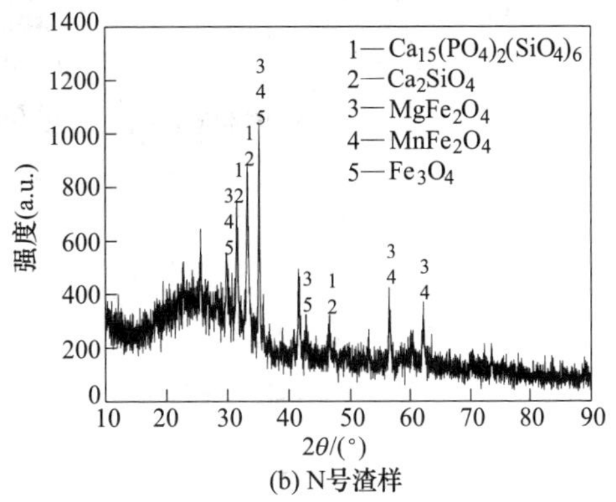

(b) N号渣样

图 6-10 B、N 号渣样 XRD 对比图

MnO 加入并未引起炉渣矿相结构及富磷相中磷含量的变化，B 号渣样富磷相在熔渣表面分散分布，且数量较少，平均粒径大多在 20~40μm 左右；加入 5% MnO 和 10%MnO 后，富磷相在渣样表面的分散密集，基本连成片状。因此可得出：MnO 的加入虽然使富磷相中磷含量变化不大，但是能增加富磷相的粒径，有利于后续富磷相的提取。

6.1.2.4 Na_2O 含量对炉渣形貌和磷赋存形式的影响

图 6-11 为 B、P 和 Q 号熔渣背散射电子图，表 6-4 为对应图 6-11 中试样各相

成分的EDS结果，图6-12为对应B和P号试验渣样XRD分析结果。从检测结果可知，添加了 Na_2O 的渣系富磷相中的磷含量比未添加 Na_2O 前明显增加，且 Na_2O 含量的增加引起富磷相中磷含量也相应增加。加入 Na_2O 后，磷在渣中的存在形式为 $Ca_{15}(PO_4)_2(SiO_4)_6$、$Na_2Ca_4(PO_4)_2SiO_4$ 和 Na_3PO_4，FactSage 计算结果也证明了这点。根据电镜结果统计可知磷富集最多可达30%以上，这是由于钠离子可替代部分 nC_2S-C_3P 中的钙离子，形成 $Na_2Ca_4(PO_4)_2SiO_4$，且钠离子与磷酸根离子结合能力强于钙离子，一部分钠离子与磷酸根离子结合形成磷酸钠，使含磷相中硅酸钙减少，从而增加了富磷相中的磷含量。因此，Na_2O 的加入有利于渣中磷的富集。

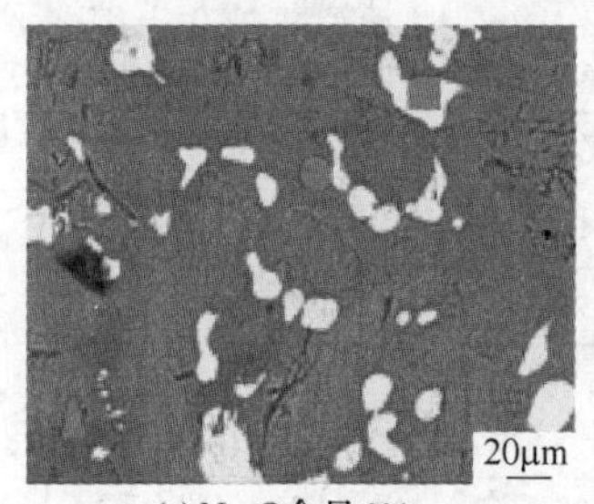

(a) Na_2O含量0%

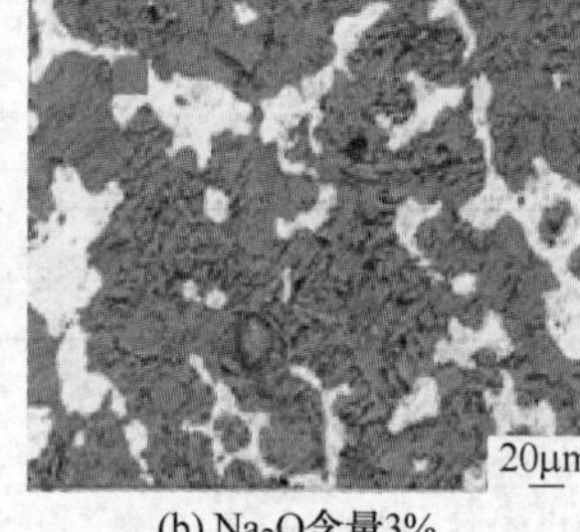

(b) Na_2O含量3%

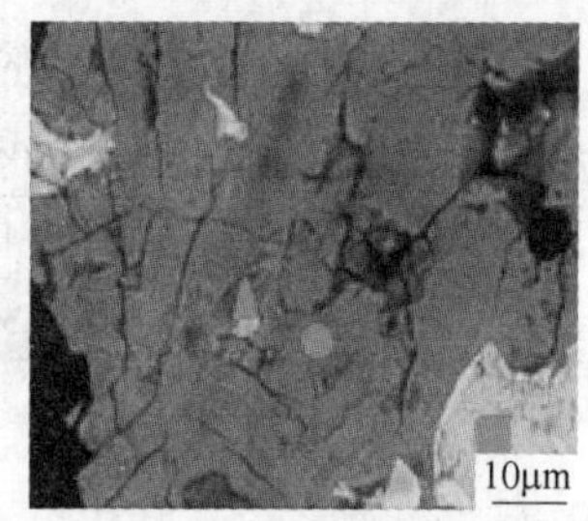

(c) Na_2O含量6%

图6-11　碱度2.5，Na_2O 含量0%、3%和6%熔渣的背散射电子图

（●富磷相；■RO相；▲基体相）

彩色原图

表6-4　$R=2.5$ 的 CaO-SiO_2-Fe_2O_3-P_2O_5-Na_2O 五元渣系EDS结果分析表

（质量分数,%）

序号	物相	Na_2O	MgO	SiO_2	P_2O_5	CaO	Fe_2O_3
B	富磷相	0	2.95	15.24	20.75	58.90	2.16
	RO相	0	5.30	0.07	0.17	0.61	93.85
	基体相	0	11.46	31.29	3.56	53.68	0
P	富磷相	2.16	0	14.58	23.63	59.61	0
	RO相	0	10.48	0	0	0	89.52
	基体相	1.53	0	25.32	3.32	68.80	1.03
Q	富磷相	12.31	0	8.63	31.74	47.01	0.31
	RO相	4.36	0	0.38	1.55	0	93.71
	基体相	3.70	0	22.51	2.95	68.31	2.53

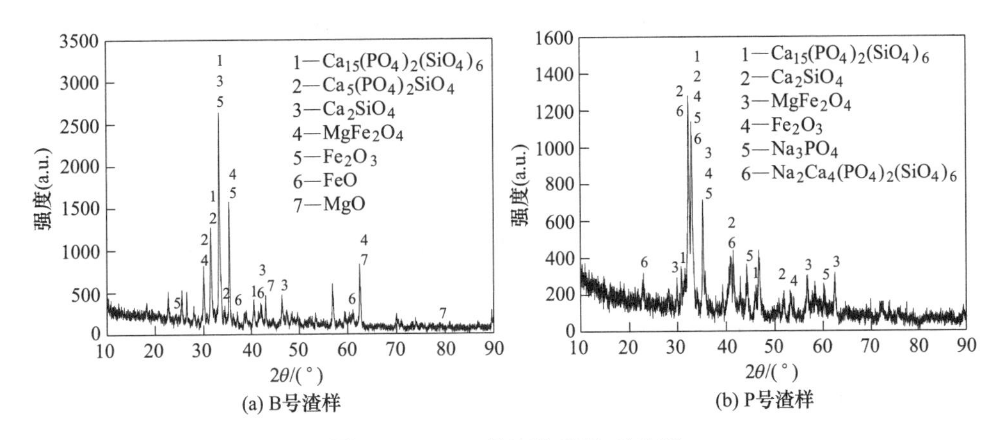

(a) B号渣样　(b) P号渣样

图 6-12　B、P 号渣样 XRD 对比图

6.1.2.5　CaF_2 含量对炉渣形貌和磷赋存形式的影响

图 6-13 为 B、S 和 T 号熔渣背散射电子图，表 6-5 为对应图 6-13 中试样各相成分的 EDS 结果，图 6-14 为 S 号熔渣各元素面扫描结果图，图 6-15 为对应 B 和 T 号试验渣样 XRD 分析结果。从检测结果可知，B、S 和 T 号熔渣主要有富磷相、RO 相及基体相组成，B 号渣富磷相中 P_2O_5 含量为 21%左右，且粒径一般为 20~40μm，基体相中 P_2O_5 含量一般 3%~5%，RO 相主要是由铁氧化物或铁镁氧化物形式存在；加入 3%CaF_2 后 S 号熔渣中富磷相 P_2O_5 含量较 B 号熔渣磷含量有明显提高，加入的 F 主要进入富磷相中形成氟磷灰石（$Ca_5(PO_4)_3F$），富磷相中 P_2O_5 含量一般为 34%左右，粒径也进一步增大，达到 100μm 以上，基体相中磷含量较低，为 1%~2%，主要为 $CaO-SiO_2-Fe_2O_3-MgO$ 组成，而 RO 相与 B 号熔渣一样，主要是由铁氧化物或铁镁氧化物形式存在；对于 T 号渣样（6%CaF_2）富

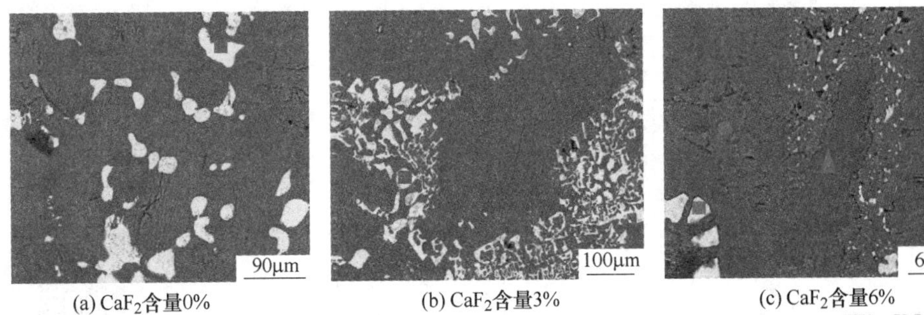

(a) CaF_2含量0%　(b) CaF_2含量3%　(c) CaF_2含量6%

图 6-13　碱度 2.5，CaF_2 含量 0%、3%和 6%熔渣的背散射电子图

（●富磷相；■RO 相；▲基体相）

彩色原图

磷相中 P_2O_5 含量进一步提高，达到37%左右，粒径与S渣差不多，约100μm以上，不过富磷相中 CaF_2 含量增加，即富磷相中氟磷灰石（$Ca_5(PO_4)_3F$）增多，同时随着 CaF_2 含量增加，基体相中镁含量也越高，主要是 CaF_2 能加速 MgO 坩埚的侵蚀，结合 XRD 结果，基体相主要为 nCaO · SiO_2 和镁蔷薇辉石（$Ca_3MgSi_2O_8$）。

表 6-5　$R=2.5$ 的 $CaO-SiO_2-Fe_2O_3-P_2O_5-CaF_2$ 五元渣系 EDS 结果分析表

（质量分数,%）

序号	物相	CaF_2	MgO	SiO_2	P_2O_5	CaO	Fe_2O_3
B	富磷相	0	2.95	15.24	20.75	58.90	2.16
	RO 相	0	5.30	0.07	0.17	0.61	93.85
	基体相	0	11.46	31.29	3.56	53.68	0
S	富磷相	4.43	0	3.30	34.00	58.11	0.15
	RO 相	0.53	5.42	0.14	0	0.99	92.93
	基体相	0	9.29	27.98	1.60	58.40	2.73
T	富磷相	4.59	0	2.71	37.75	54.85	0.09
	RO 相	0.30	6.12	0	0	2.84	90.74
	基体相	0	10.11	31.95	1.82	53.03	3.08

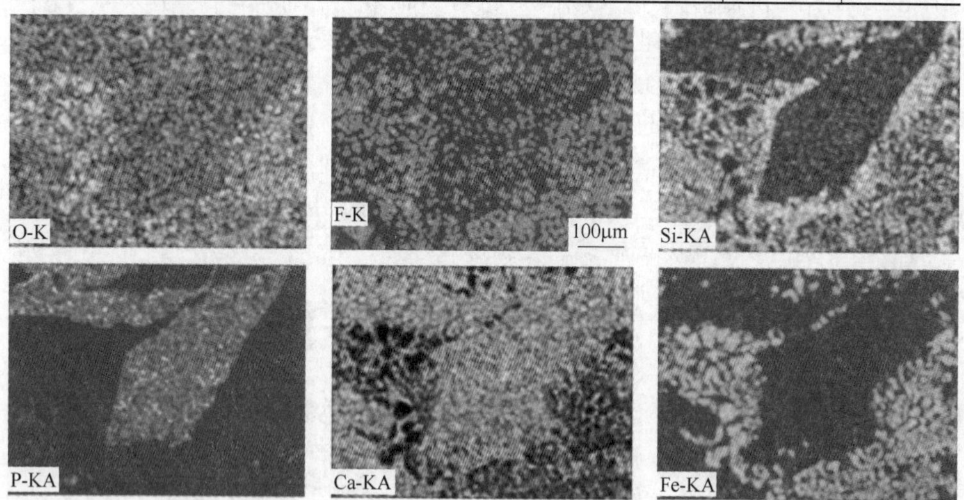

图 6-14　S 号熔渣面扫描结果

彩色原图

结合 XRD 分析结果和电镜分析结果知，加入的 CaF_2 大部分进入富磷相中形成 $Ca_5(PO_4)_3F$，还有少量进入 RO 相中形成 $Ca_4Si_2O_7F_2$。图 6-16 为利用 FactSage 计算 1273K 下 $CaO-P_2O_5-CaF_2$ 渣系三元相图，图中 S 和 T 分别表示 S 和 T 号渣富磷相在三元相图中区域。进入渣中的氟主

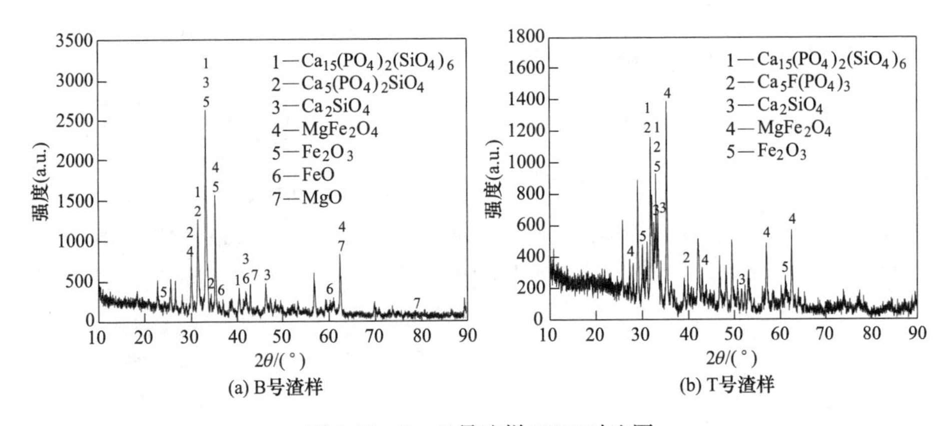

图 6-15 B、T 号渣样 XRD 对比图

要形成氟磷灰石（$Ca_5(PO_4)_3F$），这点与 XRD 结果一致。虽然 CaF_2 的加入能使渣中富磷相磷含量显著增加，但是随着氟的加入会加速氟磷灰石的结晶速度，易析出氟磷灰石（$Ca_5(PO_4)_3F$），由于 $Ca_5(PO_4)_3F$ 不溶于柠檬酸液，枸溶率也会随之下降；而当渣中不添加氟时，渣中磷主要赋存于硅酸二钙和磷酸三钙的固溶体中，可以在 2%的柠檬酸液中很好地溶出，枸溶率可达到很高。考虑到炉渣的后续利用，应尽量采用无氟渣。

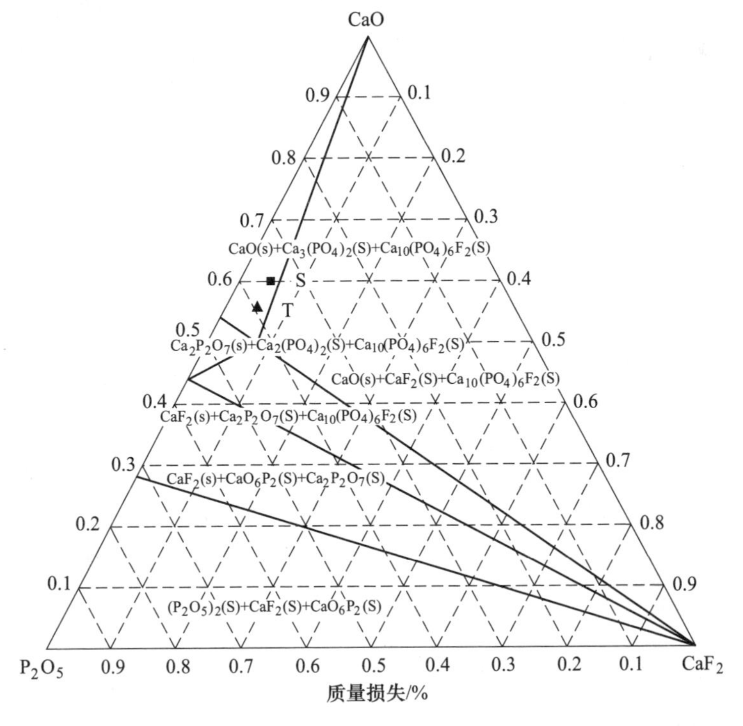

图 6-16 在 1273K 下 $CaO-P_2O_5-CaF_2$ 三元系 FactSage 计算结果

6.1.3 碱度对炉渣形貌和磷赋存形式的影响

6.1.3.1 碱度对 $CaO\text{-}SiO_2\text{-}Fe_2O_3\text{-}P_2O_5\text{-}MgO$ 系熔渣形貌和赋存形式的影响

图 6-17 为炉渣 K 和 L 的背散射电子图，表 6-6 为图 6-17 中对应试样各相成分的 EDS 结果，图 6-18 为对应 K 和 L 试验渣样 XRD 分析结果。从 EDS 实验结果可知，随着炉渣碱度的降低，富磷相中的磷含量略有增加。同时当炉渣碱度由 2.5 降低为 1.5 时，磷在富磷相中的存在形式由 $Ca_{15}(PO_4)_2(SiO_4)_6$ 变为 $Ca_5(PO_4)_2SiO_4$，而随着碱度的降低，析出 Ca_2SiO_4 相减少，有 $CaSiO_3$ 相生成。此外，结合电镜面扫描结果（图 6-19）分析结果可知，当炉渣碱度为 1.5 时，镁元素不仅与 Fe_2O_3 以 $MgFe_2O_4$ 的形式存在于 RO 相中，还以 $CaMgSiO_4$ 的形式存在于基体相中。

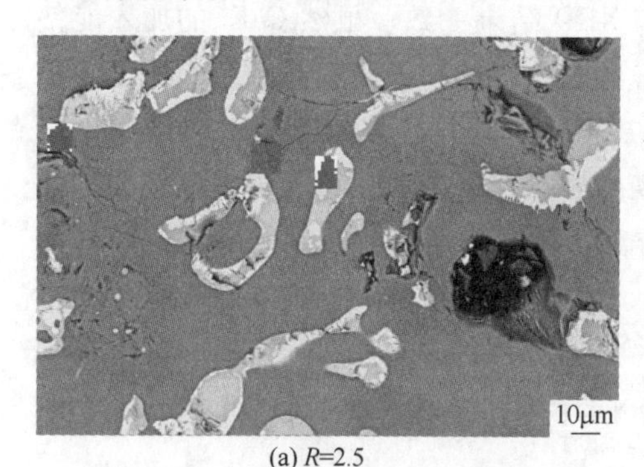

(a) R=2.5　　(b) R=1.5

图 6-17 碱度 2.5 和 1.5 下 $CaO\text{-}SiO_2\text{-}Fe_2O_3\text{-}P_2O_5\text{-}MgO$ 熔渣的背散射电子图

（●富磷相；■RO 相；▲基体相）

彩色原图

表 6-6 $R=2.5$ 和 1.5 的 $CaO\text{-}SiO_2\text{-}Fe_2O_3\text{-}P_2O_5\text{-}MgO$ 五元渣系 EDS 结果分析表

（质量分数，%）

序号	物相	MgO	SiO_2	P_2O_5	CaO	Fe_2O_3
K	富磷相	2.63	15.30	19.66	60.82	1.60
	RO 相	27.53	0	0	0.60	71.87
	基体相	7.74	23.52	9.33	57.76	1.66
L	富磷相	0.98	10.21	23.89	62.91	2.00
	RO 相	2.59	0	0	4.56	90.30
	基体相	15.94	28.31	2.88	39.96	12.92

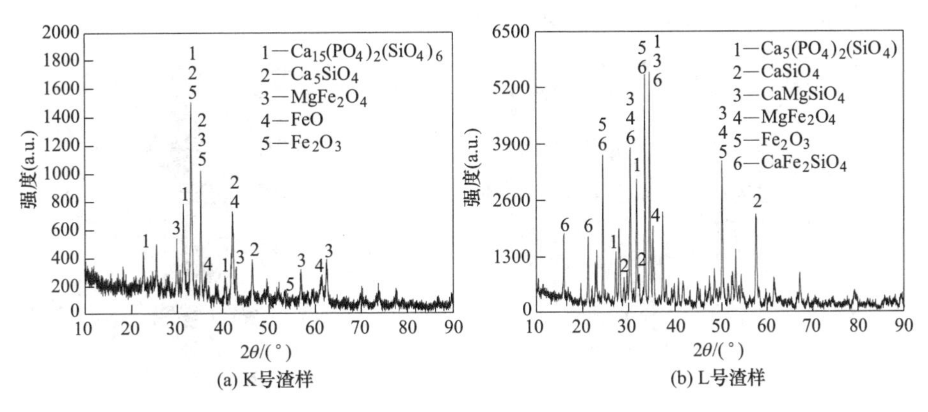

图 6-18 K、L 号渣样 XRD 对比图

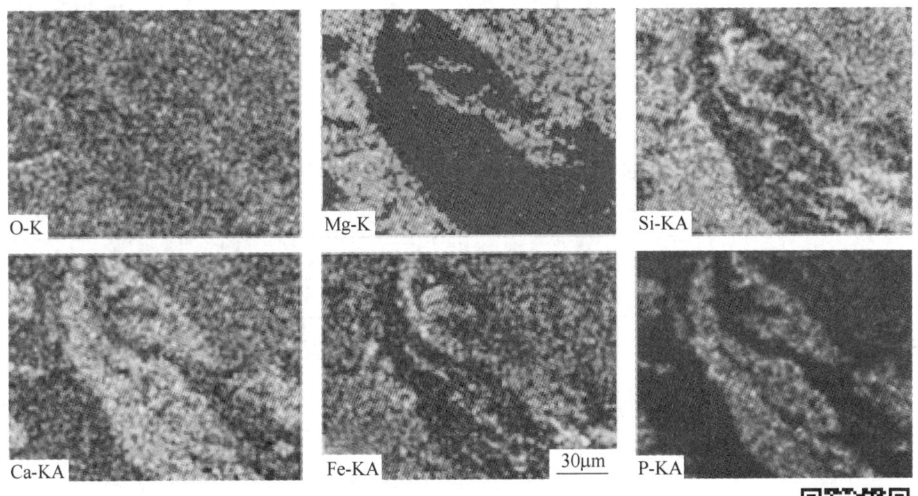

图 6-19 L 号熔渣面扫描结果

彩色原图

6.1.3.2 碱度对 $CaO-SiO_2-Fe_2O_3-P_2O_5-MnO$ 系熔渣形貌和赋存形式的影响

图 6-20、图 6-21 和表 6-7 分别为 N 和 O 号熔渣背散射电子图和相应 EDS 结果，图 6-22 为对应 N 和 O 号试验渣样 XRD 分析结果。从实验结果可以看出，随着碱度的降低，富磷相的形式由 $Ca_{15}(PO_4)_2(SiO_4)_6$ 转变为 $Ca_5(PO_4)_2SiO_4$。在 $R=2.5$ 的渣系中，锰在 RO 相中主要以 $MnFe_2O_4$ 的形式存在；而对于 $R=1.5$ 的渣系，锰除了存在于 RO 相中，还有以 Mn_2SiO_4 的形式存在于基体相中，这与图 6-21 中面扫描结果一致。随着炉渣碱度的降低，基体相中的铁含量也在增加，主要形成 $CaSiFe_2O_4$ 相，这主要是碱度低时初始成分中 Fe_2O_3 含量较高。同时，由

EDS 结果可知炉渣碱度降低时，富磷相中的磷略有增加。

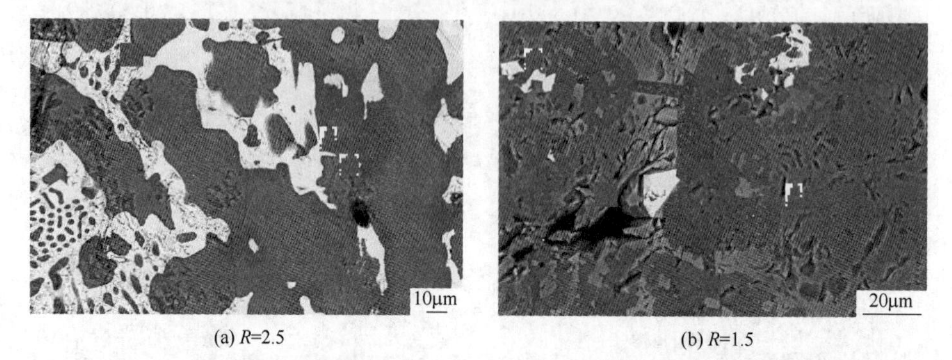

(a) R=2.5　　(b) R=1.5

图 6-20　碱度为 2.5 和 1.5 时 CaO-SiO_2-Fe_2O_3-P_2O_5-MnO 熔渣的背散射电子图

（●富磷相；■RO 相；▲基体相）

彩色原图

表 6-7　R=2.5 和 1.5 的 CaO-SiO_2-Fe_2O_3-P_2O_5-MnO 五元渣系 EDS 结果分析表

（质量分数,%）

序号	物相	MgO	SiO_2	P_2O_5	CaO	MnO	Fe_2O_3
N	富磷相	0	14.64	19.43	64.96	0	0.97
	RO 相	4.43	0	0	0.73	11.41	83.43
	基体相	9.59	29.90	1.79	54.57	2.31	1.84
O	富磷相	0.29	12.54	22.10	59.91	2.86	2.29
	RO 相	1.30	0.22	0.04	0.86	6.92	90.66
	基体相	10.79	27.89	0.53	35.07	12.76	12.97

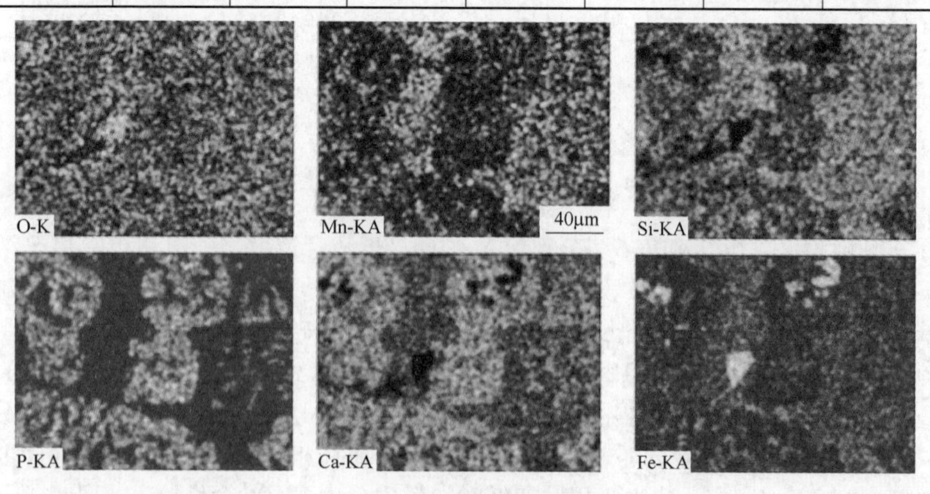

图 6-21　O 号熔渣面扫描结果

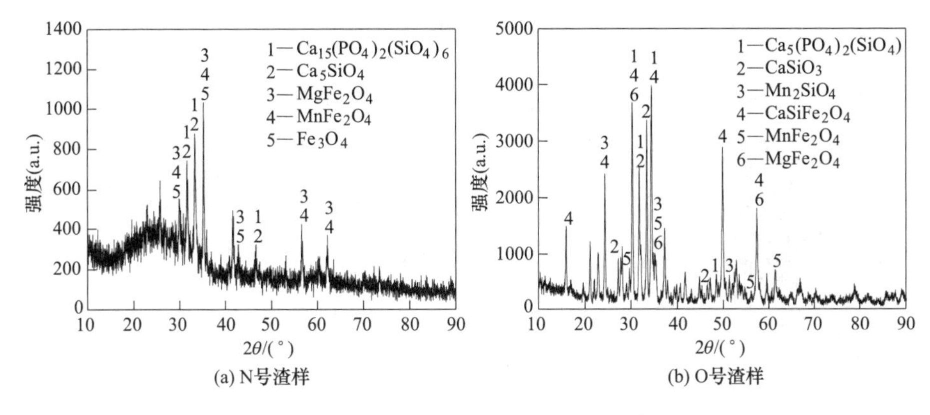

图 6-22　N、O 号渣样 XRD 对比图

6.1.3.3　碱度对 $CaO-SiO_2-Fe_2O_3-P_2O_5-Na_2O$ 系熔渣形貌和赋存形式的影响

图 6-23 为 Q 和 R 号熔渣背散射电子图，表 6-8 为对应试样各相成分的 EDS 结果，图 6-24 为对应 Q 和 R 号试验渣样 XRD 分析结果。从检测结果可知，炉渣碱度降低时，富磷相中磷含量并没有增加，反而下降。这主要是炉渣碱度降低（$R=1.5$）时，炉渣中的磷主要是以 $Ca_5(PO_4)_2SiO_4$、$Na_2Ca_4(PO_4)_2SiO_4$ 存在；而炉渣碱度为 2.5 时，渣中一部分钠离子替代部分 nC_2S-C_3P 中的钙离子，形成 $Na_2Ca_4(PO_4)_2SiO_4$，还有部分钠离子与磷酸根离子结合形成磷酸钠，使含磷相中硅酸钙减少，富磷相中磷含量相对提高，因此对于一定含量 Na_2O 渣系，降低碱度不利于提高磷在富磷相中的含量。

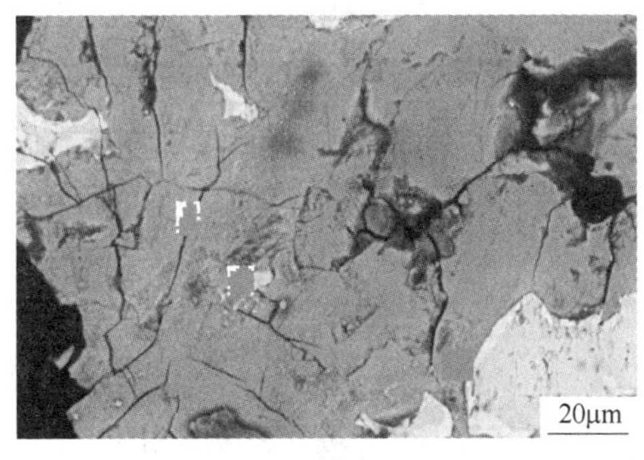

(a) R=2.5

(b) R=1.5

图 6-23　碱度 2.5 和 1.5 下 $CaO-SiO_2-Fe_2O_3-P_2O_5-Na_2O$ 熔渣的背散射电子图

（●富磷相；■RO 相；▲基体相）

彩色原图

表 6-8　R=2.5 和 1.5 的 CaO-SiO_2-Fe_2O_3-P_2O_5-Na_2O 五元渣系 EDS 结果分析表

（质量分数,%）

序号	物相	Na_2O	MgO	SiO_2	P_2O_5	CaO	Fe_2O_3
Q	富磷相	12.31	0	8.63	31.74	47.01	0.31
	RO 相	4.36	0	0.38	1.55	0	93.71
	基体相	3.70	0	22.51	2.95	68.31	2.53
R	富磷相	10.25	0	16.70	18.84	50.63	3.59
	RO 相	0.68	2.85	0	0	0.53	95.93
	基体相	0	17.92	30.73	1.00	44.01	6.33

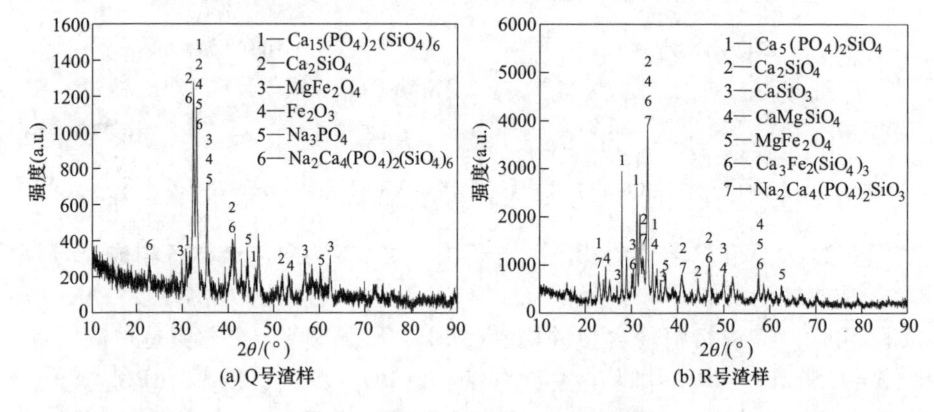

图 6-24　Q、R 号渣样 XRD 对比图

6.1.3.4　碱度对 CaO-SiO_2-Fe_2O_3-P_2O_5-CaF_2 系熔渣形貌和赋存形式的影响

图 6-25 为 S 和 U 号熔渣背散射电子图，表 6-9 为对应图 6-25 中试样各相组

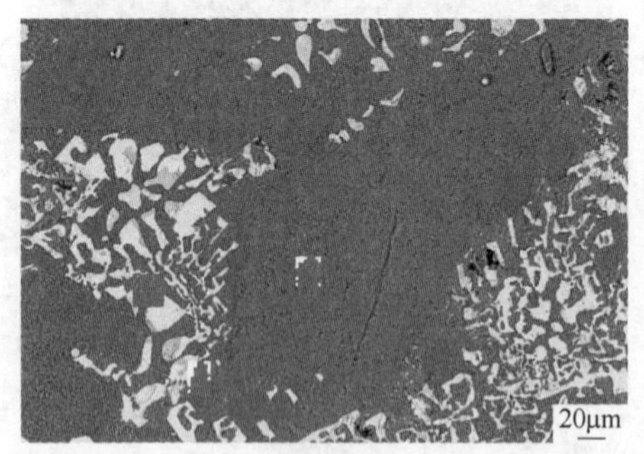

(a) R=2.5

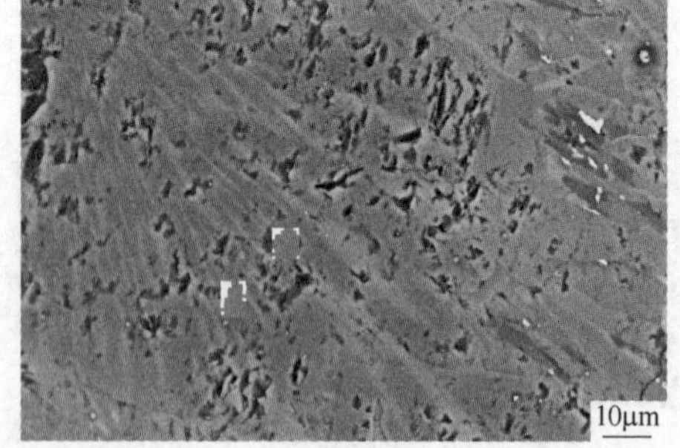

(b) R=1.5

图 6-25　碱度 2.5 和 1.5 下 CaO-SiO_2-Fe_2O_3-P_2O_5-CaF_2 熔渣的背散射电子图

（●富磷相；■RO 相；▲基体相）

彩色原图

成的 EDS 结果，图 6-26 为相应 S 和 U 号渣样 XRD 结果。从检测结果可以看出，炉渣碱度的下降对于富磷相中磷含量的影响不大，渣中加入的 CaF_2 大部分进入富磷相中形成 $Ca_5(PO_4)_3F$，而炉渣碱度的改变并没有引起氟在富磷相中存在形式的变化。同时随着碱度的降低，Ca、Si 和 O 的结合形式由 Ca_2SiO_4 转变为 $Ca_3Si_2O_7$，这一点与理论结算结果相符。因此，由于炉渣碱度的降低，对于 $CaO-SiO_2-Fe_2O_3-P_2O_5-CaF_2$ 五元渣系渣中析出 nCaO · SiO_2 形式有所变化，而对氟在富磷相中存在形式和富磷相中磷含量影响不大。

表 6-9 R=2.5 和 1.5 的 $CaO-SiO_2-Fe_2O_3-P_2O_5-CaF_2$ 五元渣系 EDS 结果分析表

（质量分数，%）

序号	物相	CaF_2	MgO	SiO_2	P_2O_5	CaO	Fe_2O_3
S	富磷相	4.43	0	3.30	34.00	58.11	0.15
	RO 相	0.53	5.42	0.14	0	0.99	92.93
	基体相	0	9.29	27.98	1.60	58.40	2.73
U	富磷相	4.00	0	5.58	30.70	59.73	0
	RO 相	0	14.65	29.78	0.56	39.52	15.49
	基体相	0	0	14.30	0	26.36	59.35

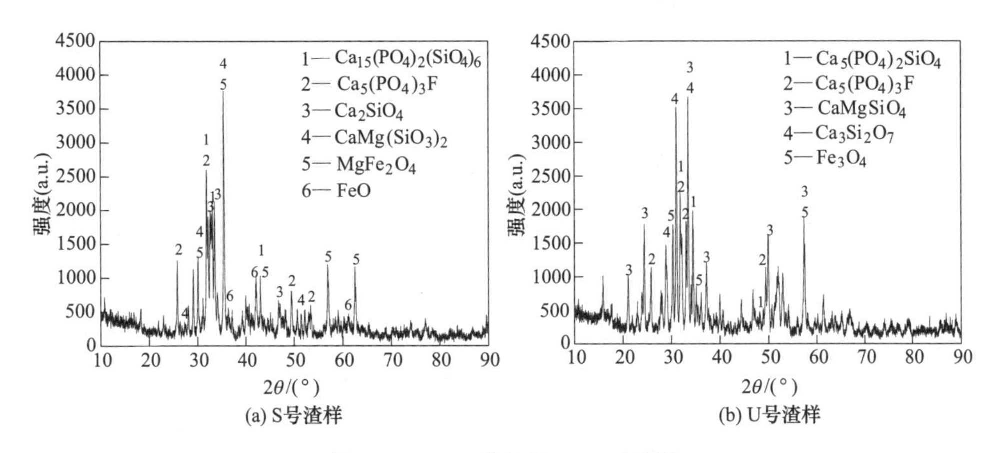

图 6-26 S、U 号渣样 XRD 对比图

6.1.4 温度对炉渣形貌和磷赋存形式的影响

为了研究并讨论温度对转炉渣中富磷相的影响，设计了如下实验，采用化学试剂，按表 6-10 配制实验用渣，将配好的实验渣放入氧化铝坩埚中同时外套石墨坩埚置于管式电阻炉中，控温曲线如图 6-4 所示，并在冷却过程和实验终点取样，试验渣成分及各试样 SEM 结果分别如表 6-10 和图 6-27 所示。

表 6-10 实验渣成分和含量 （质量分数,%）

成分	CaO	SiO_2	Fe_2O_3	P_2O_5	Al_2O_3	MgO	TiO_2	CaF_2	MnO	$R(-)$
含量	41.35	20.68	17.23	10	0.95	4.83	0.86	0.33	3.77	2.0

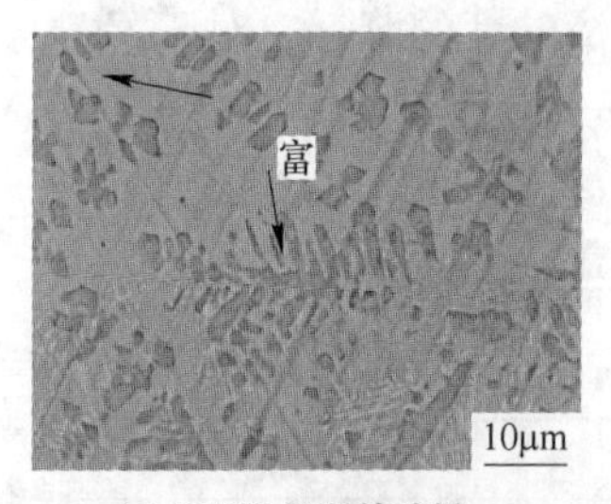

(a) 1350℃保温前试样

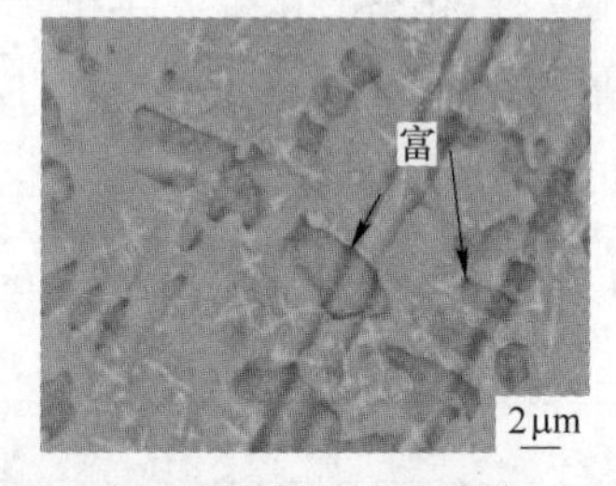

(b) 1350℃保温30min试样

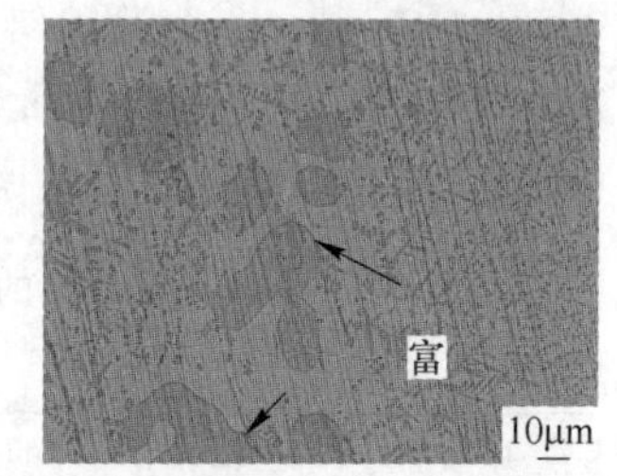

(c) 1350℃保温60min试样

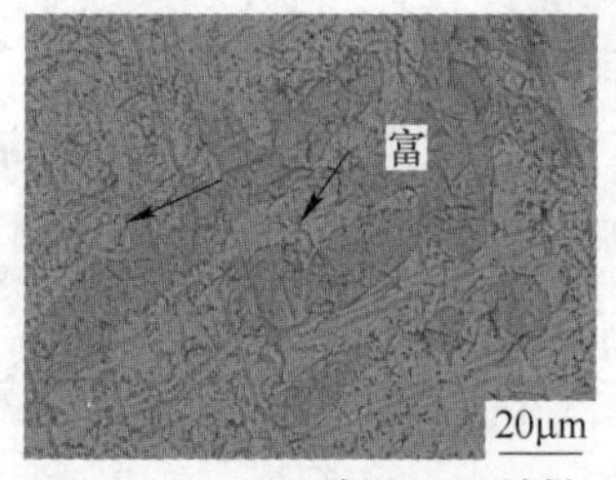

(d) 1350～1150℃降温40min试样

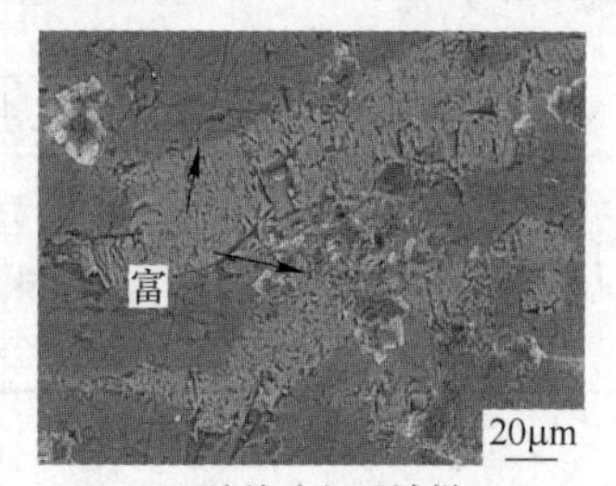

(e) 随炉冷却后试样

图 6-27 不同温度下取样的 SEM 图

表 6-11 为不同取样时刻各渣样富磷相情况统计结果。从图 6-27 和表 6-11 可以看出，随着温度的降低，富磷相是不断在长大的，同时在 1350℃ 保温段富磷相粒径和 P_2O_5 含量明显增加，富磷相与基体相间磷分配比明显增加，富磷相形状由针状向棒状变化。综上所述，在富磷相析出温度区间，适当的保温时间有利于磷的富集。

表 6-11 各试样富磷相情况统计

取样时刻	含磷相主要粒径 /μm	少数粒径 /μm	形状	富磷相 P_2O_5 含量/%	L'_P
1350℃保温前	5~15	1~5	针状	10~12	1.1
1350℃保温 30min	5~20	1~10	针状	11~20	1.1~1.3
1350℃保温 60min	10~20	30~50	棒状	17~20	1.8~2.0
1350~1300℃降温 20min	10~50	100~200	棒状	35~38	10~20
随炉冷却终样	30~60	100~180	棒状	31~33	60~130

注：在此定义磷在富磷相和基体相间的分配比（$L'_P = (\%P)_{PE}/(\%P)_M$）。

6.1.5 磷在 $CaO-SiO_2-Fe_2O_3-P_2O_5$ 系间分配行为研究

通过前面对 $CaO-SiO_2-Fe_2O_3-P_2O_5$ 系炉渣中形貌及物相分析发现，炉渣主要有富磷相、基体相及富铁相（RO 相）组成，渣中的磷主要存在于富磷相和基体相中，因此为深入研究磷在渣中富集情况，实现炉渣高效脱磷及高磷矿的高效利用，有必要对磷在 $CaO-SiO_2-Fe_2O_3-P_2O_5$ 系富磷相与基体相间分配行为进行系统的研究。因此本节是在前面研究的基础上，进一步研究磷在渣中富磷相和基体相间的分配比、富磷相和基体相的磷容量和 P_2O_5 活度系数等，研究它们与炉渣组分及碱度之间的关系，分析影响磷在 $CaO-SiO_2-Fe_2O_3-P_2O_5$ 系间分配的因素，明确渣中磷富集的规律。

6.1.5.1 炉渣组分和碱度对固液相间磷分配比的影响

由电镜结果统计分析知，磷在实验渣中主要存在于富磷相和基体相中，因此文中计算的磷分配比为富磷相与基体相中的磷含量之比。结合 SEM+EDS 对含磷渣中富磷相与基体相中磷含量检测结果，在此定义磷在富磷相和基体相间的分配比（$L'_P=(\%P)_{PE}/(\%P)_M$）来表示炉渣中磷的富集程度。其中，L'_P 为熔渣富磷相和基体相间的磷分配比；$(\%P)_{PE}$为磷在炉渣富磷相中的质量分数；$(\%P)_M$为磷在炉渣基体相中的质量分数。图 6-28 显示了磷分配比对数与基体相中全铁含量的关系。

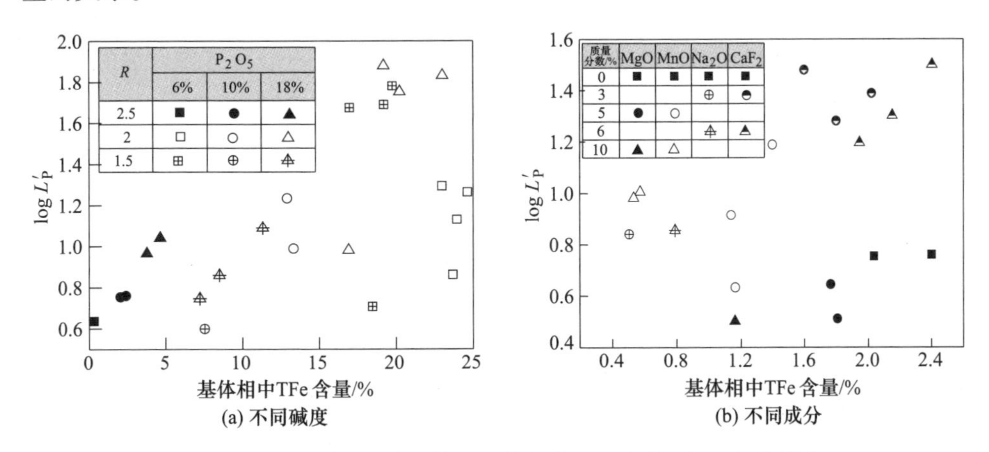

图 6-28 不同碱度和成分熔渣基体相中 TFe 含量对 $\log L'_P$ 的影响

图 6-28（a）为不同碱度四元渣系基体相中全铁含量与磷分配比对数间的关系。结合图 6-28（a）结果可知，对于不同碱度 $CaO-SiO_2-Fe_tO-P_2O_5$ 四元渣系（R=1.5、2.0 和 2.5），当渣中 P_2O_5 的含量一定时，适当降低碱度可以增加渣中 L'_P。且对于 R=2.5 和 R=2.0 的渣系，L'_P 随着炉渣中 P_2O_5 含量的增加而增

加。对于 $R=1.5$ 的渣系，渣中 P_2O_5 含量为6%时 L'_P 最大。这是由于该渣系碱度较低，渣中析出 $2CaO \cdot SiO_2$ 颗粒相对较少，在渣中 P_2O_5 含量过高时，析出富磷相固溶体过饱和，甚至以 $3CaO \cdot P_2O_5$ 的形式析出，同时基体相中也存在相当的磷来不及迁移，从而使磷分配比降低。

渣中的磷是从基体相向 $2CaO \cdot SiO_2$ 颗粒中迁移，而 $2CaO \cdot SiO_2$ 颗粒组分逐渐变为 $2CaO \cdot SiO_2$-$3CaO \cdot P_2O_5$ 固溶体。L'_P 大说明对基体相中磷向富磷相中迁移趋势越有利，而炉渣中磷含量的增加及炉渣碱度的适当降低能促进磷的这种迁移。

图 6-28（b）为 CaO-SiO_2-Fe_tO-P_2O_5（$R=2.5$）四元渣系的基础上分别添加一定量 MgO、MnO、Na_2O 和 CaF_2 后的磷分配比与液相中全铁含量的关系。从图中结果可以看出，渣中添加 MgO 和 MnO 对炉渣不同相间 L'_P 影响不大。添加 Na_2O 后的炉渣富磷相中磷含量有所增加，由于其基体相中磷含量较其他渣系偏高，因而该渣系的磷分配变化不大。相比较添加 MgO 和 MnO 渣系，添加 CaF_2 后，L'_P 增加最为明显。主要是由于添加 CaF_2 后，有效降低了炉渣熔点，增加炉渣的流动性，促进磷在渣中从基体相向富磷相的迁移，同时 CaF_2 的加入渣中富磷相形成新相-氟磷灰石，从而使富磷相中磷含量显著增加。

图 6-29 为碱度为 2.5 和 1.5 的 CaO-SiO_2-Fe_tO-P_2O_5-X（一定量 MgO、MnO、Na_2O 和 CaF_2）渣系的 L'_P 与基体相中 TFe 含量的关系图。从图中结果可以看出，当渣中其他组分一定时，碱度对 L'_P 的影响起着重要作用。且渣系不同相间 L'_P 随着碱度的增加而减少。此外，L'_P 随着基体相中 TFe 含量的增加而呈增加的趋势。这是因为基体相中 TFe 含量增加，基体相中的 P_2O_5 含量相对减少。

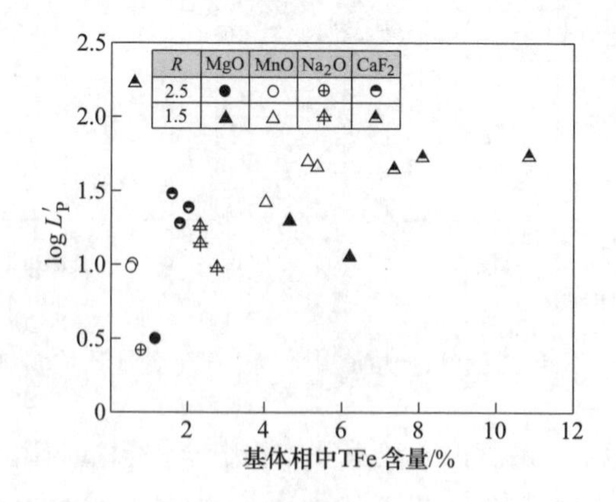

图 6-29 不同碱度 CaO-SiO_2-Fe_tO-P_2O_5-X 渣系中基体相 TFe 含量对 L'_P 的影响

（X 代表 MgO、MnO、Na_2O 或 CaF_2）

6.1.5.2 炉渣组分和碱度对 P_2O_5 活度系数的影响

近年来，为了描述熔渣的脱磷能力，国内外针对熔渣中 P_2O_5 活度系数研究越来越多，基于理论分析及试验研究，提出了较多的模型及经验公式[1-4]。针对本研究渣系实际情况，应用正规模型计算实验渣中富磷相和基体相的五氧化二磷活度系数最为适宜。

Shimauchi K S[5] 和 Ban-ya[6] 等在假设所有铁氧化物都是以 Fe_2O_3 形式存在的前提下应用正规溶液模型计算得出 $CaO\text{-}SiO_2\text{-}Fe_2O_3\text{-}P_2O_5\text{-}MgO$ 渣系液相中 P_2O_5 活度系数，计算式为（6-1）。式（6-2）为 $PO_{2.5}$ 和 P_2O_5 活度的转化式。

$$RT\ln\gamma_{PO_{2.5(R.S.)}} = +14640x_{FeO_{1.5}}^2 - 251040x_{CaO}^2 - 37660x_{MgO}^2 + 83680x_{SiO_2}^2 - 20090x_{FeO_{1.5}}x_{MgO} - 140590x_{FeO_{1.5}}x_{CaO} - 188280x_{CaO}x_{MgO} + 65680x_{FeO_{1.5}}x_{SiO_2} + 112960x_{MgO}x_{SiO_2} - 33470x_{CaO}x_{SiO_2}(\text{J}) \tag{6-1}$$

$$RT\ln a_{P_2O_5(L)} = 2RT\ln a_{PO_{2.5(R.S.)}} + 52720 - 230.706T(\text{J/mol}) \tag{6-2}$$

又由于纯液态的 P_2O_5 是处于平衡态的，因此可根据式（6-3）和式（6-4）进一步计算得到炉渣固溶体中的活度系数。

$$a_{P_2O_5(SS)} = a_{P_2O_5(liq)} \tag{6-3}$$

$$L_P = \frac{(\%P_2O_5)_{SS}}{(\%P_2O_5)_L} = k\frac{a_{P_2O_5(SS)}\gamma_{P_2O_5(L)}}{a_{P_2O_5(L)}\gamma_{P_2O_5(SS)}} = k\frac{\gamma_{P_2O_5(L)}}{\gamma_{P_2O_5(SS)}} \tag{6-4}$$

式中，a 表示活度；γ 表示活度系数；x 表示摩尔分数；k 表示由质量分数转化为摩尔分数的转化系数。

由于炉渣对 MgO 坩埚的侵蚀，高温实验得到炉渣富磷相和基体相中均有 MgO，因此本书采用式（6-1）~式（6-4）分别计算 $CaO\text{-}SiO_2\text{-}Fe_tO\text{-}P_2O_5\text{-}MgO$ 渣系及在此基础上分别添加 MnO、Na_2O 和 CaF_2 的渣系中富磷相和基体相的 P_2O_5 活度系数。

$$RT\ln\gamma_{PO_{2.5(R.S.)}} = +14640x_{FeO_{1.5}}^2 - 251040x_{CaO}^2 - 84940x_{MnO}^2 - 37660x_{MgO}^2 + 83680x_{SiO_2}^2 - 20090x_{FeO_{1.5}}x_{MgO} - 140590x_{FeO_{1.5}}x_{CaO} - 13820x_{FeO_{1.5}}x_{MnO} - 188280x_{CaO}x_{MgO} + 65680x_{FeO_{1.5}}x_{SiO_2} - 243930x_{CaO}x_{MnO} + 112960x_{MgO}x_{SiO_2} - 184520x_{MgO}x_{MnO} - 33470x_{CaO}x_{SiO_2} + 74050x_{MnO}x_{SiO_2}(\text{J}) \tag{6-5}$$

$$RT\ln\gamma_{PO_{2.5(R.S.)}} = +14640x_{FeO_{1.5}}^2 - 251040x_{CaO}^2 - 50210x_{NaO_{0.5}}^2 - 37660x_{MgO}^2 + 83680x_{SiO_2}^2 - 20090x_{FeO_{1.5}}x_{MgO} - 140590x_{FeO_{1.5}}x_{CaO} + 39320x_{FeO_{1.5}}x_{NaO_{0.5}} - 188280x_{CaO}x_{MgO} + 65680x_{FeO_{1.5}}x_{SiO_2} + 112960x_{MgO}x_{SiO_2} - 33470x_{CaO}X_{SiO_2} - 301250x_{CaO}x_{NaO_{0.5}} - 87870x_{MgO}x_{NaO_{0.5}} + 144760x_{NaO_{0.5}}x_{SiO_2}(\text{J}) \tag{6-6}$$

$$
\begin{aligned}
RT\ln\gamma_{PO_{2.5}(R.S.)} = &+14640x_{FeO_{1.5}}^2 - 251040x_{CaO}^2 - 251040x_{CaF_2}^2 - 37660x_{MgO}^2 + \\
&83680x_{SiO_2}^2 - 20090x_{FeO_{1.5}}x_{MgO} - 140590x_{FeO_{1.5}}x_{CaO} - \\
&140590x_{FeO_{1.5}}x_{CaF_2} - 188280x_{CaO}x_{MgO} + 65680x_{FeO_{1.5}}x_{SiO_2} + \\
&112960x_{MgO}x_{SiO_2} - 33470x_{CaO}x_{SiO_2} - 502080x_{CaO}x_{CaF_2} - \\
&188280x_{MgO}x_{CaF_2} - 33470x_{CaF_2}x_{SiO_2}(\mathrm{J}) \qquad (6\text{-}7)
\end{aligned}
$$

因此根据应用式（6-2）~式（6-7）可以计算 P_2O_5 在富磷相和基体相中的活度系数。结果如图 6-30 所示。

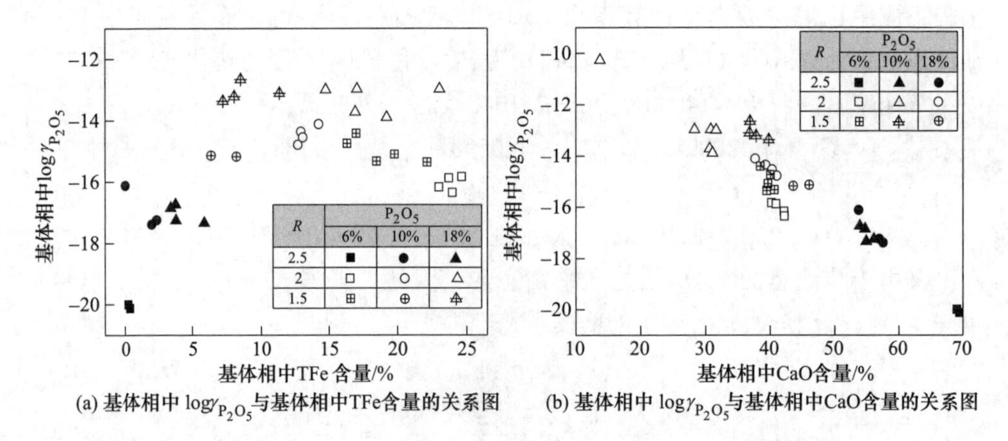

(a) 基体相中 $\log\gamma_{P_2O_5}$ 与基体相中TFe含量的关系图　(b) 基体相中 $\log\gamma_{P_2O_5}$ 与基体相中CaO含量的关系图

图 6-30　$CaO-SiO_2-Fe_tO-P_2O_5$ 系基体相中 TFe 和 CaO 含量与基体相中 $\log\gamma_{P_2O_5}$ 的关系

图 6-30（a）为 $R=2.5$、2.0 和 1.5 的 $CaO-SiO_2-Fe_tO-P_2O_5$ 四元渣系，基体相 $\log\gamma_{P_2O_5}$ 与基体相中 TFe 含量的关系图。由图 6-30（a）可以看出，在基体相中 TFe 含量小于 15%时，随着基体相 TFe 含量的增加，基体相中 $\gamma_{P_2O_5}$ 增加，这是因为基体相中 TFe 含量的增加导致 CaO 的相对含量及液相渣的碱度降低。且随着渣中 P_2O_5 含量的增加，基体相 $\gamma_{P_2O_5}$ 也在增加。

图 6-30（b）为 $R=2.5$、2.0 和 1.5 的 $CaO-SiO_2-Fe_tO-P_2O_5$ 四元渣系，其基体相中 $\log\gamma_{P_2O_5}$ 与基体相中 CaO 含量的关系图。由图可以看出，基体相中 $\gamma_{P_2O_5}$ 随着基体相中 CaO 含量的增加而减少。

图 6-31（a）为碱度为 2.5 的 $CaO-SiO_2-Fe_tO-P_2O_5$-X（X 代表 MgO、MnO、Na_2O 和 CaF_2）渣系其基体相 $\log\gamma_{P_2O_5}$ 与基体相中 CaO 含量的关系图。从图 6-31（a）中结果可以看出，向 $CaO-SiO_2-Fe_tO-P_2O_5$ 渣系中分别添加了 MgO、MnO、Na_2O 和 CaF_2 后与未添加这些组分前有相同的规律，即基体相中 $\gamma_{P_2O_5}$ 随着基体相中 CaO 含量的增加而减少。

图 6-31（b）为碱度为 2.5 的 $CaO-SiO_2-Fe_tO-P_2O_5$-X（X 代表 MgO、MnO、Na_2O 和 CaF_2）渣系其基体相 $\log\gamma_{P_2O_5}$ 与基体相中 TFe 含量的关系图。从图

6-31（b）中结果可以看出，随着 MgO、MnO、Na_2O 和 CaF_2 含量的增加，基体相中 TFe 含量变化不大，随着 MgO、MnO 和 CaF_2 含量的增加，基体相中 $\gamma_{P_2O_5}$ 增加；而随着 Na_2O 含量的增加，基体相中 $\gamma_{P_2O_5}$ 却在减少。

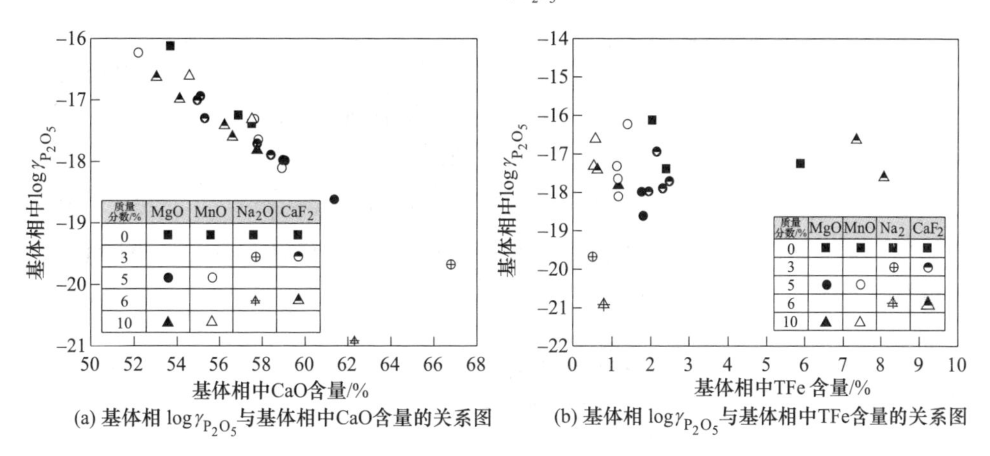

(a) 基体相 $\log\gamma_{P_2O_5}$与基体相中CaO含量的关系图 (b) 基体相 $\log\gamma_{P_2O_5}$与基体相中TFe含量的关系图

图 6-31 CaO-SiO_2-Fe_tO-P_2O_5-X 渣系基体相中 CaO 和 TFe 含量与基体相 $\log\gamma_{P_2O_5}$ 的关系

（X 代表 MgO、MnO、Na_2O 或 CaF_2）

图 6-32（a）为不同碱度 CaO-SiO_2-Fe_tO-P_2O_5-X（X 代表 MgO、MnO、Na_2O 和 CaF_2）渣系其基体相 $\log\gamma_{P_2O_5}$ 与基体相中 TFe 含量的关系图。由图 6-32（a）可以看出，对于 CaO-SiO_2-Fe_tO-P_2O_5-X 渣系，随着碱度的降低，基体相中 $\gamma_{P_2O_5}$ 增加。

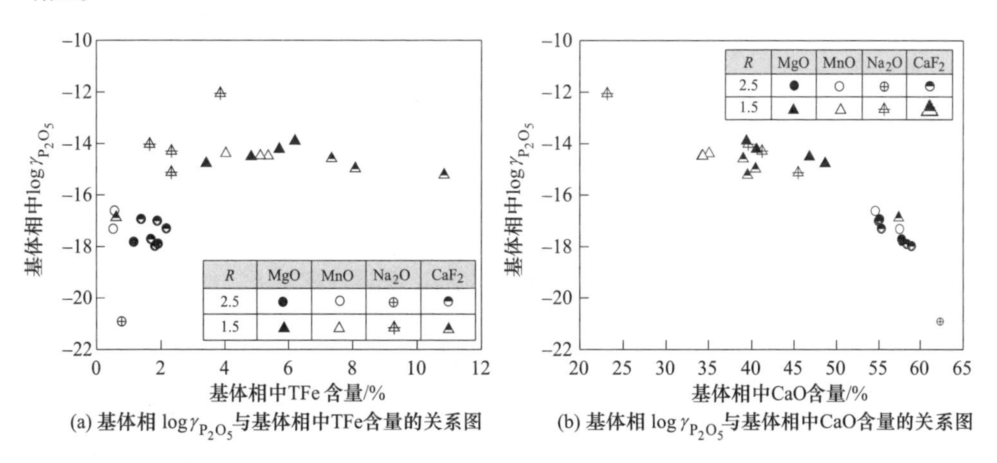

(a) 基体相 $\log\gamma_{P_2O_5}$与基体相中TFe含量的关系图 (b) 基体相 $\log\gamma_{P_2O_5}$与基体相中CaO含量的关系图

图 6-32 不同碱度 CaO-SiO_2-Fe_tO-P_2O_5-X 渣系基体相中 TFe 和 CaO 含量对其基体相 $\log\gamma_{P_2O_5}$ 的影响

（X 代表 MgO、MnO、Na_2O 或 CaF_2）

图 6-32（b）为不同碱度 $CaO-SiO_2-Fe_tO-P_2O_5-X$（X 代表 MgO、MnO、Na_2O 和 CaF_2）渣系其基体相 $\log\gamma_{P_2O_5}$ 与基体相中 CaO 含量的关系图。由图 6-32（b）可以看出，基体相中 $\gamma_{P_2O_5}$ 不仅在随着基体相中 CaO 含量的增加而减少，也在随着炉渣碱度的增加而减少。

图 6-33 为不同碱度 $CaO-SiO_2-Fe_tO-P_2O_5$ 四元渣系中富磷相 $\log\gamma_{P_2O_5}$ 与富磷相中 P_2O_5 含量的关系图。由图 6-33 可以看出，随着渣中 P_2O_5 含量的增加和炉渣碱度的降低，富磷相中 $\gamma_{P_2O_5}$ 增加。从正规溶液模型计算式可以看出，Ca^{2+} 与其他阳离子之间的相互作用能均为负值，当温度一定时，富磷相中 $\gamma_{P_2O_5}$ 与 Ca^{2+} 的浓度呈负相关。因此，当碱度降低时，相应地渣中 Ca^{2+} 含量在减少，富磷相中 $\gamma_{P_2O_5}$ 也就随之增加。

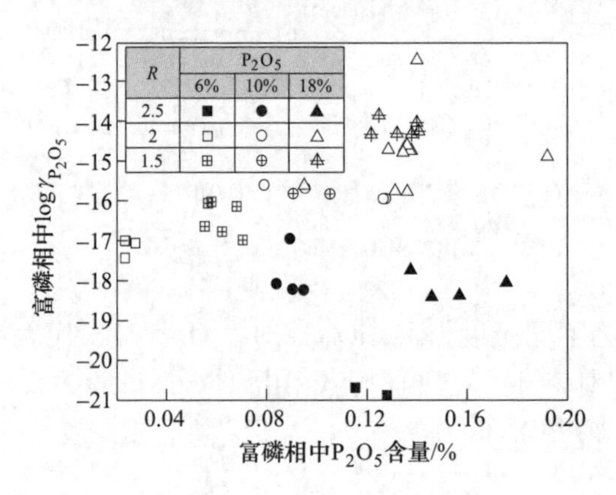

图 6-33　$CaO-SiO_2-Fe_tO-P_2O_5$ 系富磷相中 $\log\gamma_{P_2O_5}$ 与富磷相中 P_2O_5 含量的关系

图 6-34（a）为碱度为 2.5 的 $CaO-SiO_2-Fe_tO-P_2O_5-X$（X 代表 MgO、MnO、Na_2O 和 CaF_2）渣系其富磷相 $\log\gamma_{P_2O_5}$ 与富磷相中 P_2O_5 含量的关系图。从图 6-34（a）中结果可以看出，随着 MgO、MnO、Na_2O 含量的增加，富磷相中 P_2O_5 含量变化不大，而随着 CaF_2 含量的增加，富磷相中 P_2O_5 含量增加。同时随着 MgO、MnO 和 CaF_2 含量的增加，富磷相中 $\gamma_{P_2O_5}$ 增加；而随着 Na_2O 含量的增加，富磷相中 $\gamma_{P_2O_5}$ 却在减少。

图 6-34（b）为不同碱度 $CaO-SiO_2-Fe_tO-P_2O_5-X$（X 代表 MgO、MnO、Na_2O 和 CaF_2）渣系其富磷相 $\log\gamma_{P_2O_5}$ 与富磷相中 P_2O_5 含量的关系图。由图 6-34（b）可以看出，随着富磷相中 P_2O_5 含量的增加，富磷相 $\gamma_{P_2O_5}$ 有下降趋势；同时富磷相中的 $\gamma_{P_2O_5}$ 随着碱度的降低在增加。这是由于渣系达到平衡时，可以认为富磷相和基体相中 P_2O_5 的活度相等（见式（6-4）），所以当富磷相和基体相中的 P_2O_5 摩尔含量一定时，富磷相中 $\gamma_{P_2O_5}$ 也随着碱度的降低而增加。

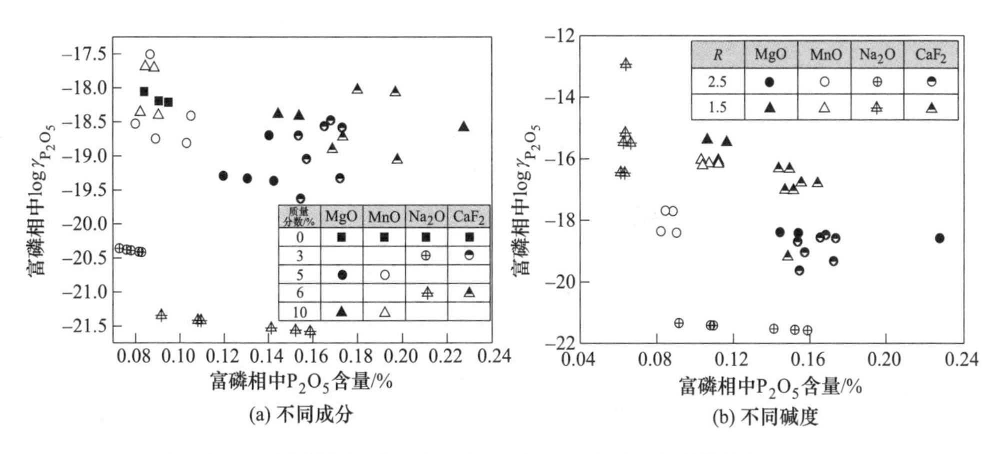

图 6-34 不同碱度和成分 $CaO-SiO_2-Fe_tO-P_2O_5$-X 系富磷相 $\log\gamma_{P_2O_5}$ 与富磷相中 P_2O_5 含量的关系

（X 代表 MgO、MnO、Na_2O 或 CaF_2）

6.1.5.3 炉渣组分和碱度对磷容量的影响

熔渣吸收磷的能力称为磷容量。近年来，为了描述熔渣的脱磷能力，国内外关于炉渣磷容量的定义式很多种[1,2,7-9]。本研究中将熔渣中基体相和富磷相看作两不同渣系，选取计算式（6-8）来研究富磷相和基体相的磷容量。

$$\log C_P = 0.51 \times (23N_{CaO} + 17N_{MgO} + 8N_{Fe_tO} + 33N_{Na_2O} + 20N_{CaF_2} + 13N_{MnO} - 26N_{P_2O_5}) + \frac{29920}{T} - 19.280 + \log(\%P)/N_{P_2O_5}^{1/2} \tag{6-8}$$

式（6-8）中涉及的成分及适用范围符合本研究实验渣的成分以及实验条件。因此可应用式（6-8）计算试验渣系富磷相和基体相的磷容量，以进一步分析影响磷在富磷相和基体相间的分配行为。

图 6-35（a）为不同碱度条件下 $CaO-SiO_2-Fe_tO-P_2O_5$ 四元渣系富磷相磷容量与富磷相中磷含量的关系图。从图 6-35（a）中可以看出，炉渣富磷相的磷容量随着富磷相中 P_2O_5 质量分数的增加而降低。

图 6-35（b）为不同碱度条件下 $CaO-SiO_2-Fe_tO-P_2O_5$ 四元渣系基体相磷容量与基体相中磷含量的关系图。由图 6-35（b）可以看出，随着基体相中 P_2O_5 质量分数的增加，基体相中磷容量随之增加，且在基体相中 P_2O_5 质量分数超过 2% 时，基体相磷容量变化不大。

图 6-36（a）为碱度为 2.5 的 $CaO-SiO_2-Fe_tO-P_2O_5$-X（X 代表 MgO、MnO、Na_2O 和 CaF_2）渣系其富磷相磷容量与富磷相磷含量的关系图。由图 6-36（a）可以看出，随着富磷相中 P_2O_5 的增加，富磷相的磷容量在减少。其中添加 Na_2O

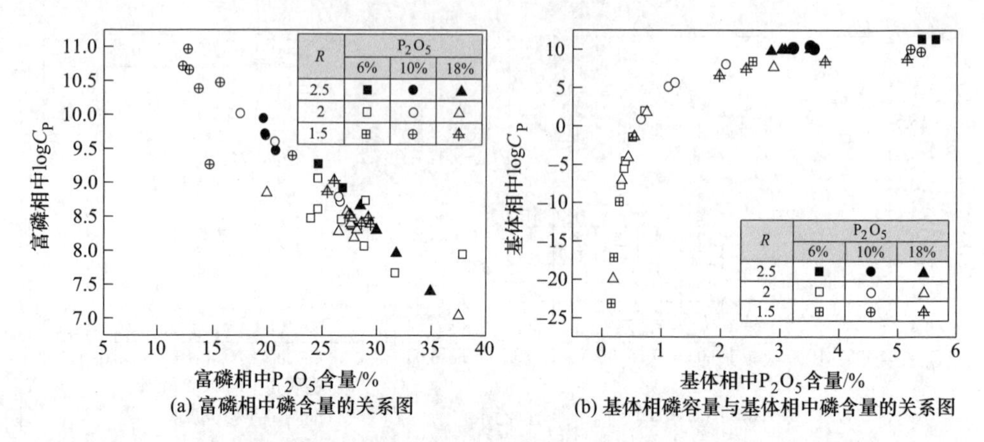

(a) 富磷相中磷含量的关系图　　(b) 基体相磷容量与基体相中磷含量的关系图

图 6-35　不同碱度四元渣系富磷相和基体相磷容量与相应相中磷含量的关系

的渣系富磷相磷容量最大，与 Suito 等[9]研究得出 Na_2O 渣系磷容量最大的结果一致。本研究中添加了 CaF_2 的渣系富磷相磷容量值最小。磷容量越小说明该相能继续容纳磷的能力越差。

图 6-36（b）为碱度为 2.5 的 CaO-SiO_2-Fe_tO-P_2O_5-X（X 代表 MgO、MnO、Na_2O 和 CaF_2）渣系基体相磷容量与基体相磷含量的关系图。由图 6-36（b）可以看出，基体相磷容量随着基体相中 P_2O_5 含量的增加而增加。与图 6-35（b）中结果相同，添加 Na_2O 的渣系基体相磷容量最大，而添加 CaF_2 的最小。

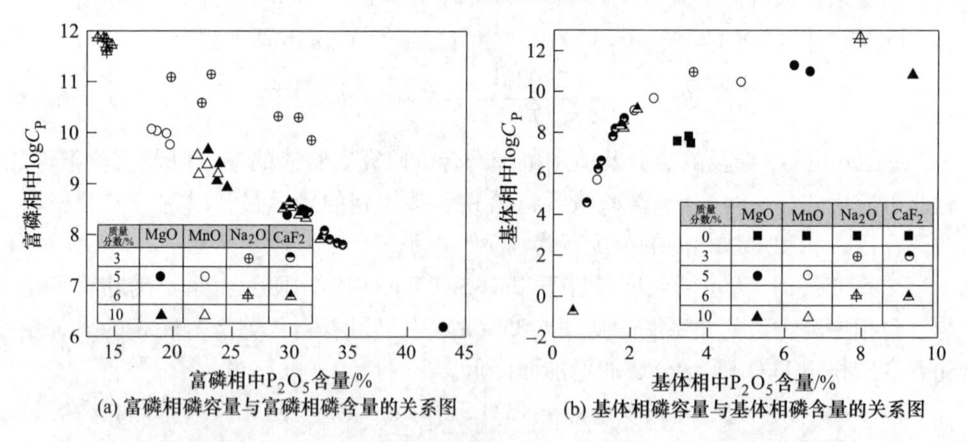

(a) 富磷相磷容量与富磷相磷含量的关系图　　(b) 基体相磷容量与基体相磷含量的关系图

图 6-36　CaO-SiO_2-Fe_tO-P_2O_5-X 渣系中富磷相和基体相磷容量与相应相中磷含量的关系（X 代表 MgO、MnO、Na_2O 或 CaF_2）

图 6-37（a）为不同碱度 CaO-SiO_2-Fe_tO-P_2O_5-X（X 代表 MgO、MnO、Na_2O 和 CaF_2）系富磷相中磷容量与富磷相中磷含量的关系图。由图 6-37（a）可以看出，富磷相中磷容量随着富磷相中 P_2O_5 含量的增加而降低。添加 MgO、Na_2O 或

CaF_2 的渣系，炉渣富磷相磷容量随着炉渣碱度的降低而增加；而对于添加 MnO 的渣系，富磷相中磷容量随炉渣碱度降低而降低。

图 6-37（b）为不同碱度 $CaO-SiO_2-Fe_tO-P_2O_5-X$（X 代表 MgO、MnO、Na_2O 和 CaF_2）系基体相中磷容量与基体相中磷含量关系图。从图 6-37（b）结果可以看出，基体相的磷容量随着液相中 P_2O_5 含量及碱度的增加而增加。

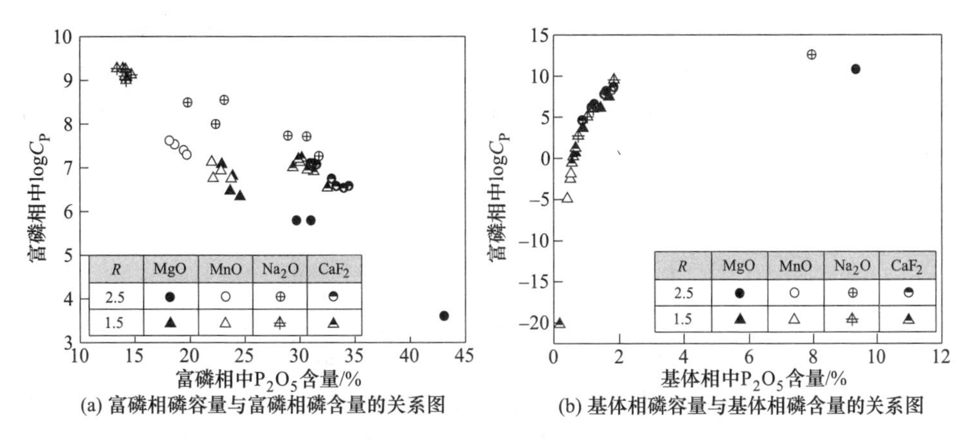

图 6-37 不同碱度条件下 $CaO-SiO_2-Fe_tO-P_2O_5-X$ 系富磷相和基体相中磷容量与相应相中磷含量的关系

（X 代表 MgO、MnO、Na_2O 或 CaF_2）

6.1.6 小结

通过研究了不同碱度及不同 P_2O_5、MgO、MnO、Na_2O 和 CaF_2 含量对 $CaO-SiO_2-Fe_2O_3-P_2O_5$ 系熔渣物相及赋存形式的影响研究，并分析了磷在 $CaO-SiO_2-Fe_2O_3-P_2O_5$ 系间的分配行为，研究结论如下：

（1）炉渣中物相主要由富磷相、RO 相及基体相组成，而渣中的磷一般是以 nC_2S-C_3P 的形式存在。对于 $CaO-SiO_2-Fe_tO-P_2O_5$ 四元渣系，随着渣中 P_2O_5 含量增加，富磷相中的磷含量和富磷相的平均粒径随着炉渣磷含量的增加而增加，在 nC_2S-C_3P 固溶体析出温度范围内适当的保温时间有利于富磷相中 P_2O_5 含量增加及粒径的长大。

（2）对于 $CaO-SiO_2-Fe_tO-P_2O_5-X$（X 代表 MgO、MnO、Na_2O 和 CaF_2）渣系，MgO 和 MnO 的加入不影响磷在渣中的赋存形式，从而对富磷相中磷含量影响不大；但添加 Na_2O 和 CaF_2 会改变磷在渣中的赋存形式，Na_2O 的加入会取代 nC_2S-C_3P 固溶体部分钙，形成 $Na_2Ca_4(PO_4)_2SiO_4$ 固溶体，甚至有 Na_3PO_4 形成，从而使富磷相中磷含量提高；渣中加入 CaF_2，渣中富磷相主要是以 nC_2S-C_3P 和 $Ca_5(PO_4)_3F$ 形式共同存在，并能显著提高渣中富磷相磷含量。

（3）对于不同碱度 $CaO-SiO_2-Fe_tO-P_2O_5-X$（X 代表 MgO、MnO、Na_2O 和 CaF_2）五元渣系，随着炉渣碱度的降低，除了添加 Na_2O 的渣系外，其余炉渣富磷相中的磷含量均略有增加。此外，炉渣碱度的降低会使磷在基体相中赋存形式由 $Ca_{15}(PO_4)_2(SiO_4)_6$ 转变为 $Ca_5(PO_4)_2SiO_4$，而对磷在富磷相中的赋存形式影响不大。

（4）对于 $CaO-SiO_2-Fe_tO-P_2O_5$ 四元渣系，随着炉渣 P_2O_5 质量分数的增加和碱度的降低，炉渣富磷相和基体相间的磷分配比增加。液相中全铁含量小于 15%时，基体相 $\gamma_{P_2O_5}$ 随基体相中 TFe 含量的增加而增加，随基体相中 CaO 含量的增加而减少；而富磷相中 $\gamma_{P_2O_5}$ 随渣中 P_2O_5 含量的增加和炉渣碱度的降低而增加。同时随着炉渣中 P_2O_5 质量分数的增加，炉渣富磷相的磷容量在降低，基体相的磷容量在增加。

（5）对于 $CaO-SiO_2-Fe_tO-P_2O_5-X$（X 代表 MgO、MnO、Na_2O 和 CaF_2）五元渣系，MgO、MnO 和 Na_2O 的添加对于炉渣中富磷相与基体相见磷分配比影响不大，而添加 CaF_2 后，磷分配比增加最为明显。基体相中 $\gamma_{P_2O_5}$ 不仅在随着基体相中 CaO 含量和炉渣碱度的增加而减少，而富磷相中 $\gamma_{P_2O_5}$ 随着渣中 P_2O_5 含量的增加和炉渣碱度的降低而增加；随着 MgO、MnO 和 CaF_2 含量的增加，基体相和富磷相中 $\gamma_{P_2O_5}$ 增加；而随着 Na_2O 含量的增加，基体相和富磷相中 $\gamma_{P_2O_5}$ 却在减少。添加 Na_2O 的渣系基体相磷容量和富磷相磷容量最大，添加 CaF_2 的最小；同时添加 MgO、Na_2O 或 CaF_2 的渣系随着炉渣碱度的降低，其炉渣富磷相的磷容量增加，基体相磷容量减小，而添加 MnO 的渣系，碱度降低时富磷相和基体相磷容量均降低。

6.2　钢渣中各组元对富磷相析出过程的影响

应用 FactSage 7.2 热力学软件中的 FToxid 数据库，对不同成分的转炉渣在凝固过程中析出相的析出行为进行计算。理论计算渣系成分如表 6-12 所示。

表 6-12　转炉渣系组成　　（质量分数,%）

方案	R	Fe_2O_3	P_2O_5	MgO	MnO	Na_2O
1	2.5	30	6			
2	2.5	30	10			
3	2.5	30	18			
4	2.0	20	6			
5	2.0	20	10			
6	2.0	20	18			
7	1.5	10	6			
8	1.5	10	10			
9	1.5	10	18			

续表 6-12

方案	R	Fe_2O_3	P_2O_5	MgO	MnO	Na_2O
10	2.5	30	10	5		
11	2.5	30	10	10		
12	2.5	30	10		5	
13	2.5	30	10		10	
14	2.5	30	10			3
15	2.5	30	10			6
16	2.5	30	10			9
17	1.5	30	10	10		
18	1.5	30	10		10	
19	1.5	30	10			10

6.2.1 P_2O_5 含量

图 6-38 为利用 FactSage 7.2 热力学软件中的 Equilib 模块和 FToxid 数据库计算的表 6-12 中方案（1）~（3）熔渣从 2000~600℃凝固过程中析出相的析出过程。方案（1）熔渣在 1080℃开始析出 α'-Ca_2SiO_4，同时 α-Ca_2SiO_4 相逐渐消失，1060℃开始析出 $Ca_7P_2Si_2O_{16}$相，温度降低到 1030℃开始析出 $Ca_3Si_2O_7$ 相，730℃析出 $Ca_5P_2SiO_{12}$相，少量 γ-Ca_2SiO_4 相在 660℃析出。方案（2）熔渣在 1260℃开始

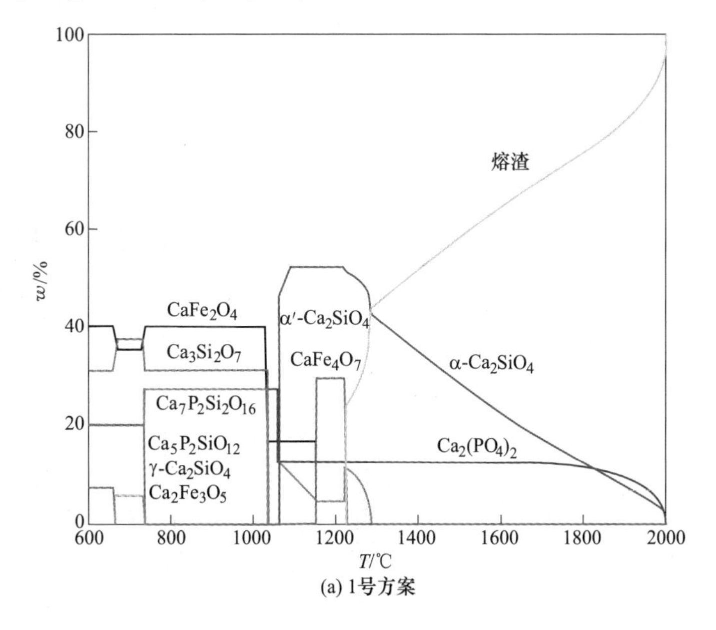

(a) 1号方案

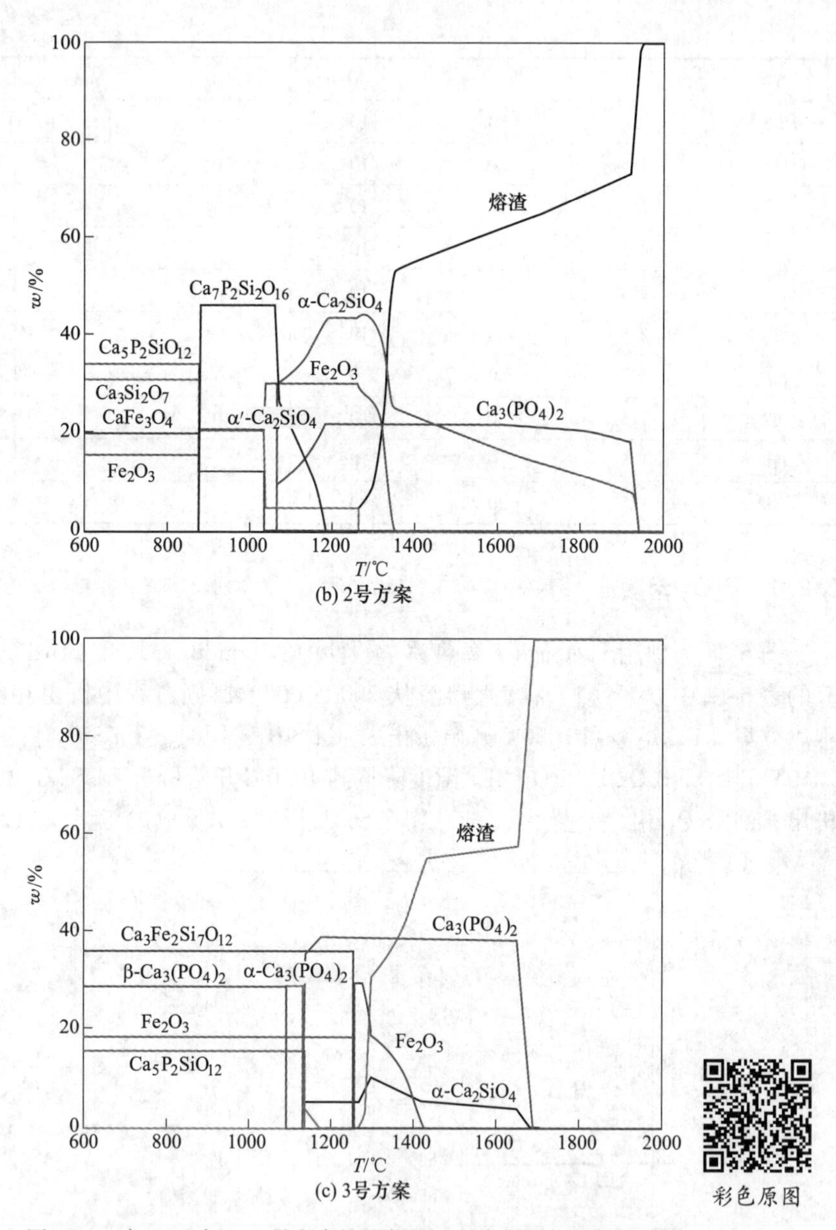

图 6-38　表 6-12 中 1~3 号方案熔渣凝固过程中析出相的析出过程

有 $Ca_3Si_2O_7$ 相析出，1180℃ 开始析出 $Ca_7P_2Si_2O_{16}$ 相，温度降低到 1060℃ 有 α'-Ca_2SiO_4 相析出，870℃ 析出 $Ca_5P_2SiO_{12}$ 相，$Ca_7P_2Si_2O_{16}$ 相逐渐消失。方案（3）熔渣在 1170℃ 开始有 α-$Ca_3(PO_4)_2$ 相析出，1130℃ 析出 $Ca_5P_2SiO_{12}$ 相，温度降低到 1090℃ 析出 β-$Ca_3(PO_4)_2$ 相，凝固过程中没有 $Ca_7P_2Si_2O_{16}$ 相和 α'-Ca_2SiO_4 相析出。

图 6-39 为利用 FactSage 7.2 热力学软件中的 Equilib 模块和 FToxid 数据库计算的表 6-12 中方案（4）~（6）熔渣从 2000 ~ 600℃凝固过程中析出相的析出过程。方案（4）熔渣在 1270℃开始析出 $Ca_3Si_2O_7$，1070℃开始析出 α'-Ca_2SiO_4 相，温度降低到 1060℃开始析出 $Ca_7P_2Si_2O_{16}$相，同时 α'-Ca_2SiO_4 相逐渐消失，870℃析出 $Ca_5P_2SiO_{12}$ 相。方案（5）熔渣 1260℃ 开始析出 $Ca_3Si_2O_7$ 相，温度降低到 1230℃ $Ca_7P_2Si_2O_{16}$相析出量达到最大，1110℃ 析出 $Ca_5P_2SiO_{12}$ 相。方案（6）熔渣在 1290℃ 开始析出 $CaSiO_3$，1240℃ 析出 α-$Ca_3(PO_4)_2$ 相，温度降低到 1130℃ 析出 $Ca_5P_2SiO_{12}$相，1090℃ 析出 β-$Ca_3(PO_4)_2$ 相。

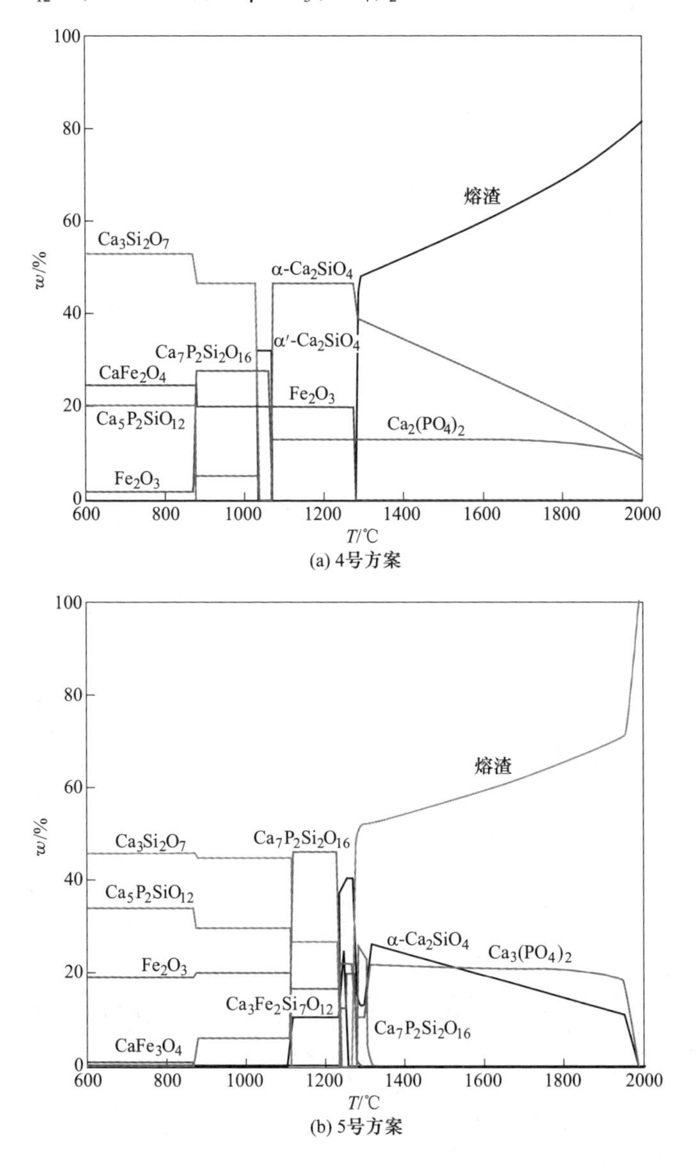

(a) 4号方案

(b) 5号方案

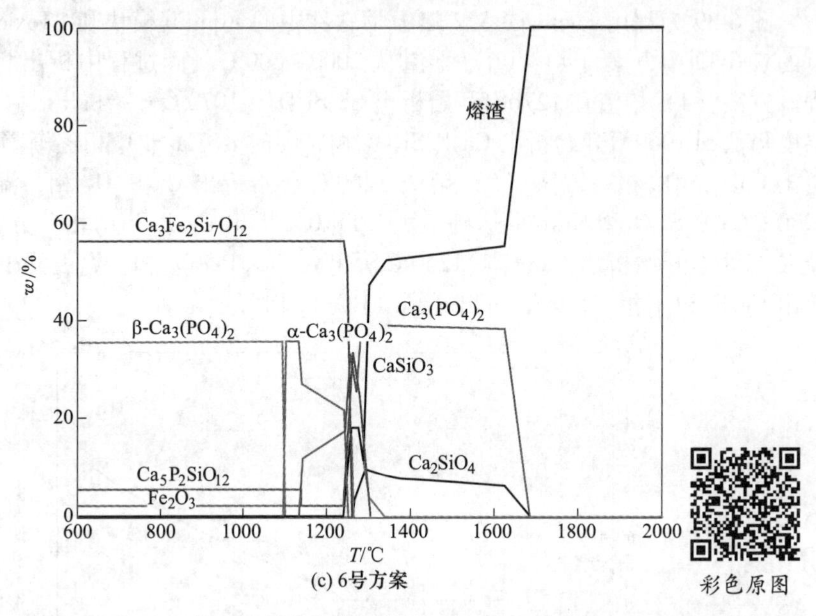

(c) 6号方案

图 6-39　表 6-12 中 4~6 号方案熔渣凝固过程中析出相的析出过程

图 6-40 为利用 FactSage 7. 2 热力学软件中的 Equilib 模块和 FToxid 数据库计算的表 6-12 中方案（7）~（9）熔渣从 2000~600℃凝固过程中析出相的析出过程。

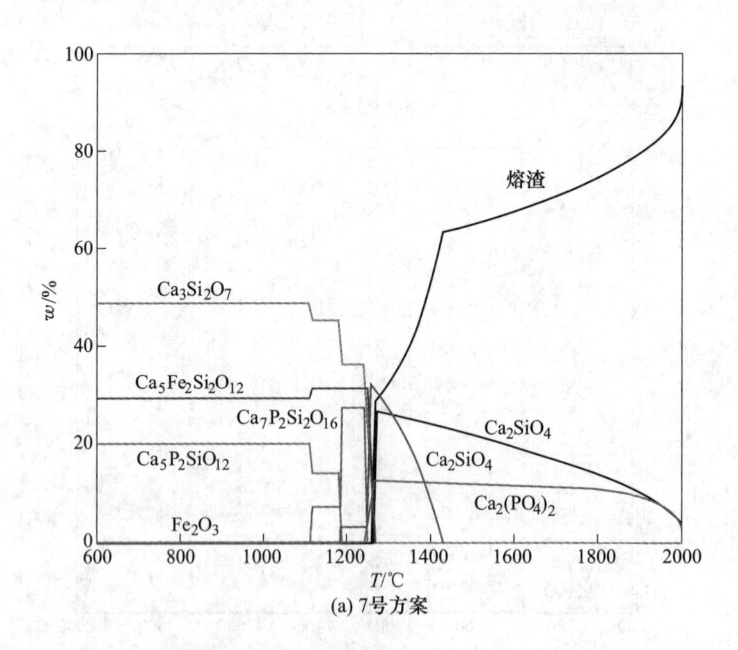

(a) 7号方案

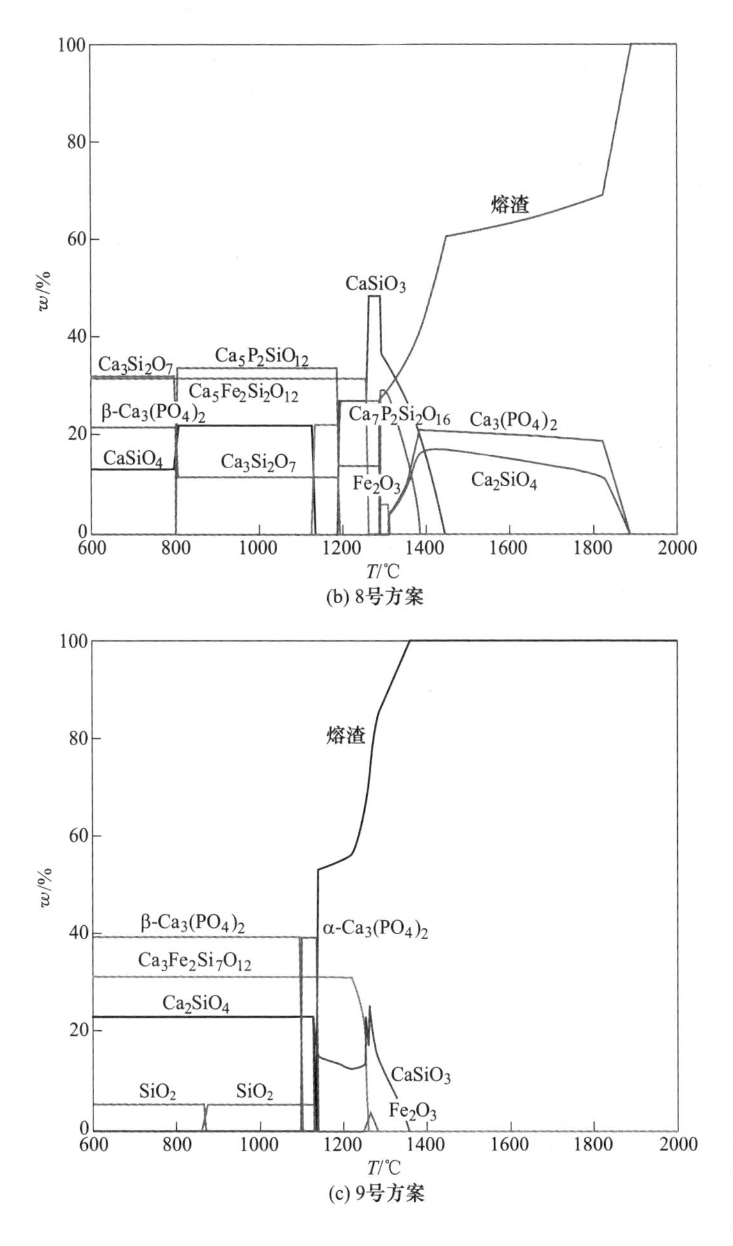

图 6-40 表 6-12 中 7~9 号方案熔渣凝固过程中析出相的析出过程

方案（7）熔渣在 1420℃析出 $CaSiO_3$，在 1270℃析出 $Ca_3Si_2O_7$ 相，1240℃开始析出 $Ca_7P_2Si_2O_{16}$相，1180℃析出 $Ca_5P_2SiO_{12}$相。方案（8）熔渣在 1430℃开始析出 $CaSiO_3$，1370℃开始析出 $Ca_5P_2SiO_{12}$ 相，温度降低到 1300℃ $Ca_7P_2Si_2O_{16}$ 相析出，

1180℃析出 $Ca_3Si_2O_7$ 相，1120℃ $CaSiO_3$ 相发生晶型转变。方案（9）熔渣在1130℃开始析出 α-$Ca_3(PO_4)_2$ 相，温度降低到 1090℃析出 β-$Ca_3(PO_4)_2$ 相，α-$Ca_3(PO_4)_2$ 相消失。凝固过程中没有 $Ca_5P_2SiO_{12}$ 相、$Ca_7P_2Si_2O_{16}$ 相和 α′-Ca_2SiO_4 相析出。

由上述分析可知，磷在高温条件下是以 $Ca_3(PO_4)_2$ 的形式存在，随着磷含量的提高，$Ca_3(PO_4)_2$ 析出量也随之增加。并且随着磷含量的提高，在低温区域会有 β-$Ca_3(PO_4)_2$ 相析出，尤其是低碱度渣系更加明显，碱度为 2.5 和 2 的渣系 P_2O_5 为 18%时，会析出 β-$Ca_3(PO_4)_2$ 相，碱度为 1.5 的渣系 P_2O_5 为 10%时，就已经析出 β-$Ca_3(PO_4)_2$ 相。并且随着 P_2O_5 含量的增加（P_2O_5 为 18%），凝固过程中不再有 $Ca_7P_2Si_2O_{16}$ 相析出。

6.2.2 MgO 含量

图 6-41 为利用 Fact Sage7.2 热力学软件中的 Equilib 模块和 FToxid 数据库计算得到的 MgO 含量分别为 0%、5%和 10%，$R=2.5$ 的转炉渣系 600~2000℃析出相的析出过程。由计算结果可知，渣中加入 MgO 后，镁并不会与磷结合，部分镁与钙、硅结合，少量镁与铁结合进入 SPINA 相。

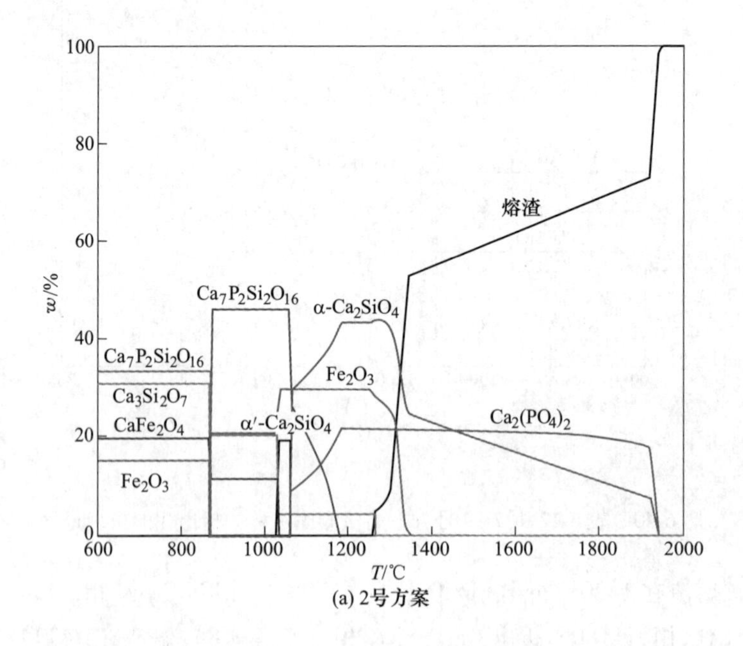

(a) 2号方案

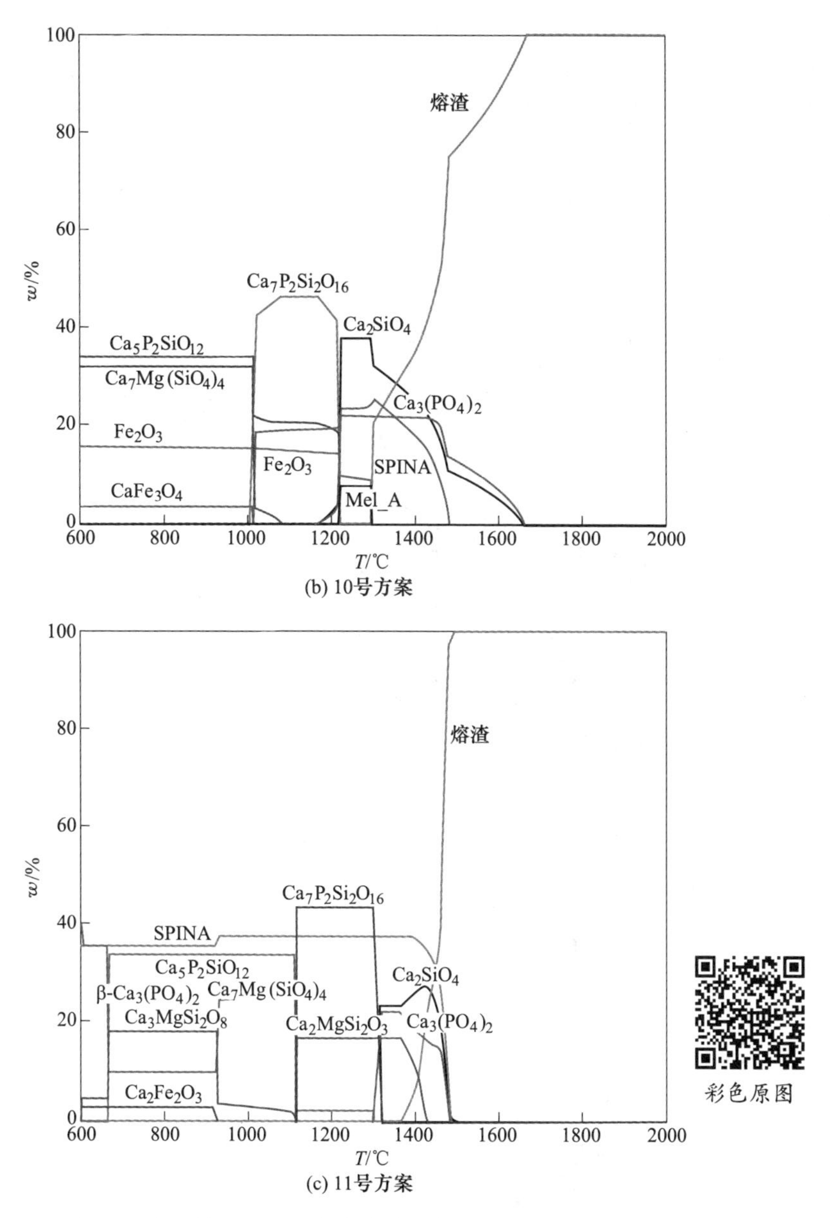

(b) 10号方案

(c) 11号方案

图 6-41 表 6-12 中 2 号和 10~11 号方案熔渣凝固过程中析出相的析出过程

6.2.3 MnO 含量

图 6-42 为利用 FactSage 7.2 热力学软件中的 Equilib 模块和 FToxid 数据库计算得到的 MnO 含量分别为 0%、5%和 10%，$R=2.5$ 的转炉渣系 600~2000℃ 析出相的析出过程。由计算结果可知，渣中加入 MnO 后，锰同样不会与磷结合，大

部分锰与铁结合以 $MnFe_2O_4$ 的形态进入 SPINB 相。同时随着 MnO 含量增加 $MnFe_2O_4$ 的生成量也随之增加，$CaFe_2O_4$ 相的生成量随之减少。MnO 的加入对渣中含磷相的存在形式和生成量影响不大。

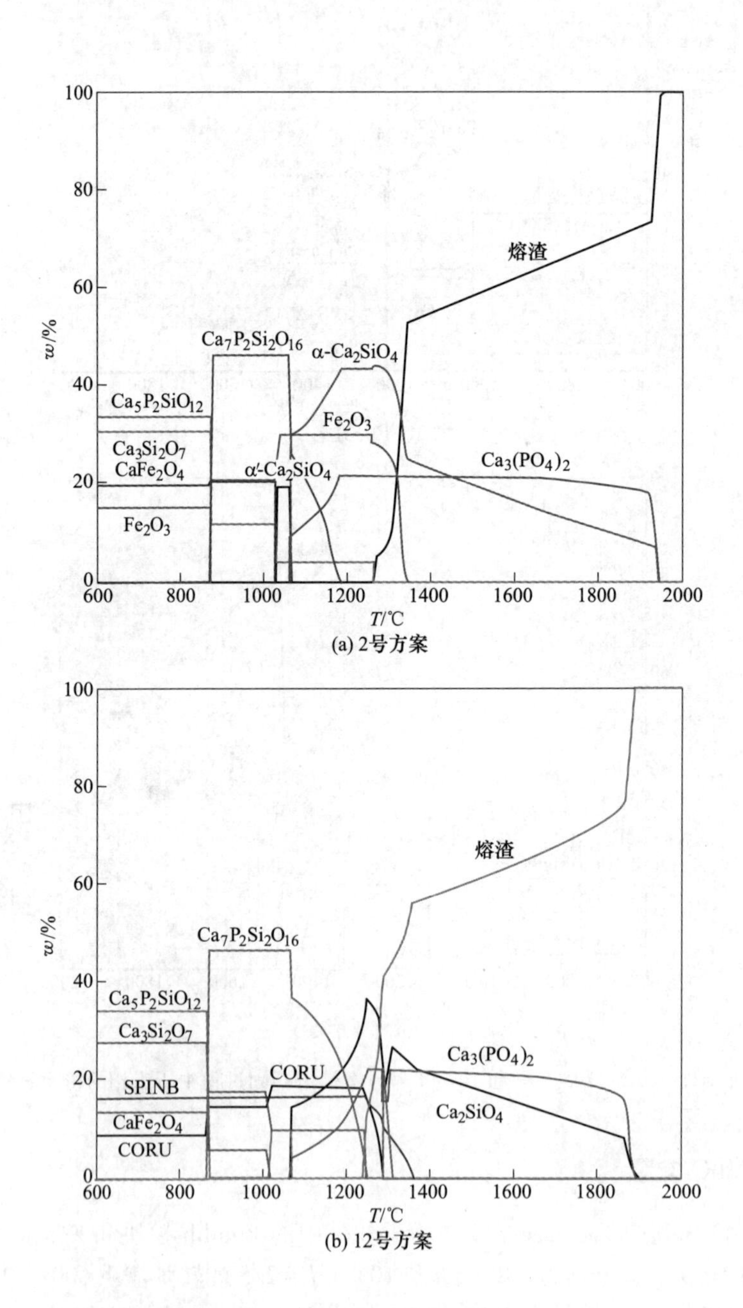

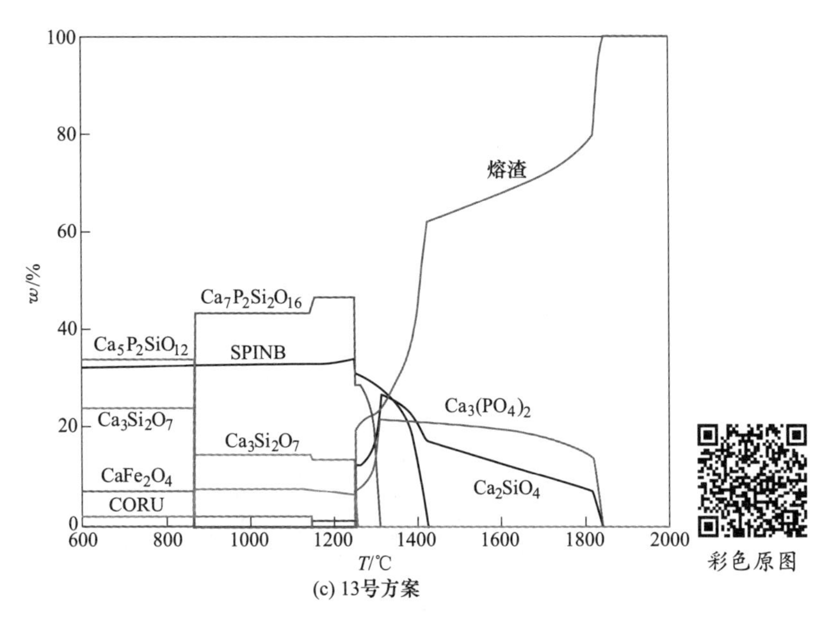

(c) 13号方案

图 6-42　表 6-12 中 2 号和 12~13 号方案熔渣凝固过程中析出相的析出过程

6.2.4　Na_2O 含量

图 6-43 为利用 FactSage 7.2 热力学软件中的 Equilib 模块和 FToxid 数据库计算得到的 Na_2O 含量分别为 0%、3%、6%和 9%，R=2.5 的转炉渣系 600~2000℃

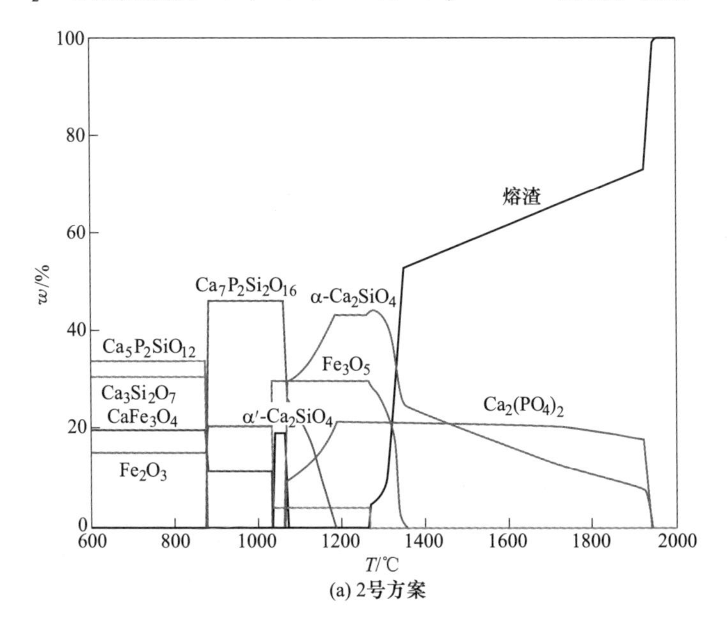

(a) 2号方案

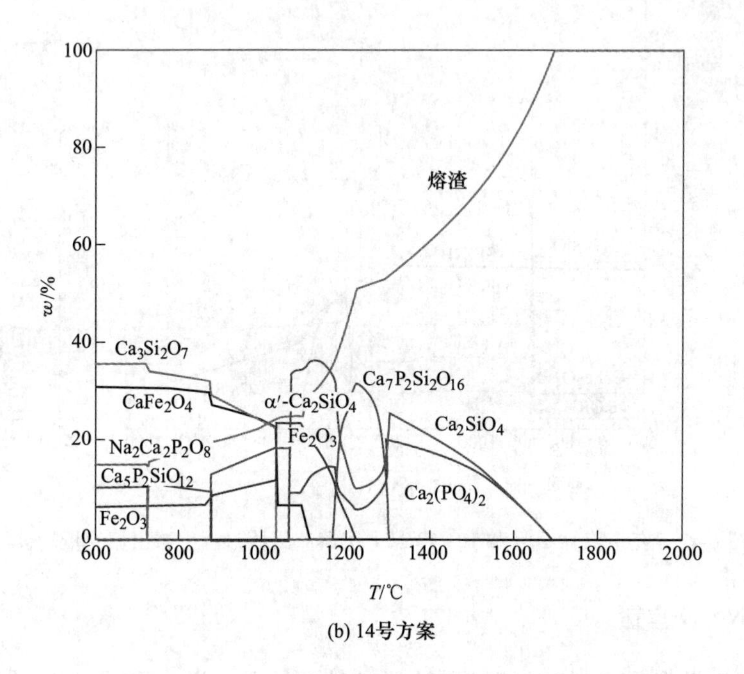

(b) 14号方案

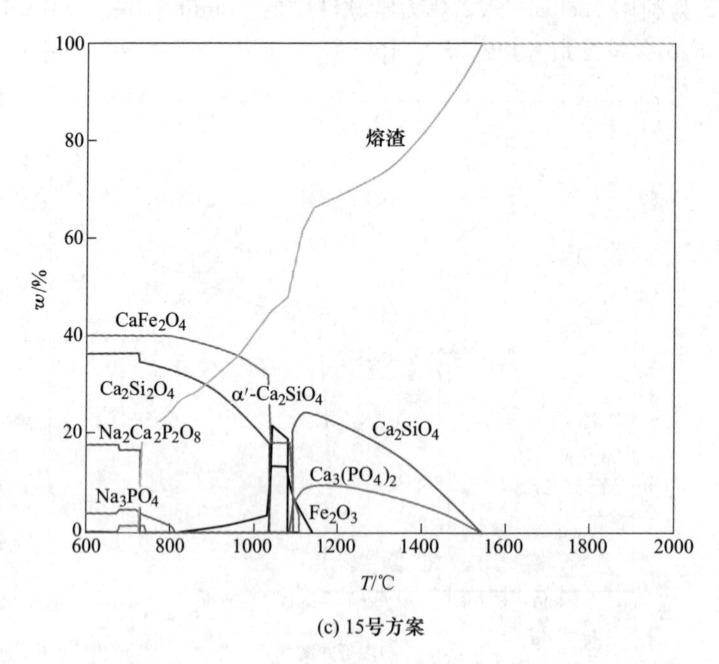

(c) 15号方案

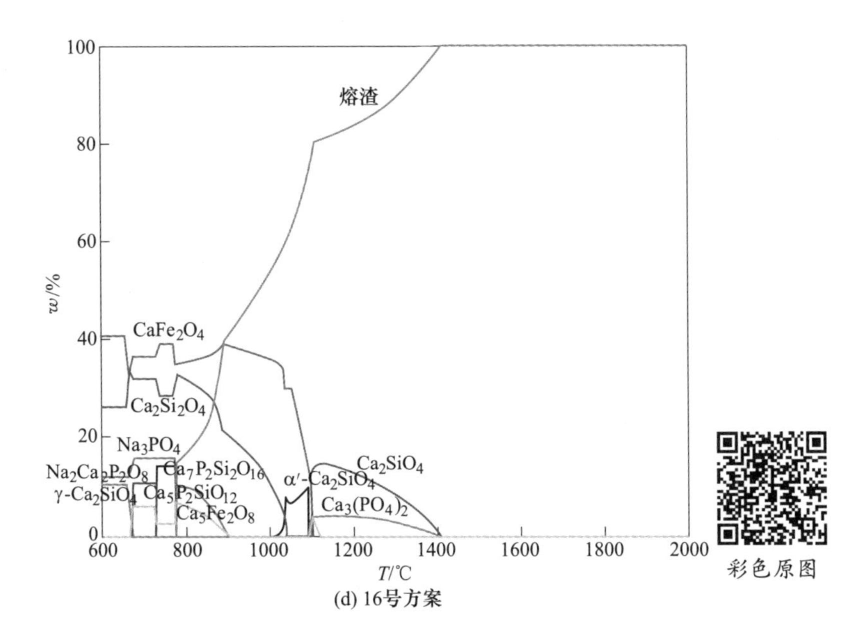

图 6-43　表 6-12 中 2 号和 14~16 号方案熔渣凝固过程中析出相的析出过程

析出相的析出过程。由图可知，随着 Na_2O 的加入量增加，$Ca_3(PO_4)_2$ 析出温度降低，并且钠会与磷结合，其结合能力比钙与磷的结合能力强。加入钠后，会生成 $Na_2Ca_2P_2O_8$ 相，随着 Na_2O 含量的增加，$Na_2Ca_2P_2O_8$ 相会完全代替 $Ca_5P_2SiO_{12}$ 相，并且随着 Na_2O 含量的进一步增加，会有 Na_3PO_4 相析出。

6.2.5 碱度

6.2.5.1 碱度对 CaO-SiO_2-Fe_2O_3-P_2O_5-MgO 渣系熔渣凝固过程中析出相析出过程的影响

图 6-44 为利用 FactSage 7.2 热力学软件中的 Equilib 模块和 FToxid 数据库计算得到的 R 分别为 2.5 和 1.5 的 CaO-SiO_2-Fe_2O_3-P_2O_5-MgO 渣系 600~2000℃ 析出相的析出过程。由图可知，与碱度 2.5 的渣系相比，碱度降低到 1.5 时凝固过程中没有 $Ca_7P_2Si_2O_{16}$ 相和 $Ca_5P_2SiO_{12}$ 相析出，但是冷却后磷均以 β-$Ca_3(PO_4)_2$ 相的形式存在。

6.2.5.2 碱度对 CaO-SiO_2-Fe_2O_3-P_2O_5-MnO 渣系熔渣凝固过程中析出相析出过程的影响

图 6-45 为利用 FactSage 7.2 热力学软件中的 Equilib 模块和 FToxid 数据库计算得到的 R 分别为 2.5 和 1.5 的 CaO-SiO_2-Fe_2O_3-P_2O_5-MnO 渣系 600~2000℃ 析出

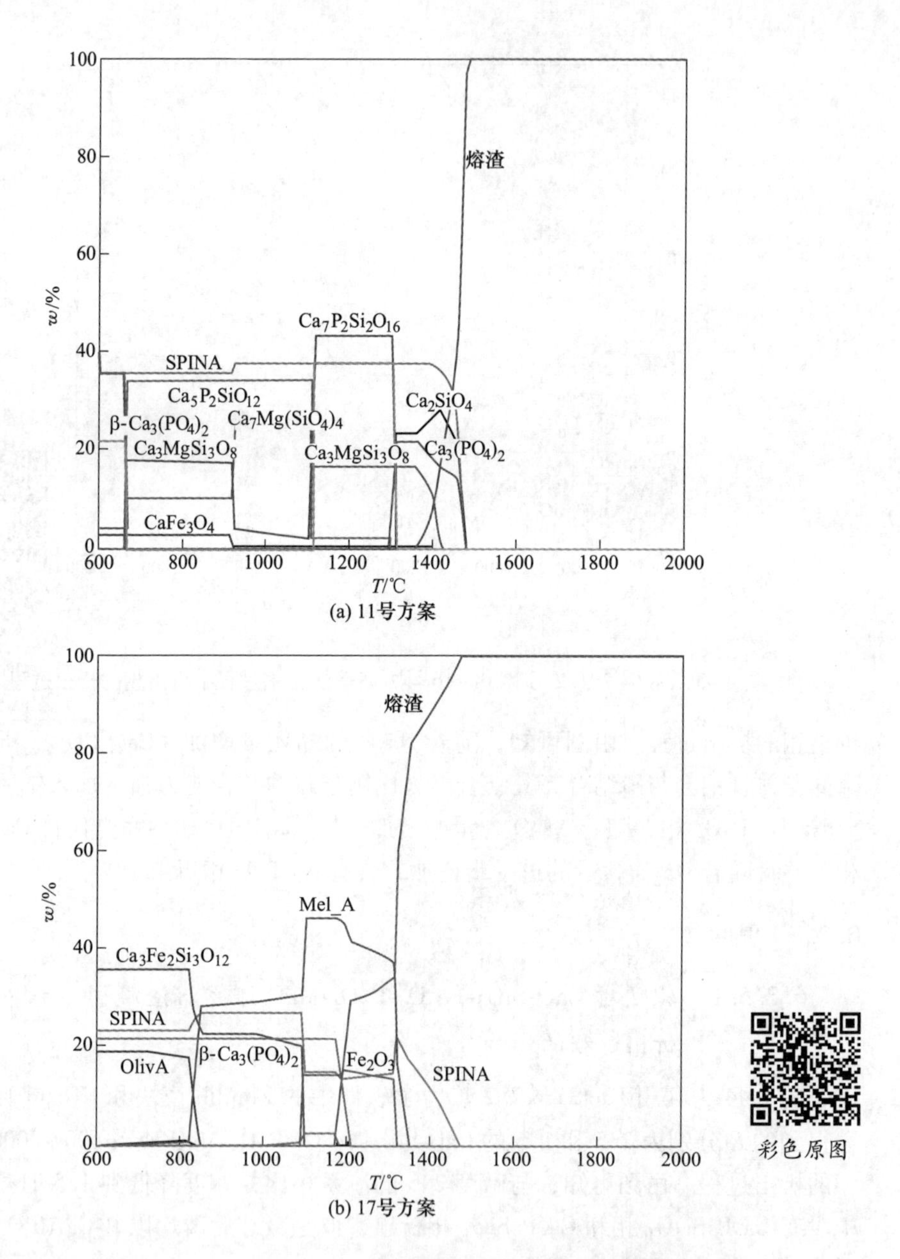

(a) 11号方案

(b) 17号方案

图 6-44　表 6-12 中 11 号和 17 号方案熔渣凝固过程中析出相的析出过程

相的析出过程。由图可知，由于碱度降低，碱度 1.5 的 $CaO-SiO_2-Fe_2O_3-P_2O_5-MnO$ 渣系凝固过程中没有 $Ca_7P_2Si_2O_{16}$ 相和 $Ca_3Si_2O_7$ 相析出，并且冷却后磷以 β-$Ca_3(PO_4)_2$ 相的形式存在。

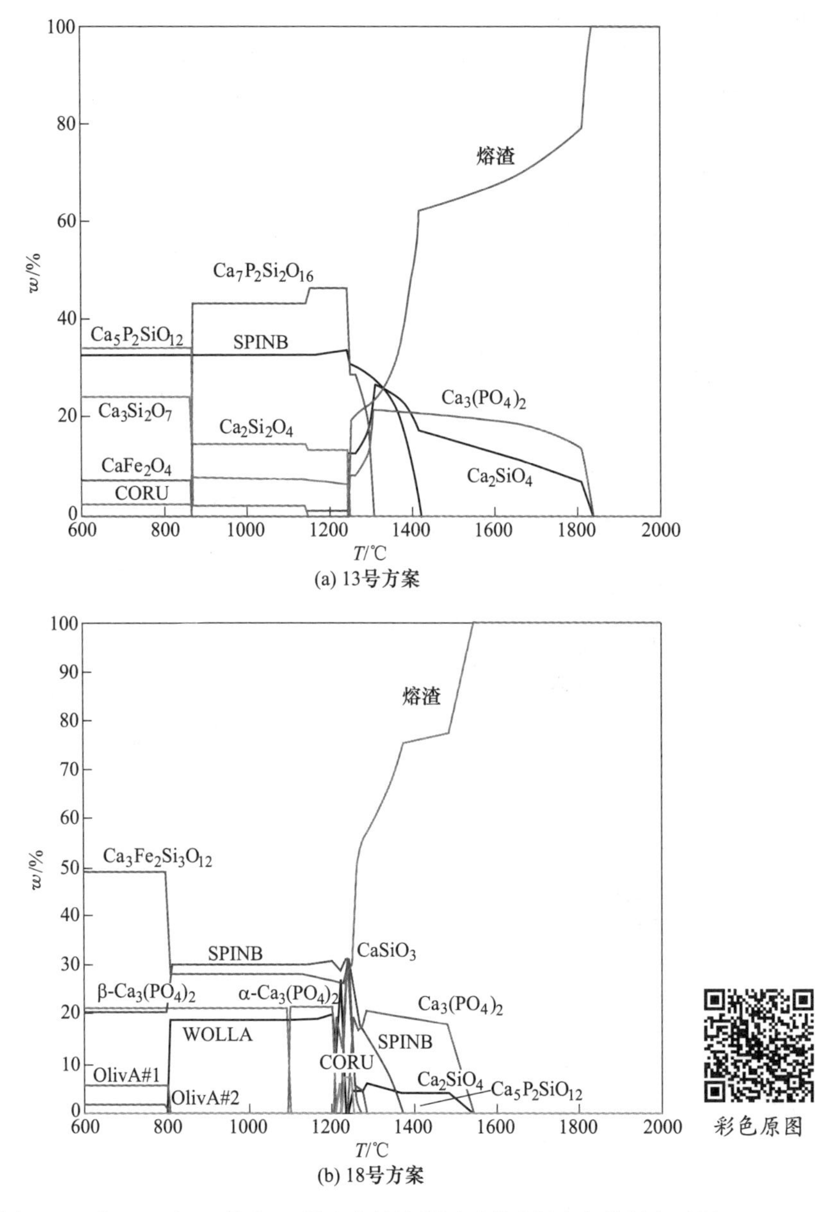

图 6-45 表 6-12 中 13 号和 18 号方案熔渣凝固过程中析出相的析出过程

6.2.5.3 碱度对 $CaO-SiO_2-Fe_2O_3-P_2O_5-Na_2O$ 渣系熔渣凝固过程中析出相析出过程的影响

图 6-46 为利用 FactSage 7.2 热力学软件中的 Equilib 模块和 FToxid 数据库计算得到的 R 分别为 2.5 和 1.5 的 $CaO-SiO_2-Fe_2O_3-P_2O_5-Na_2O$ 渣系 600～2000℃ 析

出相的析出过程。由图可知，随着碱度降低，碱度 1.5 的 $CaO-SiO_2-Fe_2O_3-P_2O_5-Na_2O$ 渣系凝固过程中没有 $\alpha'-Ca_2SiO_4$ 相析出，并且冷却后磷以 $Na_2Ca_2P_2O_8$ 相和 Na_3PO_4 相存在。

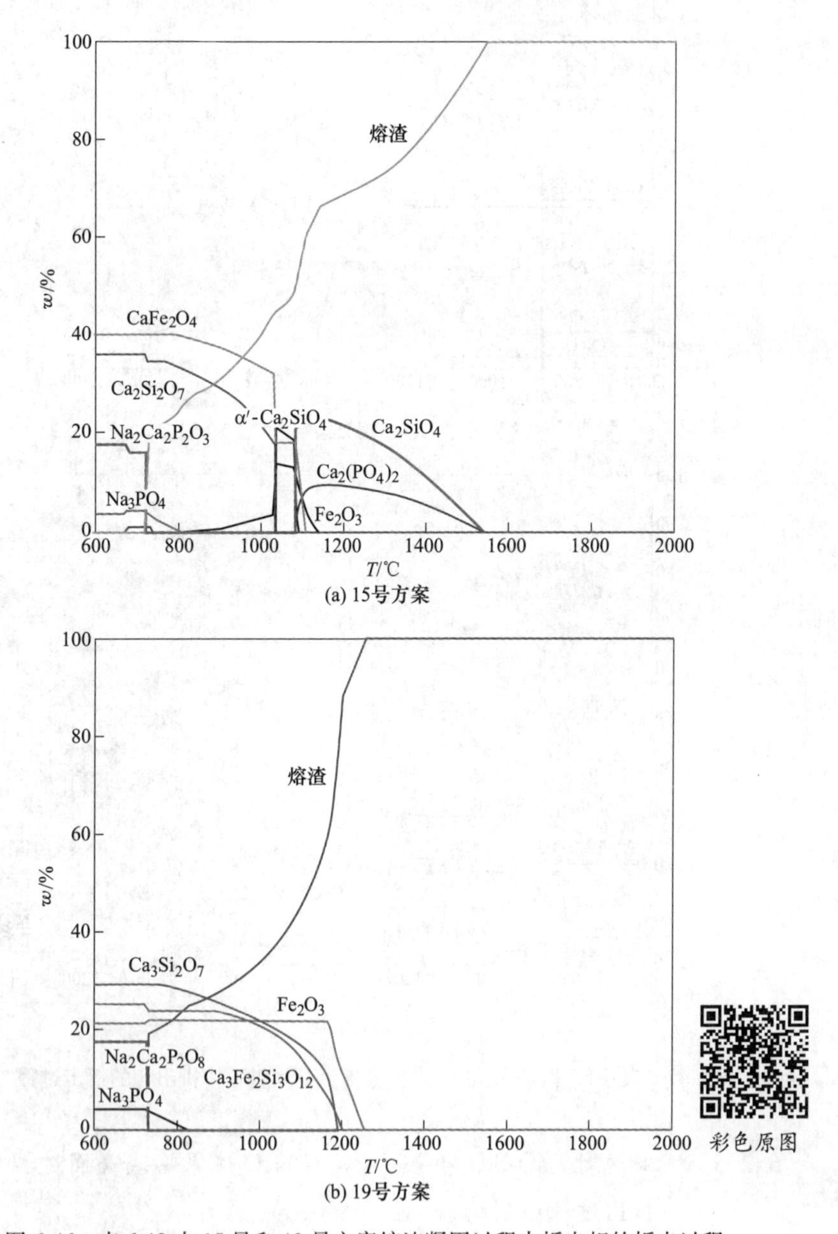

图 6-46　表 6-12 中 15 号和 19 号方案熔渣凝固过程中析出相的析出过程

6.3 钢渣中各组元对富磷相生成过程的影响

含磷钢渣冷却过程中，渣中的钙、硅元素结合，析出 Ca_2SiO_4，然后 Ca_2SiO_4 与 $Ca_3(PO_4)_2$ 相结合，以 $n2CaO \cdot SiO_2\text{-}3CaO \cdot P_2O_5(nC_2S\text{-}C_3P)$ 固溶体的形式析出，在炉渣冷却过程中，含磷固溶体的生成反应如下：

$$2CaO + SiO_2 = Ca_2SiO_4 \tag{6-9}$$

$$\Delta G_1 = \Delta G_1^{\ominus} + RT\ln \frac{a_{Ca_2SiO_4}}{a_{CaO}^2 a_{SiO_2}} \tag{6-10}$$

$$2nCaO + nSiO_2 + Ca_3(PO_4)_2 = nCa_2SiO_4 \cdot Ca_3(PO_4)_2 \tag{6-11}$$

$$\Delta G_2 = \Delta G_2^{\ominus} + RT\ln \frac{a_{nCa_2SiO_4 \cdot Ca_3(PO_4)_2}}{a_{CaO}^{2n} a_{SiO_2}^{n} a_{Ca_3(PO_4)_2}} \tag{6-12}$$

在式（6-9）~式（6-12）中，$a_{nCa_2SiO_4 \cdot Ca_3(PO_4)_2}$、$a_{Ca_2SiO_4}$、$a_{Ca_3(PO_4)_2}$、$a_{CaO}$ 和 a_{SiO_2} 分别代表 $nCa_2SiO_4 \cdot Ca_3(PO_4)_2$、$Ca_2SiO_4$、$Ca_3(PO_4)_2$、CaO 和 SiO_2 的活度，ΔG_1 和 ΔG_2 分别为反应式（6-9）和式（6-11）的反应吉布斯自由能。其中，$Ca_3(PO_4)_2$ 和 $nCa_2SiO_4 \cdot Ca_3(PO_4)_2$ 均可以视为纯物质，因此认为其活度为 1。由此式（6-12）可以化简为：

$$\Delta G_2 = \Delta G_2^{\ominus} + RT\ln \frac{a_{nCa_2SiO_4Ca_3(PO_4)_2}}{a_{CaO}^{2n} a_{SiO_2}^{n} a_{Ca_3(PO_4)_2}} = \Delta G_2^{\ominus}\text{-}RT\ln(a_{CaO}^{2n} a_{SiO_2}^{n}) \tag{6-13}$$

$2nCaO \cdot SiO_2\text{-}3CaO \cdot P_2O_5(nC_2S\text{-}C_3P)$ 固溶体的生成趋势，由上述反应式中参与反应的氧化物的活度所决定，由式（6-13）可知，$nC_2S\text{-}C_3P$ 固溶体的生成趋势主要由 $a_{CaO}^2 \cdot a_{SiO_2}$ 决定。

6.3.1 碱度

图 6-47 为利用 FactSage 7.0 中 FToxid 数据库计算出的 1623K 时，炉渣中参与反应的氧化物活度随碱度变化的情况。由图可知，随着碱度从 1.0 增加到 2.5，a_{CaO} 呈现增加的趋势，a_{SiO_2} 则呈现减少的趋势，尤其是碱度从 1.0 到 2.2 变化时，a_{SiO_2} 减少的程度很大。然而，炉渣碱度在 1.0 到 2.5 之间变化时，$a_{Ca_2SiO_4}/(a_{CaO}^2 a_{SiO_2})$ 没有产生变化，说明炉渣碱度变化对 Ca_2SiO_4 的生成趋势没有产生影响。随着碱度的降低，a_{CaO} 增加，a_{SiO_2} 减少，$a_{Ca_2SiO_4}$ 也呈现减少的趋势，碱度从 2.5 减少到 1.4 时，减小的程度比较小，碱度降低到 1.4 以下时，$a_{Ca_2SiO_4}$ 减小的程度明显，说明随着碱度的降低 Ca_2SiO_4 相的生成量逐渐减少，尤其是在碱度低于 1.4 后 Ca_2SiO_4 的生成量减少显著。同时，随着碱度的降低，$a_{CaO}^2 a_{SiO_2}$ 也缓慢降低，碱度在 1.4~2.5 之间时，$a_{CaO}^2 a_{SiO_2}$ 减少的趋势不是很明显，对含磷渣中 $nC_2S\text{-}C_3P$ 固溶体的生成趋势的影响很小。碱度小于 1.4 时，碱度降低，$a_{CaO}^2 a_{SiO_2}$ 减少的趋势

相对明显，对含磷渣中 $nC_2S\text{-}C_3P$ 固溶体的生成趋势有明显的减弱影响。

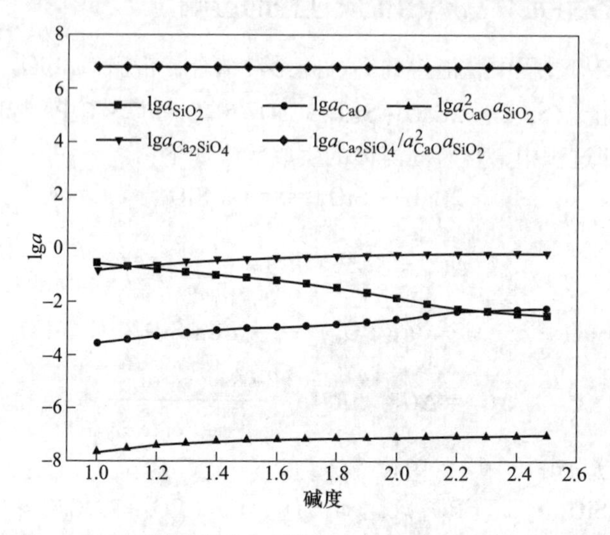

图 6-47　1623K 时炉渣中参与反应的氧化物活度随碱度变化的情况

使用 FactSage 7.0 热力学软件绘制了 $CaO\text{-}SiO_2\text{-}Fe_2O_3$ 三元相图。由图 6-48 可知，当炉渣碱度为 1.2 时，由于碱度太低，炉渣成分会偏离 $2CaO \cdot SiO_2$ 初晶区，

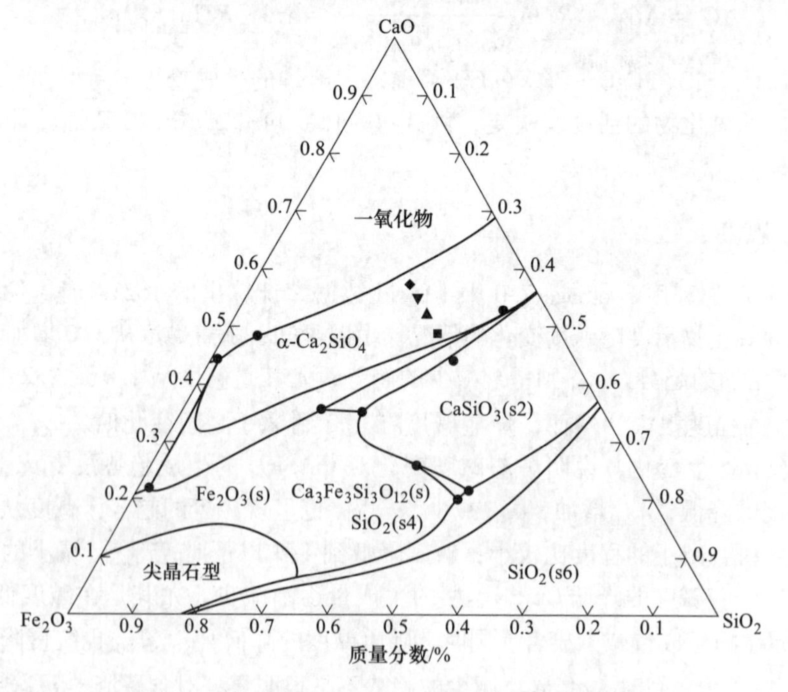

图 6-48　$CaO\text{-}SiO_2\text{-}Fe_2O_3$ 三元相图中实验渣系成分

（●R=1.2，■R=1.5，▲R=1.8，▼R=2.1，◆R=2.4）

而在 $CaSiO_3$ 的初晶区内，炉渣冷却过程中 $CaSiO_3$ 优先析出，析出的 $2CaO \cdot SiO_2$ 相数量少，$CaSiO_3$ 不能与 $3CaO \cdot P_2O_5$ 无限互溶，溶磷能力差，基体中的磷不能完全迁移至富磷相，富磷相粒径较小，不利于炉渣中磷的富集。因此在碱度为 1.2 时，富磷相中磷含量处于较低的水平。当碱度增加到 1.5 以上时，炉渣成分处于 $2CaO \cdot SiO_2$ 初晶区内，冷却过程中首先析出 $2CaO \cdot SiO_2$ 相，与 $3CaO \cdot P_2O_5$ 形成共溶体，富磷相中的 P_2O_5 含量明显增加。但是如果炉渣碱度过高，在冷却过程中会生成大量的 $2CaO \cdot SiO_2$，析出的 $2CaO \cdot SiO_2$ 相过多会分散渣中的 $3CaO \cdot P_2O_5$，降低富磷相中的 P_2O_5 含量。并且如果炉渣碱度过高，会使炉渣黏度增加，不利于磷的迁移，同样对磷的富集产生不利的影响。

碱度太高，渣中析出大量的 $2CaO \cdot SiO_2$，nC_2S-C_3P 固溶体中 $2CaO \cdot SiO_2$ 的含量过高，不利于提高富磷相中 P_2O_5 的浓度。碱度降低（$1.4<R<2.5$），nC_2S-C_3P 固溶体生成的热力学趋势受到的影响不大，$2CaO \cdot SiO_2$ 析出量减少，nC_2S-C_3P 固溶体中 $2CaO \cdot SiO_2$ 的数量减少，提高了 P_2O_5 的浓度。炉渣碱度太低（$R<1.4$），在冷却过程中会有 $CaSiO_3$ 生成，$CaSiO_3$ 不能与 $3CaO \cdot P_2O_5$ 无限互溶，溶磷能力差，基体中的磷不能完全迁移至富磷相，富磷相粒径较小，不利于炉渣中磷的富集。结合实验结果，控制碱度分布在 1.5～1.8 之间，既能够保证渣中有足量的 $2CaO \cdot SiO_2$ 为 $3CaO \cdot P_2O_5$ 提供富磷场所，同时也避免了 $2CaO \cdot SiO_2$ 数量太多，导致富磷相中 P_2O_5 含量过低，对于高磷炉渣中磷的富集是有利的。

6.3.2 氧化铁含量

图 6-49 为利用 FactSage 7.0 中 FToxid 数据库计算出的 1623K 时，炉渣中参与反应的氧化物的活度随渣中氧化铁含量变化的情况。由图可知，随着渣中氧化铁含量从 5%增加到 50%，a_{CaO} 呈现减少的趋势，a_{SiO_2} 则呈现增加的趋势。然而，渣中氧化铁含量在 5%到 50%之间变化时，$a_{Ca_2SiO_4}/(a_{CaO}^2 a_{SiO_2})$ 没有产生变化，平行于 x 轴，说明渣中氧化铁含量的变化对 Ca_2SiO_4 相生成的热力学趋势没有产生影响。$a_{Ca_2SiO_4}$ 随着氧化铁含量的增加呈现出减少的趋势，说明随着氧化铁含量的增加 Ca_2SiO_4 相的生成量减少，尤其是氧化铁含量在 25%以上时，减少趋势更加明显。同时，氧化铁含量在 5%到 25%之间变化时，随着氧化铁含量的增加，$a_{CaO}^2 a_{SiO_2}$ 有很小的降低趋势，氧化铁含量增加对 nC_2S-C_3P 固溶体生成的热力学趋势影响不大，由于 Ca_2SiO_4 相的减少，固溶体中 P_2O_5 含量增加，有利于磷的富集。氧化铁含量在 25%以上时，随着氧化铁含量的增加，$a_{CaO}^2 a_{SiO_2}$ 迅速减少，对含磷渣中 nC_2S-C_3P 固溶体的生成趋势有明显的减弱影响。

由图 6-50 可知，炉渣中 Fe_2O_3 含量从 5%增加到 25%时，炉渣成分均在 $2CaO \cdot SiO_2$ 初晶区内，冷却过程中，炉渣中首先析出 $2CaO \cdot SiO_2$，炉渣中 Fe_2O_3 含量升高，渣中 $2CaO \cdot SiO_2$ 析出的数量减少，nC_2S-C_3P 固溶体中 $2CaO \cdot SiO_2$

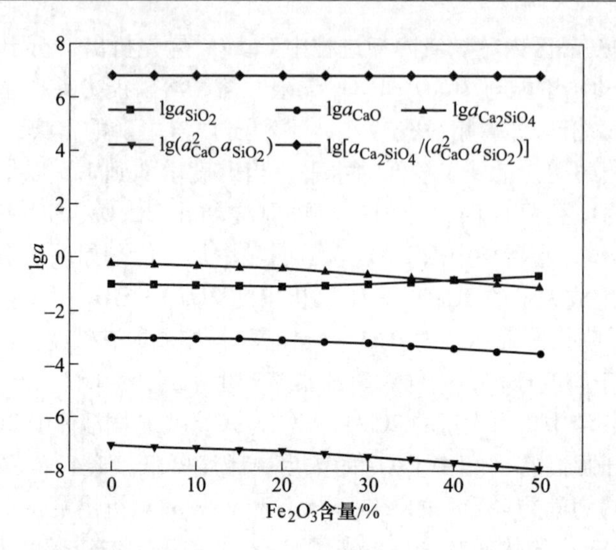

图 6-49　1623K 时炉渣中参与反应的氧化物活度随氧化铁含量变化的情况

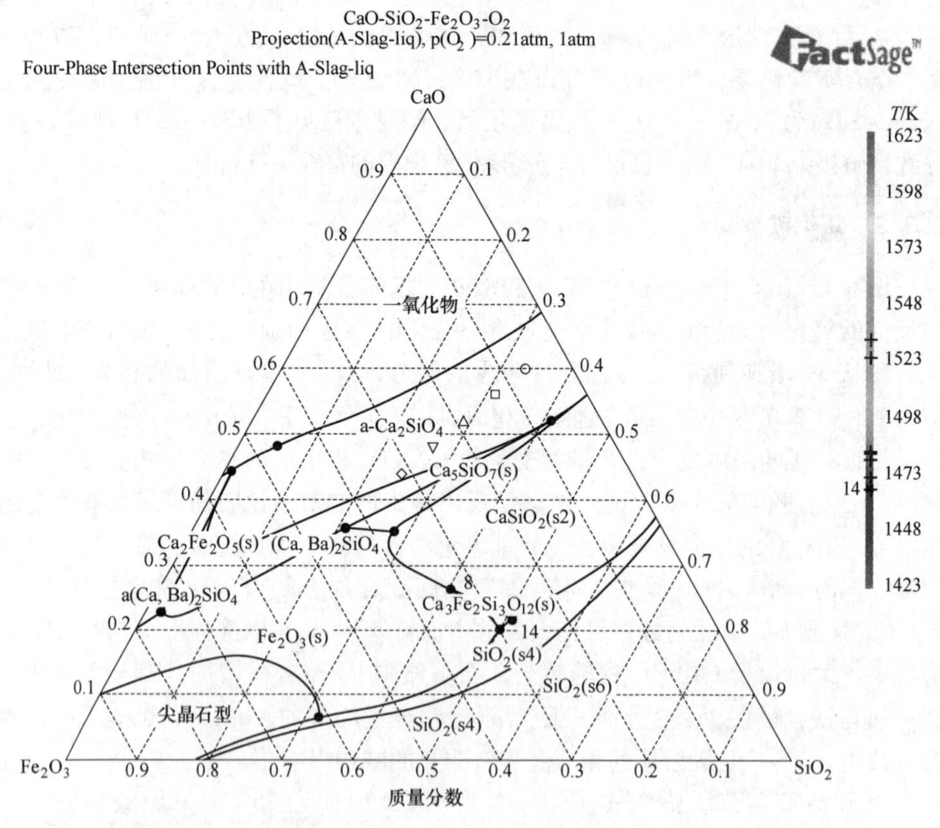

图 6-50　$CaO-SiO_2-Fe_2O_3$ 三元相图中实验渣系成分（1atm = 101325Pa）

（○$w_{Fe_2O_3}$ = 5%，□$w_{Fe_2O_3}$ = 10%，△$w_{Fe_2O_3}$ = 15%，▽$w_{Fe_2O_3}$ = 20%，◇$w_{Fe_2O_3}$ = 25%）

减少，有利于提高富磷相中 P_2O_5 的含量。由前文可知，随着炉渣中 Fe_2O_3 含量的增加，富磷相中 SiO_2 呈现减少的趋势，说明 Fe_2O_3 含量增加，降低了富磷相中 $2CaO \cdot SiO_2$ 的数量。同时增加渣中 Fe_2O_3 含量会降低炉渣黏度，对于渣中磷的迁移也是有利的。结合热态实验结果将渣中氧化铁含量控制在 20%~25%之间有利于渣中磷的富集。

6.3.3 MgO 含量和 MnO 含量

图 6-51 为利用 FactSage 7.0 中 FToxid 数据库计算出的 1623K 时，炉渣中参与反应的氧化物活度随渣中 MgO 含量变化的情况。由图可知，随着渣中 MgO 含量从 1%增加到 20%，a_{CaO}呈现增加的趋势，a_{SiO_2}则呈现减小的趋势。但变化量均很小，MgO 含量变化对 a_{CaO}和 a_{SiO_2}影响不大，渣中 MgO 含量在 1%到 20%之间变化时，$a_{Ca_2SiO_4}/(a_{CaO}^2 a_{SiO_2})$ 没有产生变化，平行于 x 轴，说明渣中 MgO 含量的变化对 Ca_2SiO_4 相生成的热力学趋势没有产生影响。但是随着 MgO 含量的增加，$a_{Ca_2SiO_4}$呈现很轻微的增加的趋势，说明随着 MgO 含量的增加 Ca_2SiO_4 相的生成量有所增加。但是 MgO 含量变化对 $a_{Ca_2SiO_4}$的影响同样很小，基本上影响不大。同时，随着 MgO 含量的增加，$a_{CaO}^2 a_{SiO_2}$呈现很小的增加趋势，但是变化的幅度很小，说明渣中 MgO 含量的增加，增加了 nC_2S-C_3P 固溶体生成的热力学趋势。但是总体而言，影响很小，基本上可以忽略。

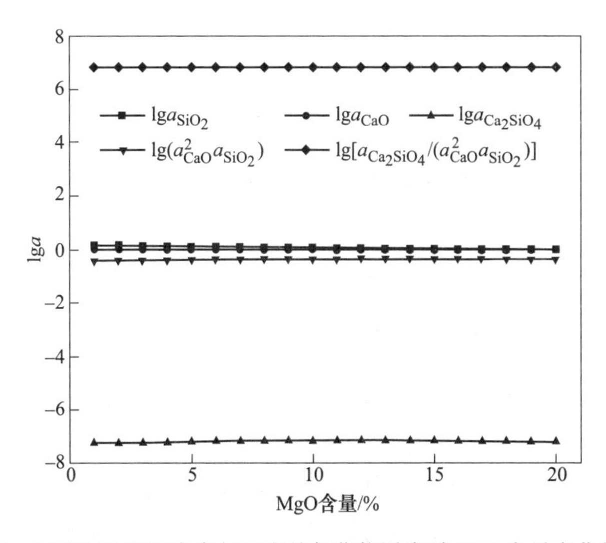

图 6-51 1623K 时炉渣中参与反应的氧化物活度随 MgO 含量变化的情况

图 6-52 为利用 FactSage 7.0 中 FToxid 数据库计算出的 1623K 时，炉渣中参与反应的氧化物随渣中 MnO 含量变化的情况。由图可知，随着渣中 MnO 含量从

1%增加到 20%，a_{CaO} 呈现很小的增加的趋势，a_{SiO_2} 则呈现很小的减小的趋势。MnO 含量变化对 a_{CaO} 和 a_{SiO_2} 影响与 MgO 影响相同，但是影响都不大。渣中 MnO 含量从 1%到 20%之间变化时，$a_{Ca_2SiO_4}/(a_{CaO}^2 a_{SiO_2})$ 没有产生变化，平行于 X 轴，说明渣中 MnO 含量的变化对 Ca_2SiO_4 相生成的热力学趋势没有产生影响。$a_{Ca_2SiO_4}$ 随着 MnO 含量的增加略微有所下降，Ca_2SiO_4 相的生成量减少。但是 MnO 含量变化对 $a_{Ca_2SiO_4}$ 的影响很小。同时，随着 MnO 含量的增加，$a_{CaO}^2 a_{SiO_2}$ 呈现很小的减少趋势，变化的幅度也很小，说明渣中 MnO 含量的增加，在一定程度上降低了 $nC_2S\text{-}C_3P$ 固溶体生成的热力学趋势，但是其影响的程度很小。

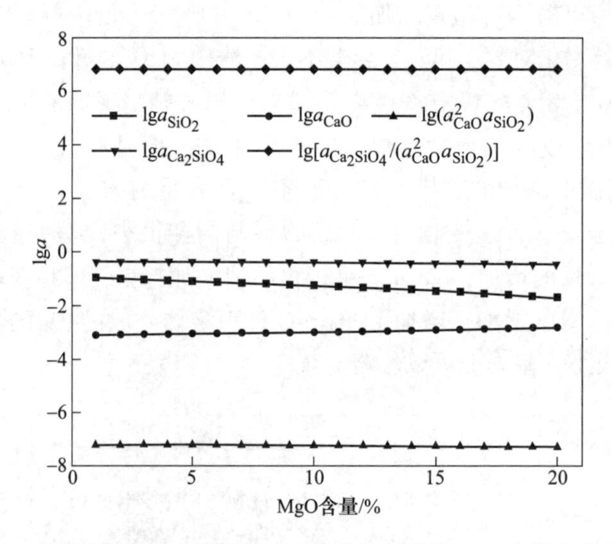

图 6-52　1623K 时炉渣中参与反应的氧化物活度随 MnO 含量变化的情况

6.4　钢渣中富磷相的富集技术

6.4.1　钢渣中富磷相的改质富集技术

随着低品位铁矿石的入炉冶炼，铁水磷含量增高，钢渣中的磷含量也会增加，可能会达到 10%以上。因此针对富磷量较高的高磷转炉渣中磷的富集行为进行研究，对于后续高磷转炉渣的利用具有重要意义。本节以 $CaO\text{-}SiO_2\text{-}Fe_2O_3\text{-}P_2O_5$-5%MgO-5%MnO 六元渣系为研究对象，主要探讨了炉渣二元碱度和氧化铁含量对高磷转炉渣中磷的富集行为的影响。并对炉渣组分对渣中富磷相和富铁相的生成情况影响进行了分析。

本研究所用炉渣是由 CaO、SiO_2、Fe_2O_3、P_2O_5、MgO、$MnCO_3$ 化学分析纯试剂配制而成，其中氧化铁以 Fe_2O_3 的形式加入炉渣中，具体渣样成分如表 6-13

所示。其中1~5号实验研究了碱度从1.2~2.4之间变化时，碱度对于磷富集行为的影响，3号、6~9号实验研究了炉渣中Fe_2O_3含量对于磷富集行为的影响。

表6-13　实验所用炉渣的化学成分

编号	炉渣化学成分/质量分数,%						R(-)
	CaO	SiO_2	Fe_2O_3	MgO	MnO	P_2O_5	
1	35.45	29.55	15	5	5	10	1.2
2	39.00	26.00	15	5	5	10	1.5
3	41.79	23.21	15	5	5	10	1.8
4	44.03	20.97	15	5	5	10	2.1
5	45.88	19.12	15	5	5	10	2.4
6	48.21	26.79	5	5	5	10	1.8
7	45.00	25.00	10	5	5	10	1.8
8	38.57	21.43	20	5	5	10	1.8
9	35.36	19.64	25	5	5	10	1.8

实验过程中首先将混合均匀的50g渣样放入坩埚（实验所用坩埚为氧化铝坩埚）中，将盛有渣样的坩埚置于箱式电阻炉（采用$MoSi_2$电阻加热）中。实验炉渣首先由室温加温到1773K，并在1773K保温90min来确保渣样充分熔化，然后降温到1623K，降温速率为5K/min，在此温度下保温60min，随后同样以5K/min的降温速率下降到1473K最后随炉冷却至室温进行取样。在冷却后炉渣的芯部选取样品，取大小合适的块状样品镶嵌于环氧树脂中，经过粗磨、细磨、抛光、喷金后在扫描电镜（SEM）下进行观察，并使用EDS对其成分进行分析。剩余样品使用DF-4电磁制样粉碎机进行研磨，研磨至粒度小于200目，并用高温X射线衍射仪对渣样进行物相分析，2θ扫描范围为10°~90°，扫描速度为10°/min。

6.4.1.1　碱度对磷富集行为的影响

图6-53为随炉冷却后不同碱度渣样的扫描电镜照片。通过EDS对实验渣样物相的成分进行了分析，检测结果如表6-14所示。综合图6-53和表6-14的结果可知，实验渣中存在的主要矿物结构有三种，灰色区域为富磷相、白色区域为RO相，灰黑色区域为基体相。其中磷元素主要分布在富磷相中，RO相和基体相中仅包含少量的磷元素。

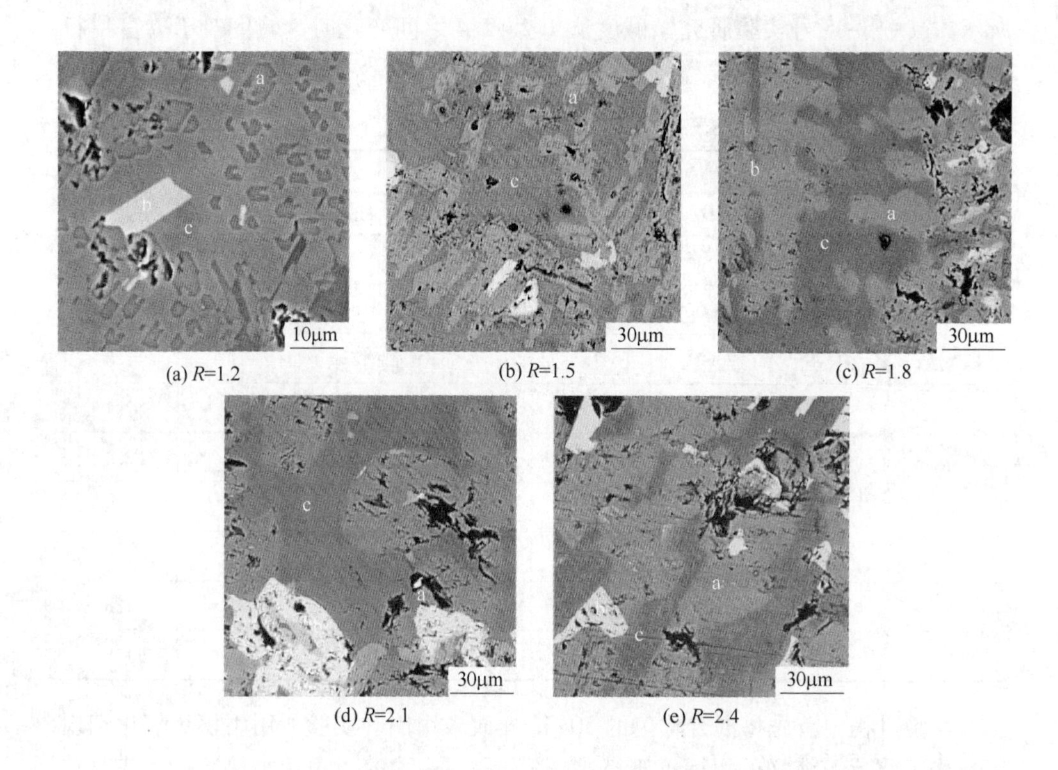

(a) R=1.2　(b) R=1.5　(c) R=1.8　(d) R=2.1　(e) R=2.4

图 6-53　不同碱度渣样的扫描电镜照片

a—富磷相；b—RO 相；c—基体相

表 6-14　图 6-53 中渣样各物相的化学成分　（质量分数,%）

碱度	物相	能谱分析结果						
		CaO	SiO_2	Fe_2O_3	MgO	MnO	P_2O_5	Al_2O_3
1.2	富磷相	48.98	13.40	7.69	0.00	0.00	29.92	0.00
	RO 相	11.57	19.20	40.37	4.34	5.18	2.64	16.69
	基体相	20.99	33.36	22.61	2.94	0.00	2.44	17.65
1.5	富磷相	54.85	11.17	0.00	0.00	0.00	33.98	0.00
	RO 相	3.42	4.33	70.59	0.00	14.21	2.17	5.28
	基体相	43.20	41.70	0.00	0.00	0.00	4.12	10.98
1.8	富磷相	52.84	13.23	0.00	0.00	0.00	33.92	0.00
	RO 相	4.61	4.35	66.09	0.00	16.29	3.26	5.38
	基体相	40.82	32.45	0.00	0.00	0.00	0.00	26.74

续表 6-14

碱度	物相	能谱分析结果						
		CaO	SiO_2	Fe_2O_3	MgO	MnO	P_2O_5	Al_2O_3
2.1	富磷相	54.38	14.71	0.00	0.00	0.00	30.91	0.00
	RO 相	2.79	2.65	63.90	3.64	20.53	2.27	4.21
	基体相	34.34	26.22	9.94	0.00	0.00	1.68	27.82
2.4	富磷相	54.73	17.36	0.00	0.00	0.00	27.91	0.00
	RO 相	4.66	3.56	62.32	0.00	22.65	2.81	4.00
	基体相	39.43	25.48	0.00	0.00	0.00	3.40	31.68

图 6-54 给出了富磷相中的 P_2O_5 含量随碱度的变化情况。图 6-55 为随炉冷却后各渣样的 XRD 结果。当钢渣碱度为 1.2 时，富磷相主要是以 $Ca_5(PO_4)_2SiO_4$(C_2S-C_3P)的形式存在，富磷相中 P_2O_5 含量为 29.92%，炉渣中存在 $CaSiO_3$ 相，RO 相主要由铁氧化物，铁锰氧化物构成。在不同碱度的渣样中，富磷相均以 $Ca_5(PO_4)_2SiO_4$ 的形式存在。随着碱度从 1.2 增加到 1.5，富磷相中的 P_2O_5 含量从 29.92%增加到了 33.98%，炉渣中不存在 $CaSiO_3$ 相。当碱度较低（$R<1.5$）时，增加碱度有利于含磷炉渣中的磷向富磷相富集。碱度从 1.5 增加到 1.8 时，富磷相中 P_2O_5 含量略微减少，由 33.98%变为 33.92%。碱度继续增加时，富磷相中 P_2O_5 含量呈现明显的减少趋势，当碱度增加到 2.1 时，富磷相中的 P_2O_5 含量减少到 30.91%，继续增加碱度至 2.4，富磷相中的 P_2O_5 含量减少到 27.91%，碱度增大使富磷相中 P_2O_5 含量减少。

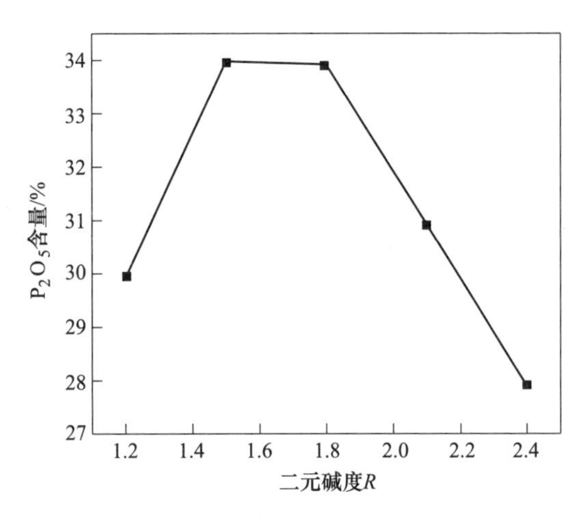

图 6-54　碱度对富磷相中 P_2O_5 含量的影响

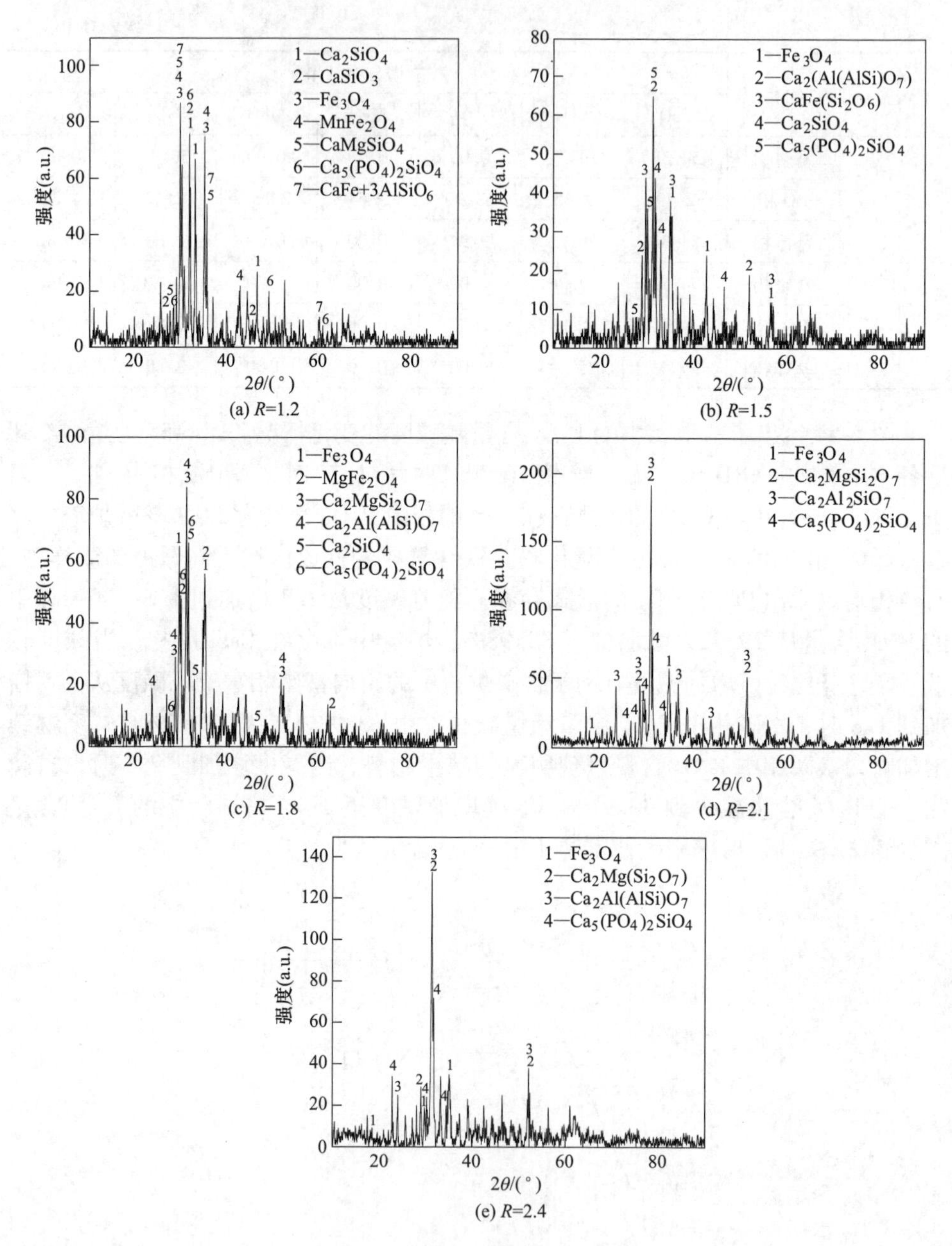

图 6-55　不同碱度渣样 XRD 结果

6.4.1.2　氧化铁含量对磷的富集行为的影响

图 6-56 为随炉冷却后不同 Fe_2O_3 含量渣样的扫描电镜照片，实验渣样物相成分的检测结果如表 6-15 所示。与之前观察到的结果相同，渣中磷元素主要存在

于灰色的富磷相中，少量存在于基体相中，RO 相也含有少量磷元素。结合图 6-57 所示的 XRD 检测结果可知，实验炉渣中基体相主要是 $Ca_2Al_2SiO_7$ 相，RO 相包括铁氧化物，铁镁氧化物和铁锰氧化物，在富磷相中磷主要以 $Ca_5(PO_4)_2SiO_4$(C_2S-C_3P)的形式存在，但是 Fe_2O_3 含量为 5%的渣样中，磷的存在形式为 $Ca_{15}(PO_4)_2(SiO_4)_6$($6C_2S$-C_3P)。

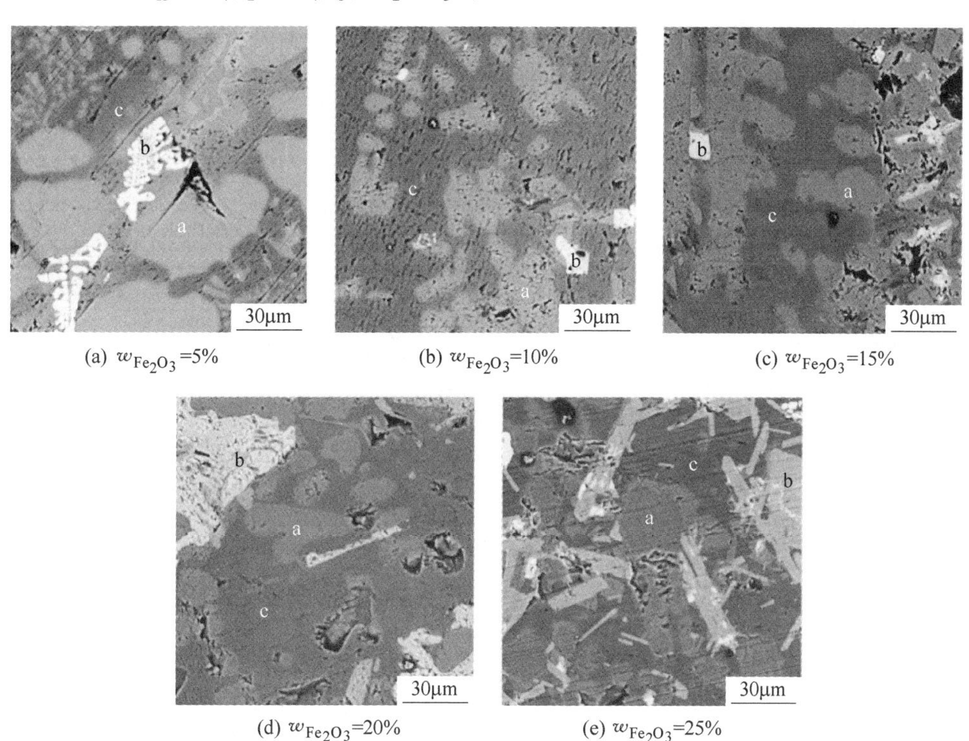

(a) $w_{Fe_2O_3}$=5%　(b) $w_{Fe_2O_3}$=10%　(c) $w_{Fe_2O_3}$=15%

(d) $w_{Fe_2O_3}$=20%　(e) $w_{Fe_2O_3}$=25%

图 6-56 不同 Fe_2O_3 含量的渣样的扫描电镜照片

a—富磷相；b—RO 相；c—基体相

表 6-15 图 6-56 中渣样各物相的化学成分 （质量分数,%）

$w(Fe_2O_3)$	物相	能谱分析结果						
		CaO	SiO_2	Fe_2O_3	MgO	MnO	P_2O_5	Al_2O_3
5	富磷相	57.31	25.11	0.00	0.00	0.00	17.58	0.00
	RO 相	5.17	4.67	47.59	0.00	37.20	2.28	3.08
	基体相	43.92	25.41	0.00	0.00	0.00	5.29	25.38
10	富磷相	53.02	14.58	0.00	0.00	0.00	30.05	2.34
	RO 相	3.82	4.93	57.74	0.00	24.07	1.60	7.84
	基体相	34.16	24.73	6.04	0.00	0.00	1.85	33.22

续表 6-15

$w(Fe_2O_3)$	物相	能谱分析结果						
		CaO	SiO_2	Fe_2O_3	MgO	MnO	P_2O_5	Al_2O_3
15	富磷相	52. 84	13. 23	0. 00	0. 00	0. 00	33. 92	0. 00
	RO 相	4. 61	4. 35	66. 09	0. 00	16. 29	3. 26	5. 38
	基体相	40. 82	32. 45	0. 00	0. 00	0. 00	0. 00	26. 74
20	富磷相	53. 56	8. 57	0. 00	0. 00	0. 00	37. 87	0. 00
	RO 相	3. 58	2. 92	59. 22	2. 50	17. 26	2. 02	12. 50
	基体相	34. 65	23. 53	5. 89	0. 00	0. 00	2. 28	33. 65
25	富磷相	53. 35	8. 48	0. 00	0. 00	0. 00	38. 17	0. 00
	RO 相	14. 27	11. 15	42. 09	0. 00	4. 04	0. 00	28. 46
	基体相	35. 02	23. 83	8. 65	0. 00	0. 00	0. 00	32. 50

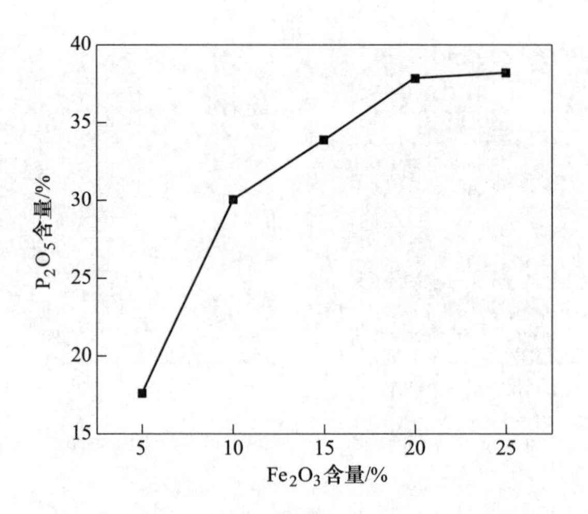

图 6-57　Fe_2O_3 含量对富磷相中 P_2O_5 含量的影响

图 6-58 为渣中 Fe_2O_3 含量变化对富磷相中 P_2O_5 含量的影响情况，当渣中 Fe_2O_3 含量为 5%时，富磷相中的 P_2O_5 含量仅有 17. 58%，在所有实验中处于一个最低的水平，Fe_2O_3 含量增加到 10%，富磷相中的 P_2O_5 含量有一个非常明显的增加，由 17. 58%增加到了 30. 05%，继续增加渣中 Fe_2O_3 含量至 15%，富磷相中的 P_2O_5 含量从 30. 05%增加到了 33. 92%，Fe_2O_3 含量为 20%的渣样，富磷相中 P_2O_5 的含量为 37. 87%，增加渣中氧化铁的含量至 25%，富磷相中的 P_2O_5 含量达到了 38. 17%。Fe_2O_3 含量的增加对渣中磷的富集起到了促进作用。

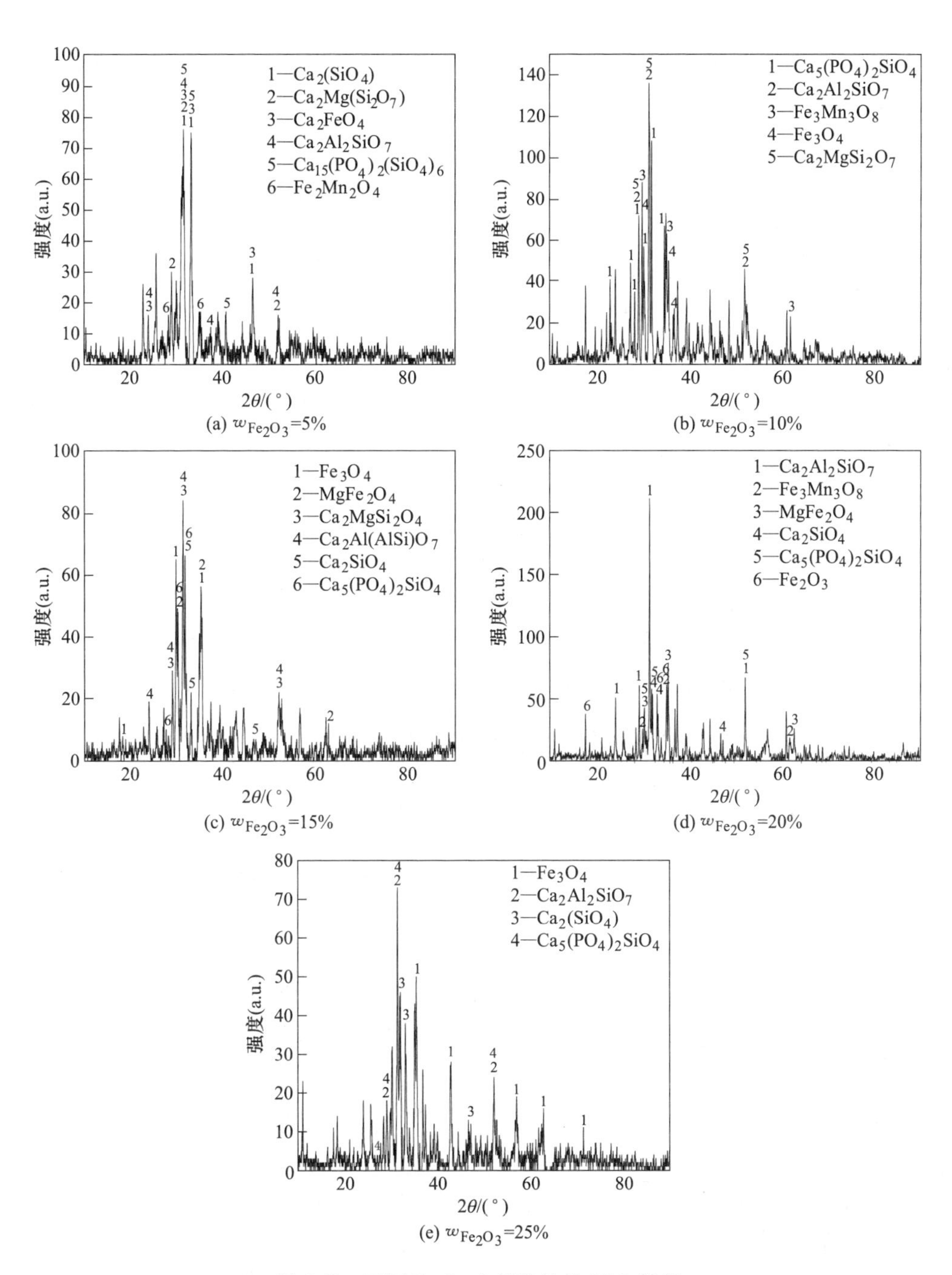

图 6-58 不同 Fe_2O_3 含量炉渣的 XRD 结果

6.4.1.3　小结

通过热态实验研究了二元碱度和 Fe_2O_3 含量对 P_2O_5 达到 10%的高磷转炉渣中磷的富集行为的影响，并计算了碱度和 Fe_2O_3 含量对冷却过程中析出相的影响，以及炉渣成分变化对富磷相和富铁相生成的影响，得到了以下结论：

（1）随着炉渣碱度的增加和 Fe_2O_3 含量的减少，Ca_2SiO_4 相的析出量增多，开始析出温度升高，并且存在的温度区间也有所扩大，碱度和 Fe_2O_3 含量变化对于 $Ca_3(PO_4)_2$ 相的析出温度和析出量没有影响。

（2）降低炉渣碱度，增加渣中 Fe_2O_3 含量可以减少 Ca_2SiO_4 相的生成量，降低 nC_2S-C_3P 固溶体中 Ca_2SiO_4 的数量，提高了 P_2O_5 的含量。但碱度太低（$R<1.4$）时，炉渣中有 $CaSiO_3$ 生成，$2CaO \cdot SiO_2$ 析出的数量少，不利于渣中磷的富集，在本实验条件下，控制炉渣碱度在 1.5~1.8 之间，Fe_2O_3 的含量在 20%~25%之间对于提高富磷相中 P_2O_5 的含量，提高磷的富集效果是有利的。

（4）随着炉渣碱度和氧化铁含量的增加 $MgFe_2O_4$ 和 $MnFe_2O_4$ 相生成的热力学趋势均有所增加。增加 MgO 含量可以促进 $MgFe_2O_4$ 相的生成，但是对 $MnFe_2O_4$ 相生成的热力学趋势影响不大。增加渣中 MnO 含量有利于 $MnFe_2O_4$ 尖晶石的生成。根据计算结果将碱度控制在 2.1 左右，氧化铁含量控制在 30%左右，MgO 和 MnO 分别控制在 10%和 14%对于富铁相的生成是有利的。

6.4.2　钢渣热处理方式促进含磷相的富集技术

6.4.2.1　冷却方式对渣中磷的富集情况的影响

图 6-59~图 6-61 分别为炉渣经过水冷、空冷和炉冷三种冷却方式处理后，渣样的扫描电镜图。经过水冷处理后，炉渣中富磷相主要以针状或细小的棒状富磷相为主。在空冷渣中富磷相主要以棒状和片状富磷相为主，观察到了棒状富磷相连接聚合而成的树突状或梅花状富磷相。而在炉冷渣中富磷相形貌为粗大的棒状和边界清晰的片状富磷相。图 6-62 给出了三种炉渣中富磷相 P_2O_5 含量的比较，水冷渣中富磷相 P_2O_5 含量是三种炉渣中最少的，空冷渣和炉冷渣富磷相的 P_2O_5 含量相差很小。总体而言，经过三种冷却方式处理后，炉渣中富磷相的 P_2O_5 含量相差不大。图 6-63 为三种炉渣中富磷相的尺寸，水冷渣富磷相的尺寸为 10μm 左右，空冷渣中富磷相尺中寸为 28μm 左右，而炉冷渣中富磷相的尺寸可以接近 70μm，在富磷相中 P_2O_5 含量相差不大的情况下，富磷相尺寸越大，磷的富集效果越好。因此，三种冷却方式比较，经过炉冷处理后炉渣中磷的富集效果最好。

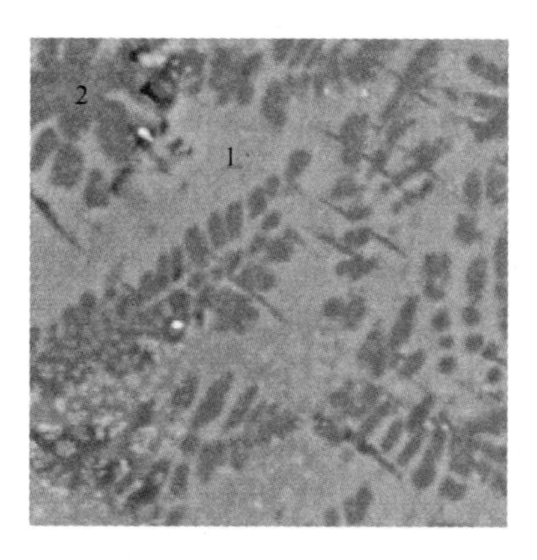

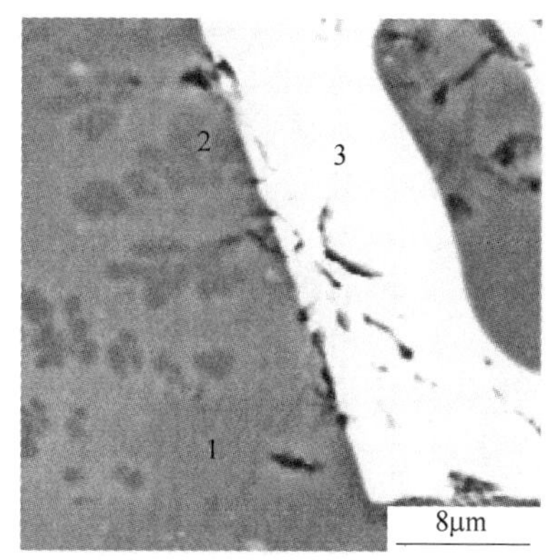

图 6-59 水冷渣扫描电镜图

1—基体相；2—富磷相；3—RO 相

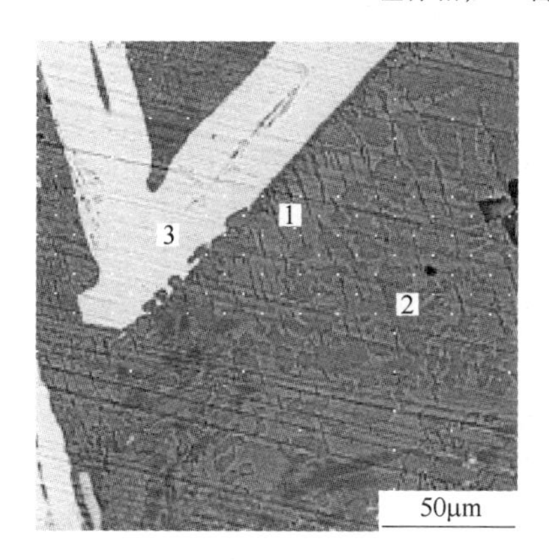

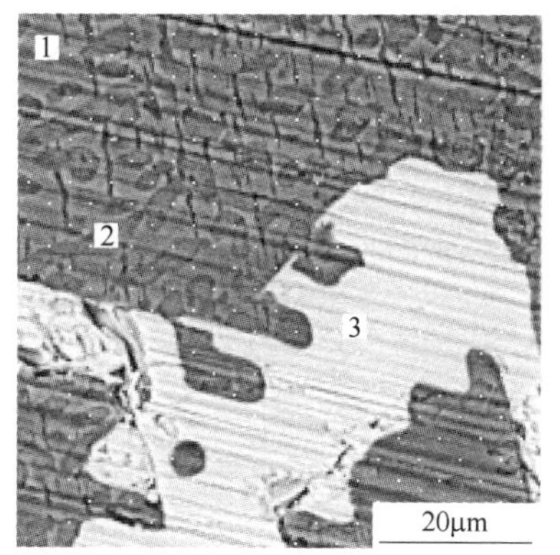

图 6-60 空冷渣扫描电镜图

1—基体相；2—富磷相；3—RO 相

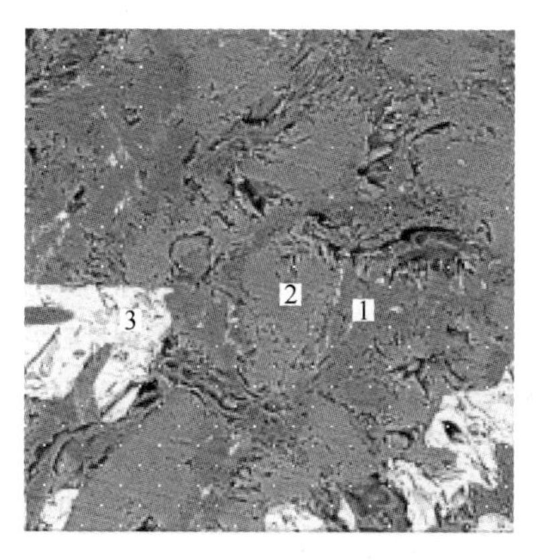

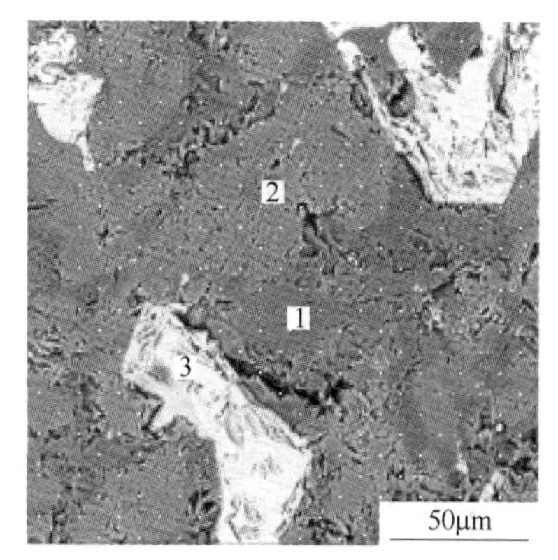

图 6-61 炉冷渣扫描电镜图

1—基体相；2—富磷相；3—RO 相

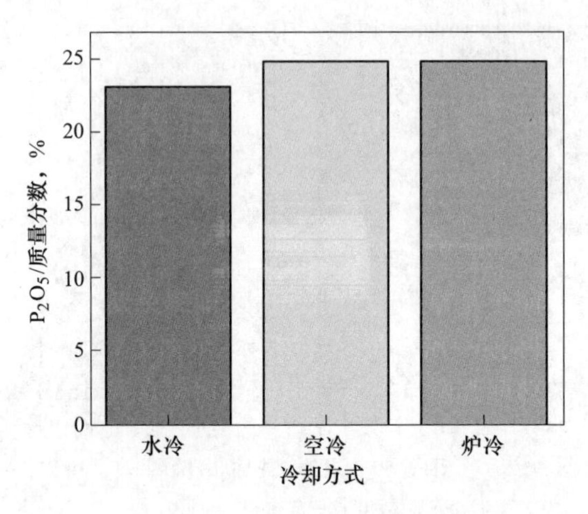

图 6-62　不同冷却方式炉渣中富磷相的 P_2O_5 含量

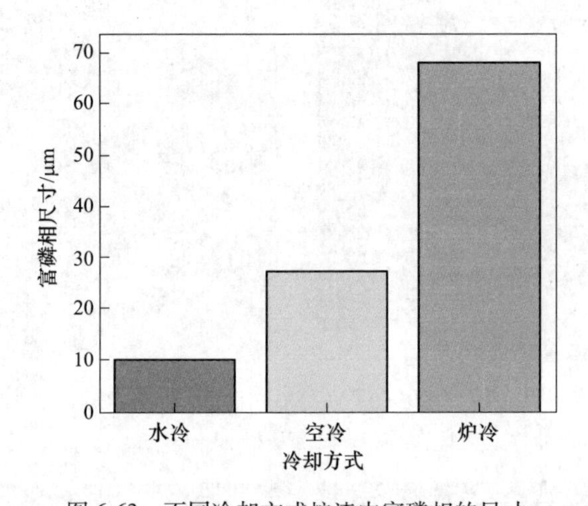

图 6-63　不同冷却方式炉渣中富磷相的尺寸

6.4.2.2　不同冷却因素对渣中磷的富集情况的影响

图 6-64 为保温温度对于渣中富磷相 P_2O_5 含量的影响。由图可知，随着保温温度从 1300℃增加到 1400℃，富磷相中 P_2O_5 含量呈现出非常明显的增加趋势，适当提高保温温度有利于提高渣中磷的富集效果。图 6-65 和图 6-66 为保温时间对于渣中富磷相 P_2O_5 含量和富磷相尺寸的影响。在保温过程中，随着保温时间的增加富磷相中 P_2O_5 含量呈现增加的趋势，尤其是在保温 30min 到 60min 的过程中，富磷相中 P_2O_5 含量迅速增加，而保温时间超过 90min 后，富磷相中 P_2O_5 含量的增加趋势变得很小。随着保温时间的增加，富磷相的尺寸也会随之增大，保温 30min 时富磷相的平均尺寸为 6. 56μm，保温 120min 后富磷相的平均尺寸为

9.99μm。保温过程中随着保温时间的增加富磷相的尺寸也逐渐增加，但是由于富磷相的尺寸在这一阶段很小，增加的幅度也不大，将保温时间控制在90min是比较适宜的。

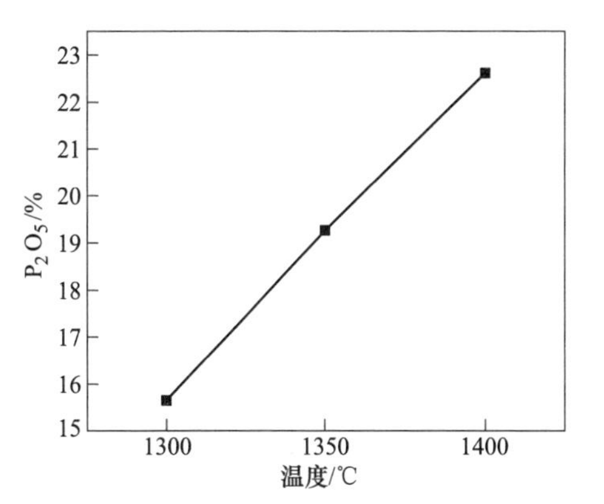

图6-64 保温温度对富磷相 P_2O_5 含量的影响

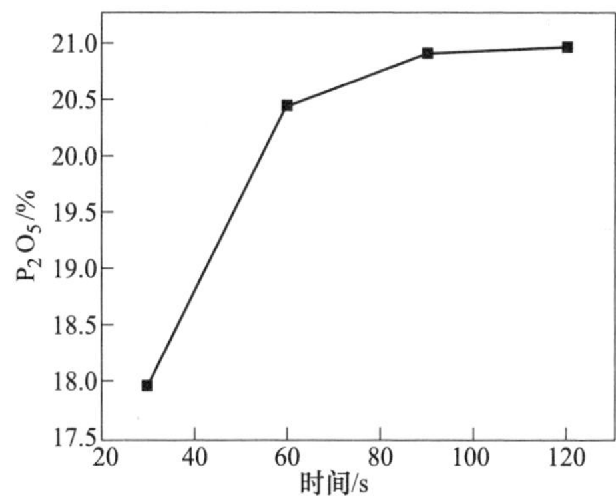

图6-65 保温时间对富磷相 P_2O_5 含量的影响

图6-67为冷却速度对于渣中富磷相 P_2O_5 含量的影响。随着冷却速度的增加，富磷相中 P_2O_5 含量有所下降，但是降低的程度不大。冷却速度对磷富集的影响主要表现在富磷相的尺寸上，由图6-68可知，冷却速度为1℃/min时，富磷相的平均尺寸可以达到96.17μm，随着冷却速度的增加，富磷相的平均尺寸呈现非常明显的降低趋势。因此，控制保温时间在90min左右，尽量降低炉渣的冷却速度可以得到富集效果良好的富磷相。

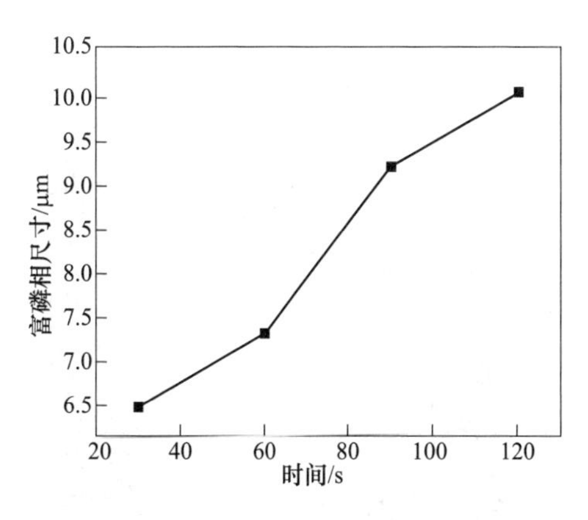

图6-66 保温时间对富磷相尺寸的影响

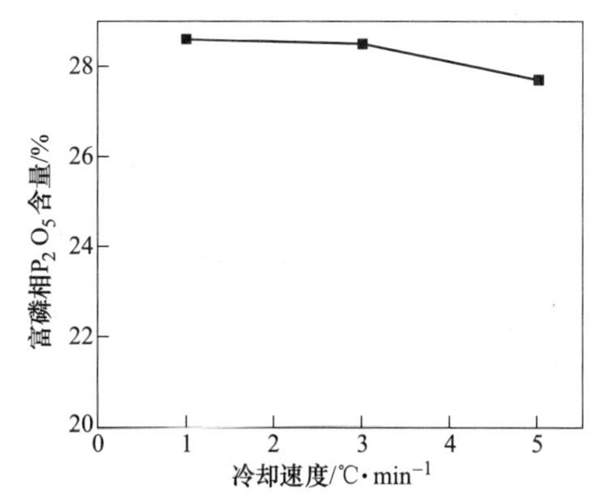

图6-67 冷却速度对富磷相 P_2O_5 含量的影响

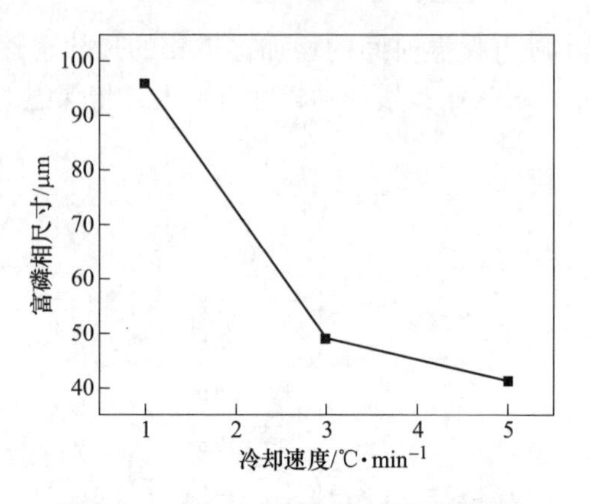

图 6-68　冷却速度对富磷相尺寸的影响

6.5　钢渣中磷元素的提取方式

6.5.1　钢渣碳热还原提磷方法

表 6-16 为脱磷用生物质工业分析结果。由表 6-16 可知，碳化稻壳具有较高的固定碳含量和良好的反应活性，而且由于孔隙度较大（见图 6-69），在还原过程可以提供易于产物气体排出的动力学条件，适宜作为碳质还原剂对高磷转炉渣中 Fe、P 相进行还原。规定将渣中 Fe_2O_3、P_2O_5 和 MnO 全部还原所用固定碳含量为 1 个碳当量，即 1Ceq。

表 6-16　脱磷用生物质工业分析结果　　(%)

类　别	水分	灰分	挥发分	固定碳
碳化稻壳	2.93	28.35	17.17	51.55
锯末	7.63	8.43	66.90	17.04
煤粉	2.59	11.10	16.53	69.78
焦炭	0.40	13.49	1.85	84.26

图 6-69　碳化稻壳微观形貌

利用 FactSage 热力学软件计算真空度 2000Pa，碳当量 2Ceq 时，随着温度升高脱磷率逐渐升高。实验结果与该规律较为吻合，见图 6-70，在 1500℃时出现脱磷率降低的现象，这是由于还原剂不足造成的。在相同实验条件下加入 3Ceq 碳化稻壳，脱碳率升高至 79.25%。在图 6-71 中对比 2Ceq 和 3Ceq 条件下物相，可以发现经过 3Ceq 还原后渣中含铁和含磷物相消失，还原彻底。

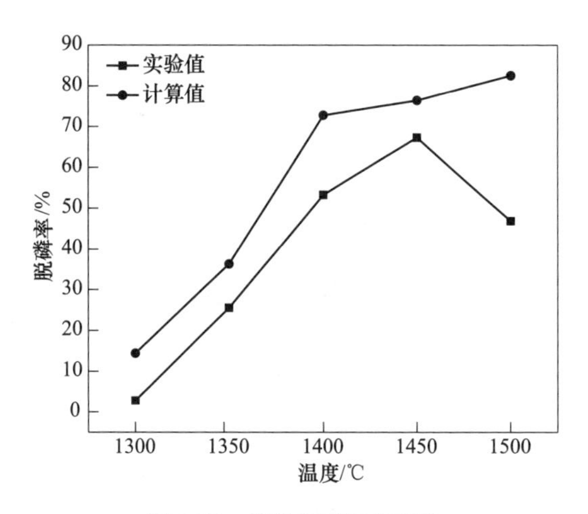

图 6-70　脱磷率随温度变化

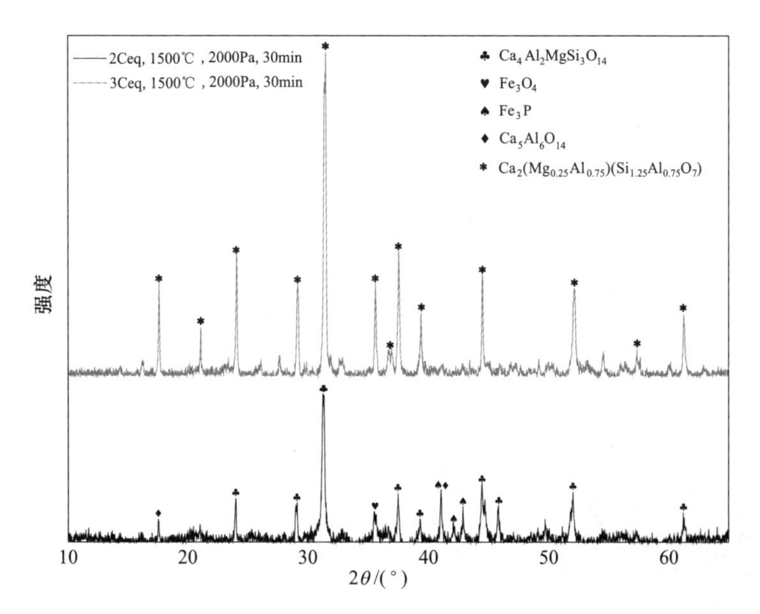

图 6-71　2Ceq 和 3Ceq 还原后渣相 XRD 图

图 6-72 为脱磷率和还原铁质量随时间变化图。由图 6-72 可以发现，随着保温时间延长，脱磷率和还原铁的质量均先升高后逐渐下降，主要是还原剂碳化稻壳消耗完造成的，铁被二次氧化，Fe-P 相中磷也再次进入渣中，不同保温时长还原铁微观形貌如图 6-73 所示。保温 30min 时呈灰色区和白色区两部分，保温 60min 时基体区成分均匀，但局部出现氧化层。对微区进行 EDS 分析，成分信息见表 6-17。

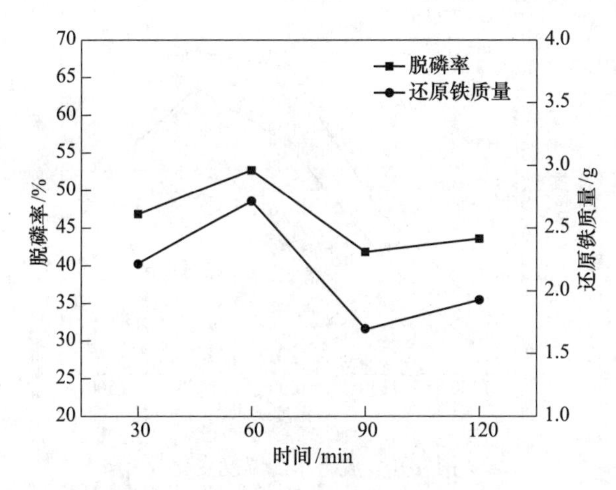

图 6-72　脱磷率和还原铁质量随时间变化

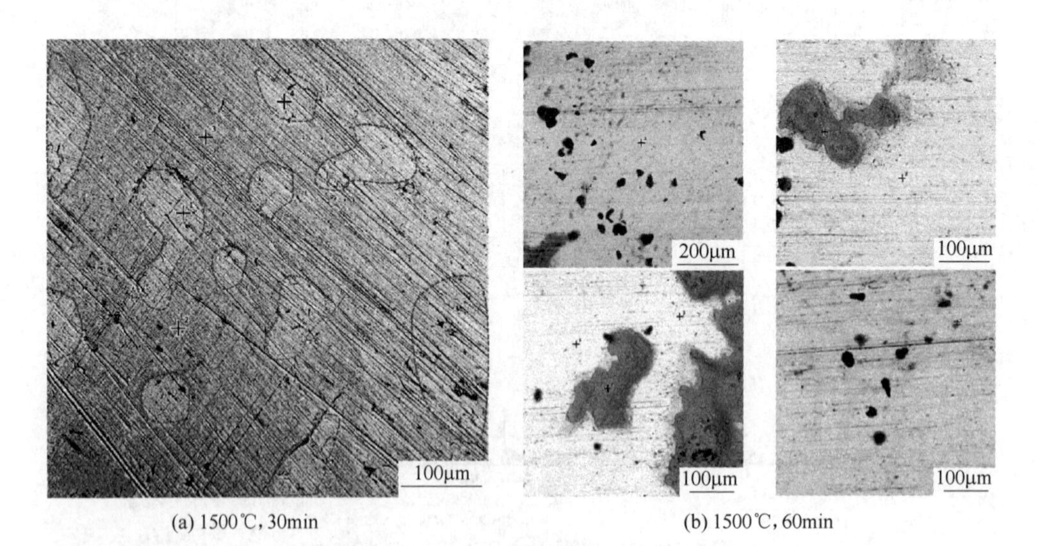

(a) 1500℃, 30min　　(b) 1500℃, 60min

图 6-73　不同保温时间还原铁微观形貌

表 6-17 不同保温时间微区成分

条 件	区 域	元 素	摩尔比/%	质量比/%
1500℃，30min	低磷相	Fe	90.23	96.16
		O	6.81	2.89
		P	2.97	1.76
	高磷相	Fe	84.93	88.44
		P	19.07	11.66
1500℃，60min	氧化区	Fe	57.75	82.32
		O	41.78	17.33
		P	0.48	0.36
	基体区	Fe	92.49	96.71
		O	3.438	2.002
		P	4.072	1.288

碳当量对气化脱磷率的影响如图 6-74 所示，低温（1400℃）时，碳化稻壳为 2Ceq 时可获得 53.25%的脱磷率，继续增加还原剂量，未反应残碳使渣流动性变差，降低了脱磷率。同时渣中还原出的铁未能聚集长大，在表面呈现黑点状团簇。高温（1500℃）时，随碳化稻壳用量增加，脱磷率不断升高，3Ceq 时达到 79.25%。

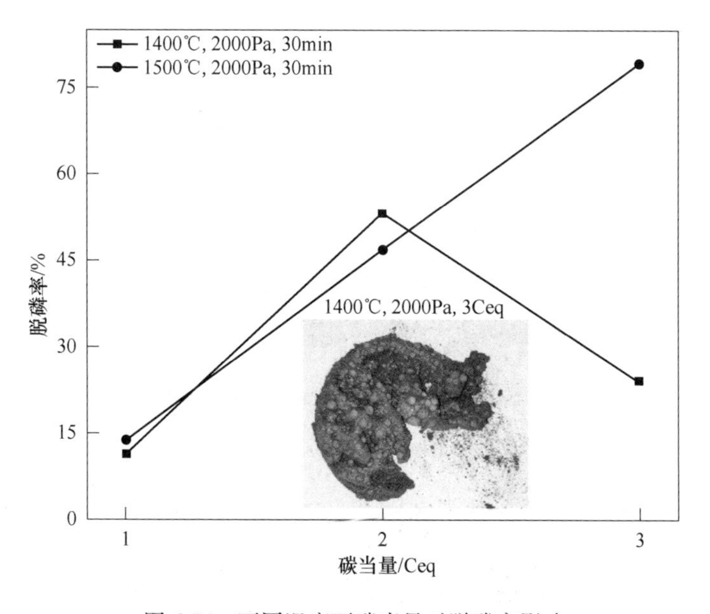

图 6-74 不同温度下碳当量对脱磷率影响

碳化稻壳高温气化还原高磷转炉渣，不需添加任何熔剂，除磷率最高可达79.25%，且还原铁和氧化物容易分离。如果在倒渣或溅渣护炉过程中进行，还可以提供良好动力学条件，并充分利用转炉渣中的热能，是转炉渣资源化的一个新途径。

6.5.2　钢渣磁选分离提磷方法

6.5.2.1　原渣磁选试验研究

有研究者发现，基于含磷渣中含磷相与无磷相巨大的磁特性差异，施加一定强度的磁场可起到分离磷元素的作用。其中，含磷相主要在非磁性相中。因此在通过改性使转炉渣中磷进一步富集的前提下，再结合磁选分离转炉渣中的磁性相和非磁性相，将有利于转炉渣的后续利用。因此，开展磁选分离实验，在不同的磁场强度下对钢渣粉进行磁选，记录不同磁场强度下磁选分离后磁性物和非磁性物的重量，并检测磷含量，得到最佳的分离含磷相的磁场强度。

对原始渣样，经预熔渣破碎后，在球磨至200目以下进行含磷渣磁选分离实验。图6-75为实验室磁选设备，包括ZNCL-B-CX30型搅拌器，烧杯及磁铁。称取30g试样溶入酒精和水的溶液中，调整搅拌器转速为520r/min，将混合溶液置于搅拌器上，放入磁转子旋转使溶液混匀，将磁铁用塑封袋包裹后浸入溶液中吸附磁性物，到达预定时间后将吸附在磁铁上的磁性物转移到预先准备的烧杯中。磁选结束后将两份溶液静置沉淀，倒出上层液体，用0.2μm滤膜抽滤，105℃烘干12h，称重后进行成分分析。

图6-75　磁选设备图

（1）在不同磁场强度（100mT 和 180mT）下对同一转炉渣（本实验采用的是迁钢转炉渣）进行磁选，以确定本实验进行磁选的最佳磁场强度；

（2）在确定的最佳磁场强度下，选用不同磁选时间（1min、2min、3min 和 10min）的同一转炉渣（同样采用的是迁钢转炉渣）进行磁选，以确定进行磁选的适宜时间。

本实验选取迁钢转炉渣（200 目）作为实验用渣，表 6-18 为不同磁场强度下，对该实验用渣进行磁选 10min 的结果。

表 6-18 不同磁场强度磁选转炉渣结果表

序号	磁场强度/mT	用渣总量/g	磁性物/g（比例/%）	非磁性物/g（比例/%）
1	100	30.042	10.652（35.45）	19.390（64.55）
2	180	29.994	13.607（45.37）	16.387（54.63）

图 6-76 为不同磁场强度下分离质量。由图 6-76 中的实验结果知，在同一渣样同一粒度的前提下，随着磁场强度的增大，磁选后分离出来的磁性物所占百分比越多，相应非磁性物占百分比也越少。即磁场强度的增加有利于转炉渣中磁性物分离出来，非磁性相中含磷相所占比例增加。磁场强度为 100mT 时，磁性物比例为 35%，当增大磁场强度到 180mT 时，磁性物比例为 45%，质量分离比提高 10%。图 6-77 为磁选后实物照片。原始渣样磁选后磁性物主要为深灰色，非磁性物为褐色。表 6-19 为磁选后磁性物和非磁性物成分。

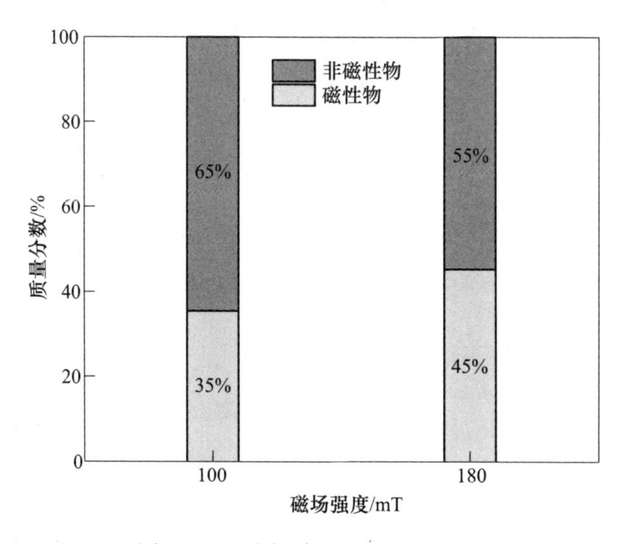

图 6-76 不同磁场强度下分离质量

图 6-77　磁选后实物图

表 6-19　磁选后磁性物和非磁性物成分

项目		质量百分比/%	磷含量百分比/%	铁含量百分比/%	成分（质量分数）/%							
					TFe	P_2O_5	CaO	SiO_2	MgO	MnO	Al_2O_3	TiO_2
1	非磁性物	64.55	68.18	52.75	19.93	1.6	48.67	13.23	6.5	1.05	5.66	1.37
	磁性物	35.45	31.82	47.25	32.5	1.36	37.23	11.37	8.04	1.47	5.02	1.12
2	非磁性物	54.63	59.25	40.41	18.7	1.6	50.03	13.27	6.31	0.99	5.73	1.47
	磁性物	45.37	40.75	59.59	33.2	1.35	36.73	11	8.41	1.56	4.97	1.12

由表 6-19 可知，100mT 时渣中磁性物中回收铁含量比例为 47.25%，磁性物中 TFe 和 MgO 含量较非磁性物高，分别为 32.5%和 8.04%；180mT 时渣中磁性物中回收铁含量比例为 59.59%，磁性物中 TFe 和 MgO 含量较非磁性物高，分别为 33.2%和 8.41%，可以返回冶炼过程循环利用，如烧结、铁水脱硅、铁水脱磷等过程。磁性物中 CaO、SiO_2 含量较磁性物中高，CaO 含量达到 50.03%。

图 6-78 为湿法磁选成分分析结果。当磁场强度为 100mT 时，非磁性物中磷

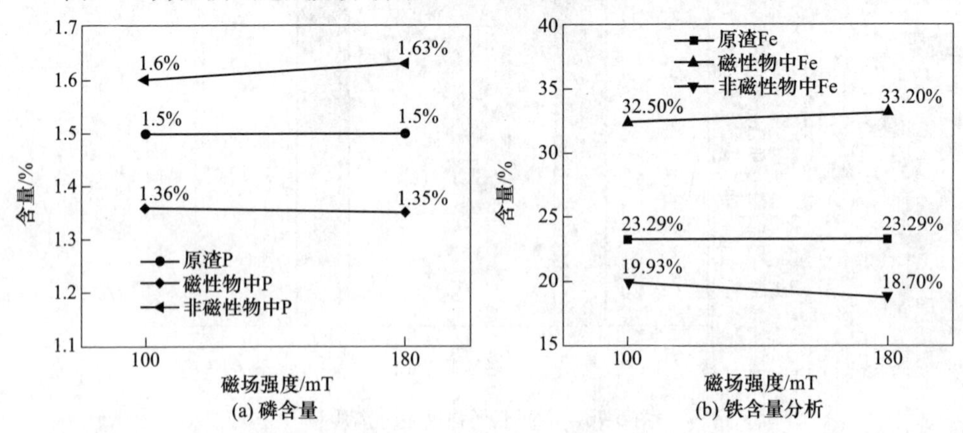

(a) 磷含量　　(b) 铁含量分析

图 6-78　不同磁场强度磁选后

含量为1.60%，磁性物中磷含量为1.36%，铁含量为32.5%，当磁场强度增大到180mT时，磁性物中磷含量为1.35%，磁性物中铁含量增大，非磁性物中含量减小。

在已确定了磁选用磁场强度的前提下，选取1min、2min、3min及10min作为可选时间，通过磁选试验比较并确定适宜转炉渣磁选分离的磁选时间。其磁选结果如表6-20所示。

表6-20 不同时间磁选转炉渣结果表

序号	磁选时间/min	用渣总量/g	磁性物/g（比例/%）	非磁性物/g（比例/%）
2	10	29.994	13.604（45.37）	16.387（54.63）
3	1	29.994	5.763（19.21）	24.231（80.79）
4	2	29.923	7.641（20.53）	22.282（74.47）
5	3	29.979	8.735（29.12）	21.244（70.87）

图6-79为不同磁选时间下磁性物与非磁性物分离质量。由图可知，在同一渣样同一粒度的前提下，随着磁选时间的延长，磁选后分离出来的磁性物所占百分比增加，相应非磁性物占百分比也减少，即磁选时间的增加有利于转炉渣中磁性物分离出来。

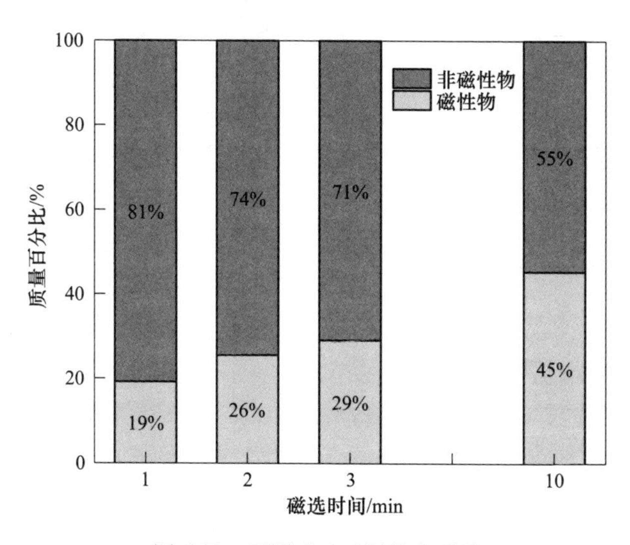

图6-79 不同磁选时间分离质量

表6-21为不同时间磁选后磁性物和非磁性物的成分。磁选时间为1min时，渣中磁性物中回收铁含量比例为26.90%，磁性物中TFe和MgO含量较非磁性物高，分别为34.2%和7.76%；2min时渣中磁性物中回收铁含量比例为34.83%，磁性物中TFe和MgO含量较非磁性物高，分别为33.2%和7.8%；3min时渣中磁

性物中回收铁含量比例为38.83%，磁性物中TFe和MgO含量较非磁性物高，分别为32.9%和7.77%。

表 6-21 磁选后磁性物和非磁性物的成分

项目		质量百分比/%	磷含量百分比/%	铁含量百分比/%	成分（质量分数）/%							
					TFe	P_2O_5	CaO	SiO_2	MgO	MnO	Al_2O_3	TiO_2
2	非磁性物	54.63	59.25	40.41	18.7	1.6	50.03	13.27	6.31	0.99	5.73	1.47
	磁性物	45.37	40.75	59.59	33.2	1.35	36.73	11	8.41	1.56	4.97	1.12
3	非磁性物	80.79	83.22	73.10	22.1	1.58	46.9	13	6.62	1.16	5.5	1.31
	磁性物	19.21	16.78	26.90	34.2	1.34	36.4	10.9	7.76	1.58	4.82	1.09
4	非磁性物	74.47	77.20	70.71	21.3	1.59	47.5	13.1	6.49	1.11	5.61	1.44
	磁性物	25.53	22.80	34.83	33.2	1.37	37.1	11.2	7.8	1.53	4.93	1.1
5	非磁性物	70.87	73.87	64.04	21.3	1.58	47.4	13.1	6.52	1.18	5.66	1.4
	磁性物	29.13	26.13	38.83	32.9	1.36	37.2	11.3	7.77	1.5	4.94	1.08

图6-80为不同磁选时间磁选后成分分析结果。由图6-80可知，经不同磁选时间磁选后，磁性物中磷含量最低为1.34%，磁选时间越长，非磁性物中磷含量越高。磁选后铁含量变化较大，磁性物中铁含量相比于非磁性物中高出10%以上，且磁选时间越长，非磁性物中铁含量越低。

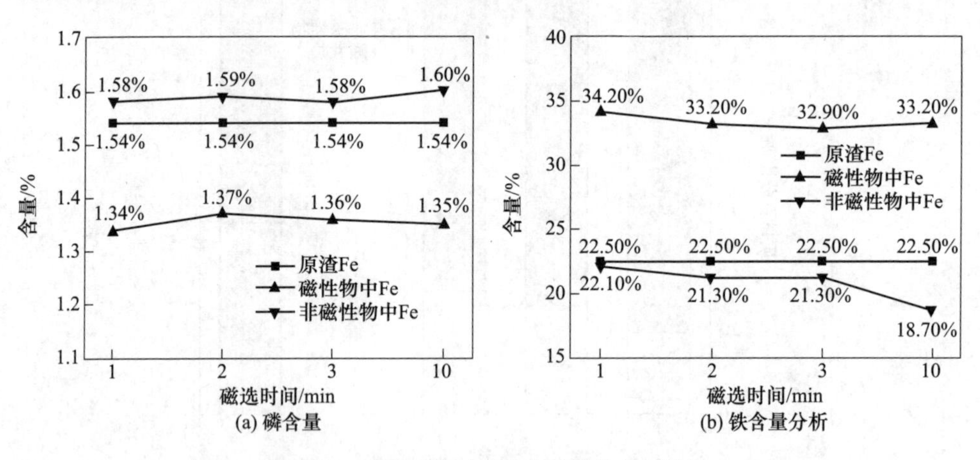

图 6-80 不同磁选时间磁选后成分分析结果

6.5.2.2 基础热态实验研究

上阶段磁选实验中，选择将原始渣样破碎磨细至200目以下进行实验，由于原渣磷含量低且含磷相较小，破碎后含磷相与基体相未完全分离，使得磁选后有磁物中磷含量相较于原渣样降低较少。因此，针对渣中磷的富集行为进行研究，本节主要以迁钢转炉渣为研究对象，主要探讨了缓冷及保温对渣中磷的富集行为的影响，并对渣中富磷相的生成情况影响进行了分析。

本研究所用渣样为迁钢转炉渣。首先将不同粒级渣样按比例取500g，利用电磁制样粉碎机（DF-4）破碎至200目以下后混合均匀，单次实验取100g渣样放入坩埚（氧化镁坩埚）中，将盛有渣样的坩埚放入箱式炉（$MoSi_2$ 电阻加热）。实验过程中先由室温加热到1500℃，并在1500℃保温90min以确保渣样充熔化，然后降温到1350℃，降温速率为1℃/min，在此温度下保温90min，随后以降温速率1℃/min下降到1100℃，再以降温速率3℃/min下降到800℃，最后随炉冷却至室温进行取样。图6-81为实验设备及温度曲线。

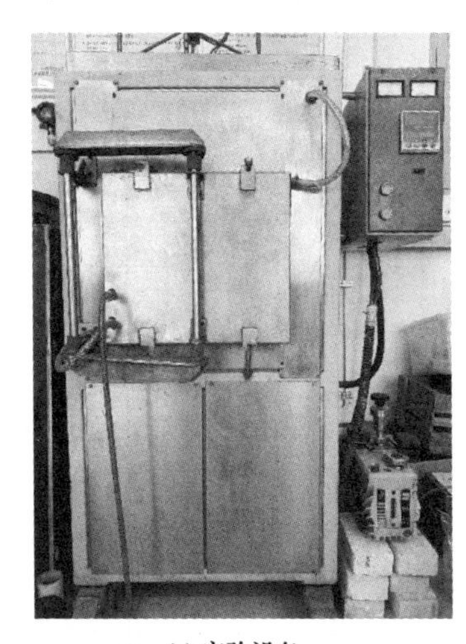

(a) 实验设备

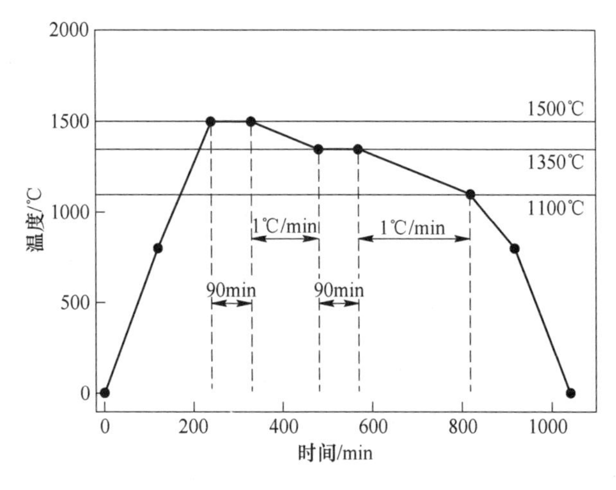

(b) 温度曲线

图6-81 实验设备及温度曲线

在冷却后炉渣芯部取大小合适的块状样品热镶，经过磨抛，喷金后在扫描电镜（SEM）下观察，并使用能谱（EDS）对其成分进行分析。剩余样品再使用粉碎机破碎到200目以下进行湿法磁选。

将钢渣破碎至200目以下，并进行充分混合，利用XRF对钢渣成分进行检测，表6-22为富集渣成分。

表6-22 富集渣成分 (%)

编号	TFe	P_2O_5	CaO	SiO_2	MgO	MnO	Al_2O_3	TiO_2
1	24.6	1.47	43.9	11.4	10.7	1.2	4.26	1.33
2	24.1	5.41	41.9	12.3	9.07	1.2	3.95	1.28

通过表6-22中富集渣1的具体成分可知其碱度为3.85，渣中 P_2O_5 含量为1.47%，由于磷含量低于3%，因此该含磷渣具备一定的脱磷能力。由于原渣中

P_2O_5 含量较低，与生产企业中脱磷渣中 P_2O_5 含量差值较大，因此利用 P_2O_5 分析纯试剂与原渣按比例混匀，具体成分如富集渣 2 所示，碱度为 3.41，渣中 P_2O_5 含量为 5.41%，已不具备脱磷能力。

图 6-82 为富渣的 XRD 分析结果。由图 6-82 可看出，富集渣 1 的物相较为复杂，我们主要分析了渣样中存在的主要物相以及含磷的主要物相。经过热态处理的渣样中，CaO、SiO_2 和 Al_2O_3 主要以 Ca_2SiO_4，$CaAl_2SiO_6$ 及 SiO_2 的形式结合存在于富集渣中，MgO 与 FeO 主要以 $MgFeAlO_4$ 形式结合。铁在渣中的存在形式主要为 Fe_2O_3；磷在渣中的存在形式为 $Ca_3(PO_4)_2$。综上，经热态缓冷处理的转炉渣物相发生了明显变化。

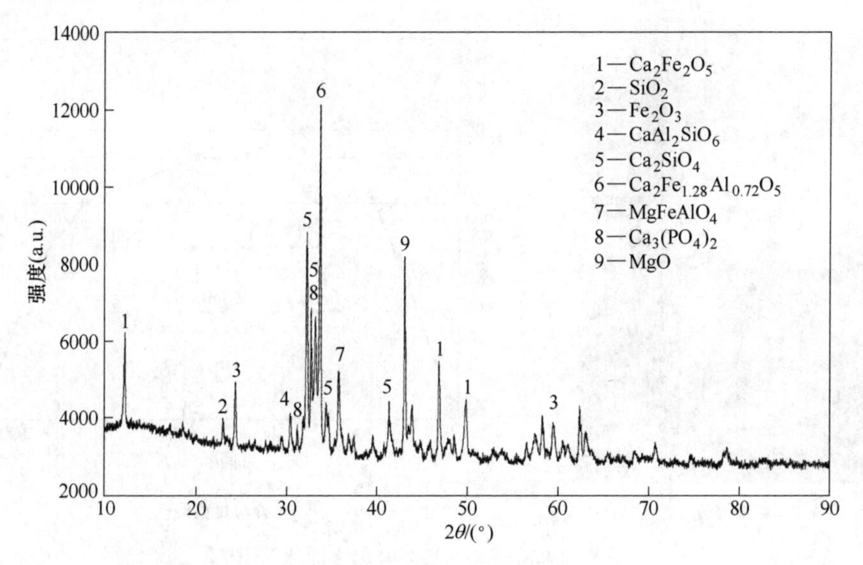

图 6-82　富集渣 1 XRD 分析结果（P_2O_5 含量为 1.47%）

图 6-83 为富集渣 2 的 XRD 分析结果。由图 6-83 可知，富集渣 2 中，CaO、SiO_2 和 Al_2O_3 主要以 Ca_2SiO_4 及 SiO_2 的形式结合存在于富集渣中，MgO、FeO 与 Al_2O_3 主要以 $MgFe_2O_4$ 及 $MgAl_{0.8}Fe_{1.2}O_4$ 形式结合。铁在渣中的存在形式主要为 Fe_2O_3；磷在渣中的存在形式为 $Ca_5(SiO_4)(PO_4)_2$。

扫描电镜能对各种固体材料的物质表面形貌进行观察，配合 X 射线能谱仪可以同时进行显微组织形貌的观察和定性分析等。图 6-84、图 6-85 分别为富渣的 SEM、EDS 扫描结果。结合分析结果和相关文献，将通过电镜做点扫描观察到的物相主要分为以下三大类：富磷相、基体相和金属氧化物 RO 相。

根据面分布扫描的图像以及 EDS 分析结果可得出结论如下：

富磷相含有的主要元素为 Ca、Si、P 、O。该物相呈深灰色不规则椭圆状。富磷相根据形貌可以大致分为三种：一种是粒径范围在大于 100μm 的细长条状

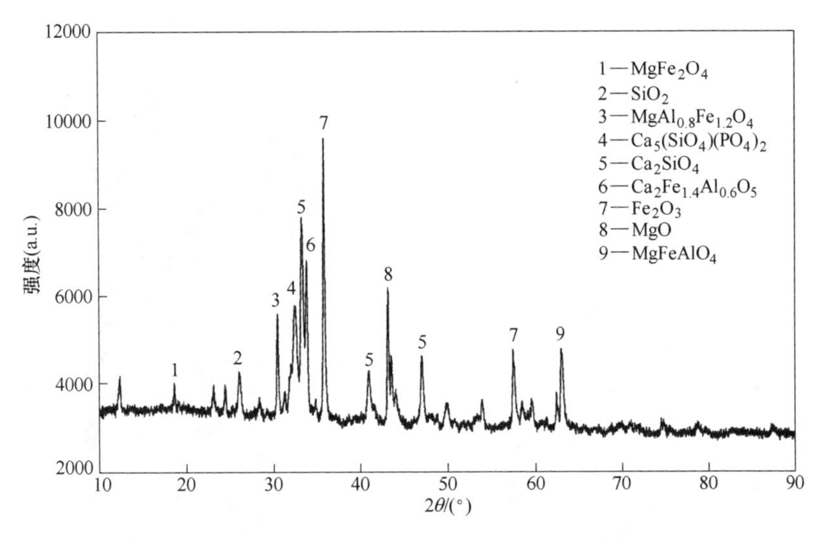

图 6-83 富集渣 2 XRD 分析结果（P_2O_5 含量为 5.41%）

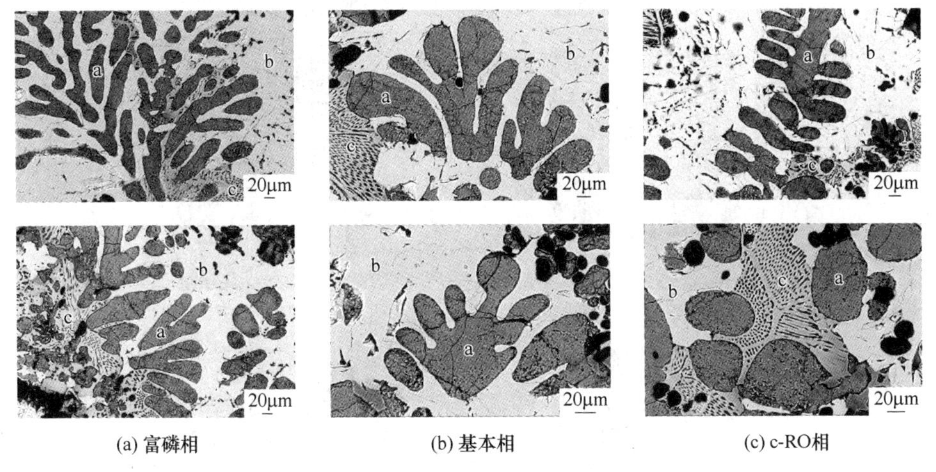

图 6-84 富集渣 1 物相 SEM（P_2O_5 含量为 1.47%）

a—富磷相；b—基体相；c—RO 相

富磷相，该种形貌的富磷相占主导，该种富磷相集中在一起呈花簇状；一种是粒径在 100μm 左右的不规则椭圆状，该类富磷相一般单独分布在基体相上；一种是粒径范围为小于 50μm 的富磷相，大多较为密集地分布在基体相上。这三种富磷相虽然形态不同，但是 P_2O_5 含量范围均在 1%~3%之间。

基体相所含有的主要元素为 O、Ca、Fe、Al、Ti。该物相沿着富磷相周围扩展。根据以上含铁物相中元素百分比做统计，并结合 XRD 分析的结果，可以认为 Si、Ca 在该渣系中是以 $2CaO \cdot SiO_2$ 的形式存在。

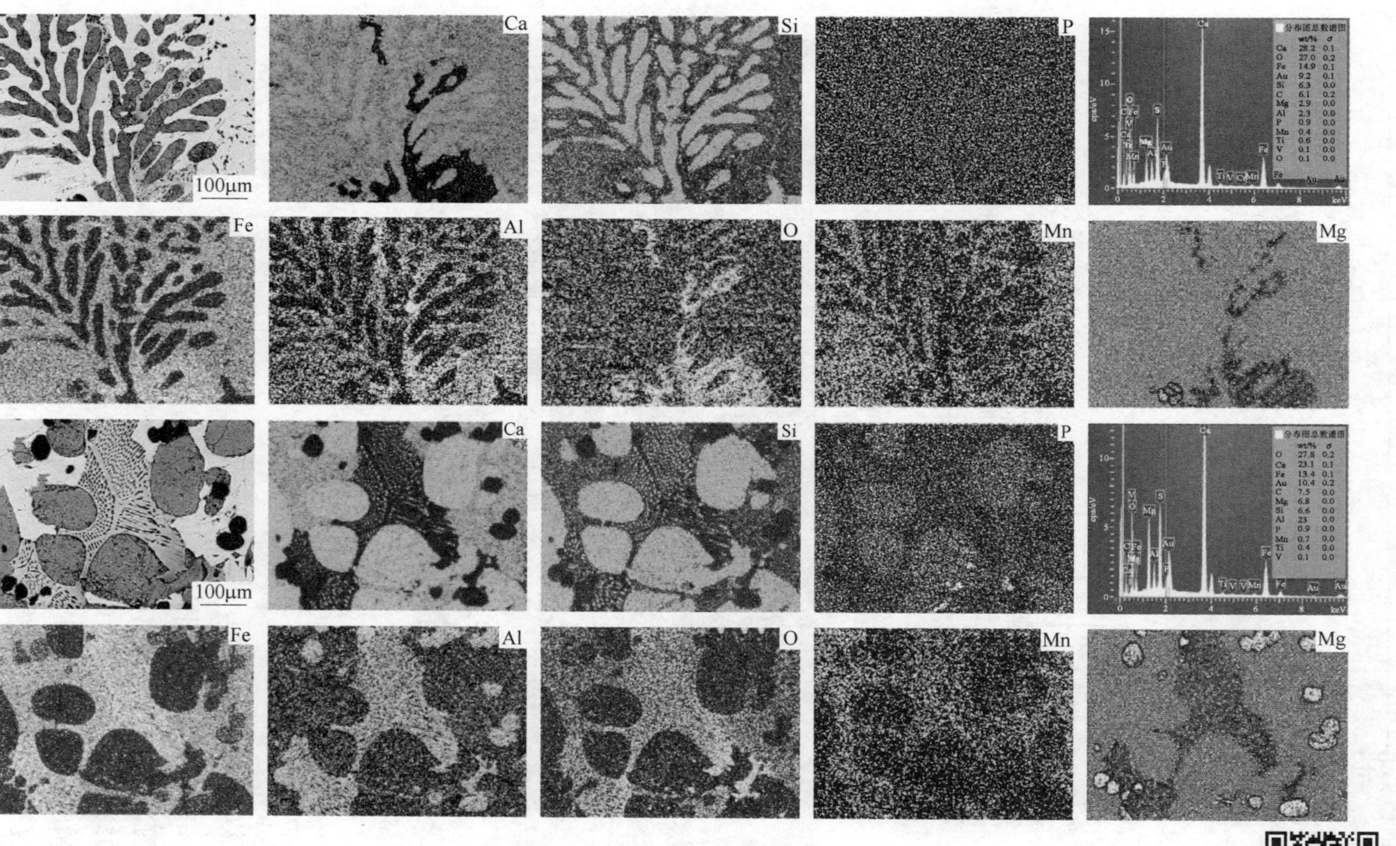

图 6-85　富集渣 1 面扫 EDS(P_2O_5 含量为 1.47%)

彩色原图

RO 相所含有的主要元素为 O、Mg、Al、Fe，还含有少量 Mn、Ca、Ti 等元素。结合 SEM+EDS 分析结果，该富集渣中 RO 相按照粒径可分为两类，一类为粒径大于 100μm 的灰色蜂巢状 RO 相，该种物相较为集中地分布在基体相上；另一类是粒径在 10~30μm 的黑色椭圆状 RO 相，少数粒径达 50μm，该类含镁一般单独分布在基体相上，且周围散布着第一类 RO 相。

通过对典型渣样视场做局部面扫描分析，分析结果如图 6-86~图 6-89 和表6-23、表 6-24 所示。

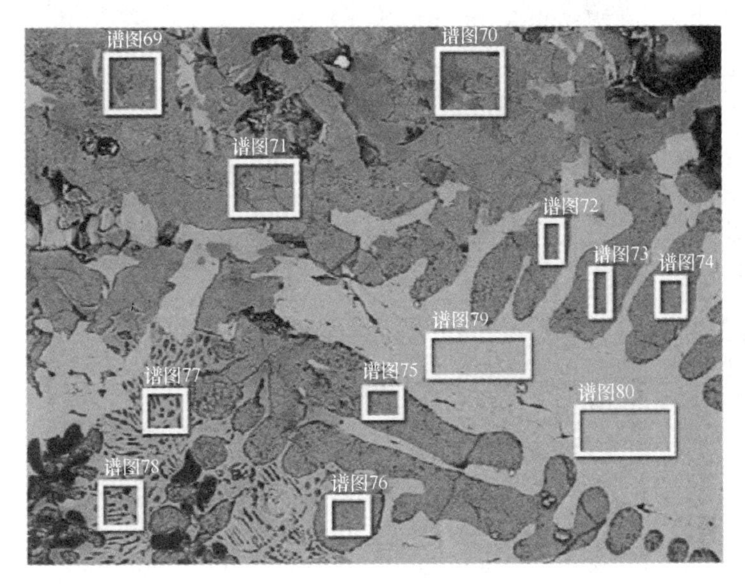

图 6-86 富集渣 1 局部面扫（P_2O_5 含量为 1.47%）

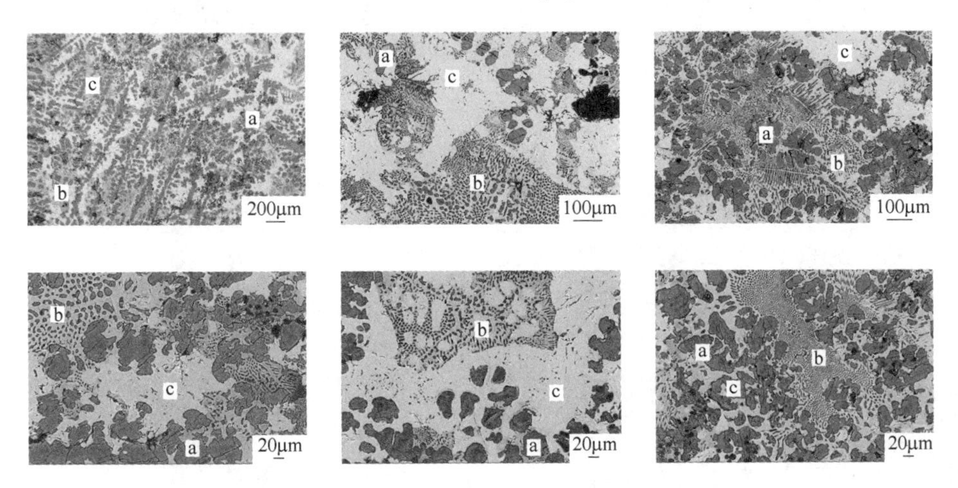

图 6-87 富集渣 2 物相 SEM（P_2O_5 含量为 5.41%）

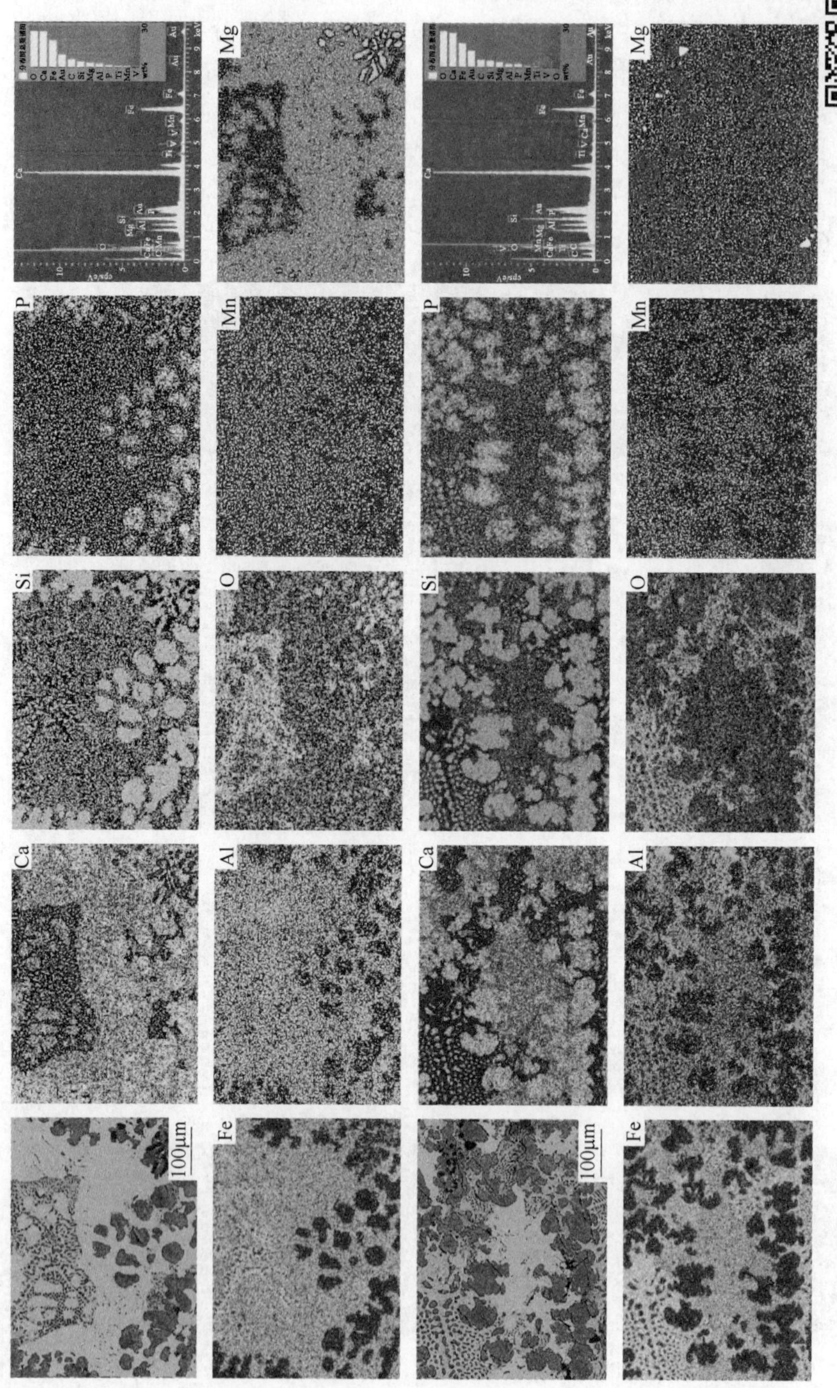

图 6-88　富集渣 2 面扫 EDS（P_2O_5 含量为 5.41%）

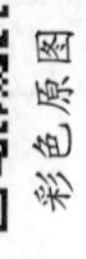
彩色原图

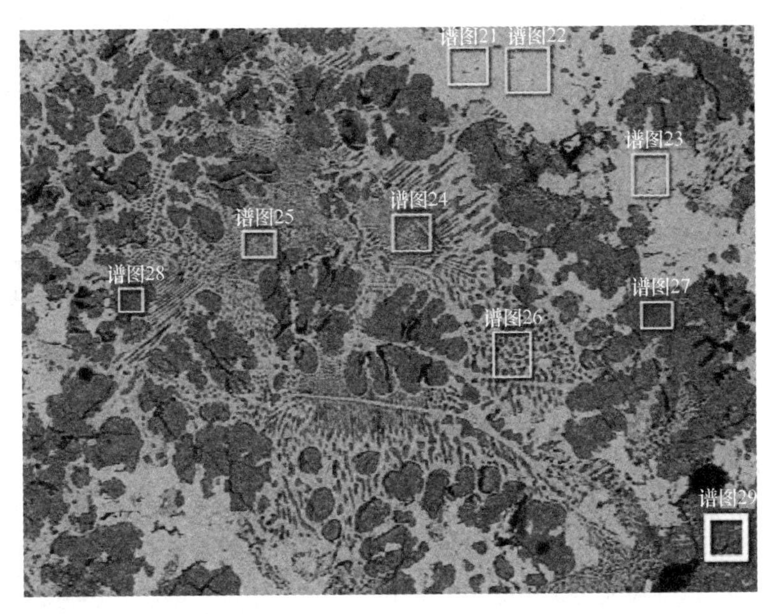

图 6-89 富集渣 2 局部面扫（P_2O_5 含量为 5.41%）

表 6-23 图 6-86 中局部面扫含量 （质量分数，%）

谱图标签	物相	MgO	Al_2O_3	SiO_2	P_2O_5	CaO	TiO_2	MnO	Fe_2O_3
谱图 69	富磷相	1.40	4.80	26.14	1.24	66.43			1.37
谱图 72	富磷相	1.33	1.66	32.96	2.63	60.77			0.96
谱图 75	富磷相	2.55	1.66	32.49	2.29	60.44			1.87
谱图 76	富磷相	1.12		34.18	2.40	62.68			1.06
谱图 77	RO 相	21.18	13.39	6.94		12.47		2.18	50.74
谱图 78	RO 相	23.67	17.13			10.43		1.59	53.77
谱图 79	基体相		7.82			46.47	2.40	3.20	42.17
谱图 80	基体相	1.43	6.37			46.17	4.78	3.45	40.03

表 6-24 图 6-89 中局部面扫含量 （质量分数，%）

谱图标签	物相	MgO	Al_2O_3	SiO_2	P_2O_5	CaO	TiO_2	MnO	Fe_2O_3
谱图 21	富磷相	0.73	1.13	19.47	11.07	79.57			
谱图 22	富磷相	0.68	0.85	20.18	9.83	77.8			
谱图 23	富磷相	6.37	7.55	16.67	5.17	62.6			
谱图 24	RO 相	16.75	7.95	6.18		25.92	0.6	3.33	55.75
谱图 25	RO 相	16.25	7.47	7.02		26.18	0.85	3.7	54.78

续表 6-24

谱图标签	物相	MgO	Al_2O_3	SiO_2	P_2O_5	CaO	TiO_2	MnO	Fe_2O_3
谱图 26	RO 相	14.45	6.92	9.42		28.68	0.73	3.55	53.22
谱图 27	基体相	0.9	6.63	3.82		56.68	3.83	3.02	51.97
谱图 28	基体相	1.08	6.52	4.17		57.68	3.9	2.75	50.42
谱图 29	基体相	1.02	6.92	4.12		56.75	4.68	3.02	49.57

根据线扫描的结果可以总结出以下规律：

（1）局部面扫描得到磷、铁等各元素在渣相中的分布规律与全部面扫得出的结论一致。

（2）根据每个元素的分布趋势，可以看出富磷相中硅、钙含量高，但含铁很少。RO 相中镁、铝、铁含量较高。基体相中不含镁、硅、磷。

（3）富集渣 21 中富磷相的 P_2O_5 含量平均为 2.13%（原渣的 1.38 倍）。

与富集渣 1 相比，富集渣 2 中物相基本不变，但形貌有所变化。其中，富磷相具体为粒径范围在大于 1000μm 的枝晶状，该种形貌的富磷相占主导，其余均为粒径在 100μm 左右的不规则椭圆状，该类富磷相一般密集分布在基体相上。RO 相粒径也有所长大，主要为粒径大于 300μm 的灰色蜂巢状，该种物相较为集中地分布在基体相上。

根据线扫描的结果可以总结出以下规律：

（1）局部面扫描得到磷、铁等各元素在渣相中的分布规律与全部面扫面得出的结论一致。

（2）根据每个元素的分布趋势，可以看出富磷相中硅、钙含量高，但含铁很少。RO 相中镁、铝、铁含量较高。基体相中不含镁、硅、磷。

（3）富集渣 2 中富磷相的 P_2O_5 含量平均为 8.69%（原渣的 1.61 倍），相比于富集渣 1 有所提高，说明 P_2O_5 更容易在富磷相中存在。

对富集渣样破碎后，球磨至 200 目以下进行磁选分离实验。称取 30g 试样溶入酒精和水的溶液中，调整搅拌器转速为 520r/min，将混合溶液置于搅拌器上，放入转子旋转使溶液混匀，将磁铁用塑封袋包裹后浸入溶液中吸附磁性物，到达预定时间后将吸附在磁铁上的磁性物转移到预先准备的烧杯中。磁选结束后将两份溶液静置沉淀，倒出上层液体，用 0.2μm 滤膜抽滤，105℃烘干 12h 后，进行称重和成分分析。

图 6-90 为相同条件下原渣与富集渣 1 磁选分离质量，图 6-91 为渣样实物图。由图 6-90 可知，富集渣磁选后，磁性物质量为 33%，相比于原渣提高了 14%。富集渣呈深褐色，与原渣有明显区别，并且富集渣磁选后磁性物为黑色，说明热态实验后渣中物相发生变化。

表 6-25 为富集渣磁选后各成分含量，可知，分离后磁性物中磷含量为 1.37%。

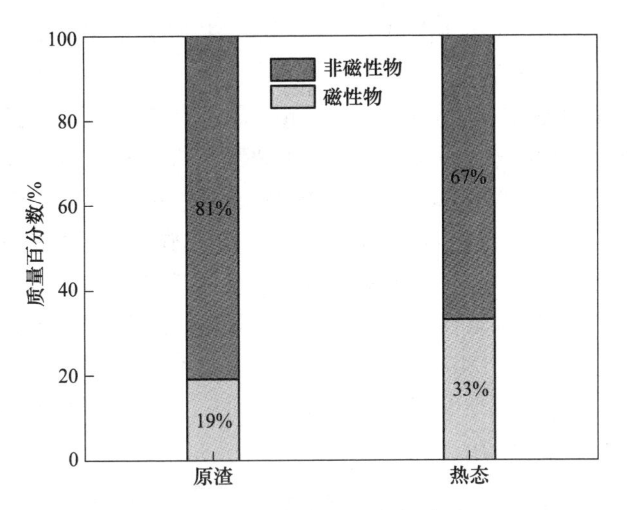

图 6-90 富集渣磁选分离质量

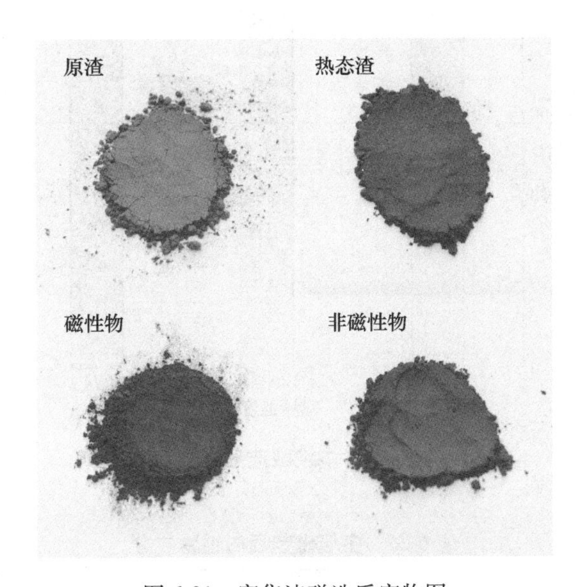

图 6-91 富集渣磁选后实物图

表 6-25 富集渣磁选后成分 （质量分数,%）

成分	TFe	P_2O_5	CaO	SiO_2	MgO	MnO	Al_2O_3	TiO_2
富集渣	24.6	1.47	43.9	11.4	10.7	1.20	4.26	1.33
磁性物	27.2	1.37	33.7	9.92	19.4	1.15	5.06	0.918
非磁性物	23.0	1.53	47.5	11.6	8.52	1.20	3.96	1.47

多级磁选是在一级磁选结束后，将磁性物再次进行磁选，并且此次磁选过程

中，当磁性物被吸附出富集渣溶液时，利用清水将吸附不牢固的渣冲落。本次磁选选择 100mT 磁选 1min。

图 6-92 为多级磁选分离质量，100mT 下二级磁选后磁性物质量占比为 20.85%，五级磁选后磁性物质量占比为 11.89%，即磁选次数越多，分离后的磁性物质量越低。表 6-26 为多级磁选后磁性物的物相成分，随着磁选次数增多，磁性物中 P_2O_5 含量逐渐降低，180mT 下一级磁选时磁性物中 P_2O_5 含量为 1.37%，100mT 下五级磁选时磁性物中 P_2O_5 含量为 1.10%，磷含量明显降低，即磁选次数增多有利于降低磁性物中的 P_2O_5 含量。随着磁选次数增多，磁性物中 TFe 含量显著增加，180mT 下一级磁选时磁性物中 TFe 含量为 27.20%，100mT 下五级磁选时磁性物中 TFe 含量为 36.00%，且磁性物中 MgO 含量也有所增加，有利于企业内部回用。

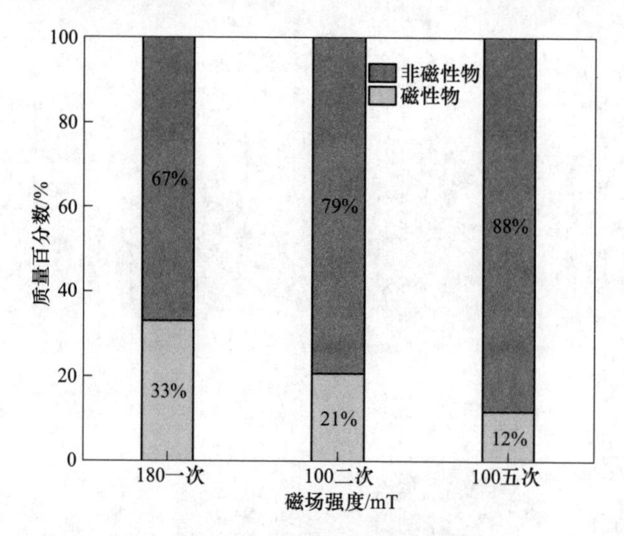

图 6-92 多级磁选分离质量

表 6-26 多级磁选后磁性物成分 （质量分数，%）

成分	TFe	P_2O_5	CaO	SiO_2	MgO	MnO	Al_2O_3	TiO_2
180 一级	27.20	1.37	33.70	9.92	19.40	1.15	5.06	0.92
100 二级	30.40	1.21	28.70	8.85	21.90	1.19	5.79	0.75
100 五级	36.00	1.10	24.50	6.21	22.00	1.35	7.07	0.56

将富集渣 1 和 2 破碎至 200 目以下，在 100mT 下进行五次湿法磁选，分离完成后抽滤，烘干并称重。图 6-93 为 P_2O_5 含量变化对磁选分离质量。由图可知，相同条件下，P_2O_5 含量为 5.41%的富集渣 2 磁选分离后，磁性物占比为 31%，相比于 P_2O_5 含量为 1.47%的富集渣 1 有大幅提升，说明磁性物相与富磷相分离

更彻底。表 6-27 为不同 P_2O_5 含量下的磁选分离成分，富集渣 1 经湿法磁选后 P_2O_5 含量由 1.47%降至 1.1%，降幅为 25.17%，富集渣 2 经相同条件磁选后 P_2O_5 含量由 5.41%降至 3.12%，降幅为 42.33%。即 P_2O_5 含量高的富集渣在湿法磁选下富磷相的分离效果较好。

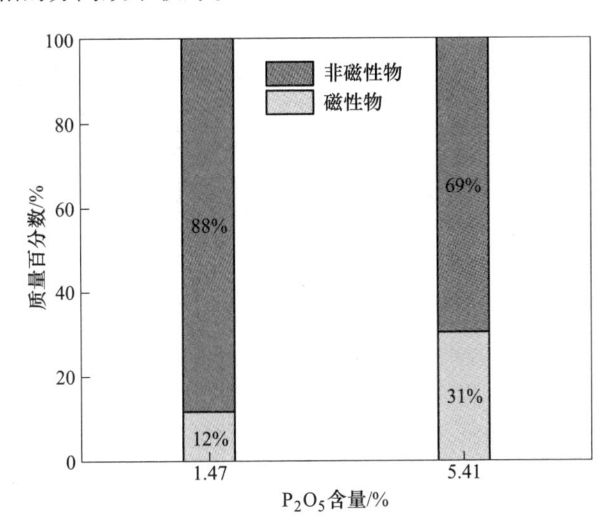

图 6-93 P_2O_5 含量变化对磁选分离质量影响

表 6-27 不同 P_2O_5 含量下的磁选分离成分 （质量分数,%）

P_2O_5 含量	成分	TFe	P_2O_5	CaO	SiO_2	MgO	MnO	Al_2O_3	TiO_2
1.47	热态原渣	24.6	1.47	43.9	11.4	10.7	1.2	4.26	1.33
	磁性物	36	1.1	24.5	6.21	22	1.35	7.07	0.56
5.41	热态原渣	24.1	5.41	41.9	12.3	9.07	1.2	3.95	1.28
	磁性物	40.1	3.12	23.5	7.46	15.7	2.02	5.99	0.925

通过采用热态实验，结合扫描电镜及能谱分析以及 XRF 等实验手段，研究了热态缓冷对含磷渣磷富集的影响，并对富集渣进行磁选，实验结果如下：

（1）富集渣中一般存在三种相，富磷相、基体相、金属氧化物 RO 相。结合 SEM+EDS 和 XRF 分析的结果，证明磷在富磷相中是以 $nC_2S\text{-}C_3P$ 的形式存在。可见熔渣中存在的 $2CaO \cdot SiO_2$ 颗粒为磷富集提供了“场所”。

（2）面扫描结果表明 RO 相含铁较高而几乎不含磷；富磷相中含有较高的磷和钙而含铁较少。富集渣 2 中富磷相的 P_2O_5 含量平均为 8.69%（原渣的 1.61 倍），相比于富集渣 1 有所提高，说明 P_2O_5 更容易在富磷相中存在。

（3）磁选次数越多，分离后的磁性物质量越低，磁性物中 P_2O_5 含量明显降低，磁性物中 TFe 含量显著增加。富集渣 1 经湿法磁选后 P_2O_5 含量由 1.47%降至 1.1%，降幅为 25.17%，富集渣 2 经相同条件磁选后 P_2O_5 含量由 5.41%降至 3.12%，降幅为 42.33%。即 P_2O_5 含量高的富集渣更利于湿法磁选下富磷相的分离。

6.5.2.3 小结

本实验主要针对迁钢转炉渣中磷的赋存形式进行了研究，同时探讨了影响转炉渣富磷相分离的磁选条件，实验结果如下：

（1）迁钢转炉渣碱度为 3.59，渣中 P_2O_5 含量为 1.54%，该含磷渣具备一定的脱磷能力。相较于杭钢及首钢京唐等厂转炉渣 P_2O_5 含量分别为 2.67% 和 4.37%，迁钢渣样 P_2O_5 含量较低。转炉渣中一般存在三种相——富磷相、基体相、金属氧化物 RO 相，磷在迁钢转炉渣中的存在形式为 $Ca_5(PO_4)_2(SiO_4)_6$。

（2）在同一渣样同一粒度的前提下，磁场强度的增加有利于转炉渣中磁性物分离出来，非磁性相中含磷相所占比例增加。随着磁选时间的延长，磁选后分离出来的磁性物所占百分比增加，相应非磁性物占百分比也减少。

（3）富集渣中一般存在三种相，富磷相、基体相、金属氧化物 RO 相。结合 SEM+EDS 和 XRF 分析的结果，证明磷在富磷相中是以 $nC_2S\text{-}C_3P$ 的形式存在。可见熔渣中存在的 $2CaO \cdot SiO_2$ 颗粒为磷富集提供了“场所”。磁选次数越多，分离后的磁性物质量越小，磁性物中 P_2O_5 含量明显降低，磁性物中 TFe 含量显著增加。富集渣 1 经湿法磁选后 P_2O_5 含量由 1.47%降至 1.1%，降幅为 25.17%，富集渣 2 经相同条件磁选后 P_2O_5 含量由 5.41%降至 3.12%，降幅为 42.33%。即 P_2O_5 含量高的富集渣更利于湿法磁选下富磷相的分离。

6.5.3 钢渣酸浸提磷方法

6.5.3.1 研究方法

钢渣磷肥属于枸溶性磷肥，不溶于水，但能溶于 2%的柠檬酸溶液中，一般适用于酸性土壤，宜作基肥，能被土壤和植物根系分泌的有机酸溶解，而逐渐被作物吸收利用。渣中能在 2%柠檬酸液中溶解的 P_2O_5 称为有效 P_2O_5，有效 P_2O_5 与全部 P_2O_5 的质量百分比称为“枸溶率”。枸溶率的高低是衡量脱磷渣能否用作钢渣磷肥的重要指标之一。因此，并不是钢渣中磷含量越高，钢渣有效溶解磷含量越大，在磷含量一定条件下，希望枸溶率越高越好。本研究采用国家标准 GB 20412—2006 所提供的磷钼酸喹啉重量法来测量渣中磷的枸溶性。

取 1.0000g 含磷试样，置于经干燥的 250mL 容量瓶中，准确加入 150mL 预先加入至 28～30℃ 的 2%柠檬酸溶液，保持温度 28～30℃，置于振荡器上振荡 1h，用水稀释至刻度后，混匀干过滤；吸取一定试样溶液于 500mL 烧杯中，加入 10mL 1∶1 硝酸溶液，用水稀释至 100mL。将试样溶液加热至沸，加入 35mL 喹钼柠酮试剂，盖上表面皿，再重新加热至微沸，使沉淀分层，取出烧杯冷却至室温；用预先在（180±2）℃干燥箱内干燥至恒重的玻璃坩埚式过滤器过滤，将沉淀连同滤器置于（180±2）℃干燥箱中干燥45min，取出冷却称重，同时进行空白试验。

在酸性介质中，含磷溶液中的正磷酸根离子和喹钼柠酮试剂生成黄色磷钼酸喹啉沉淀，反应式如下：

$$H_3PO_4 + 12MoO_4^{2-} + 24H^+ = H_3(PO_4 \cdot 12MoO_3) \cdot H_2O + 11H_2O \quad (6\text{-}14)$$

$$H_3(PO_4 \cdot 12MoO_3) \cdot H_2O + 3C_9H_7N = (C_9H_7N)_3H_3(PO_4 \cdot 12MoO_3) \cdot H_2O \downarrow \quad (6\text{-}15)$$

$$(C_9H_7N)_3H_3(PO_4 \cdot 12MoO_3) \cdot H_2O \xrightarrow{380K\text{以上}} (C_9H_7N)_3H_3(PO_4 \cdot 12MoO_3) + H_2O \quad (6\text{-}16)$$

将沉淀过滤、洗涤、干燥、称量，可计算出溶于2%柠檬酸液的有效 P_2O_5 含量：

$$(\%P_2O_5)_{\text{有效的}} = \frac{(G_1 - G_2) \times 0.03207}{G_{01} \times \frac{V_{01}}{250}} \times 100 \quad (6\text{-}17)$$

炉渣枸溶率可表述如下：

$$(\%P_2O_5)_{\text{可溶解的}} = \frac{(\%P_2O_5)_{\text{有效的}}}{(\%P_2O_5)_{\text{总}}} \quad (6\text{-}18)$$

式中，G_1 为磷钼酸喹啉沉淀的质量，g；G_2 为空白试验所得磷钼酸喹啉沉淀的质量，g；G_{01} 为试料的质量，g；0.03207 为磷钼酸喹啉质量换算为 P_2O_5 质量的系数；V_{01} 为所取试样溶液体积，mL；250 为试样溶液总体积，mL；$(\%P_2O_5)_{\text{总}}$ 为试样中五氧化二磷质量分数；$(\%P_2O_5)_{\text{有效的}}$ 为试样中有效五氧化二磷质量分数。

6.5.3.2 不同炉渣成分对炉渣枸溶性的影响

为考察炉渣碱度和炉渣组分对 $CaO\text{-}SiO_2\text{-}P_2O_5\text{-}Fe_tO$ 四元渣系枸溶性的影响，选取部分热态实验渣进行枸溶性测试。图 6-94（a）为用磷钼酸喹啉重量法提取磷钼酸喹啉沉淀照片，图 6-94（b）为进行对比的空白试验。

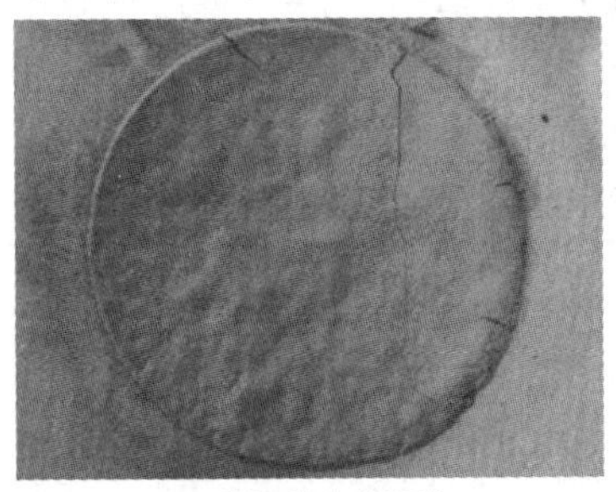

(a) 磷钼酸喹啉沉淀

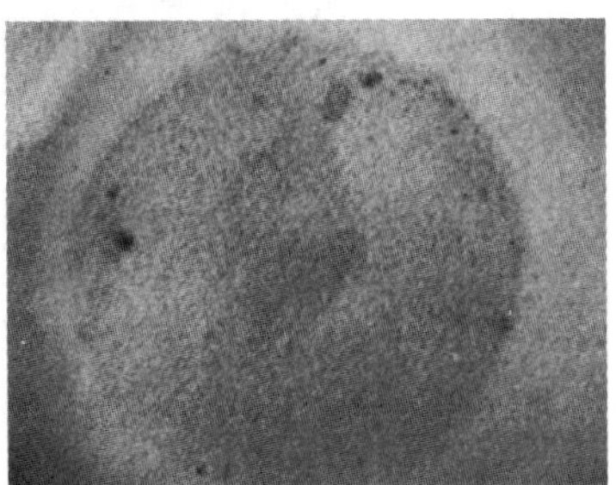

(b) 空白实验

图 6-94 磷钼酸喹啉沉淀及空白试验对比结果

对炉渣构溶性影响的参数一般有：余钙碱度、镁磷比、镁硅比、钙磷比、氟的脱除等。

余钙碱度的定义如下：

$$余钙碱度 = \frac{\dfrac{配料中总 CaO(wt\%) - 磷酸三钙所含的 CaO(wt\%)}{56} + 配料中的总 MgO(wt\%)/40}{\dfrac{配料中SiO_2(wt\%)}{60}} \tag{6-19}$$

为考察以上参数对炉渣构溶性的影响，结合炉渣成分计算钙磷比、硅磷比等参数，并应用式（6-19）计算余钙碱度，具体数值见表 6-28。

表 6-28　炉渣构溶性测试结果

序号	构溶率/%	CaO/P_2O_5	SiO_2/P_2O_5	$CaO/(SiO_2+P_2O_5)$	余钙碱度
A	92.31	7.62	3.05	1.88	2.26
B	84.70	4.29	1.71	1.58	1.94
C	58.47	2.06	0.83	1.13	1.14
D	96.90	8.22	4.12	1.61	1.83
E	93.54	4.67	2.33	1.40	1.60
F	76.05	2.29	1.15	1.07	1.04
G	98.39	8.40	5.60	1.27	1.38
H	95.51	4.80	3.20	1.14	1.21
I	82.86	2.40	1.60	0.92	0.81
J	79.59	3.93	1.57	1.53	2.35
K	92.81	3.57	1.43	1.47	2.84
L	98.28	3.93	1.57	1.53	1.87
M	96.89	3.57	1.43	1.47	1.79
N	96.99	4.07	1.63	1.55	1.90
O	96.13	3.86	1.54	1.52	1.86
P	17.18	4.07	1.63	1.55	1.90
Q	11.25	3.86	1.54	1.52	1.86

图 6-95 为不同 P_2O_5 和 Fe_2O_3 含量对 CaO-SiO_2-P_2O_5-Fe_tO 渣系构溶率的影响。由图 6-95 可知，对于 CaO-SiO_2-P_2O_5-Fe_tO 渣系来说，当炉渣碱度及 Fe_2O_3 质量分数相同时，随着渣中 P_2O_5 含量的增加，炉渣构溶率减小。而对于 P_2O_5 含量相同的炉渣，随着炉渣碱度和渣中 Fe_2O_3 含量的增加，炉渣构溶率也减小，且对于 P_2O_5 含量越高的炉渣，Fe_2O_3 含量的影响越大。其中 P_2O_5 使炉渣构溶率降低可

根据炉渣的离子结构理论[11]来分析：渣中 O^{2-} 会随着渣中 P_2O_5 含量的增加而增加；而由于离子间的极化，P^{5+} 与 O^{2-} 会形成具有多面体结构的 PO_4^{3-} 络离子，即以 O^{2-} 为基础形成密集，P^{5+} 位于 O^{2-} 密集形成的间隙之中，使得 P^{5+} 不容易为 2%的柠檬酸液溶出。

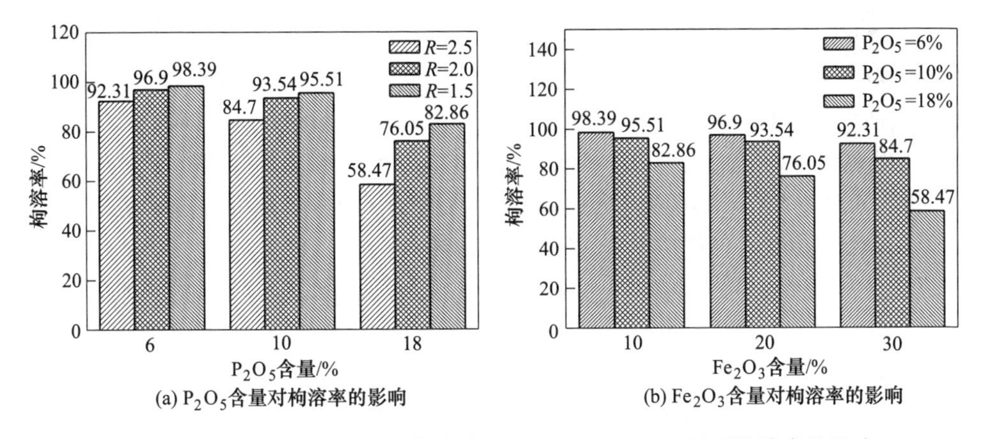

图 6-95 不同 P_2O_5 和 Fe_2O_3 含量对 $CaO-SiO_2-P_2O_5-Fe_tO$ 渣系构溶率的影响

图 6-96 为不同成分对 $CaO-SiO_2-P_2O_5-Fe_tO$ 渣系构溶率的影响。从图 6-96 可知，在 $CaO-SiO_2-P_2O_5-Fe_tO$ 渣系中加入 MgO、MnO 和 Na_2O，炉渣构溶率一般在 90%以上，因此加入 MgO、MnO 和 Na_2O 对炉渣构溶性影响不大，据前面分析可知，MgO、MnO 的加入，不影响炉渣中磷的赋存形式，故对炉渣的构溶性影响不大，而 Na_2O 的加入，生成的 $Na_2Ca_4(PO_4)_2SiO_4$ 和 Na_3PO_4 仍具有较好的构溶性，因此 Na_2O 的加入对炉渣构溶率的影响也不大。CaF_2 的添加会导致炉渣构溶率的急剧下降，且随着 CaF_2 含量的增加，炉渣的构溶率降低更多；CaF_2 的添加使炉渣构溶率显著下降是由于氟离子容易进入 α-3CaO · P_2O_5 的晶格，起到强烈地稳

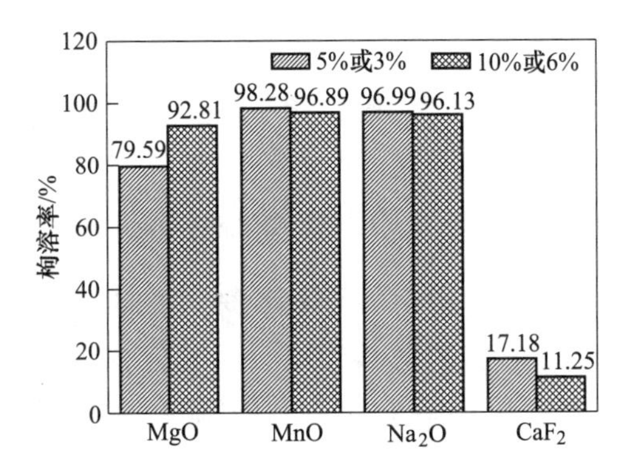

图 6-96 不同成分对炉渣构溶率的影响

定晶格的作用，形成氟磷灰石（$Ca_5(PO_4)_3F$）[12]。氟磷灰石能位低，结构稳定，其生成过程是一个高度自发的过程，因而结构极为稳定，不能为2%的柠檬酸液溶出。因此，为了提高钢渣的枸溶性，使其适宜用来生产钢渣磷肥，达到脱磷渣资源化利用的目的，应采用无氟造渣路线，采用苏打、氧化铁皮等助熔剂代替萤石造渣。

图6-97为余钙碱度对炉渣枸溶率的影响。由图6-97可以看出，对于$CaO-SiO_2-P_2O_5-Fe_tO$四元渣系，在相同P_2O_5含量情况下，余钙碱度随着炉渣碱度的增加而增加。且当炉渣碱度一定时，枸溶率随着余钙碱度的提高而明显增加。同时，结合表6-28可知，当炉渣碱度为一定值时，CaO/P_2O_5和SiO_2/P_2O_5在减少的同时，$CaO/(SiO_2+P_2O_5)$和余钙碱度也在减少，相应炉渣的枸溶率也在降低。对于$CaO-SiO_2-Fe_tO-(10\%)P_2O_5-X$（X代表MgO、MnO、$Na_2O$或$CaF_2$）五元渣系，当$R=2.5$时，除了添加MgO的渣系外，其他渣系的$CaO/P_2O_5$和$SiO_2/P_2O_5$在减少的同时，$CaO/(SiO_2+P_2O_5)$和余钙碱度也在减少，相应炉渣的枸溶率也在降低。添加MgO渣系的余钙碱度并没有随着CaO/P_2O_5和SiO_2/P_2O_5的减少而减少，但是其相应枸溶率仍随余钙碱度的增加而增大。因此，炉渣添加不同成分枸溶率随余钙碱度的增加而增加。

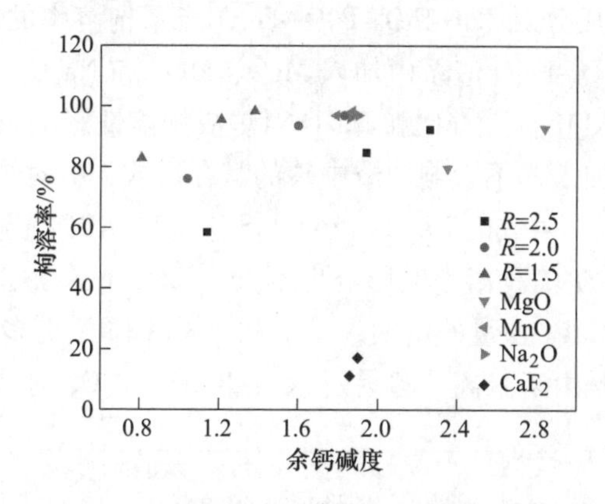

图6-97　余钙碱度对炉渣枸溶率的影响

6.5.3.3　工业渣熔融改性对炉渣枸溶性的影响

为考察炉渣熔融改性对炉渣枸溶性的影响，选取工业原渣及改性后热态实验炉渣进行枸溶性测试，实验炉渣具体成分及相应枸溶率试验结果见表6-29。图6-98为各试验渣和对比空白试验用磷钼酸喹啉重量法提取磷钼酸喹啉沉淀照片。

表 6-29 试验炉渣具体成分及枸溶率测试结果 （质量分数,%）

渣样	CaO	SiO_2	Fe_2O_3	P_2O_5	Al_2O_3	MgO	TiO_2	CaF_2	MnO	枸溶率
原渣 1	46.72	11.68	19.47	10	1.07	5.46	0.97	0.37	4.26	58.35
No. 1	44.78	14.93	18.66	10	1.03	5.23	0.93	0.35	4.08	60.50
No. 2	41.35	20.68	17.23	10	0.95	4.83	0.86	0.33	3.77	72.43
No. 3	33.63	33.63	14.01	10	0.77	3.93	0.70	0.27	3.07	98.84
原渣 2	45.72	15.24	17.82	10	1.09	5.00	0.89	0.34	3.90	74.96
No. 4	41.13	13.71	16.03	10	10	4.50	0.80	0.31	3.51	78.91
No. 5	38.46	12.82	15.12	10	15	4.24	0.76	0.29	3.31	81.09
No. 6	41.12	13.71	16.00	10	0.88	4.49	10	0.31	3.50	83.07

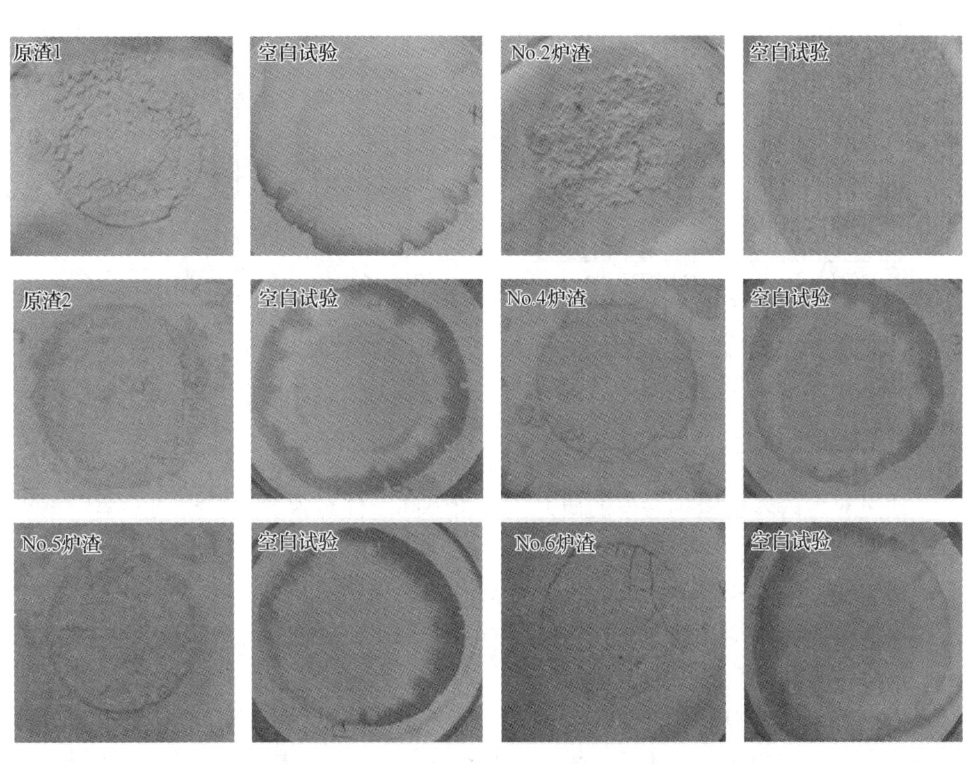

图 6-98 各试验渣磷钼酸喹啉沉淀及空白试验对比结果

图 6-99 为原渣与改性渣枸溶率对比图。从图中结果可知，对于 SiO_2 改性，随着 SiO_2 含量增加，炉渣枸溶率增加，主要是因为随着渣中 SiO_2 的增加对于抑制低枸溶率 β-$Ca_3(PO_4)_2$ 相非常有效，炉渣在快冷过程中磷主要以枸溶率高的 α-$Ca_3(PO_4)_2$ 相形式析出，因此向炉渣中加入 SiO_2 有利于提高枸溶率，这也是国内外有关企业在生产钢渣磷肥时，通过向钢渣加入河砂以提高 SiO_2 含量的原因；

对于 Al_2O_3 及 TiO_2 改性，随着 Al_2O_3、TiO_2 含量的增加，改性渣枸溶率较原渣高，不过增加不多，这主要是由于 Al_2O_3 及 TiO_2 改性只是增加了富磷相中磷含量，并不改变渣中磷元素赋存形式，因此对炉渣枸溶率影响较小。可见，对于炉渣 SiO_2、Al_2O_3 及 TiO_2 熔融改性，有利于提高炉渣枸溶率。

图 6-100 为工业渣改性及改性渣无氟化后炉渣枸溶率对比图。从图中结果可以看出，对于原渣 1 枸溶率为 58.35%；向原渣中加入 SiO_2 改性后，改性渣 No.2 枸溶率提高至 72.43%；而对于改性渣 No.2 无氟化后，炉渣枸溶率提高至 95.95%。可见渣中氟含量对炉渣枸溶率有重要影响，要获得较高枸溶率，必须控制渣中氟含量。

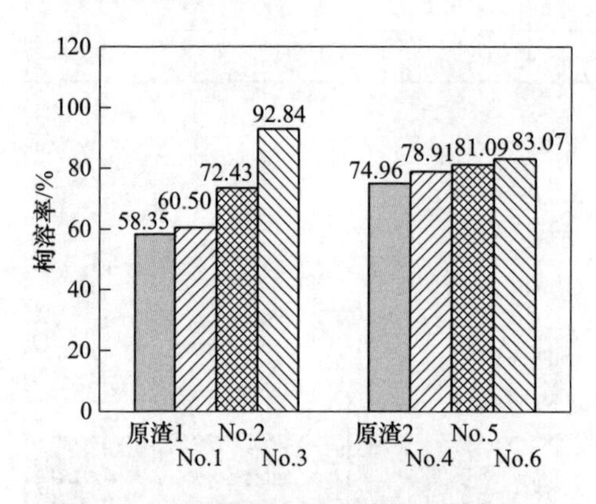

图 6-99　工业渣改性对炉渣枸溶率的影响

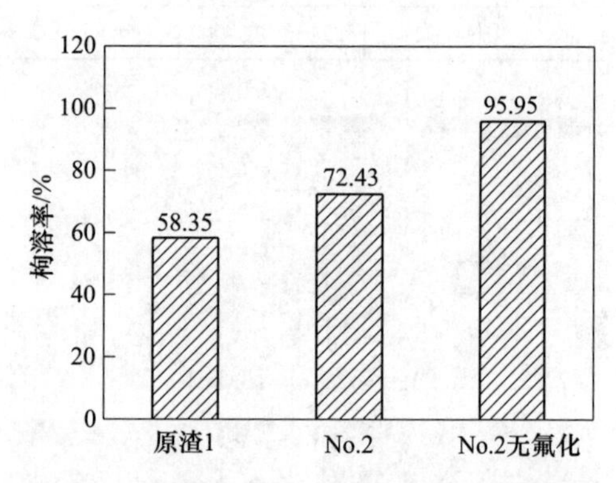

图 6-100　改性渣无氟化后对炉渣枸溶率的影响

6.5.3.4　小结

通过对含磷转炉渣枸溶率的研究，分析不同条件对含磷转炉渣枸溶率影响规律，研究结果如下：

（1）对于 $CaO-SiO_2-Fe_tO-P_2O_5$ 渣系，当炉渣碱度相同时，炉渣枸溶率会随着 P_2O_5 含量的增加而减小。而对于其他影响因素相同的炉渣，炉渣枸溶率随着渣中 Fe_2O_3 含量和炉渣碱度的增加而减小。

（2）向 $CaO-SiO_2-Fe_tO-P_2O_5$ 渣系中添加 MgO、MnO 和 Na_2O，对炉渣枸溶率影响不大。向炉渣中添加 CaF_2 容易形成不能为 2%的柠檬酸液溶出的氟磷灰石，从而使炉渣枸溶率显著降低，且随着 CaF_2 含量的增加，炉渣的枸溶率降低更多，为使脱磷转炉渣生产钢渣磷肥，达到脱磷渣资源化利用的目的，应采用无氟造渣路线。

（3）Al_2O_3 及 TiO_2 改性只是增加了富磷相中磷含量，并不改变渣中磷元素赋存形式，因此 Al_2O_3 及 TiO_2 熔融改性使炉渣枸溶率略有增加，但增加不大；然而随着改性剂 SiO_2 加入的增加，炉渣枸溶率明显增大。

6.6　本章小结

本章主要围绕提高钢渣的二次资源利用进行讨论，通过对渣中磷元素的富集与提取技术的研究，致力于提高钢渣的二次资源利用效率，主要结论如下：

（1）炉渣中物相主要由富磷相、RO 相及基体相组成，而渣中的磷一般是以 $nC_2S\text{-}C_3P$ 的形式存在。对于 $CaO\text{-}SiO_2\text{-}Fe_tO\text{-}P_2O_5$ 四元渣系，随着渣中 P_2O_5 含量增加，富磷相中的磷含量和富磷相的平均粒径随着炉渣磷含量的增加而增加，在 $nC_2S\text{-}C_3P$ 固溶体析出温度范围内适当的保温时间有利于富磷相中 P_2O_5 含量增加及粒径的长大。对于 $CaO\text{-}SiO_2\text{-}Fe_tO\text{-}P_2O_5\text{-}X$（X 代表 MgO、MnO、$Na_2O$ 和 CaF_2）渣系，MgO 和 MnO 的加入不影响磷在渣中的赋存形式，从而对富磷相中磷含量影响不大；但添加 Na_2O 和 CaF_2 会改变磷在渣中的赋存形式，Na_2O 的加入会取代 $nC_2S\text{-}C_3P$ 固溶体部分钙，形成 $Na_2Ca_4(PO_4)_2SiO_4$ 固溶体，甚至有 Na_3PO_4 形成，从而使富磷相中磷含量提高；渣中加入 CaF_2，渣中富磷相主要是以 $nC_2S\text{-}C_3P$ 和 $Ca_5(PO_4)_3F$ 形式共同存在，并能显著提高渣中富磷相磷含量。对于不同碱度 $CaO\text{-}SiO_2\text{-}Fe_tO\text{-}P_2O_5\text{-}X$（X 代表 MgO、MnO、$Na_2O$ 和 CaF_2）五元渣系，随着炉渣碱度的降低，除了添加 Na_2O 的渣系外，其余炉渣富磷相中的磷含量均略有增加。此外，炉渣碱度的降低会使磷在基体相中赋存形式由 $Ca_{15}(PO_4)_2(SiO_4)_6$ 转变为 $Ca_5(PO_4)_2SiO_4$，而对磷在富磷相中的赋存形式影响不大。

（2）磷在高温条件下是以 $Ca_3(PO_4)_2$ 的形式存在，随着磷含量的提高，$Ca_3(PO_4)_2$ 析出量也随之增加。并且随着磷含量的提高，在低温区域会有 $\beta\text{-}Ca_3(PO_4)_2$ 相析出，尤其是低碱度渣系更加明显，碱度为 2.5 和 2 的渣系 P_2O_5 为 18%时，会析出 $\beta\text{-}Ca_3(PO_4)_2$ 相，碱度为 1.5 的渣系 P_2O_5 为 10%时，就已经析出 $\beta\text{-}Ca_3(PO_4)_2$ 相。并且随着 P_2O_5 含量的增加（P_2O_5 为 18%），凝固过程中不再有 $Ca_7P_2Si_2O_{16}$ 相析出；渣中加入 MgO 后，镁并不会与磷结合，部分镁与钙、硅结合，少量镁与铁结合进入 SPINA 相；渣中加入 MnO 后，锰同样不会与磷结合，大部分锰与铁结合以 $MnFe_2O_4$ 的形态进入 SPINB 相。同时随着 MnO 含量增加 $MnFe_2O_4$ 的生成量也随之增加，$CaFe_2O_4$ 相的生成量随之减少。MnO 的加入对渣中含磷相的存在形式和生成量影响不大；随着 Na_2O 的加入量增加，$Ca_3(PO_4)_2$ 析出温度降低，并且钠会与磷结合，其结合能力比钙与磷的结合能力强。加入钠后，会生成 $Na_2Ca_2P_2O_8$ 相，随着 Na_2O 含量的增加，$Na_2Ca_2P_2O_8$ 相会完全代替 $Ca_5P_2SiO_{12}$ 相，并且随着 Na_2O 含量的进一步增加，会有 Na_3PO_4 相析出。

（3）碱度过高，渣中析出大量的 $2CaO \cdot SiO_2$，$nC_2S\text{-}C_3P$ 固溶体中 $2CaO \cdot SiO_2$ 的含量过高，不利于提高富磷相中 P_2O_5 的浓度。碱度降低（$1.4<R<2.5$），$nC_2S\text{-}C_3P$ 固溶体生成的热力学趋势受到的影响不大，$2CaO \cdot SiO_2$ 析出量减少，

nC_2S-C_3P 固溶体中 $2CaO \cdot SiO_2$ 的数量减少，提高了 P_2O_5 的浓度。炉渣碱度太低（$R<1.4$），在冷却过程中会有 $CaSiO_3$ 生成，$CaSiO_3$ 不能与 $3CaO \cdot P_2O_5$ 无限互溶，容磷能力差，基体中的磷不能完全迁移至富磷相，富磷相粒径较小，不利于炉渣中磷的富集。

（4）随着炉渣碱度的增加和 Fe_2O_3 含量的减少，Ca_2SiO_4 相的析出量增多，开始析出温度升高，并且存在的温度区间也有所扩大，碱度和 Fe_2O_3 含量变化对于 $Ca_3(PO_4)_2$ 相的析出温度和析出量没有影响。降低炉渣碱度，增加渣中 Fe_2O_3 含量可以减少 Ca_2SiO_4 相的生成量，降低 nC_2S-C_3P 固溶体中 Ca_2SiO_4 的数量，提高了 P_2O_5 的含量。但碱度太低（$R<1.4$）时，炉渣中有 $CaSiO_3$ 生成，$2CaO \cdot SiO_2$ 析出的数量少，不利于渣中磷的富集，在本实验条件下，控制炉渣碱度在 1.5~1.8 之间，Fe_2O_3 的含量在 20%~25%之间对于提高富磷相中 P_2O_5 的含量，提高磷的富集效果是有利的。分别为炉渣经过水冷、空冷和炉冷三种冷却方式处理后，经过炉冷处理后炉渣中磷的富集效果最好。控制保温时间在 90min 左右，尽量降低炉渣的冷却速度可以得到富集效果良好的富磷相。

（5）碳化稻壳高温气化还原高磷转炉渣，不需添加任何熔剂，除磷率最高可达 79.25%，且还原铁和氧化物容易分离。如果在倒渣或溅渣护炉过程中进行，还可以提供良好动力学条件，并充分利用转炉渣中的热能，是转炉渣资源化的一个新途径；针对磁选法除磷，磁选次数越多，分离后的磁性物质量越低，磁性物中 P_2O_5 含量明显降低，磁性物中 TFe 含量显著增加。富集渣 1 经湿法磁选后 P_2O_5 含量由 1.47%降至 1.1%，降幅为 25.17%，富集渣 2 经相同条件磁选后 P_2O_5 含量由 5.41%降至 3.12%，降幅为 42.33%。即 P_2O_5 含量高的富集渣更利于湿法磁选下富磷相的分离；酸浸法除磷中，向 CaO-SiO_2-Fe_tO-P_2O_5 渣系中添加 MgO、MnO 和 Na_2O，对炉渣枸溶率影响不大。向炉渣中添加 CaF_2 容易形成不能为 2%的柠檬酸液溶出的氟磷灰石，从而使炉渣枸溶率显著降低，且随着 CaF_2 含量的增加，炉渣的枸溶率降低更多，为使脱磷转炉渣生产钢渣磷肥，达到脱磷渣资源化利用的目的，应采用无氟造渣路线。

参 考 文 献

[1] 田志红．超低磷钢炉外钢液深脱磷的工艺和理论研究［D］．北京：北京科技大学，2006.

[2] Sobandi A，Katayama H G，Momono T. Activity of phosphorus oxide in CaO-MnO-SiO_2-$PO_{2.5}$ (-MgO，Fe_tO) slags［J］. ISIJ International，1998，38（8）：781-788.

[3] Suito H，Inoue R. Thermodynamic assessment of hot metal and steel dephosphorization with MnO-containing BOF slags［J］. ISIJ International，1995，35（3）：258-265.

[4] Basu S，Lahiri A K，Seetharaman N S. A model for activity coefficient of P_2O_5［J］. ISIJ International，2007，47（8）：1236-1238.

[5] Shimauchi K，Kitamura S，Shibata H. Distribution of P_2O_5 between solid dicalcium silicate and

liquid phases in CaO-SiO_2-Fe_2O_3 system [J]. ISIJ International, 2009, 49 (4): 505-511.

[6] Ban-Ya S. Mathematical expression of slag-metal reactions in steelmaking process by quadratic formalism based on the regular solution model [J]. ISIJ International, 1993, 33 (1): 2-11.

[7] 黄希祜. 钢铁冶金原理 [M]. 3 版. 北京: 冶金工业出版社, 2006.

[8] Wanger C. The concept of the basicity of slags [J]. Metallurgical and Meterials Transactions B, 1975, 6 (2): 405-409.

[9] Suito H, Inoue R. Effect of Na_2O and BaO additions on phosphorus distribution between MgO-saturated CaO-Fe_tO-SiO_2-P_2O_5 slags and liquid iron [J]. Tetsu to Hagane, 1984, 70 (3): 366-373.

[10] Wei P, Sano M, Hirasawa M, et al. Kinetics of phosphorus transfer between iron oxide containing slag and molten iron of high carbon concentration under Ar-O_2 atmosphere [J]. ISIJ International, 1993, 33 (4): 479-487.

[11] Ide K, Fruehan R J. Evaluation of phosphorus reaction equilibrium in steelmaking [J]. Iron and Steelmaker, 2000, 27 (12): 65-70.

[12] 陈五平. 无机化学工艺学（中）硫酸、磷肥、钾肥 [M]. 3 版. 北京: 化学工业出版社, 2001.

7 钢渣梯级利用模式

针对钢渣利用水平较低及堆而不用的情况，本章基于前文的讨论，提出了钢渣梯级利用的概念，如图 7-1 所示。其中，转炉钢渣一级利用为转炉炼钢厂内的利用，包括上一炉的热熔渣直接留渣利用，排放的钢渣回收废钢、铁精粉，以及钢渣去除磷元素后返回转炉利用等方式。二级利用是钢渣在整个钢铁生产流程中（不包括转炉炼钢）的利用，包括作为烧结熔剂和高炉熔剂的配加料等方式。三级利用是钢渣中的有价元素利用，以磷元素为例，从钢渣中提取的含磷较高的物相可以作为磷肥、土壤改质剂使用。通过梯级利用的概念，为国内钢渣的多维度消纳与利用，提供系统性的指导和参考。

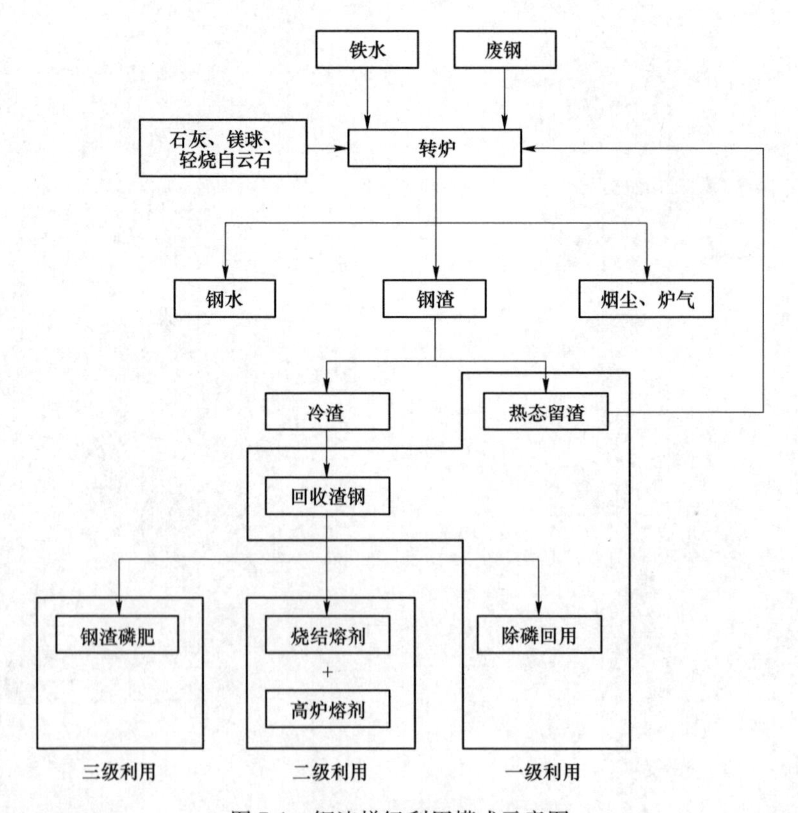

图 7-1　钢渣梯级利用模式示意图

7.1 钢渣一级利用模式——转炉炼钢过程利用

7.1.1 热态回用

钢渣热态回用主要有两种方式：留渣工艺和双联法脱碳渣回用。钢渣热态回用能够充分利用还具备一定脱磷能力的熔渣，缩短转炉吹炼前期的成渣时间，提高脱磷效率。

留渣工艺是将上一炉的终渣全部或一部分留给下炉使用。留渣操作需要着重关注的问题是连续留渣导致的渣中磷元素富集现象对脱磷效果的影响。以双渣-留渣为例，若想实现连续留渣，需要延缓留渣中磷元素的累积速度，这需要在冶前期快速形成具备脱磷能力较强的前期渣，实现高效脱磷，并提高脱磷阶段结束时的倒渣量以保证在脱碳阶段形成的钢渣仍具备较强的脱磷能力。

双联工艺将脱磷和脱碳过程分开在两个转炉中进行。在脱磷炉中，主要发生脱磷反应，待反应进行完全后，脱磷渣被排出，半钢被倒入脱碳炉进行脱碳，因此脱碳炉中产生的脱碳渣不存在磷元素的累积问题，具备一定的脱磷能力，可全部返回脱磷炉参与脱磷，因此双联工艺可以实现脱碳炉渣的热态回用。然而，双联工艺因中途出钢和排渣，过程热损失较大，在冶炼过程中应关注温度制度以满足终点温度的要求。

7.1.2 回收渣钢

从钢渣中回收废钢是我国绝大多数钢厂转炉渣利用的主要方式。钢渣中一般含有10%左右的金属铁，通过破碎磁选筛分工艺可以回收其中的金属铁，一般钢渣破碎的粒度越细，回收的金属铁越多，将钢渣破碎到100～300mm，可从中回收6.4%的金属铁，破碎到80～100mm，可回收7.6%的金属铁，破碎到25～75mm，回收的金属铁量达15%。国外较早开展从钢渣中回收废钢铁，美国1970～1972年从钢渣中回收近350万吨废钢，日本磁力选矿公司每年处理200万吨钢渣，从中回收18万吨含铁95%以上的粒铁。国内武钢、本钢、包钢等采用机械破碎/水淬法-磁选工艺回收钢渣含铁矿物，钢铁渣年处理量达450万吨，回收铁80万吨以上。

7.1.3 除磷回用

除热态回用和回收废钢外，本书提出了基于转炉炼钢流程内循环的钢渣循环利用模式。目前该模式还处于试验研究阶段，已经在实验室取得了非常有价值的结果，相信通过一定时间的工业生产试验，有望成为钢渣处理的重要模式。该模式包括：（1）利用脱磷渣的含磷相富集技术，将含磷相充分富集；（2）利用磁性分离技术，将炼钢炉渣分为富磷相和低含磷量的余渣。低含磷量的余渣作为造渣剂返回转炉炼钢使用，富磷相炉渣则为磷资源利用。作为一级回用的低含磷量的余渣的处理步骤如下：

（1）在转炉冶炼完成后，在倒渣过程中在钢包内对炉渣进行熔融改质处理（采用 SiO_2、Al_2O_3 或 TiO_2 等改质剂），并配合合理的降温处理过程，促进渣中的磷元素向富磷相中迁移，使富磷相中磷含量充分富集，得到高品位的富磷相。

（2）转炉钢渣冷却后，对产生的钢渣进行破碎选铁，分离渣中铁珠，作为废钢返回冶金流程。

（3）选铁剩余钢渣磨细后经过磁选分离，提取基体相（高钙、高铁余渣）和富磷相，其中富磷相中磷含量较高可用于农业做磷肥或土壤改质剂。

（4）分离后余渣含有较高的 CaO 和 Fe_tO 并且大部分的磷随富磷相分离出去，避免了回用过程中磷元素循环累积的问题，因此余渣可以返回转炉循环利用，以代替部分石灰、白云石等转炉熔剂。

7.2　钢渣二级利用模式——钢铁生产流程利用

钢渣的二级利用是钢渣在钢铁生产流程中（不包括转炉炼钢）的利用，目前的主要方式包括作为烧结熔剂和高炉熔剂的配加料。

7.2.1　烧结熔剂

钢渣返回烧结是钢渣利用比较成熟的方式，大部分钢厂将钢渣返回烧结作为钢渣内部回用的主要手段。根据中国废钢铁工业协会的数据，2012 年钢渣返回烧结矿配料为 440.4 万吨，约占钢渣总量的 4.7%，2013 年钢渣返回烧结矿配料为 764 万吨，约占钢渣总量的 7.5%，上升趋势明显。

转炉钢渣一般都含 40%~50%的 CaO，把钢渣加工到小于 8mm 的颗粒，便可代替部分石灰石作烧结原料，钢渣的投加量视精矿品位及磷含量确定，烧结矿中配入钢渣代替熔剂时，可以回收钢渣中的残钢、氧化铁、氧化镁、氧化锰、稀有元素（V、Nb）等有益成分。

经过长期的实践，其主要的优点有：（1）烧结矿强度提高。钢渣中含有一定数量的 MgO，在烧结矿中容易熔化，因而改善了烧结矿的黏结性能和液晶状态，有利于烧结矿强度的提高，粉化率降低在 2%以内；（2）烧结矿还原性能显著提高。配加钢渣的烧结矿，随配料碱度的提高，其还原性较未配钢渣的烧结矿显著提高。当碱度为 1.4 时，配加钢渣其还原率高达 75%，不配加时仅有 65%。

烧结过程配加钢渣存在的问题：（1）钢渣粒度不均，成分不稳定，波动较大，对烧结配料和烧结控制带来不便。钢渣粒度过大，会在烧结混料过程中发生偏析，影响烧结矿质量；（2）烧结配加钢渣，使烧结过程液相增多，降低垂直烧结速度，烧结时间变长，影响烧结利用系数；（3）降低烧结矿含铁品位；（4）磷元素的富集问题。

钢渣长期使用时，由于磷循环富集，随着钢渣配比的提高和循环次数的增加，烧结矿、铁水、钢渣的磷都将上升，但对于一定的钢渣配比，在循环一定的次数后，各物料的磷含量将趋于稳定。按照宝钢的统计数据，烧结矿中钢渣配比增加10kg/t（配比为1%），烧结矿的磷含量将增加约0.0038%，而相应铁水中磷含量将增加0.0076%。

7.2.2 高炉熔剂

由于钢渣中含有40%~50%的CaO、6%~10%的MgO，将其回收作为熔剂可以节省大量的石灰石以及白云石资源，而且不需要经过碳酸盐分解过程，节省了大量的热能。生产实际证明对铁水温度、铁水硫含量、熔化率、炉渣碱度及流动性无明显影响，在技术上是可行的。钢渣用作高炉配料同样存在磷和硫富集的问题，会对后续炼钢生产带来高负荷的脱磷、脱硫任务。

在欧洲，30%碱度大于3.0的高碱度转炉渣用于高炉。钢渣作为高炉熔剂的主要优点有：（1）回收利用了渣中大量的金属铁，减少了烧结矿和石灰石用量；（2）可使高炉的脱硫能力提高3%~4%。钢渣中因含有一定的MnO，能使高炉的流动性和稳定性变好，提高料柱的透气性，俄罗斯车里雅宾斯克钢铁厂、美国内陆钢公司、我国太钢等厂的实践均已证实这一点；（3）经济效益好。高炉冶炼配加的钢渣量主要取决于钢渣中有害成分磷的含量以及高炉需要加入的石灰石用量。

通过查阅文献和调研，国内钢铁厂很少有在高炉内加入钢渣，这是由于国内钢厂一般选择在烧结中配入转炉渣，由于高炉没有脱磷能力，所以如果在高炉和烧结矿中都配入转炉渣后，会影响高炉铁水品位并且增加转炉脱磷负担，增加成本。以重钢为例，对回用于高炉的钢渣具有非常严格的要求，其中粒度在8~60mm，TFe≥60%的含铁渣钢才可直接配入高炉原料。配料时每批配入100kg左右的渣钢，每天用量10t左右，每年可消化4000t左右，约占钢渣产生量的0.8%。

7.3 钢渣三级利用模式——有价元素利用

钢渣的三级利用是在一级利用和二级利用的基础，继续利用钢渣中的有价元素。以磷元素为例，从钢渣中提取的含磷较高的物相可以作为磷肥、土壤改质剂使用。

在工业发达国家，钢渣在农业中的使用已经趋于成熟。在欧洲，钢渣在农业中的利用率为3.0%，日本为3.9%，但我国目前关于钢渣肥料的技术还处于研究开发中。欧洲矿渣协会表明，钢渣转化成的土壤改质剂，其可溶性硅酸盐含量及其反应性增加了土壤中磷酸盐的迁移率，提高了磷肥的使用效率。在日本，钢渣肥料被用于海啸后受损稻田中，钢渣肥料施用量为200g/m^{2}和400g/m^2，与未施用钢渣肥料的稻田相比，其水稻产量增加了约8%。

由于磷肥的高附加值，我国与钢渣肥料相关的研究大多集中在磷元素的富集和分离上。钢渣中磷元素的富集与分离方法主要包括浮选法、磁选法和还原法等。然而，较高的回收成本和较低的回收效率导致用钢渣磷肥的使用仍处于实验室阶段。此外，仍有很多其他因素阻碍了钢渣在农业中的使用，包括：

（1）相关法律法规的限制，《中华人民共和国清洁生产促进法》中明确禁止将有害和有毒的固体废物用作农田肥料。钢渣含有部分重金属，包括铬、钒、砷、钡和铅，这些元素的淋失可能会影响土壤质量，并对人类健康构成潜在风险。

（2）我国尚没有关于钢渣肥料和土壤改性的相关标准，这影响了相关技术的发展。

（3）钢渣在农业中的应用也受限于市场因素。由于化肥的市场价值较低，其长途运输是不可取的。此外，还有来自天然石灰石肥料的激烈竞争。

7.4　本章小结

本章总结了钢渣梯级利用的概念，对一级利用模式、二级利用模式、三级利用模式进行了详细描述。

一级利用模式为转炉炼钢过程中的回用，主要包括热态回用、回收渣钢和除磷回用。其中，热态回用于回收渣钢在国内钢铁企业有较为广泛的应用，但除磷回用目前还较少有成功案例，需进一步提高除磷效率，并降低钢渣脱磷成本，提高除磷回用的适用范围。

二级利用模式为钢铁生产流程内的回用，主要包括做烧结熔剂及高炉或化铁炉熔剂。目前该利用模式在部分钢铁企业得到成功应用，但处理渣量不够大，不能完全解决渣处理的问题。

三级利用模式为有价元素的回用。该利用模式目前在国外有成功案例，在国内仍处在实验室研究阶段，大部分成果仍未在国内得到成功应用。

综上所述，钢渣的梯级利用模式是一种全量利用钢渣的有效途径，通过梯级利用技术不断发展，一方面通过炼钢厂内部的回用，实现钢渣资源化利用及排放余渣的减量化；另一方面通过钢渣中铁与渣的分离技术，实现钢渣中铁资源的高效化利用；再有通过高效低成本的钢渣中磷元素的富集与分离技术，实现磷资源的增值利用及具有脱磷能力的高碱度预熔钢渣的再利用。通过以上技术的不断发展，希望能够为彻底解决制约我国钢铁工业发展的瓶颈——钢渣污染问题，提供有益的帮助。